Mehr Informationen
eb9g9r

Auf einigen Seiten im Buch findest du **Terra-Codes**.
Diese führen dich zu weiteren Informationen im Internet.
Gib den Code einfach in das Suchfeld auf **schueler.klett.de** ein.

Aneignen, orientieren, auswählen

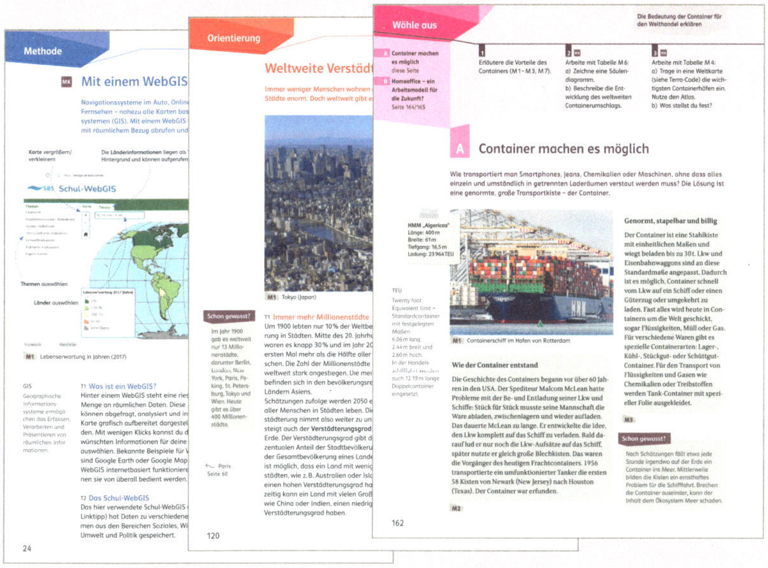

Auf den **Methodenseiten** lernst du Schritt für Schritt wichtige Methoden.

Auf den **Orientierungsseiten** kannst du die Themen mit einem Raum verbinden.

Auf den **Wahlseiten** kannst du nach deinem Interesse zwischen Themen auswählen.

Üben

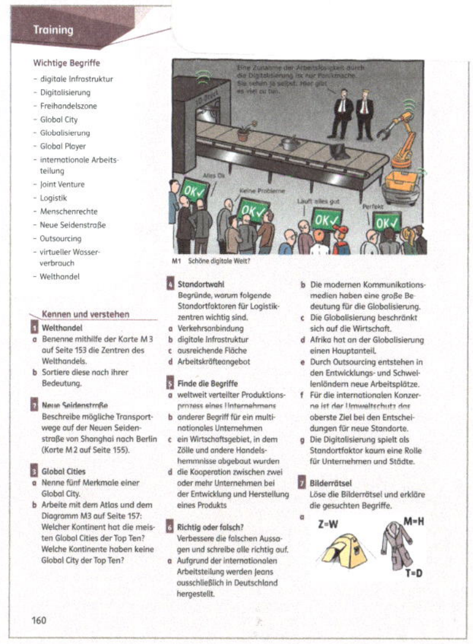

Mit den **Trainingsseiten** kannst du deine neuen Kenntnisse und Fertigkeiten üben und anwenden.

Klett Erklärfilm

An einigen Stellen im Buch gelangst du über Terra-Codes zu Erklärfilmen, z. B. zum Thema Globalisierung auf Seite 141 oder zu Standortfaktoren auf Seite 159.

Symbole im Buch

(Symbol)	Partnerarbeit
(Symbol)	Gruppenarbeit
MK	kennzeichnet Aufgaben und Seiten zum Thema Medienkompetenz
SP	kennzeichnet Aufgaben und Seiten zur Sprachbildung
AFB I, II, III	kennzeichnen die Anforderungsbereiche, siehe auch Seite 242/243

1. Auflage 1 7 6 5 4 3 | 28 27 26 25 24

Herausgeber: Paul Palmen, Alsdorf; Christian Porth, Frechen
Autorinnen und Autoren: Rainer Kalla, Spenge; Hans Lammersen, Schieder-Schwalenberg; Thomas Lenz, Waldstetten; Lorina Nyhuis, Köln; Paul Palmen, Alsdorf; Christian Porth, Frechen; Eberhard Pyritz, Schloß Holte-Stukenbrock
Beratung: Dr. Inken Carstensen-Egwuom
Mit Beiträgen von: Sophia Bauer, Matthias Etterich, Prof. Dr. Michael Hemmer, Prof. Dr. Thomas Hoffmann, Robert Jansen, Ruth Kersting, Michael Krebs, Tobias Litz, Georg Pinter, Karina Vormittag, Prof. Dr. Volker Wilhelmi, Kai Zimmermann

Entstanden in Zusammenarbeit mit dem Projektteam des Verlages.

Gesamtgestaltung: normaldesign, Jens-Peter Becker, Schwäbisch Gmünd
Satz: detailverliebt. Ulrike Poppe, Leipzig
Reproduktion: Druckmedienzentrum Gotha GmbH, Gotha; Meyle + Müller GmbH + Co. KG, Pforzheim
Druck: PASSAVIA Druckservice GmbH & Co. KG, Passau

Printed in Germany
ISBN 978-3-12-105303-2

9 783121 053032

● über den Kernlehrplan hinausgehende Inhalte zur Gestaltung eines Schulcurriculums

Inhalt

9 Arbeitsanhang

10 Haack-Kartenteil

● Über den Kernlehrplan hinausgehende Inhalte zur Gestaltung eines Schulcurriculums

1

Globale Zusammenhänge verstehen und Zukunft gestalten

M1 Wir haben die Zukunft unseres Planeten in der Hand.

Die Erde bietet uns Menschen einzigartige Lebensgrundlagen: Ihre Atmosphäre schützt vor gefährlicher Strahlung. Die Böden ermöglichen eine vielfältige Nahrungsmittelproduktion. Bodenschätze bilden die Grundlage für wirtschaftlichen Reichtum.

Wie nie zuvor haben die Menschen im 20. Jahrhundert diese Ressourcen für sich genutzt. Die ganze Erde wurde zum Aktionsraum der Menschen und geriet dabei an ihre Grenzen. Wie können wir sicherstellen, dass auch zukünftige Generationen die gleichen Chancen haben wie wir?

MENSCH

Jegliche Form von Armut, Hunger und Ungleichheit in der ganzen Welt dauerhaft überwinden

PLANET

Unsere natürlichen Lebensgrundlagen für alle Gesellschaften und unsere Nachkommen schützen

PARTNERSCHAFT

Durch eine globale Solidarität eine nachhaltige Entwicklung voranbringen

FRIEDEN

Entwicklung in Frieden schaffen durch weltweit gewaltfreie und gerechte Gesellschaften

WOHLSTAND

Den Wohlstand für alle Menschen fördern und eine nachhaltige Lebensweise weltweit gestalten

M2 Globale Herausforderungen

Der Mensch verändert seine Umwelt

Kann der ehemals viertgrößte See der Erde einfach verschwinden? Dies wäre fast geschehen. Das Schicksal des Aralsees ist ein Beispiel für die Folgen menschlichen Handelns ohne Rücksicht auf Aspekte der Nachhaltigkeit. Es gilt nun zu retten, was vom Mensch-Umwelt-System in dieser Region noch zu retten ist.

M1

M3 Ausgetrockneter Aralsee und Baumwollkleidung: Worin liegt der Zusammenhang?

T1 Ursache und Wirkung

Wenn in einem bestimmten Raum das Ökosystem gestört ist, kann dies gravierende Folgen für die Menschen und für die Umwelt haben. Um das Problem in den Griff zu bekommen, erfasst man zuerst die schädlichen Auswirkungen auf den Raum und sucht anschließend nach den Ursachen dafür. Erst dann kann man Vorschläge für eine Verbesserung der Situation erarbeiten.

M2

Baumwolle

ist die am häufigsten genutzte Naturfaser. Sie wächst als einjähriger Strauch meist in Monokulturen auf Plantagen. Damit ihre Samen keimen und wachsen können, muss der Boden bei warmen Temperaturen dauerhaft feucht gehalten werden. Pro Quadratmeter benötigt Baumwolle etwa 1000 l Wasser. Bei der Ernte etwa sieben Monate später muss der Niederschlag aber gering sein, da sonst die Baumwollfasern verkleben.

Im Fall des Aralsees konnte man die Auswirkungen sogar aus dem Weltraum beobachten. Wo sich in den 1960er-Jahren noch ein großer See erstreckte, waren 20 Jahre später nur noch zwei kümmerliche voneinander getrennte Wasserflächen mit erhöhtem Salzgehalt im Norden und Süden übrig. Bei der Suche nach den Ursachen wurde schnell klar, dass die beiden einzigen Zuflüsse den See häufig gar nicht mehr erreichten. Zusätzlich verlor der Aralsee sein Wasser durch Verdunstung.
Das Wasser der Zuflüsse wurde für die von der Regierung angeordnete Ausweitung der Baumwollfelder benötigt. Weltweit war die Nachfrage nach Baumwolle rasant angestiegen. Im Aralseebecken, einer trockenen Steppen- und Wüstenregion, stieg die bewässerte Fläche zwischen 1950 und 1990 von 4,7 auf 7,9 Millionen ha. Der größte Teil dieses Anstiegs (2 Millionen ha) entfiel auf den Baumwollanbau. 1960 lebten etwa 60 000 Menschen am Aralsee vom Fischfang. 1992 musste er eingestellt werden.

M4 Die Verlandung des Aralsees

Der Syndrom-Ansatz

Als Syndrom wird in der Medizin ein schwieriges Krankheitsbild bezeichnet, das durch das Zusammenwirken verschiedener Negativfaktoren entsteht. Auf der Grundlage von **Symptomen** (Anzeichen) wird eine **Diagnose** erstellt. Daraufhin wird eine **Therapie** entwickelt. Diese Vorgehensweise nutzen auch Geographen. Sie beschreiben Umweltprobleme wie Krankheitsbilder. Sie erstellen Diagnosen, um Fehlentwicklungen mit geeigneten Maßnahmen zu lindern, zu beseitigen oder gar nicht erst entstehen zu lassen. Am Ende können sie den Erfolg oder den Misserfolg beobachten.

M6

T2 Gibt es noch Hoffnung?

Diverse nationale und internationale Projekte versuchen zurzeit, die Probleme der Aralsee-Region in den Griff zu bekommen. Der nördliche Teil des Aralsees scheint sich zu stabilisieren. 1997 wurde von der kasachischen Regierung ein Deich zwischen den beiden Seen aufgeschüttet, um ein Eindringen des Salzwassers in den nördlichen Teil zu verhindern. Der Wasserspiegel stieg dort wieder an, gleichzeitig sank der Salzgehalt. Satellitenaufnahmen aus den Jahren 2005 und 2007 belegen eine deutliche Erholung des nördlichen Aralsees. Der Fischereiertrag stieg von 52 t im Jahr 2004 auf 2 000 t Süßwasserfische in 2007 an. Gleichzeitig wird das Bewässerungssystem verbessert, um den Zufluss zu erhöhen.

Begriffe zum Aralsee-Syndrom

Aralsee schrumpft – Erhöhung des Salzgehalts – Lage in einer Trockenregion – Ausweitung des Baumwollanbaus – Aufschüttung eines Damms in der nördlichen Region – Fischereiertrag steigt – Bewässerung wird optimiert – Seespiegel im nördlichen Teil steigt – Bodenversalzung – hohe Verdunstung bei Bewässerung – Rückstände von schädlichen Chemikalien – südlicher Teil kaum noch zu retten – Ende der Fischerei

M5

Der südliche Teil scheint nicht mehr zu retten sein. Er ist durch die Belastung von ca. 50 g Salz pro Liter Wasser und diversen Chemikalien biologisch tot.

SP Tipp

Den Syndrom-Ansatz anwenden
→ Aufgabe 3c

- Symptome: Man kann feststellen, dass …
- Diagnose: Das liegt vor allem an …
- Therapie: Um die Situation zu verbessern, hat man / sollte man …
- Erfolg: Als Ergebnis kann man feststellen, dass …
- Offen bleibt …

A / B

1 Beschreibe die Region, in der sich der Aralsee befindet, und seine klimatischen Voraussetzungen (Atlas, M 1, T 1).

2 (A) Beschreibe die sichtbaren Veränderungen in der Aralsee-Region (M 3, M 4).

2 (B) Erläutere die Ursachen für das Beinahe-Verschwinden des Aralsees (M 2 – M 4, T 1).

3 SP
a) Erkläre den Syndrom-Ansatz (M 6).
b) Wende den Syndrom-Ansatz auf den Aralsee an. Ordne dazu die Begriffe aus M 5 richtig zu: Symptome, Diagnose, Therapie.
c) Schreibe einen Text zum Aralsee-Syndrom. Nutze den Sprachtipp.

4 Beurteile die Zukunft des Aralsees (T 2).

5 EXTRA MK
a) Informiere dich im Internet über weitere Beispiele der Gefährdung von Ökosystemen (z. B. Palmölplantagen, Colorado River, Bau des Assuan-Staudamms).
b) Beschreibe ein Beispiel nach dem Syndrom-Ansatz.

AFB I: 1, 2, 5 b II: 3, 5 a III: 4 AFB I: 1, 5 b II: 2, 3, 5 a III: 4 → Lösungshilfen ab S. 195

Nachhaltigkeit – vom Dreieck zum Viereck

Mit der Nutzung der Erde durch den Menschen sind vielfältige Herausforderungen verbunden: Ressourcenverbrauch, Klimaerwärmung, Umweltbelastung oder Verstädterung sind nur einige Beispiele. Wie müssen wir unser Verhalten für eine lebenswerte Zukunft verändern?

Gemeinsam Zukunft gestalten – der Zukunftsprozess „MünsterZukünfte 20|30|50"

Die Zukunft ist das, was wir alle gemeinsam daraus machen! Ganz im Sinne dieses Gedankens startet die Stadt Münster unter dem Leitthema „MünsterZukünfte 20|30|50" einen Zukunftsprozess.
Wie sieht das Leben in Münster 2020, 2030 oder 2050 aus? Bürgerinnen und Bürger, Wissenschaftlerinnen und Wissenschaftler, Wirtschaft, Verwaltung und Politik sind aufgerufen, gemeinsam Antworten auf wichtige Zukunftsfragen zu finden. „MünsterZukünfte" ist kein Diskurs für geschlossene Zirkel, keine Arena für die bekannten Interessenvertreter, sondern ein offenes Dialogangebot an alle Menschen in Münster!

Stadt Münster, Projektbüro MünsterZukünfte 20|30|50 (25.6.2020)

M1 Kampagne der Stadt Münster zur Stadtentwicklung

T1 Leitbild der nachhaltigen Entwicklung

Das Leitbild der nachhaltigen Entwicklung gibt uns eine Orientierung, wenn wir unser Verhalten beurteilen oder verändern wollen. Unser Ziel muss sein, die Bedürfnisse der gegenwärtigen Generation so zu befriedigen, dass auch die Bedürfnisse der zukünftigen Generationen nicht gefährdet werden.
Hierbei sind die Sicherung der natürlichen Lebensgrundlagen, die wirtschaftliche Leistungsfähigkeit und die soziale Gerechtigkeit gleichwertige Gesichtspunkte. Da das gegenwärtige Verhalten entscheidend für das Leben in der Zukunft ist, spricht man auch von „Generationengerechtigkeit" oder „globaler Gerechtigkeit".
In der Realität ist es oft schwierig, die Dimensionen Ökologie, Ökonomie und Soziales in Einklang zu bringen. Sehr häufig kommt es zu Interessenskonflikten. Soll z.B. im Rahmen der Stadtentwicklung eine Fläche aus ökonomischen Gründen für ein neues Industriegebiet verwendet werden, aus sozialen Gründen eher für den sozialen Wohnungsbau oder aus ökologischen Gründen gar nicht bebaut werden? Häufig ist bei der Raumentwicklung zu beobachten, dass wirtschaftliche Interessen zum Nachteil des Sozialen und der Umwelt im Vordergrund stehen.

T2 Das Nachhaltigkeitsviereck

Die Regierenden und damit die Politik nehmen bei der Gestaltung nachhaltigen Handelns eine wichtige Rolle ein. Einerseits sind es politische Steuerungsmöglichkeiten und Entscheidungen, die nachhaltige Entwicklungen voranbringen oder auch verhindern. Andererseits geht es um Politik im Sinne einer guten und demokratischen Regierungsführung. Aufgrund dieser besonderen Bedeutung der Politik wird das Nachhaltigkeitsdreieck (M 2) oft zu einem Nachhaltigkeitsviereck (M 3) erweitert.

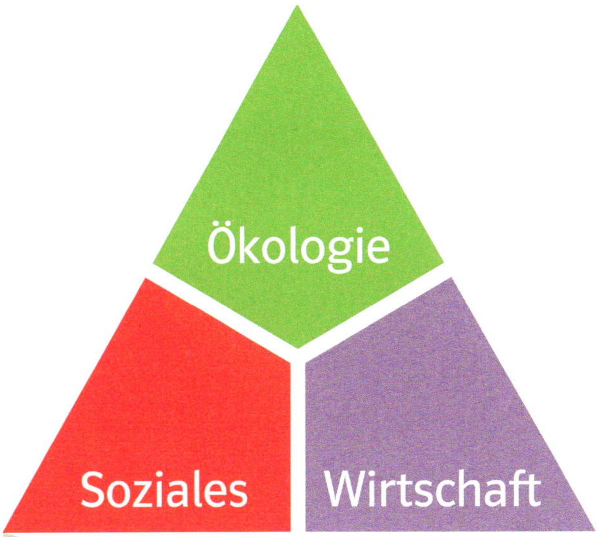

M2 Nachhaltigkeitsdreieck

M3 Nachhaltigkeitsviereck

Das Nachhaltigkeitsviereck kann als Werkzeug genutzt werden, um

- geographische Sachverhalte und Räume zu analysieren (z.B.: Warum schrumpft der Aralsee? Gibt es dafür soziale, wirtschaftliche, politische oder durch die Umwelt bedingte Gründe?);
- die Nachhaltigkeit von räumlichen Entwicklungen zu beurteilen (z.B.: Wurden bei dem Bau eines Stadtviertels alle Dimensionen gleichrangig berücksichtigt oder stand eine Dimension im Vordergrund?);
- selbst nachhaltig zu handeln (z.B.: Wie wirkt sich mein bzw. unser Handeln in den vier Dimensionen aus?).

T3 Erdkunde und Nachhaltigkeit

Nachhaltige Entwicklung ist ein zentrales Anliegen des Faches Erdkunde. Ziel ist es, raumbezogene Probleme der Welt besser zu verstehen, nicht nachhaltige Entwicklungen zu erkennen und darauf aufbauend nachhaltige Lösungen für Probleme aufzuzeigen. Die Themen dieses Schulbuches machen dies schnell deutlich.
Um eine lebenswerte Zukunft für alle Menschen zu ermöglichen, ist jeder Einzelne von uns gefordert, durch sein Verhalten einen Beitrag zu einer nachhaltigen Entwicklung zu leisten, z.B. bei der Wahl des Verkehrsmittels, beim Konsumieren oder durch politisches Engagement.

A / B

1 Beschreibe, welches Ziel die Stadt Münster mit ihrer Kampagne verfolgt (M1).

2 Erläutere das Leitbild nachhaltiger Entwicklung (T1).

2 (B) a) Bearbeite Aufgabe A2.
b) Erläutere, warum es hierbei häufig zu Interessenkonflikten kommt (T1).

3 Beschreibe den Unterschied zwischen dem Nachhaltigkeitsdreieck und dem Nachhaltigkeitsviereck (T2, M2, M3).

3 (B) Erkläre, warum man das Nachhaltigkeitsdreieck zum Nachhaltigkeitsviereck erweitert hat (T2, M2, M3).

4 Diskutiert die besondere Rolle der Politik für die Nachhaltigkeit (T2).

5 EXTRA Erläutere die Bedeutung des Faches Erdkunde beim Thema „nachhaltige Entwicklung“ (T3).

AFB I: 1, 3 II: 2, 5 III: 4 AFB I: 1 II: 2, 3, 5 III: 4 → Lösungshilfen ab S.195

Die Zukunft, die wir wollen

Der ökologische Fußabdruck verdeutlicht diejenige Fläche, die eine Person für ihre Lebensführung benötigt. Je größer der Fußabdruck ist, desto mehr schadet die Person ihrer Umwelt und Mitwelt. Doch mit einem Handabdruck können wir dem entgegenwirken.

M1 Der ökologische Fußabdruck

M2 Mein Ich im Konzept des Handabdrucks

Handabdruck

Srija, ein damals zehn Jahre altes Mädchen aus Hyderabad im Süden Indiens, tauchte ihre rechte Hand in orangene Farbe und drückte sie auf ein Poster. Mit diesem ersten „Handprint" erhielt die 2007 von der indischen Umweltbildungsorganisation konzipierte handlungsorientierte Idee ihr Symbol.

T1 Ökologischer Fußabdruck

Zum Leben benötigt der Mensch viel Fläche, z. B. für das Wohnen, den Verkehr, die Herstellung von Nahrungsmitteln und auch für Abfälle. Man bezeichnet die Fläche, die eine Person für ihre Lebensführung benötigt, als ihren **ökologischen Fußabdruck**. Er wird in der Maßeinheit „globaler Hektar pro Person" (gha/Kopf) gemessen.

Die Fläche, die ein Mensch oder eine Gesellschaft verbraucht, ist je nach Land sehr verschieden. Sie hängt vom Lebensstil bzw. vom Wohlstand in dem Land ab. Mit einem Verbrauch von 4,7 gha/Kopf liegt Deutschland deutlich über dem Weltdurchschnitt von 2,8 gha/Kopf (Stand: 2018).

T2 Der Handabdruck

Der Fußabdruck richtet den Blick auf die negativen sozialen und ökologischen Auswirkungen menschlichen Handelns. Doch wie kann dieser verkleinert werden? Hier setzt das Konzept des **Handabdrucks** an. Es richtet den Blick nicht auf das Fehlverhalten durch zu hohen Ressourcenverbrauch, sondern auf eine lösungsorientierte Handlung des Einzelnen. Der positive Beitrag jeder Person zu nachhaltigem Handeln ist beispielgebend für andere Menschen. Unter dem Slogan „Vergrößere deinen Handprint und reduziere deinen Footprint" verbinden sich beide Konzepte und motivieren so zur aktiven Teilhabe.

Den eigenen Handabdruck vergrößern

Es gibt viele Möglichkeiten, seinen Handabdruck zu vergrößern. Die Initiative kann von Einzelnen, von gesellschaftlichen Gruppen oder auch von Institutionen und Organisationen ausgehen. Dabei geht es um mehr als das reine Bewusstmachen und die Wissensvermittlung; es geht auch um Veränderungen durch konkretes Handeln im Kleinen wie im Großen. Im Folgenden werden drei konkrete Beispiele vorgestellt.

A

Natur- und Umweltschutz
Die Anwohnerinnen und Anwohner eines Wohnviertels fordern von ihren Stadträten einen Aktionsplan für ein fahrradfreundliches Viertel und eine fahrradfreundliche Stadt. Sie legen konkrete Vorschläge vor, z.B. überdachte Abstellmöglichkeiten, Fahrradstraßen, Radmitnahme-Möglichkeiten im ÖPNV, autofreie Tage etc., und reichen diese beim Stadtrat ein. Gleichzeitig mobilisieren sie durch verschiedene Informationsaktionen andere Bürgerinnen und Bürger für ihre Ideen. **Alexander Reif, Maria Heitfeld: Wandel mit Hand und Fuß, Germanwatch 2015, S. 14**

B

Förderung des lokalen Handels
Ein neues Shoppingcenter soll in der Stadt entstehen, doch dadurch könnte die Innenstadt aussterben. Eine Gruppe Aktiver sammelt Unterschriften in der Fußgängerzone und macht die Einwohner auf die Vorteile kleiner regionaler Geschäfte aufmerksam. Die Gruppe initiiert ein Bürgerbegehren und kann mit dem anschließend gewonnenen Bürgerentscheid den Bau der Mall verhindern. Dadurch profitiert langfristig auch die Stadt, da ein höherer Anteil der Wertschöpfung vor Ort bleibt und nicht wie bei großen Handelsketten in die Hand weniger Kapitalanleger fließt. **ebenda, S. 14**

C

Entwicklungszusammenarbeit
Der Verein „Hilfe für Togo“ setzt sechs Schwerpunkte in seiner Arbeit: Landwirtschaft und Aufforstung, Ausbildung und Förderung des Handwerks, Bau von Schulen und Kindergärten, medizinische Versorgung, Wasserversorgung und Infrastruktur sowie Transport von Hilfsgütern per Container. Viele ehrenamtliche Helferinnen und Helfer unterstützen den Verein, z.B. wenn es darum geht, Hilfsgüter zu sortieren, einen Container zu beladen oder auch in der Öffentlichkeitsarbeit. Andere ermöglichen durch ihre finanzielle Unterstützung ganz konkrete Projekte in Togo.

M3

A B

1 Der ökologische Fußabdruck
a) Beschreibe die Abbildung M1.
b) Erläutere, was man unter dem ökologischen Fußabdruck versteht (T1).

2 Erkläre das Konzept des Handabdrucks (T2).

2 a) Bearbeite Aufgabe A2.
b) Erläutere, welche Bedeutung das „Ich“ im Handabdruck-Konzept hat (M2).

3 Wähle eines der Beispiele aus M3 aus und stelle einen Zusammenhang zum Konzept des Handabdrucks her.

3 Vergleiche die Beispiele in M3 hinsichtlich der Ziele, Maßnahmen und Akteure.

4 EXTRA MK Mein eigener Fußabdruck
a) Bestimme deinen ökologischen Fußabdruck. Nutze den Linktipp im Terra-Code.
b) Nenne Möglichkeiten, wie du deinen ökologischen Fußabdruck verringern kannst.

→ Lösungshilfen ab S. 195

Die Zukunft nachhaltig gestalten

Im September 2011 startete der damalige Generalsekretär der Vereinten Nationen, Ban Ki-moon, die Kampagne „The future we want“. In deren Folge formulierte eine Arbeitsgruppe die 17 Ziele für nachhaltige Entwicklung, die sogenannten „Sustainable Development Goals“ (SDGs).

M1 Aktion „Die gute Schokolade“

17 Ziele zum Naschen

2011 hatten Kinder die Idee, durch den Verkauf eines Produkts Bäume zu pflanzen und somit etwas für unsere Zukunft zu tun. Das war die Geburtsstunde der Initiative „Plant-for-the-Planet“. Dabei kann jede und jeder mithelfen, den Kampf gegen die Klimakrise zu unterstützen. Denn für fünf verkaufte Tafeln Schokolade wird ein Baum gepflanzt. Schon nach elf Monaten war es die am meisten verkaufte Fairtrade-Schokolade in Deutschland. Seit 2020 gibt es sie auch im 17-Ziele-Look. Jedes einzelne Schokoladenstück stellt eines der 17 Ziele für nachhaltige Entwicklung dar.

M2 Ban Ki-moon, Generalsekretär der Vereinten Nationen 2007–2016

Indikatoren
Merkmale oder Anzeichen für eine bestimmte Entwicklung

T1 Entwicklungsziele 2030

Es ist kein Zufall, dass ausgerechnet in Äthiopien, einem der ärmsten Länder dieser Erde, die Auftaktveranstaltung für die nachhaltigen Entwicklungsziele stattfand. Die 17 Sustainable Development Goals (SDGs) wurden durch 169 Zielformulierungen (Indikatoren) konkretisiert. Alle 193 Mitgliedsstaaten der **Vereinten Nationen** stimmten dem umfassenden Programm zu. Sie verpflichteten sich, ihren jeweiligen Beitrag zur „Zukunft, die wir wollen“ zu leisten. Die Ziele des Programms sollen bis zum Jahr 2030 verwirklicht sein. Es trägt deshalb den Namen „Agenda 2030“ und soll wesentlich dazu beitragen, die Ungleichheiten in den Lebensbedingungen weltweit zu verringern. Ein zentrales Anliegen ist es, allen Menschen der Erde gute Lebensbedingungen zu ermöglichen. Das Leben soll weder von Krieg oder Angst noch von vermeidbaren Krankheiten oder Hunger geprägt sein. Der Schutz der Umwelt ist dabei ebenso wichtig wie wirtschaftlicher Erfolg, ein respektvolles gesellschaftliches Miteinander und eine gute Regierungsführung.

Die Vereinbarung legt fest, dass jedes Land im Rahmen seiner jeweiligen Zuständigkeitsbereiche diese Ziele verwirklichen muss. Jeder Staat, jede Gemeinde, jede gesellschaftliche Gruppierung und jeder Einzelne soll gleichberechtigt an diesem revolutionären Weiterentwicklungsprogramm teilnehmen und dazu beitragen, dass dies gelingt.

- nachhaltige Konsum- und Produktionsmuster sicherstellen
- natürliche Ressourcen nachhaltig und effizient nutzen
- Abfallaufkommen deutlich verringern
- nachhaltige Verfahren bei der öffentlichen Beschaffung fördern
- „nachhaltige Bildung“ für alle gewährleisten

M3 SDG 12: Nachhaltige/r Konsum und Produktion

M4 Das Gebäude der Vereinten Nationen in New York

Die Vereinten Nationen (UN)

Die Vereinten Nationen (United Nations) sind eine internationale Organisation. Mit 193 Ländern gehören heute fast alle Staaten der Welt den UN an. Die Mitgliedsstaaten verpflichten sich, durch internationale Zusammenarbeit für die Sicherung des Weltfriedens, die Einhaltung des Völkerrechts, den Schutz der Menschenrechte und die Förderung der internationalen Zusammenarbeit einzutreten. Ferner bieten die UN Unterstützung bei wirtschaftlichen, sozialen, humanitären und ökologischen Fragen.

T2 Das SDG-Portal

Im SDG-Portal werden die nachhaltigen Entwicklungsziele auf alle Gemeinden und Städte in Deutschland mit mehr als 5 000 Einwohnern angewendet. Das Ziel ist es, nachhaltige Entwicklungen anhand von Indikatoren aufzuzeigen und durch Praxisbeispiele Anregungen zu geben.

- Wie nachhaltig ist eine Kommune?
- Wo steht eine Kommune bei den für sie wichtigen Themen?
- Was wird für die Zukunft getan, auch im Vergleich zu anderen Kommunen?
- Wo kann eine Kommune von anderen etwas lernen?

Auf dem Portal lassen sich auch die Daten von zwei Gemeinden im Hinblick auf einzelne SDGs miteinander vergleichen. Beispielsweise verbrauchen die Einwohner von Dortmund 143 l Trinkwasser pro Person und Tag, die von Münster nur 119,3 l. In Dortmund erzeugt jeder Einwohner 2,3 t Abfall pro Jahr, in Münster nur 0,6 t. Durch die Vergleiche kann man leicht erkennen, wo die eigene Gemeinde im Entwicklungsprozess steht und wo künftig verstärkt Anstrengungen unternommen werden sollten.

A / B

1 Stelle einen Zusammenhang zwischen M1, M3 und M4 her.

2 (A) Beschreibe die zentralen Zielsetzungen der Agenda 2030 (T1).

2 (B) Ziele der Agenda 2030
a) Bearbeite Aufgabe A 2.
b) Begründe, warum es sich um ein herausragendes Programm der Vereinten Nationen handelt (T1).

3 Bearbeitet auf S. 16/17 Aufgabe 1 und 2.

4 MK SDG-Portal (Linktipp)
a) Wählt eine Gemeinde oder Stadt in der Nähe eures Wohn- oder Schulortes aus und entscheidet euch für eines der 17 SDGs.
b) Vergleicht die Gemeinde bzw. Stadt mit dem Landesdurchschnitt oder einer anderen Stadt bzw. Gemeinde.
c) Erläutert, inwiefern das SDG-Portal Nachhaltigkeit fördern kann (T2).

5 MK „Die gute Schokolade" (M1)
a) Informiert euch im Internet über die Erfolgsgeschichte (Linktipp).
b) Begründet, warum die Aktion ein gelungener Beitrag zu nachhaltiger Entwicklung ist.

Die 17 Ziele für nachhaltige Entwicklung

Die SDGs sind nicht nur für die nationale und regionale, sondern auch für die lokale Ebene von Bedeutung. Was soll sich bis 2030 durch die einzelnen Entwicklungsziele konkret verändern?

Die 17 Entwicklungsziele der Agenda 2030 und ausgewählte Zielvorgaben

- extreme Armut beenden
- nationale Armutsquoten halbieren
- Recht auf Zugang zu den Ressourcen (soziale Dienste, Grundeigentum etc.) für alle Männer, Frauen und Kinder

- Hunger beenden
- Mangelernährung beenden
- die landwirtschaftliche Produktivität verdoppeln und die Nachhaltigkeit der Nahrungsmittelproduktion sichern

- gesundes Leben für alle
- weltweit Müttersterblichkeit und Kindersterblichkeit senken
- Prävention von Suchtstoffmissbrauch (z. B. Alkohol) verstärken

- gleichberechtigte und hochwertige Schulbildung für alle
- Alphabetisierung aller Jugendlichen
- Bildung für nachhaltige Entwicklung und Lebensweisen sicherstellen

- alle Formen der Geschlechterdiskriminierung beenden
- Praktiken wie Kinder-, Früh- und Zwangsheirat beseitigen
- Chancengleichheit bei Führungsrollen

- nachhaltige Wasserversorgung und Entsorgung
- Wasserqualität weltweit verbessern
- Berge, Wälder, Feuchtgebiete, Flüsse, Grundwasserleiter und Seen schützen

- Zugang zu verlässlicher, nachhaltiger und moderner Energie sichern
- Anteil erneuerbarer Energie erhöhen
- Energieeffizienz fördern und verdoppeln

- dauerhaftes und nachhaltiges Wirtschaftswachstum fördern
- jährliches Wirtschaftswachstum von mindestens 7 % in den am wenigsten entwickelten Ländern aufrechterhalten

- widerstandsfähige Infrastruktur und nachhaltige Industrialisierung
- Anteil der Industrie an der Beschäftigung und am Bruttoinlandsprodukt erheblich steigern

M1 Die 17 Entwicklungsziele der Agenda 2030 und ausgewählte Zielvorgaben

- Ungleichheit in und zwischen Ländern verringern
- höheren Wohlstand der ärmsten 40 % der Menschen erreichen
- Regulierung der Finanzmärkte verstärken

- Maßnahmen zur Bekämpfung des Klimawandels und seiner Auswirkungen ergreifen
- Anpassungskapazitäten gegenüber klimabedingten Gefahren stärken

- friedliche und inklusive Gesellschaften aufbauen
- Gewalt und gewaltbedingte Sterblichkeit deutlich verringern
- Korruption und Bestechung reduzieren

- Städte und Siedlungen sicher, widerstandsfähig und nachhaltig gestalten
- Zugang zu bezahlbarem Wohnraum sicherstellen
- Slums sanieren

- Ozeane, Meere und Meeresressourcen erhalten
- Meeresverschmutzung erheblich verringern
- die Überfischung beenden

- die globale Partnerschaft für nachhaltige Entwicklung mit neuem Leben füllen
- Mobilisierung der einheimischen Ressourcen verstärken

- nachhaltige Konsum- und Produktionsmuster sicherstellen
- natürliche Ressourcen nachhaltig und effizient nutzen
- Abfallaufkommen deutlich verringern

- Landökosysteme schützen bzw. wiederherstellen
- Entwaldung beenden, geschädigte Wälder wiederherstellen
- Wüstenbildung bekämpfen

Nach Georg Krämer / Michael Lesemann: 17 Ziele für eine zukunftsfähige Welt. Bielefeld: Welthaus e.V. 2016, S. 20 (gekürzt)

1 MK

Jeder Lernpartner bearbeitet ein nachhaltiges Entwicklungsziel. Achtet darauf, dass alle 17 SDGs mindestens einmal in der Klasse vergeben sind.

a) Erläutert euch gegenseitig die Ziele eures SDGs. Verwendet hierzu auch den Linktipp.

b) Nennt konkrete Maßnahmen, wie die Ziele erreicht werden können.

2

SDGs präsentieren:

a) Erstellt für eure beiden SDGs eine PowerPoint-Präsentation.

b) Stellt eure Ergebnisse den anderen Gruppen vor.

c) Beurteilt eure Präsentationen. Geht dabei ein auf:
- den Informationsgehalt,
- die Erfüllung der gestellten Aufgabe und
- die Gestaltung (Lesbarkeit, ansprechende Form).

AFB I: 1b II: 1a III: 2 → Lösungshilfen ab S. 195

2

Eine Welt – ungleiche Welt

M1 Arm neben Reich in der mittelamerikanischen Hauptstadt Panama

Wir alle leben zwar in einer gemeinsamen Welt, doch sie ist voller Gegensätze: Armut neben Wohlstand; Länder, in denen Hunger herrscht, und Länder mit purem Überfluss.

Die Schere zwischen Arm und Reich scheint immer größer zu werden, die Ungleichheit wächst. Wie lassen sich die Unterschiede messen und vergleichen? Was sind ihre Ursachen? Welche Möglichkeiten gibt es, sie zu überwinden?

M2 Bildung – Schlüsselqualifikation gegen Armut (Indien)

Leben in verschiedenen Welten

Wohnen gehört zu den Grundbedürfnissen des Menschen. Gut zu wohnen ist jedoch nicht selbstverständlich. Vielmehr gibt es auf der Erde ganz unterschiedliche Lebensverhältnisse – sowohl innerhalb von Staaten als auch global.

M1 Im Slum von Manila (Philippinen)

M3 Modernes Wohnen in der Metropolregion Manila

Metropolregion
Region, die aus einer wirtschaftlich und politisch bedeutenden Millionenstadt und ihrem Umland besteht

Ungleiche Wohnbedingungen

Saya ist 15 Jahre alt und lebt in der Metropolregion Metro Manila. Manila ist Hauptstadt und wirtschaftliches Zentrum der Philippinen. In der Metropolregion leben über 13 Millionen Menschen auf engstem Raum. Viele von ihnen sind vom Land in die Stadt gezogen in der Hoffnung, am Wirtschaftswachstum ihres Landes teilhaben zu können. Zu ihnen gehört auch Sayas Familie.
Doch der Bau von Wohnungen hält nicht mit dem Zuzug der vielen Menschen Schritt. So sind Millionen von ihnen gezwungen, in einem der zahlreichen Slumviertel zu leben. Im Slum von Tondo, dem größten der Stadt, hat auch die Familie von Saya eine Unterkunft gefunden. Hier gibt es jedoch kein sauberes Trinkwasser, keinen Strom und keine sanitären Einrichtungen.
Dagegen wohnt Armeda, ebenfalls 15 Jahre alt, mit ihren Eltern in einer der modernen Wohnsiedlungen am Rande der Stadt. Die 117 m^2 große Eigentumswohnung besteht aus einer großen Küche, drei Schlafzimmern und zwei Badezimmern. In der Siedlung selbst befindet sich ein großer Gemeinschaftspool.
24 Stunden am Tag ist ein Sicherheitsdienst für die Bewohner da.
Wie in Metro Manila findet man überall auf der Welt ungleiche Lebens- und Wohnverhältnisse, von der Obdachlosigkeit bis zum Wohnen in luxuriösen Siedlungen – so auch in den USA. Nachdem John, wie viele andere US-Amerikaner, wegen der Corona-Pandemie seinen Job im Filmstudio verloren hatte, konnte er die Miete für seine teure Wohnung nicht mehr bezahlen. Vergebens suchte er nach einer billigeren Unterkunft in Los Angeles. Letztlich blieb ihm nur noch ein Zelt auf der Straße.

M2

M4 Wohnen auf der Straße in Los Angeles (USA)

M5 Wohnsiedlung in Los Angeles

T1 Gespaltene Welt – gespaltene Gesellschaft

Staaten mit einem geringen Lebensstandard – vor allem in Afrika, aber auch in Asien – bezeichnen wir als **Entwicklungsländer**, Staaten mit einem hohen Lebensstandard – z.B. in Europa oder Nordamerika – dagegen als **Industrieländer.** Doch nach welchen Kriterien kann man Staaten in Entwicklungsländer und Industrieländer einteilen? Bei dem Begriff „Entwicklungsland" denkt man in erster Linie an Armut. Hier ist **absolute Armut** gemeint, bei der sich die Menschen die erforderliche Nahrung und andere lebenswichtige Bedarfsartikel nicht bzw. kaum leisten können. Man darf allerdings nicht übersehen, dass es Armut auch in den hoch entwickelten Ländern gibt.

So wird bei uns in Deutschland eine wachsende Spaltung der Gesellschaft kritisiert, verbunden mit einer beständigen Zunahme von **relativer Armut.** Relative Armut ist die Armut im Vergleich zum jeweiligen sozialen Umfeld der Menschen. Sie macht sich vor allem durch fehlendes Geld bemerkbar, um an sozialen Aktivitäten teilzuhaben. **Disparitäten** gibt es folglich nicht nur global, sondern auch innerhalb von Staaten.

Der eigentliche wirtschaftliche und soziale Stand eines Landes wird mithilfe von Entwicklungsindikatoren gemessen. Hierzu gehören Kennzahlen zur medizinischen Versorgung, Ernährung, Bildung, Infrastruktur und Wirtschaftskraft.

→ Einteilung der Länder nach dem Human Development Index Seite 30

Disparität
Ungleichheit, Verschiedenheit

A
B

1
Ungleiche Wohnbedingungen
a) Beschreibe die Fotos M1, M3–M5.
b) Ordne die Wohnbedingungen den drei Personen in M2 zu.

2 SP
a) Lies T1. Mache dir Notizen.
b) Erkläre Partner/in B, was mit „gespaltener Welt" und „gespaltener Gesellschaft" gemeint ist.

2 SP
a) Lies T1. Mache dir Notizen.
b) Erkläre Partner/in A die Begriffe „absolute Armut" und „relative Armut".

3 MK
a) Sind M3 und M4 typische Darstellungen für Manila und Los Angeles? Recherchiere im Internet unter den Stichworten „Arm und Reich in ..." oder „Wohnen in ..." und hinterfrage die Darstellung in den Medien.
b) Welcher Eindruck könnte über die Philippinen und die USA entstehen, wenn nur die Fotos M1 und M5 abgebildet worden wären? Nimm Stellung.

4 EXTRA
„Wohnen ist ein Grundbedürfnis des Menschen." Begründe diese Aussage.

AFB I: 1a II: 1b–3a, 4 III: 3b AFB I: 1a II: 1b–3a, 4 III: 3b

→ Lösungshilfen ab S.195

3 GESUNDHEIT UND WOHLERGEHEN

6 SAUBERES WASSER UND SANITÄR-EINRICHTUNGEN

Gesundheit – Voraussetzung für ein langes Leben

Alle 30 Sekunden stirbt in Afrika ein Kind an Malaria. Nur eine Impfung schützt vor dieser und anderen Infektionskrankheiten. Doch medizinische Versorgung ist nicht überall selbstverständlich.

T1 Gesundheit – eine Frage des Geldes?

Der Zugang zu medizinischer Versorgung ist für viele Menschen in den Entwicklungsländern schwierig. Deutlich wird dies beim Vergleich mit reicheren Ländern. Arme Länder weisen beispielsweise hohe Werte bei der Mütter- und Kindersterblichkeit auf. In den reichen Ländern sind diese Werte dagegen niedrig.

M1 Mütter warten auf die Impfung ihrer Babys.

In den Entwicklungsländern fehlen vielerorts Krankenhäuser und ausgebildetes Personal. Familien müssen für Arztbesuche und Medikamente bis zu einem Drittel ihres Haushaltseinkommens aufwenden. Infektionskrankheiten wie Malaria, Polio und Tuberkulose schaffen somit auch neue Armut.

Die Hauptursache für die unzureichende medizinische Versorgung in den Entwicklungsländern ist also Armut, die auf dem Land und in den Slums besonders groß ist. Aber auch andere Faktoren wie kriegerische Konflikte oder Naturkatastrophen können sich negativ auf die Gesundheitslage eines Landes auswirken.

Bis 2030 möchte die **Weltgesundheitsorganisation (WHO)** diese Ungleichheiten beseitigen. Damit bleibt die Verbesserung der Gesundheitssituation in der Welt eines der Kernziele der Agenda 2030 für nachhaltige Entwicklung (SDG 3). Doch bis dieses Ziel erreicht ist, gilt statistisch gesehen: Wer arm ist, muss früher sterben.

WHO
(World Health Organization) Weltgesundheitsorganisation der Vereinten Nationen (UN)

D.R. Kongo
Demokratische Republik Kongo

Malaria in der Demokratischen Republik Kongo

Bevor die Fahrt losgeht, wird die zweijährige Aluma notdürftig in Decken eingepackt und im Kanu verstaut. Bis zum nächstgelegenen Krankenhaus liegen zwei Stunden Paddeln und eine halbe Stunde Fußmarsch vor den Eltern von Aluma. Ein nicht endendes Wimmern dringt aus dem kleinen Bündel – Aluma leidet an Malaria, der Haupttodesursache der Kinder unter fünf Jahren in Afrika.

Malaria wird durch eine Stechmücke übertragen und verursacht Fieber und Schüttelkrämpfe. Ohne medizinische Behandlung führt die Krankheit bei Kleinkindern sehr häufig zum Tod. In der D.R. Kongo hat sie sich gefährlich stark ausgebreitet. Vor allem die Abgeschiedenheit der Dörfer führt dazu, dass Kinder sterben, bevor sie ein Krankenhaus erreichen. Medikamente, um Malaria zu bekämpfen, gibt es. Jedoch können sich viele Menschen diese Medikamente nicht leisten.

M2

	D. R. Kongo	Ghana	Indien	VR China	USA	Deutschland
Einwohner pro Arzt, 2019	11 111 (2013)	9 434	1 078	505	384 (2018)	233 (2018)
Säuglingssterblichkeit pro 1 000 Lebendgeborenen, 2019	66,1	33,9	28,3	6,8	5,6	3,2
Anteil der Bevölkerung mit Zugang zu sanitären Einrichtungen, 2017 in %	20,5	18,5	59,5	84,8	100,0	99,2
Anteil der Bevölkerung mit Zugang zu sauberem Trinkwasser, 2017 in %	22,8	67,5	91	86,2	97,0	100,0
Lebenserwartung in Jahren, 2019	62,4	66,3	70,8	77,4	78,5	81,7

M3 Gesundheitsvorsorge und Lebenserwartung ausgewählter Staaten

SP Tipp

Die Tabelle auswerten
→ Aufgabe 4

- In … versorgt ein Arzt … Einwohner, dagegen in … nur … Einwohner.
- Im Vergleich zu … haben in … nur … Menschen Zugang …
- Dies hat zur Folge, dass …

T2 Mangelware sauberes Trinkwasser

Jeder Mensch hat ein Recht auf gesundes Trinkwasser. Doch: „Weltweit haben aktuell 2,2 Milliarden Menschen keinen Zugang zu sicherem Trinkwasser. 4,2 Milliarden Menschen – also mehr als 55 Prozent der Weltbevölkerung – haben keine sicheren Sanitäranlagen“, warnen die Vereinten Nationen (UN) im Weltwasserbericht 2020. Dadurch sind vor allem in den Entwicklungsländern Krankheiten, die im Zusammenhang mit verunreinigtem Wasser stehen (z. B. Cholera), weit verbreitet. Wirksame Abhilfe können nur der Zugang zu sauberem Trinkwasser und die Einrichtung sanitärer Anlagen bringen – wichtige Ziele für nachhaltige Entwicklung der Agenda 2030 (SDG 6).

Polio – von 125 auf 2

Im Jahr 1988 startete die Initiative „Global Polio Eradication“. Ziel war es, Polio (auch Kinderlähmung genannt) durch Schutzimpfungen weltweit auszurotten. Bis dahin trat Polio in mehr als 125 Ländern auf und infizierte täglich 1 000 Kinder. Folgen der Erkrankung sind Lähmungen der Beine und Füße. Oft führte diese Viruserkrankung sogar zum Tod. Die Investition von mehr als 17 Milliarden US-Dollar bewirkte bis 2020 den Rückgang von Polio um 99,99 %. Die letzten beiden Länder mit vermehrten Neuinfektionen waren 2020 Afghanistan und Pakistan. Mit weiteren vier Milliarden US-Dollar sollen auch sie von Polio befreit werden.

M4

eradication
engl. = Ausrottung/ Beseitigung (z. B. einer Krankheit)

A / B

1 Der Text M 2 zeigt zwei Probleme der Gesundheitsversorgung in der D. R. Kongo auf. Erläutere diese.

2 (A) Nenne Ursachen und Folgen mangelnder medizinischer Versorgung in armen Ländern (T1).

2 (B) Gesundheit – eine Frage des Geldes? Begründe die Überschrift mithilfe von T1.

3 (A) Arbeite wichtige Daten aus dem Weltwasserbericht der Vereinten Nationen heraus (T2).

3 (B) Begründe, weshalb sauberes Trinkwasser und sanitäre Einrichtungen Ziele für nachhaltige Entwicklung der UN sind (T2).

4 SP Arbeite mit Tabelle M 3:
a) Vergleiche die ärztliche Versorgung und den Zugang zu sauberem Trinkwasser sowie sanitären Einrichtungen in den sechs Staaten.
b) Erkläre, wie die unterschiedliche Lebenserwartung in den Ländern zustande kommt.

5 EXTRA Erläutere die Überschrift in M 4.

MK Mit einem WebGIS arbeiten

Navigationssysteme im Auto, Online-Karten auf dem Handy, Wetterkarten im Fernsehen – nahezu alle Karten basieren auf Geographischen Informationssystemen (GIS). Mit einem WebGIS kannst du selbst geographische Informationen mit räumlichem Bezug abrufen und auswerten.

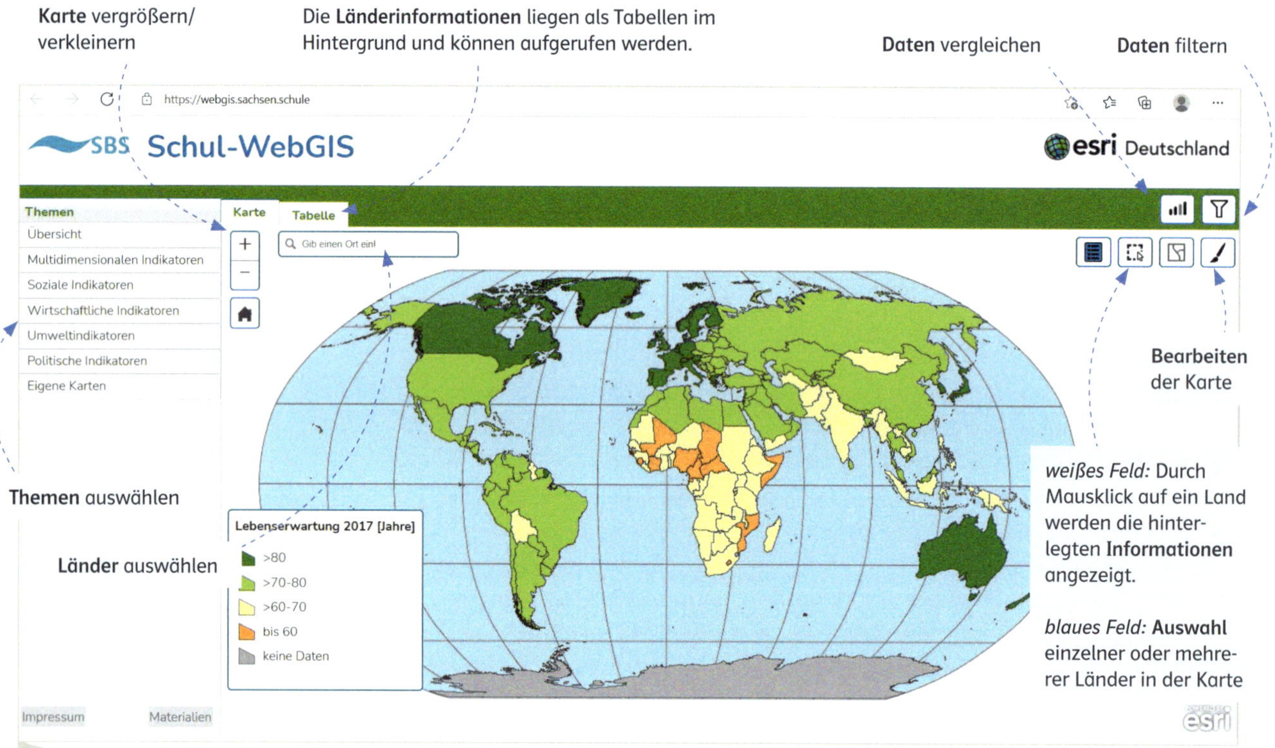

M1 Lebenserwartung in Jahren (2017)

GIS
Geographische Informationssysteme ermöglichen das Erfassen, Verarbeiten und Präsentieren von räumlichen Informationen.

T1 Was ist ein WebGIS?

Hinter einem WebGIS steht eine riesige Menge an räumlichen Daten. Diese Daten können abgefragt, analysiert und in einer Karte grafisch aufbereitet dargestellt werden. Mit wenigen Klicks kannst du die gewünschten Informationen für deine Karte auswählen. Bekannte Beispiele für WebGIS sind Google Earth oder Google Maps. Da WebGIS internetbasiert funktionieren, können sie von überall bedient werden.

T2 Das Schul-WebGIS

Das hier verwendete Schul-WebGIS (siehe Linktipp) hat Daten zu verschiedenen Themen aus den Bereichen Soziales, Wirtschaft, Umwelt und Politik gespeichert.

Mit dem Schul-WebGIS ist es z. B. möglich, die Lebenserwartung der Menschen in allen Ländern der Erde in einer thematischen Karte darzustellen (M 1) und die Daten der einzelnen Länder in eine Excel-Tabelle zu exportieren.
Darüber hinaus kann man mithilfe eines Abfragemanagers Daten suchen oder filtern und sich die Ergebnisse in einer Karte anschauen.
Für alle Abfragen ist es notwendig, genaue Bedingungen zu formulieren, die dann in den Abfragemanager (im Schul-WebGIS „Daten filtern“ genannt) eingegeben werden. Alle Länder, auf die die Bedingungen zutreffen, werden dann auf der Karte angezeigt und in einer „Treffertabelle“ ausgegeben.

1. Schritt: Das WebGIS kennenlernen

Verwende den Linktipp und öffne das Schul-WebGIS. Nutze die Anleitung in M 1 und probiere folgende Werkzeuge aus: Themen auswählen, Karte vergrößern/verkleinern, Länder suchen.

2. Schritt: Eine Fragestellung formulieren

Überlege, zu welchem Thema du Informationen aus dem WebGIS abrufen und in einer Karte darstellen möchtest.
Z. B.: In welchen Staaten Afrikas ist die Lebenserwartung am höchsten?

3. Schritt: Einzelne Werte abfragen

Mit einem Mausklick auf ein Land kannst du die hinterlegten Informationen abfragen, z. B.: Wie hoch ist die durchschnittliche Lebenserwartung in Äthiopien?

- Aktiviere das Thema „Lebenserwartung“ unter „Soziale Indikatoren“.
- Klicke in der Karte auf Äthiopien (M 2).

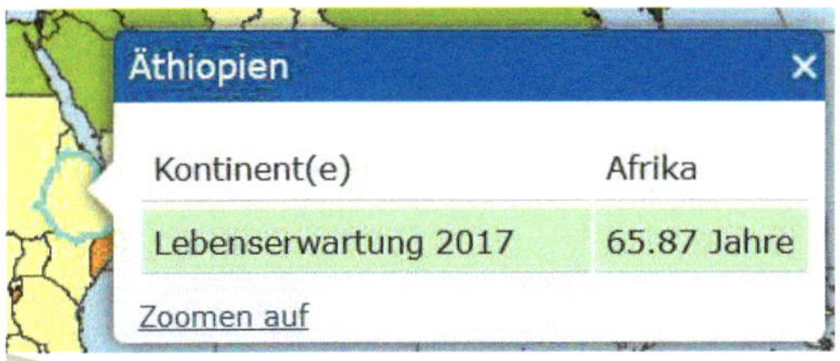

M2 Lebenserwartung in Äthiopien

4. Schritt: Länder mit Werten filtern

Mithilfe des Abfragemanagers kannst du Daten nach bestimmten Kriterien filtern.

- Klicke auf das Symbol „Daten filtern“.
- Wähle den Indikator „Lebenserwartung“ .
- Lege die Bedingungen im Abfragefeld fest, indem du die passende Relation und den Grenzwert eingibst.
- Klicke auf „Anwenden“ (M 3).

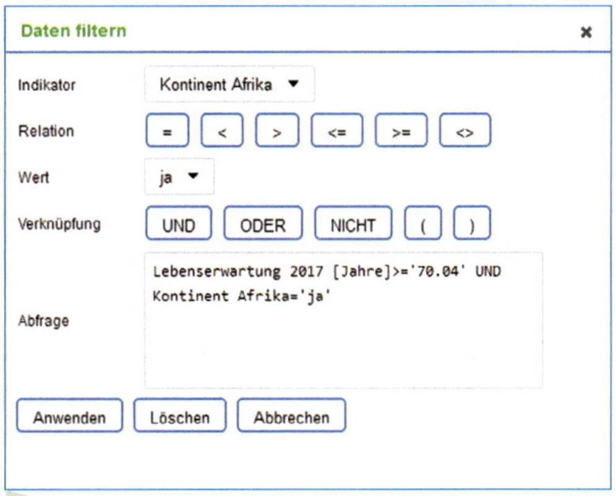

M3 Abfragemanager mit zwei Bedingungen

5. Schritt: Ergebnisse betrachten

In der Karte werden alle Länder, auf die die Abfrage zutrifft, blau eingefärbt.

- Klicke die Länder einzeln an, um die Länderdaten zu sehen.
- Mit einem Klick auf „Tabelle“ werden die Daten für alle Länder angezeigt.
- Klicke auf „Nur Auswahl anzeigen“, damit nur die Länder mit den festgelegten Indikatoren angezeigt werden (M 4).

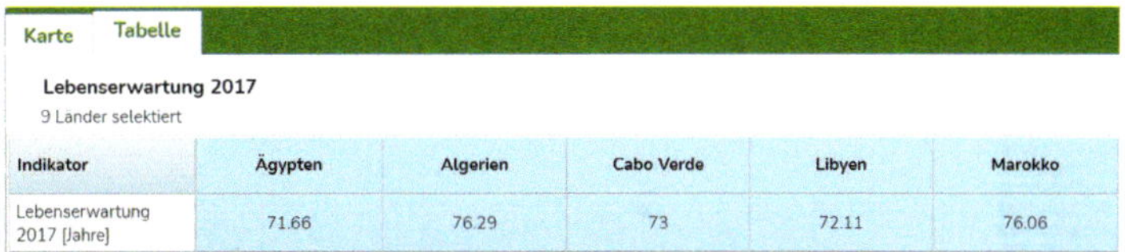
Karte | Tabelle

Lebenserwartung 2017
9 Länder selektiert

Indikator	Ägypten	Algerien	Cabo Verde	Libyen	Marokko
Lebenserwartung 2017 [Jahre]	71.66	76.29	73	72.11	76.06

M4 Auszug aus der Treffertabelle: Länder in Afrika mit einer Lebenserwartung über 70 Jahren

6. Schritt: Fragestellung beantworten

Beantworte deine Fragestellung, indem du z. B. einzelne Länder nennst oder die räumliche Verteilung auf einem Kontinent bzw. auf der Erde beschreibst.

Indikator
Merkmal, das auf einen Zustand hinweist, z. B. die Lebenserwartung in einem Land

Relation
drückt aus, ob die Beziehung zwischen einem Indikator und einem Zahlenwert kleiner (<), gleich (=) oder größer (>) ist

1
Führe zur Fragestellung „In welchen Staaten Afrikas ist die Lebenserwartung am höchsten?“ die Schritte 3 – 5 durch.

2 EXTRA
Arbeite mit dem Schul-WebGIS (Terra-Code) und wende die Schritte auf die folgende Aufgabe an:
Finde heraus, in welchen Kontinenten die Mehrheit der Staaten ein Bruttonationaleinkommen (BNE) von über 30 000 US-Dollar pro Kopf hat.

3 EXTRA
Arbeite mit dem Schul-WebGIS (Terra-Code) und mit dem Tabellenkalkulationsprogramm Excel.
a) Stelle jeweils fünf Staaten dar, die das höchste bzw. das niedrigste Bruttonationaleinkommen (BNE) haben.
b) Vergleiche das Ergebnis mit der Lebenserwartung in diesen Staaten und erkläre den Zusammenhang zwischen Bruttonationaleinkommen und Lebenserwartung.

AFB II: 1 – 3 → Lösungshilfen ab S. 195

2 KEIN HUNGER

Hunger da – Überfluss dort

Jeder Mensch hat ein Recht auf ausreichend Nahrung. Trotzdem gibt es Hunger. In Afrika hungern Kleinbauern, obwohl sie selbst Nahrungsmittel herstellen. Die Gründe sind vielfältig – und Lösungen erfordern gemeinsames Handeln.

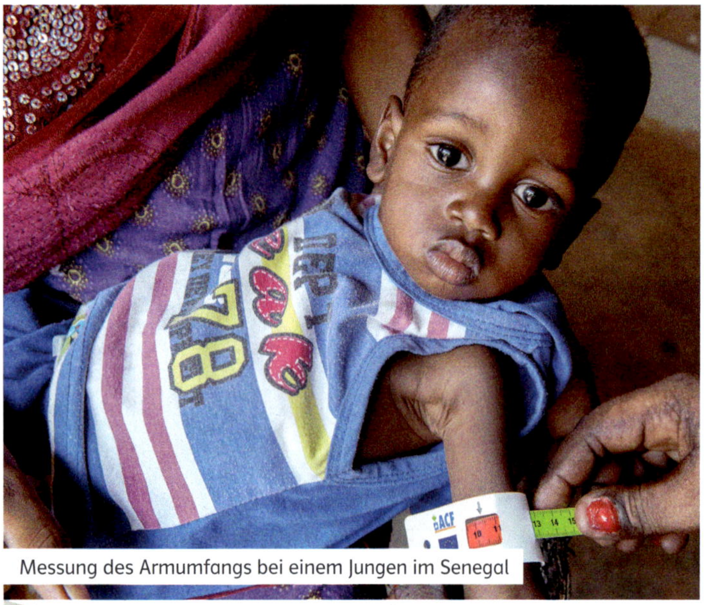

Messung des Armumfangs bei einem Jungen im Senegal

M1 Mit dem MUAC-Armband kann der Ernährungszustand von Kleinkindern mithilfe von drei Farben festgestellt werden.
Grün: ausreichend ernährt, Gelb: unterernährt, Rot: akut unterernährt

Somalia

ist etwa doppelt so groß wie Deutschland. Wichtigste Lebensgrundlage ist die Landwirtschaft. Doch viele Flächen können nicht bewirtschaftet werden, denn seit vielen Jahren herrscht in Somalia Bürgerkrieg. Dadurch ist die Infrastruktur fast vollkommen zerstört. Millionen Menschen sind auf der Flucht und haben kaum Zugang zu Nahrung, Trinkwasser, Bildung und zur Gesundheitsversorgung. Auch durch Dürren sinkt die Lebensmittelproduktion stark. Dadurch geht nicht nur die Getreideproduktion zurück. Auch Viehzüchter verlieren ihren Lebensunterhalt, wenn ihre Herde aus Mangel an Futter stirbt. Darum treibt es viele Menschen aus ländlichen Gebieten in die Städte.

M2

Kilokalorien (kcal)
Maßeinheit, die den Energiegehalt von Nahrungsmitteln angibt. International gilt inzwischen die Einheit Joule (J), die Angabe kcal ist aber weiter gebräuchlich. 1 kcal = ca. 4,187 kJ. Allgemein wird nur von Kalorien gesprochen.

T1 Wie viel Nahrung braucht der Mensch?

Jeder erwachsene Mensch braucht täglich zwischen 1700 und 1900 Kilokalorien, um zu überleben. Wenn es weniger sind, leidet der Mensch an **Unterernährung**. In den ärmsten Staaten stehen durchschnittlich 2100 Kalorien am Tag zur Verfügung. Allerdings fehlen trotz ausreichender Kalorienzahl oft lebenswichtige Nahrungsbestandteile wie Eiweiße, Fette, Mineralien und Vitamine. Dies bezeichnet man als **Mangelernährung**.
In den reichen Industriestaaten stehen den Menschen durchschnittlich 3400 Kalorien am Tag zur Verfügung. Im Gegensatz zu den armen Ländern ist dort **Überernährung** ein Problem. Das bedeutet, dass dem Körper mehr Kalorien zugeführt werden, als er benötigt. Die Folge ist Übergewicht oder sogar Fettleibigkeit.

T2 Den Hunger beenden

Die Sonderberichterstatterin der Vereinten Nationen (UN) für das Recht auf Nahrung hat gefordert, dass nicht mehr die industrielle Landwirtschaft für den Weltmarkt, sondern eine nachhaltige, kleinbäuerliche Landwirtschaft gestärkt werden soll. Mehrere Millionen afrikanische Bauern beteiligen sich an Projekten mit diesem Ziel. Ein Beispiel ist das „Malawi Farmer to Farmer Agroecology Project" (MAFFA). Dabei geben Bauern untereinander Wissen zu nachhaltigen Anbaumethoden weiter. Sie bauen z. B. Pflanzen an, die widerständig gegen Trockenheit sind. Das verringert das Risiko für Ernteausfälle. Andere Pflanzen enthalten wichtige Vitamine für eine ausgewogene Ernährung. Die Bauern geben auch Wissen darüber weiter, wie sie Pflanzen so zusammen anbauen können, dass Schädlinge vertrieben werden. Dann benötigen die Pflanzen keine giftigen und teuren Pestizide.

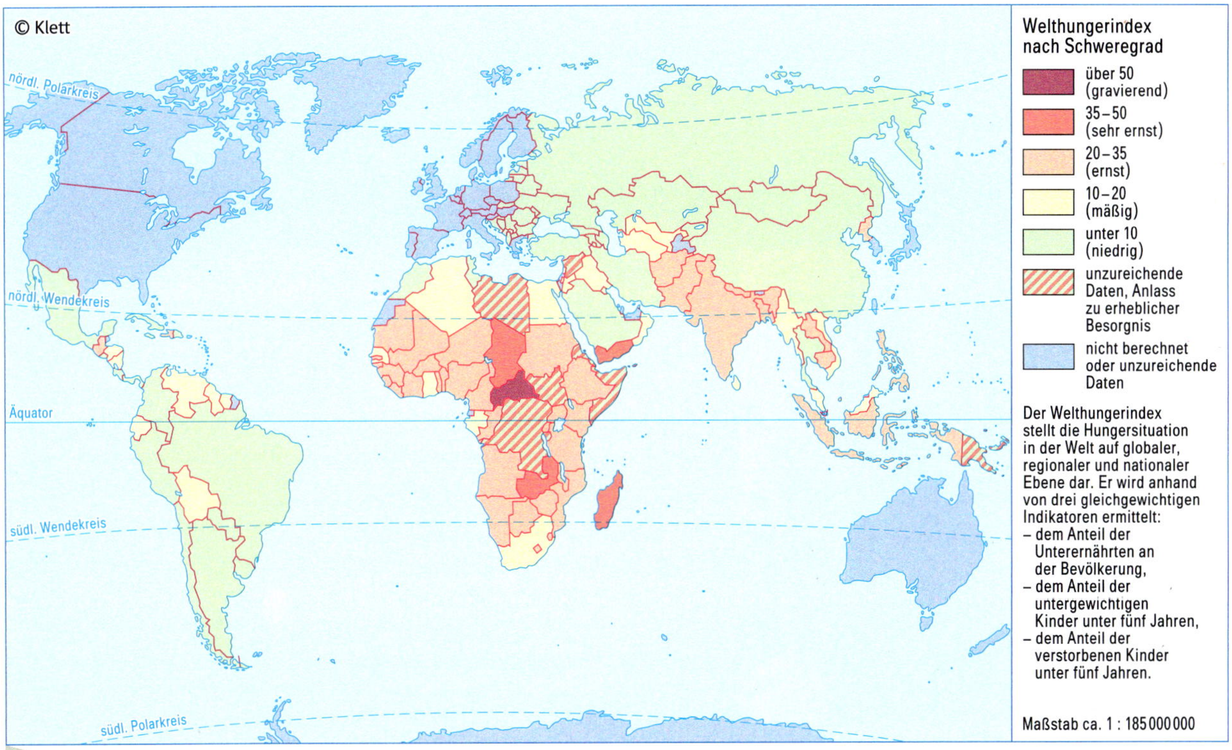

M3 Welthungerkarte 2019 nach Schweregrad

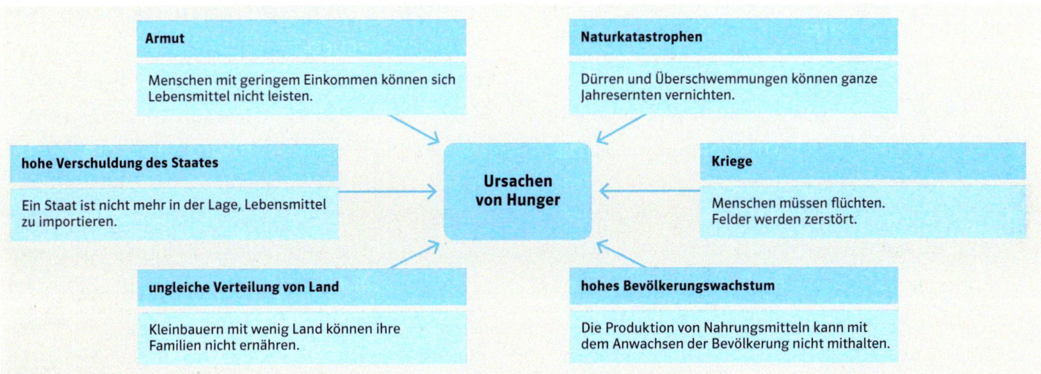

M4 Ursachen von Hunger

A 1 Erläutere den Ernährungszustand des Kindes in M1 mithilfe des MUAC-Tests.

A 2 Unterernährung, Mangelernährung, Überernährung
a) Erkläre die Begriffe (T1).
b) Beschreibe, auf welchen Kontinenten Hunger ein ernstes Problem ist (M3).

B 2
a) Bearbeite Aufgabe A2.
b) Erläutere am Beispiel Somalias Gründe für und Folgen von Hunger (M2).

A 3 Beschreibe das Projekt „Malawi Farmer to Farmer Agroecology“ (MAFFA) (T2).

B 3 Begründe, weshalb das Projekt „Malawi Farmer to Farmer Agroecology“ (MAFFA) dazu beiträgt, Ziel 2 der UN für nachhaltige Entwicklung zu erreichen (T2).

4 Ursachen von Hunger (M4): Notiere zu drei ausgewählten Ursachen mögliche Maßnahmen zur Bekämpfung.

5 EXTRA Verbraucher/innen in Deutschland werfen durchschnittlich 75 kg Lebensmittel pro Jahr weg. Diskutiert über diesen Wert. Sprecht über die Ursachen und Gegenmaßnahmen.

4 HOCHWERTIGE BILDUNG

Bildung als Chance

Weltweit können nach Schätzungen der UNESCO mehr als 750 Millionen Menschen weder lesen noch schreiben. Das NRW-Partnerland Ghana setzt seit Jahren auf gute Schulbildung und weiß, warum.

Eine Schülerin in Ghana berichtet über ihre Schullaufbahn

Ich heiße Ayana, bin 15 Jahre alt und wohne in Tema in Ghana, 25 km östlich von unserer Hauptstadt Accra. Bei uns gibt es eine Schulpflicht bis zur neunten Klasse und der Schulbesuch ist bis dahin eigentlich kostenlos. Doch es fallen trotzdem Gebühren an und nicht alle Eltern können das Geld z. B. für Bücher und die Schuluniform aufbringen. Darunter leiden v. a. Mädchen.
Bei uns in Ghana besuchen wir zuerst sechs Jahre die Primary School und dann drei Jahre die Junior High School. Die höhere Schule, die Senior High School, können sich meine Eltern nicht leisten. Wenn ich mit der Schule fertig bin, möchte ich Erzieherin in einem Kindergarten werden.

M1

UNESCO
Organisation der UN für Erziehung, Wissenschaft und Kultur

Analphabet
ein Mensch älter als 15 Jahre, der nicht lesen oder schreiben kann

Bildung in Ghana

Ghana gilt in Sachen Bildung als vorbildlich. Im Vergleich zu anderen afrikanischen Staaten ist der Anteil der Analphabeten niedrig. Doch nicht selten wird die Schulpflicht unterlaufen, v. a. viele Mädchen können daher nicht schreiben und lesen. Mit der Kampagne „Eltern, schickt eure Töchter zur Schule“ startete die ghanaische Regierung bereits 1997 eine landesweite Initiative – mit mäßigem Erfolg. Mit gezielter Aufklärung und Werbung für die Schulbildung der Mädchen versucht Ghana nun, die Stellung der Frau zu stärken und die wirtschaftliche Entwicklung des Landes voranzubringen.

M3

	Alter	Mädchen	Jungen
kein Schulbesuch: a) Grundschule b) weiterführende Schule	 6–11 Jahre 12–17 Jahre	 34 Mio. 30 Mio.	 29 Mio. 31 Mio.
ohne Schulbesuch, Weiterbildung oder bezahlte Beschäftigung	15–19 Jahre	25 %	10 %
Analphabeten	15–24 Jahre	58 Mio.	44 Mio.

M2 Geschlechterungleichheit weltweit, 2019

T1 Bildung ist nicht selbstverständlich

Weltweit besuchen rund 63 Millionen Kinder im Grundschulalter keine Schule. Etwa die Hälfte dieser Kinder lebt in afrikanischen Ländern südlich der Sahara, etwa ein Viertel in Süd- und Westasien. Hinzu kommen rund 200 Millionen Jugendliche bzw. junge Erwachsene aus aller Welt, die keinen Zugang zu Bildung haben. Mindestens 750 Millionen Menschen über 15 Jahre sind **Analphabeten**, etwa zwei Drittel von ihnen sind Frauen. In den ländlichen Regionen der Entwicklungsländer ist die Situation besonders problematisch.
Dabei dient Bildung nicht nur der persönlichen Entwicklung jedes Einzelnen, sondern sie ist auch unverzichtbar für die Entwicklung eines Landes. Erst durch Bildung können die Menschen Kompetenzen erwerben, um Herausforderungen wie die wachsende Armut, den Wassermangel oder eine bessere Gesundheitsvorsorge zu bewältigen. Daher stellt die Förderung der Bildung eines der Kernziele der Agenda 2030 für nachhaltige Entwicklung der Vereinten Nationen (UN) dar (SDG 4).

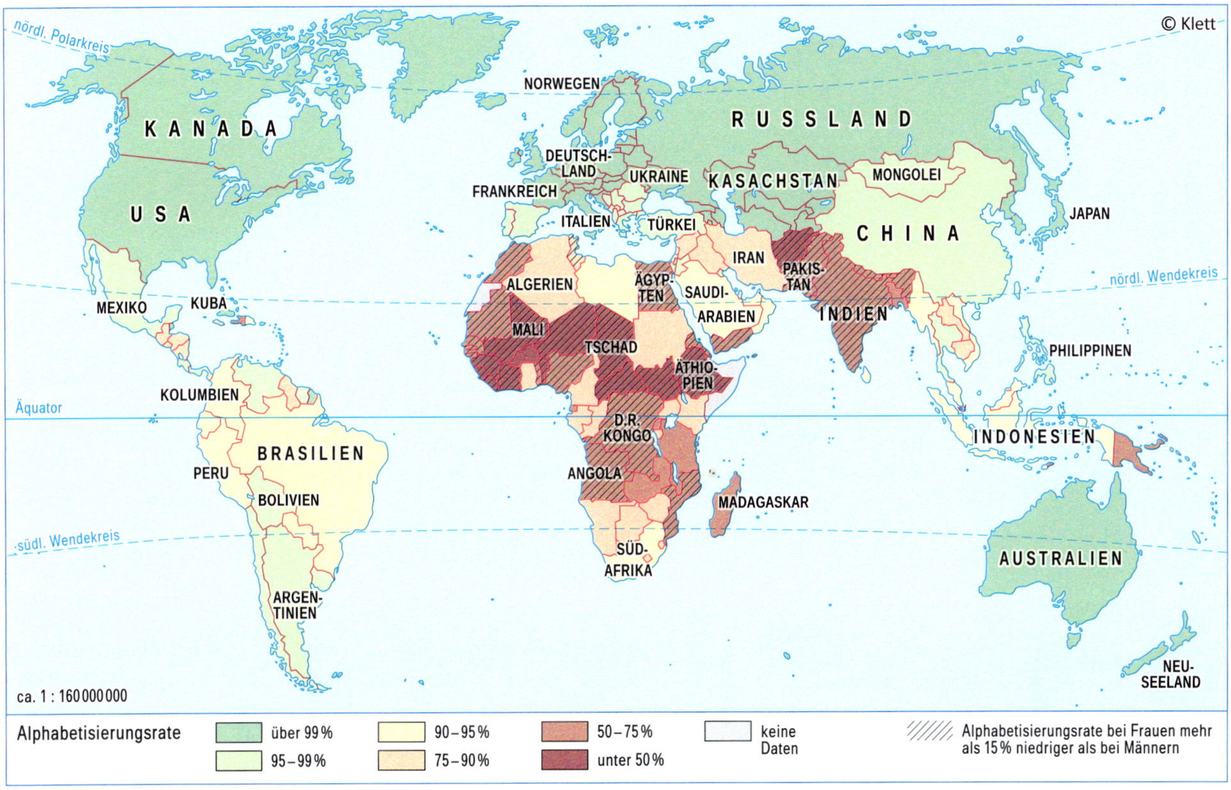

M4 Lese- und Schreibfähigkeit bei Frauen und Männern (über 15 Jahren)

T2 Gründe für die ungleiche Entwicklung

Oft fehlt den Familien das Geld für den Schulbesuch ihrer Kinder. Es mangelt auch an wohnortnahen Schulen, sodass der Schulweg mehrere Stunden dauert. Oder die Kinder werden als Arbeitskräfte gebraucht. Häufig müssen Mädchen im Haushalt mitarbeiten, denn nach dem traditionellen Rollenbild vieler Länder sind Frauen für Hausarbeit zuständig und viele sind der Meinung, dass sie dafür keine Schulbildung benötigen.

T3 Mädchenbildung fördert Chancen

Der gleichberechtigte Zugang zu Bildung ist nicht nur ein Menschenrecht. Er würde auch zur Senkung der Kinder- und Müttersterblichkeit führen. Denn Lesen und die Aufklärung in der Schule fördern die Selbstbestimmung in der Familienplanung.
Mit dem Leitsatz „Leave no one behind“ (niemanden zurücklassen) verpflichteten sich die UN, bis 2030 die Bildungschancen für Mädchen zu verbessern (SDGs 4, 5).

→ Die Frauen stärken Seite 82/83

A B

1 Vergleiche die schulische Situation von Ayana (M1) mit deinem eigenen schulischen Werdegang.

2 (A) Erläutere, warum Bildung nicht selbstverständlich ist (T1, M2).

3 (A) Nenne fünf Länder mit hoher und fünf Länder mit niedriger Alphabetisierungsrate (M4).

2 (B) Bearbeite Aufgabe A2. Erkläre, warum Ghana als „Musterschüler“ Afrikas gilt (M3).

3 (B) Werte Karte M4 aus. Berücksichtige auch die Unterschiede zwischen Männern und Frauen.

4 Mädchenbildung
a) Erkläre, warum es vor allem in Entwicklungsländern viele Analphabetinnen gibt (T2).
b) Erläutere, wie die Bildung von Mädchen die Entwicklung eines Landes beeinflussen kann (T3).

5 EXTRA MK
Recherchiere weitere positive Folgen von Mädchenbildung. Gib z. B. die Suchbegriffe „Mädchenbildung + Entwicklungsmotor“ oder „… + Selbstbestimmung“ ein.

AFB I: 3 II: 1, 2, 4, 5 AFB II: 1–5 → Lösungshilfen ab S. 195

Ist Entwicklung messbar?

Wann gilt ein Land als reich, wann als arm? Wie kann man berechnen, wie es den Menschen geht? Welche Zahlen und Fakten sind geeignet, die Länder der Erde miteinander zu vergleichen?

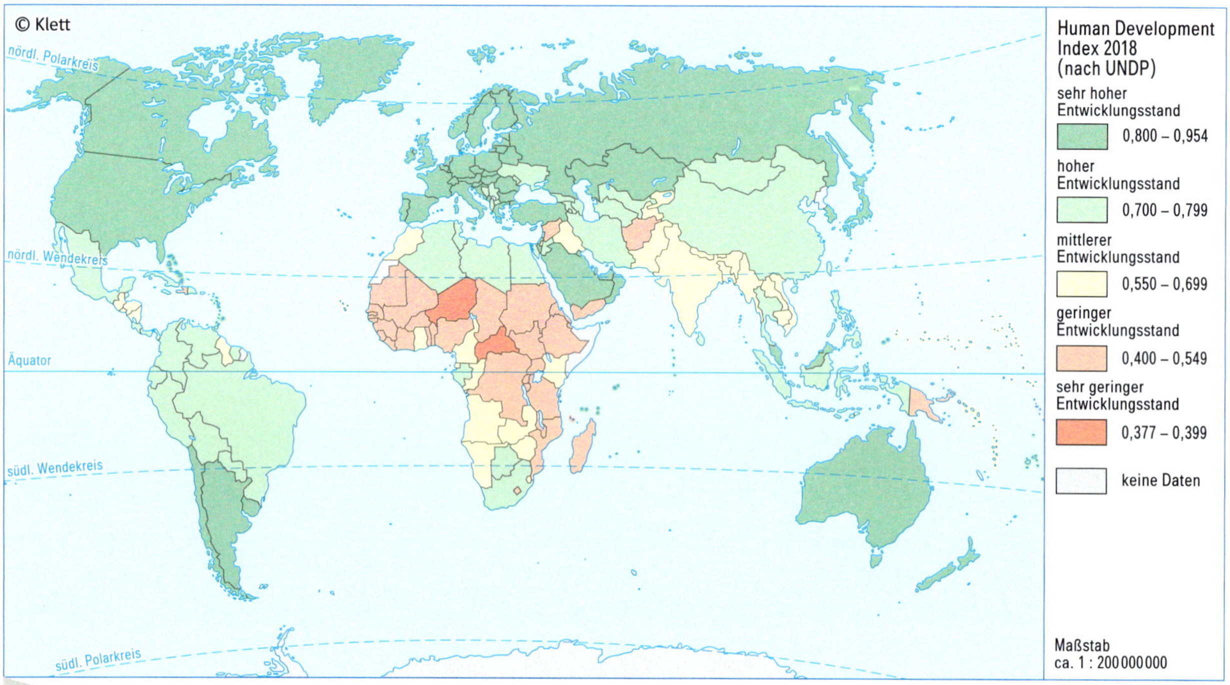

M1 HDI 2018 (nach Human Development Report 2019)

T1 Entwicklung messen

Um Aussagen zum Entwicklungsstand eines Staates treffen zu können, haben sich die Vereinten Nationen auf folgende Merkmale geeinigt:

- das **Bruttonationaleinkommen** (BNE) pro Kopf,
- die Lebenserwartung bei Geburt und
- den Bildungsgrad eines Landes. Der Bildungsgrad setzt sich wiederum aus der Alphabetisierungsrate und der durchschnittlichen Schulbesuchsdauer zusammen.

Jedes Merkmal geht mit einem bestimmten Wert in die komplizierte Berechnung ein, und daraus wird der **Human Development Index (HDI)** ermittelt – der Stand der menschlichen Entwicklung in einem Land. Der HDI liegt zwischen 0 und 1, wobei 1 der höchste Wert ist, den ein Land erreichen kann.

Bruttonationaleinkommen (BNE)
Summe der Einkommen, die alle Bewohner/innen eines Staates innerhalb eines Jahres erwirtschaften (im Inland und Ausland)

T2 Ländergruppen nach dem HDI-Wert

Je nach Höhe des HDI ordnen die Vereinten Nationen (UN) die Länder in vier Gruppen ein:

- Länder mit sehr hohem Entwicklungsstand (HDI-Wert mindestens 0,800): In der Regel handelt es sich hier um die reichen Industrieländer.
- Länder mit hohem Entwicklungsstand (HDI-Wert 0,700 bis 0,799): Dazu zählen die übrigen Industrieländer.
- Länder mit mittlerem Entwicklungsstand (HDI-Wert von 0,550 bis 0,669): Zu dieser Gruppe gehören die **Schwellenländer**. Sie befinden sich auf der Schwelle vom Entwicklungsland zum Industrieland.
- Länder mit geringem Entwicklungsstand (HDI-Wert unter 0,550). In dieser Gruppe befinden sich die Entwicklungsländer.

Gruppe	GDI-Wert	Gleichheit
1	über 0,9751	hoch
2	0,9501 – 0,9751	mittelhoch
3	0,9251 – 0,9500	mittel
4	0,9001 – 0,9250	mittelniedrig
5	unter 0,9001	niedrig

M2 GDI-Gruppen

Gruppe	GDI-Wert	Staat
1	1,036	Lettland
1	0,994	USA
2	0,972	Deutschland
2	0,957	China
4	0,911	Ghana
5	0,845	D. R. Kongo
5	0,820	Indien

M3 Der GDI ausgewählter Staaten 2019

5 GESCHLECHTER-GLEICHHEIT

T3 Der Gender Development Index (GDI)

Bei der Gleichstellung von Mann und Frau bestehen weltweit deutliche Unterschiede. In vielen Gesellschaften ist das Bild der Frau von traditionellen und religiösen Vorstellungen geprägt. Diese Sicht hat zur Folge, dass der Mann in diesen Gesellschaften über der Frau steht. Ihr bleiben dadurch oft verschiedene Bildungs- und Berufsbereiche verwehrt, z. B. in Saudi-Arabien, wo Frauen einen männlichen gesetzlichen Vormund haben und erst seit 2019 allein reisen dürfen. Auch bei uns gibt es geschlechtsspezifische Ungleichheiten: So haben es Frauen viel schwerer als Männer, in großen Unternehmen Karriere zu machen. Der durchschnittliche Stundenlohn von Frauen ist nach wie vor geringer als der von Männern. Und noch immer ist es bei uns für eine Frau schwieriger, Familie und Beruf miteinander zu vereinbaren.

Der Wohlstand und die Gleichstellung der Geschlechter werden durch den **Gender Development Index (GDI)** erfasst. Je niedriger der GDI, desto stärker sind Frauen gegenüber Männern benachteiligt. Anhand der GDI-Werte werden die Länder in Gruppen von 1 (hohe Gleichheit) bis 5 (niedrige Gleichheit) eingeteilt.

Der GDI wird wie der HDI mit den Merkmalen BNE pro Kopf, Lebenserwartung bei Geburt und Bildungsgrad berechnet. Jedoch werden beim GDI die HDI-Werte der Frauen und der Männer getrennt herangezogen und anschließend ins Verhältnis gesetzt: HDI-Wert der Frauen geteilt durch den HDI-Wert der Männer. Daraus ergibt sich der GDI-Wert.

→ Gender Inequality Index Seite 82

Kritik am GDI

Die Aussagekraft über die Gleichstellung der Geschlechter nach dem GDI ist umstritten. Wenn Frauen in einem Land eine höhere Lebenserwartung als Männer haben und länger die Schule besuchen, ist der GDI-Wert hoch, selbst wenn Frauen in diesem Land ein geringeres Pro-Kopf-Einkommen haben als Männer, also weniger verdienen. Können in einem Land nur wenige Menschen lesen und schreiben (geringer HDI-Wert), kann dennoch der Anteil von Frauen und Männern gleich sein. Dagegen kann in Ländern mit hohem HDI-Wert der Bildungszugang große geschlechtliche Unterschiede aufweisen. HDI und GDI müssen daher gemeinsam betrachtet werden.
Darüber hinaus erheben die UN weitere Rangfolgen zur Benachteiligung von Frauen. So setzt sich der **Gender Inequality Index** aus Angaben zur Müttersterblichkeit, Geburtenrate bei Teenagern, zum Frauenanteil im Parlament, zur erweiterten Schulbildung und Beteiligung an der Erwerbsarbeit zusammen.
Je geringer der Wert ist, desto weniger sind Frauen gegenüber Männern benachteiligt. Niedrigster Wert 2019: Schweiz.

M4

1

a) Ein/e Partner/in liest die Informationen zum HDI auf der linken Seite (M 1, T 1, T 2), der/die andere die Informationen zum GDI auf der rechten Seite (M 2 – M 4, T 3).
b) Fertigt jeweils Notizen an.
c) Informiert euch dann gegenseitig über euer Thema.
d) Vergleicht HDI und GDI, indem ihr Gemeinsamkeiten und Unterschiede feststellt.

AFB I: 1a, 1b II: 1c, 1d

→ Lösungshilfen ab S. 195

Welthandelsgut Kaffee

Äthiopien gehört zu den größten Kaffeeproduzenten der Welt. Doch mit dem Anbau genügend Geld zu verdienen, ist nicht so einfach.

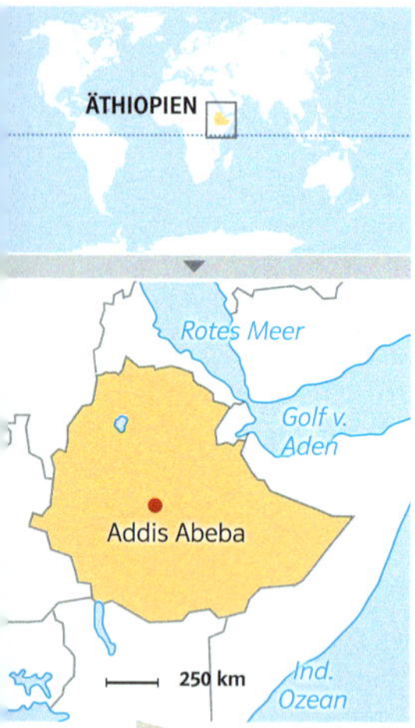

M1

M2 Ernte der Kaffeekirschen

M3 In einer Bremer Kaffeerösterei

T1 Kaffee aus der Heimat des Arabica

Äthiopien gilt als Ursprungsland des Kaffees – genauer gesagt der Arabica-Bohnen. Kaffeesträucher wachsen im Hochland Äthiopiens in 1400 bis 1800 m Höhe bei Temperaturen von 17 bis 18 °C. Als immergrüne Pflanzen benötigen Kaffeesträucher etwa 2000 mm Niederschlag im Jahr.

Der Kaffeeanbau und besonders die Ernte sind sehr arbeitsintensiv: Mit Jäten, Beschneiden, Düngen und Bewässern sind die Kaffeebauern das ganze Jahr über beschäftigt. Da man häufig Blüten und reife Kirschen am selben Strauch findet, ist es schwierig, die Kaffeeernte mit Maschinen durchzuführen. Ernte ist daher Handarbeit.

In Äthiopien lebt jede/r sechste Einwohner/in vom Kaffee. Überwiegend Kleinbauern bauen ihn als Mischkultur zwischen Hirse und Mais an. Der Kaffee wächst auf kleinen Rodungsinseln im Schatten großer Regenwaldbäume. Bei dieser Methode bleibt der natürliche Lebensraum erhalten.

T2 Kaffee für den Weltmarkt

Äthiopien gehört zu den ärmsten Ländern der Welt. Seine Exportgüter bestehen fast nur aus pflanzlichen und tierischen Rohstoffen. Hauptexportgut ist Rohkaffee – überwiegend für die Industrieländer, wo dieser in Kaffeeröstereien veredelt wird. Somit findet dort und nicht im Erzeugerland die eigentliche Wertschöpfung statt.

Von den Erlösen des Rohkaffees muss Äthiopien Fertigwaren der Industrieländer für den Aufbau der eigenen Wirtschaft kaufen. Doch der Weltmarktpreis für Rohkaffee schwankt stark. Dadurch entwickeln sich die **Terms of Trade** (die Handelsbedingungen) für Äthiopien meist ungünstig. Denn die Preise der Importgüter steigen eher an.

Äthiopien gerät auch durch andere Erzeugerländer unter Druck. Rohkaffee ist nach Erdöl das wertvollste Welthandelsgut. Und der meiste Kaffee auf dem Weltmarkt stammt heute von großen Plantagen, überwiegend aus Südamerika und Südostasien. Für sie wird häufig Regenwald gerodet – der Lebensraum vieler Pflanzen und Tiere geht verloren.

Terms of Trade
das Preisniveau für Einfuhrgüter im Verhältnis zum Preisniveau für Ausfuhrgüter. Sinken z. B. die Preise für Exportgüter und steigen die Preise für Importgüter, verschlechtern sich die Terms of Trade. Denn die Einnahmen durch die gleiche Exportmenge reichen dann nur für weniger Importgüter.

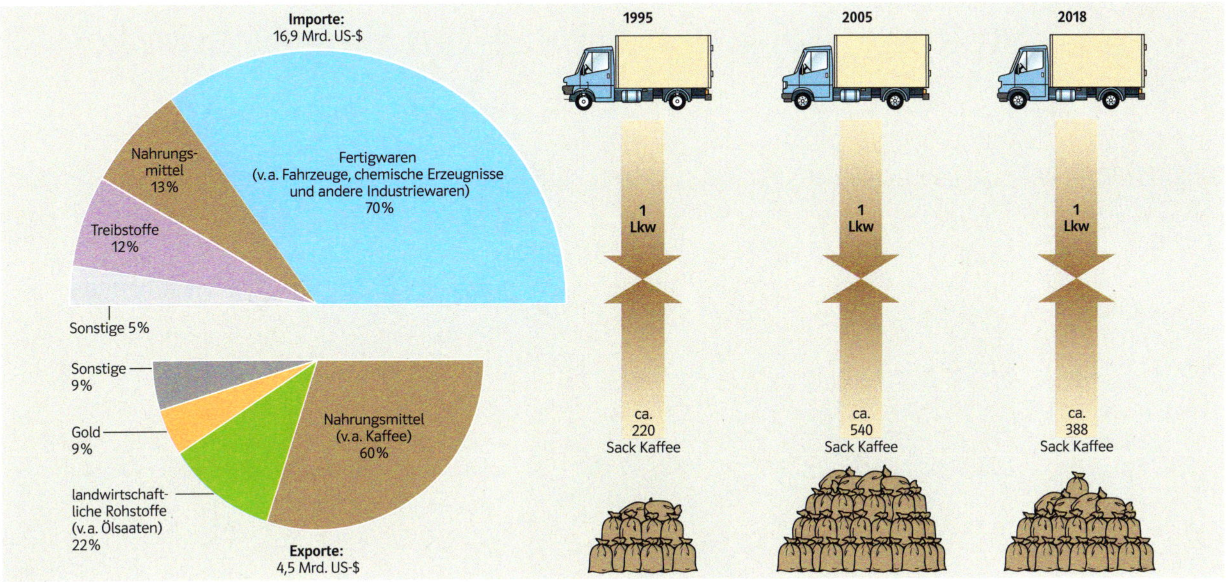

M4 Der Außenhandel von Äthiopien 2018 und die Entwicklung der Terms of Trade

T3 Ungleicher Welthandel

Um den Handel zu erleichtern, gründeten die Vereinten Nationen 1994 die **Welthandelsorganisation (WTO)**. Welthandel fördert Wachstum und Wohlstand, sichert Arbeitsplätze und senkt Preise – so die Theorie. Aber sind die Partner im Welthandel gleichberechtigt? Zwei Drittel der WTO-Mitglieder sind Entwicklungsländer, doch der größte Teil des Warenaustauschs kommt nur den Industrieländern zugute. Zwar exportieren auch Entwicklungsländer Industrieprodukte, aber häufig befinden sich die Firmen in ausländischem Besitz. Gerechter wäre es, wenn die gesamte Produktionskette im Ursprungsland stattfände – beim Kaffee vom Anbau und der Ernte bis zur Röstung und Verpackung.

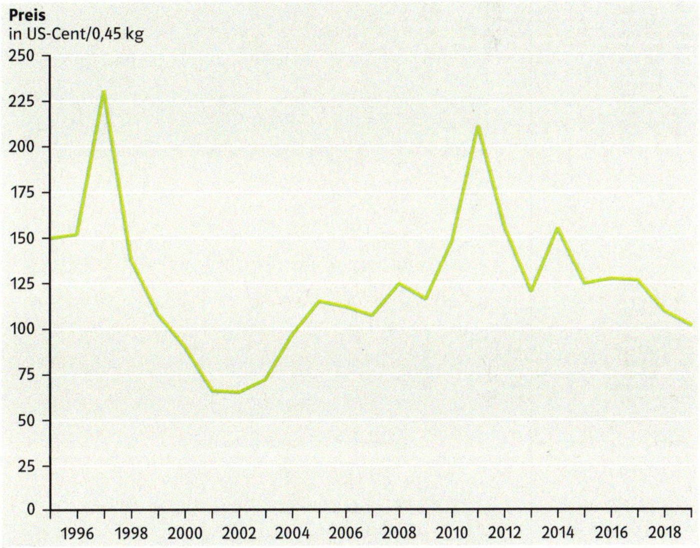

M5 Entwicklung des Weltmarktpreises für Rohkaffee

A
B

1 Kaffee aus Äthiopien (T1, T2, M1, M2)
a) Nenne die Wachstumsbedingungen.
b) Beschreibe den Kaffeeanbau.
c) Erkläre die Bedeutung des Kaffeeanbaus für Äthiopien.

2 Terms of Trade
a) Erkläre den Begriff (T2, Randspalte).
b) Beschreibe die Entwicklung des Weltmarktpreises für Rohkaffee (M5).
c) Erläutere, wie sich die Handelsbedingungen für Äthiopien entwickelt haben (M4).

2 „Die Terms of Trade entwickeln sich für Äthiopien oftmals ungünstig." Überprüfe diese Aussage mithilfe von M4 und M5.

3 „Äthiopien ist nur dann gleichberechtigter Partner im Welthandel für Kaffee, wenn die gesamte Produktionskette im Land stattfindet." Beurteile diese Aussage (T3, M3).

4 EXTRA MK
Arbeite mit dem Atlas und dem Terra-Code:
a) Erstelle Listen der Top-Ten-Kaffeeländer (Produktion und Verbrauch).
b) Markiere sie in der stummen Weltkarte.
c) Vergleiche die Kaffeeproduzenten und -verbraucher. Was fällt dir auf?

A
B

AFB I: 1a, 1b, 2b II: 1c, 2a, 2c, 4 III: 3 AFB I: 1a, 1b II: 1c, 4 III: 2, 3 → Lösungshilfen ab S. 195

1 KEINE ARMUT

Kakao – Genuss mit bitterem Beigeschmack?

Wer isst nicht gern Schokolade? Für ihre Herstellung braucht man Kakao. Wie beim Kaffee bestimmt auch bei Kakao der Weltmarkt den Preis. Das hat bittere Auswirkungen. Doch es geht auch anders.

M1

M2 Kakaobaum

Anbaubedingungen des Kakaobaumes

Der Kakaobaum ist eine tropische Pflanze, die guten Boden, ganzjährig ausreichend Niederschlag und Mindesttemperaturen von 16 °C benötigt. Geschützt vor direkter Sonneneinstrahlung, wird Kakao meist unter schattenspendenden Pflanzen wie Bananen oder Palmen angebaut. Wegen seiner starken Anfälligkeit für Krankheiten behandeln Landwirte den Baum auf Plantagen vorbeugend mit Pestiziden. Haupterntezeit ist Oktober bis März. Aus den Samen, den Kakaobohnen, wird nach einem mehrstufigen Umwandlungsprozess Kakaomasse zur Herstellung von Schokolade, Kakaobutter und Kakaopulver gewonnen.

Côte d'Ivoire
amtliche Bezeichnung für die „Elfenbeinküste" (= deutsche Übersetzung). Der Präsident verfügte bereits 1985, dass nur noch die französische Bezeichnung als offizieller Name dienen soll.

Genossenschaft
Zusammenschluss von Landwirten, um z. B. gemeinschaftlich Saatgut, Dünger oder Maschinen anzuschaffen und die Erzeugnisse gemeinsam zu vermarkten

T1 Harte Arbeit auf der Kakaoplantage

Moussa ist 14 Jahre alt und lebt in der Republik Côte d'Ivoire. Seit zwei Jahren arbeitet er auf einer Kakaoplantage. Seine Familie braucht das Geld dringend, denn der Verdienst seines Vaters reicht nicht aus, um die Familie zu ernähren. Moussas Schicht dauert von 7 bis 18 Uhr. Die körperliche Anstrengung ist groß, weil er die schweren Säcke mit den geernteten Kakaobohnen tragen muss. Auch das Unkrautjäten mit der Machete ist sehr anstrengend. Manchmal muss er Pestizide versprühen. Dann versucht er so gut es geht die Luft anzuhalten, um nicht so viel husten zu müssen.
So wie Moussa geht es vielen Kindern in der Côte d'Ivoire, dem mit Abstand größten Kakaoproduzenten der Erde. Hier und in Ghana gingen 2020 zusammen mehr als 1,5 Millionen Minderjährige in der Kakaoproduktion Kinderarbeit nach. Als solche gilt jede Arbeit, die für Erwerbszwecke verrichtet wird, so wie die von Moussa.

T2 Es geht auch anders

Auch Koffi ist 14 Jahre alt und lebt in einem Dorf im Südwesten der Côte d'Ivoire. Zusammen mit seinen fünf Geschwistern besucht er täglich die Schule. Darauf legen seine Eltern großen Wert, schließlich sollen sie später einmal einen guten Beruf erlernen. Koffis Vater besitzt eine kleine Kakaoplantage. Durch sie verdient er nicht viel, aber die Familie hat genug zu essen und kann sogar etwas Geld sparen. Das alles ist nur möglich, weil sich der Vater zusammen mit anderen Bauern aus dem Dorf einer Fairtrade-Genossenschaft angeschlossen hat. So erhält er für den angebauten Kakao einen garantierten Preis, der meist über dem Weltmarktpreis liegt. Einmal im Monat trifft sich Koffis Vater mit den anderen Kakaobauern der Genossenschaft, um gemeinsam zu entscheiden, wie der Mehrerlös für die Dorfgemeinschaft investiert werden soll. So konnten bereits ein Brunnen und eine kleine Krankenstation gebaut werden.

	Produktion in 1000 t
Côte d'Ivoire	2180
Ghana	812
Indonesien	784
Nigeria	350
Ecuador	284
Kamerun	280
Brasilien	259
Welt	5596

M3 Größte Kakaoproduzenten 2019

M4 Zusammensetzung des Schokoladenpreises

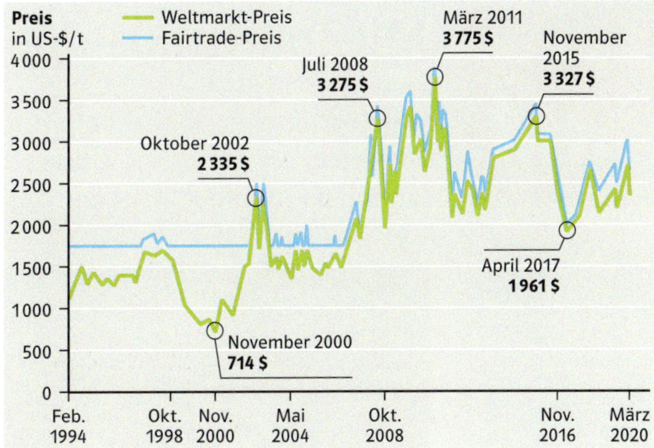

M5 Weltmarktpreis für Rohkakao

T3 Fairer Handel als Ausweg

Wie beim Kaffee wird auch der Preis für Kakaobohnen auf dem Weltmarkt bestimmt. Ist er hoch, verdienen die Kakaobauern gut. Ist der Weltmarktpreis jedoch niedrig, reicht der erzielte Erlös vor allem bei Kleinbauern nicht zur Versorgung der Familien aus. 1975 gründeten daher kirchliche und andere Hilfsorganisationen die Gesellschaft zur Förderung des Fairen Handels, die GEPA. **Fairer Handel** garantiert den Bauern in den Entwicklungsländern für ihre Erzeugnisse Mindestpreise und langfristige Abnahmeverträge. Das gibt den Kleinbauern unabhängig vom Weltmarktpreis finanzielle Sicherheit. Ihr Kakao wird mittlerweile in den meisten Supermärkten angeboten und ist vor allem am Fairtrade-Siegel zu erkennen (M 6).

T4 Grundsätze des fairen Handels

Fairer Handel strebt gerechte Handelsbedingungen für wirtschaftlich benachteiligte Produzenten vor allem in armen Ländern an. Dadurch soll er einen Beitrag zur Armutsbeseitigung und zur nachhaltigen Entwicklung leisten. Dies gelingt, indem faire Mindestpreise für die Erzeugnisse gezahlt werden, welche die Produktionskosten decken, die Existenz der Produzenten sichern und eine umweltverträgliche Produktion ermöglichen. Mit zusätzlichen Prämien können die Bauern gemeinschaftliche Projekte zur langfristigen Verbesserung ihrer Lebensbedingungen verwirklichen. Kinderarbeit und gesundheitsgefährdende Arbeitsumstände sind verboten. Ökologischer Anbau wird gefördert, gefährliche Pestizide sind im Anbau untersagt.

FAIRTRADE

M6 Fairtrade-Siegel

A / B

1 SP Schreibe einen Steckbrief zum Kakaobaum (M 2).

2 Vergleiche die Lebensbedingungen von Moussa (T 1) und Koffi (T 2).

3 Du kaufst eine Tafel Schokolade für 80 Cent. Berechne, wie viel Cent an die einzelnen Akteure vom Anbau bis zum Verkauf gehen (M 4).

3 a) Erläutere die Bedeutung des Kakaoanbaus für die Republik Côte d'Ivoire (M 3).
b) Erkläre, warum gewöhnliche Schokolade einen „bitteren Beigeschmack" haben kann (T 1, M 4, M 5).

4 Erläutere die Ziele des fairen Handels (T 3, T 4).

4 Begründe, wie der Fairtrade-Kakaoanbau eine Möglichkeit ist, Ziel 1 der UN für nachhaltige Entwicklung (keine Armut) zu erreichen (T 3, T 4, M 5).

5 EXTRA Nimm Stellung zu der Aussage oder diskutiert: „Nicht nur Produzenten und Händler haben eine Verantwortung, sondern auch wir als Verbraucher/innen."

AFB II: 1 – 4 III: 5 AFB II: 1 – 4 III: 5 → Lösungshilfen ab S. 195

1 KEINE ARMUT

Mit Tourismus aus der Armut?

Viele Entwicklungsländer hoffen, dass sie ihre wirtschaftliche Lage durch die Förderung des Tourismus verbessern können. Sie bemühen sich daher intensiv um zahlungskräftige Urlauber. Doch wer profitiert tatsächlich?

M1

M2 Safari in Botsuana

T1 Tourismus als Chance

Kann der Tourismus ein Entwicklungsmotor sein? Er könnte Arbeitsplätze schaffen und Einkommen bringen. Eine steigende Nachfrage im Tourismus hätte positive Auswirkungen auf andere Wirtschaftszweige des Urlaubslandes, z. B. auf die Landwirtschaft, Fischerei, Nahrungsmittelindustrie, lokale Handwerksbetriebe oder den Bausektor. Dadurch kämen benötigte Einnahmen ins Land. Diese sind für den Erwerb von Gütern auf dem Weltmarkt sowie den Aufbau und Ausbau eines modernen Agrar- und Industriesektors dringend erforderlich.
Darum fördert beispielsweise die Regierung von Botsuana den Tourismus. Er ist nach dem Diamantenbergbau zum wichtigsten Wirtschaftszweig des Landes mit über 70 000 Arbeitsplätzen geworden. Zu den Attraktionen Botsuanas zählen vor allem die Nationalparks, die 2017 mehr als 250 000 Touristen anzogen.

T2 Wer verdient hauptsächlich?

Untersuchungen haben ergeben, dass das größte „Stück vom Kuchen" jedoch nicht in den Entwicklungsländern bleibt, sondern an die Reiseveranstalter, Fluglinien und internationalen Hotelketten geht. Zudem muss in den armen Ländern viel Geld in den Ausbau von Flugplätzen, Häfen, Straßen, der Energie- und Wasserversorgung, der Banken und des Kommunikationswesens investiert werden. Hierfür müssen die Länder oft hohe Kredite aufnehmen. Hinzu kommen noch Importkosten für die Konsumgüter der Touristen und für Werbung in den Herkunftsländern der Urlauber/innen. Bei All-inclusive-Angeboten, bei denen sämtliche Dienstleistungen und Urlaubsvergnügen beim Reiseveranstalter zu Hause gebucht und bezahlt werden, verdienen die einheimischen Anbieter nur wenig. Darunter leidet besonders die Gastronomie.

Den Tourismus für Afrika arbeiten lassen

Der Tourismus ist ein Schlüssel zur Förderung von Wachstum, [...] Entwicklung und für die Einheit unseres Kontinents. [...] Der Tourismus [gilt] als eine schnell wachsende Industrie, die wahrscheinlich dazu beitragen kann, die Armut zu beseitigen [...]. Daher möchte die [Afrikanische Union] [...] diesen Sektor maximal ausnutzen, um die Lebensgrundlagen der Menschen [...] zu verbessern. [...]
Tourismus in Afrika wird meist mit Ökotourismus verbunden, also mit Wildtieren und Naturschutzgebieten. Während einige davon einzigartig in Afrika sind und eine große Anzahl von Besuchern anziehen, müssen auch andere Aspekte hervorgehoben werden, insbesondere diejenigen, die den Reichtum des Kontinents in der Geschichte der menschlichen Zivilisation hervorheben. Dazu gehören wichtige Denkmäler der Menschheit und verschiedene Kulturen.

Elham Ibrahim: Making Tourism Work for Africa. In: The African executive, 27.09.2010, übersetzt

M3

M4 Luxuslodge in Botsuana

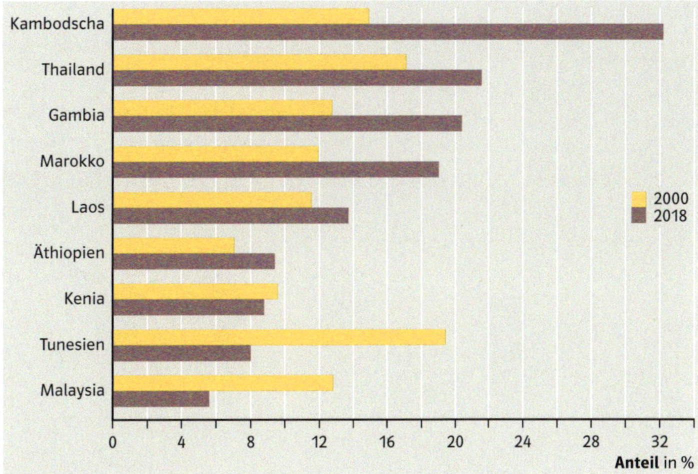

M5 Direkter Anteil des Tourismus am BIP 2000 und 2018

T3 Nachhaltige Entwicklung als Chance

Nachhaltige Entwicklung durch Tourismus gelingt nur, wenn einheimische Firmen den Tourismus vor Ort selbst organisieren. Beispiele gibt es in Kenia und Äthiopien, wo die Bevölkerung in einigen Regionen Unterkünfte und Gastronomie bereitstellt und Safaris durchführt. Die Selbstverpflichtung der Reisebranche, nachhaltigen Tourismus zu fördern, hatte bisher nicht ausgereicht, um höhere Einnahmen für die Reiseländer zu erzielen. Zudem fehlen vor Ort häufig die Behörden, welche die ausländischen Tourismusunternehmen kontrollieren könnten. Ein weiteres Problem ist die Abhängigkeit eines Landes vom Tourismus, wenn sich dieser zur Haupteinnahmequelle entwickelt hat. Falls die Touristenzahlen einbrechen, gehen auch die Einnahmen des Landes deutlich zurück.

Länder	Touristen (in 1000)		Einnahmen (in Mio. US-Dollar)	
	2000	2018	2000	2018
Kambodscha	466	6201	345	4832
Thailand	9579	38178	9935	65242
Marokko	4278	12289	2280	9523
Laos	191	3770	114	757
Äthiopien	136	844	205	3548
Kenia	899	1364	500	1564[1]
Tunesien	5058	8299	1977	2320
Malaysia	10222	25834	5873	21774

[1] Daten aus dem Jahr 2017

M6 Tourismus in ausgewählten Entwicklungsländern: Ankünfte und Einnahmen

SP Tipp

Balkendiagramm und Tabelle auswerten

→ Aufgabe 4

- In Kambodscha hat sich die Anzahl der Touristen von … im Jahr 2000 auf … 2018 erhöht.
- Auch die Einnahmen sind von 2000 bis 2018 gestiegen: von … auf …
- Ebenso hat sich der direkte Anteil … bis 2018 von … auf …
- In Tunesien …

1 Tourismus in Botsuana
a) Lokalisiere Botsuana (M1, Atlas).
b) Beschreibe die touristischen Angebote (M2, M4).

2 (A) Fasse zusammen, weshalb der Tourismus ein Entwicklungsmotor sein kann (T1).

2 (B) Erläutere, inwiefern der Tourismus die Aufgabe als Entwicklungsmotor erfüllen kann (T1, M3).

3 a) Erläutere, weshalb bestimmte Formen des Tourismus nicht zur Entwicklung eines Landes beitragen (T2).
b) Arbeite heraus, wodurch Tourismus eine Chance für nachhaltige Entwicklung bietet (T3).

4 SP (A) Beschreibe mithilfe von M5 und M6 die Entwicklung des Tourismus in Kambodscha und Tunesien.

4 SP (B) Arbeite mit M5 und M6: Erläutere die Bedeutung des Tourismus für die aufgeführten Länder.

5 Kann Tourismus ein Ausweg aus der Armut sein? Beurteile diese Frage.

17 PARTNERSCHAFTEN ZUR ERREICHUNG DER ZIELE

Entwicklung geht nur gemeinsam

„Jede Hilfe zählt!", so schreibt es eine Hilfsorganisation in ihrer Werbung. Doch damit gut gemeinte Hilfe langfristig Erfolg hat, sollten Staaten, Organisationen und private Initiativen Wesentliches beachten.

M1 In der Partnerschule in Koudougou in Burkina Faso

Partnerschaftsprojekt Enger – Burkina Faso

Für 25 Euro Schulgeld kann in Burkina Faso ein Kind ein ganzes Jahr lang die Grundschule besuchen. Doch für viele Familien ist selbst dieser kleine Betrag unerschwinglich. Hier hilft der Partnerschaftsverein aus Enger/Westfalen. Seit Jahren vergibt er Stipendien, um Kindern in Burkina Faso den Schulbesuch zu ermöglichen. Zudem unterhält der Verein eine Partnerschaft mit der Berufsschule in Koudougou, 75 km westlich von Ouagadougou, der Hauptstadt des Landes. Dort werden Schülerinnen und Schüler für technische Berufe ausgebildet. Mit 130 Euro pro Jahr liegt hier das Schulgeld höher als bei Grundschulen.

T1 Wer hilft wofür?

Unstrittig ist, dass die Ziele der Agenda 2030 der Vereinten Nationen nur mithilfe vieler Akteure erreicht werden können. Wohlhabende Staaten unterstützen Entwicklungsländer finanziell vor allem bei Infrastrukturprojekten wie dem Bau von Staudämmen, Eisenbahnlinien und Straßen oder der Verbesserung des Bildungs- oder Gesundheitswesens.

Nichtregierungsorganisationen (NGOs), private Initiativen und Einzelpersonen fördern lokale Projekte. Beispiele hierfür sind die Unterstützung einer Partnerschule, Projekte zum Brunnenbau oder Initiativen zur medizinischen Versorgung der Bevölkerung.

Grundprinzip der **Entwicklungszusammenarbeit** ist die **Hilfe zur Selbsthilfe**, eine wesentliche Voraussetzung für nachhaltige Entwicklung. Bei der Hilfe zur Selbsthilfe werden nur Initiativen unterstützt, die nachhaltige Erfolge für viele Menschen versprechen und bei denen das Vorhaben in absehbarer Zeit ganz eigenständig funktioniert.

Beispiele für NGOs
(engl. Non-Governmental Organizations)
Deutsches Rotes Kreuz, Misereor, Brot für die Welt, Welthungerhilfe, UNICEF, Ärzte ohne Grenzen, terre des hommes, SOS-Kinderdörfer, Kindernothilfe

T2 Afrika hilft sich selbst

Es gibt viele Beispiele, wie Afrika sich selbst hilft: Seit 1998 haben sich in der „Gemeinschaft der Sahel-Sahara-Staaten" 29 Länder zusammengeschlossen. Burkina Faso ist eines der Gründungsmitglieder. Zu den Zielen gehören die Ernährungssicherung, der Kampf gegen Desertifikation und die wirtschaftliche Entwicklung der Sahelstaaten.

Auch die „Afrikanische Union" (AU), der wichtigste Zusammenschluss aller afrikanischen Staaten, treibt die wirtschaftliche Entwicklung des Kontinents voran, um Wohlstand für alle Bürgerinnen und Bürger zu erreichen. Dazu gründete die AU 2001 die „New Partnership for Africa's Development" (NEPAD) mit Sitz in Südafrika, die für die kontinentalen Entwicklungsprojekte in ganz Afrika zuständig ist.

Und schon seit 1957 engagiert sich die Nichtregierungsorganisation „Amref Health Africa" mit Hauptsitz in Nairobi für die Gesundheitsversorgung der ländlichen Bevölkerung. Mittlerweile ist sie die größte nichtstaatliche Gesundheitsorganisation des afrikanischen Kontinents.

Der Verein arche noVa über seine Wasserprojekte

844 Millionen Menschen weltweit fehlt der Zugang zu sauberem Trinkwasser. Sie leben tagtäglich mit der Gefahr, krank zu werden, weil das Wasser, auf das sie zurückgreifen müssen, verunreinigt ist. Jeden Tag sterben 4000 Kinder an Krankheiten, die durch schlechte Wasserqualität und mangelnde Sanitäranlagen verursacht werden. [...] Vor allem in Ländern südlich der Sahara gehen Millionen Frauen und Kinder täglich kilometerweit, nur um Wasser zu holen. [...] [Dadurch] verlieren [sie] viel Zeit und die Chance, sich um anderes zu kümmern, wie zum Beispiel Schule, Ausbildung oder Erwerbstätigkeit. [...] Ob in entlegenen Gemeinden, nach Naturkatastrophen oder in Krisengebieten: arche noVa ermöglicht weltweit Menschen den Zugang zu sauberem Trinkwasser. [...] Es werden natürliche Quellen eingefasst, Brunnen gebohrt und Regenwasser gesammelt sowie aufbereitet. Unsere Projekte reichen von der akuten Nothilfe, bei der Menschen beispielsweise mit Trinkwasser aus Tanklasterlieferungen versorgt werden, bis zu nachhaltiger Entwicklungszusammenarbeit.

Teddy Kateme aus Ttaba in Uganda:

Früher [...] hatten vor allem die Kinder oft Typhus und Durchfall. [...] Seit der neue Brunnen mit Handpumpe steht, werden die Menschen aus Ttaba viel seltener krank. Alle gehen regelmäßig zur Schule und lernen viel besser. Wir können das Wasser sogar direkt hier am Brunnen trinken, ohne es vorher abkochen zu müssen, so sauber ist es.

arche noVa, Zugriff 15.3.2021

M2

Yacouba Sawadogo, der die Wüste aufhielt

Yacouba wächst in Burkina Faso und Mali [...] auf dem Land auf. [...] Mit der Zeit nehmen Trockenheit und Dürre zu und Ernteausfälle werden häufiger. Viele verlassen die Dörfer, um in der Stadt Arbeit zu finden. Yacouba hingegen bleibt, beobachtet die Natur sehr genau und entwickelt Methoden, mit denen er auch in der trockenen Gegend Nahrungsmittel anbauen – und durch Wiederaufforstung sogar die Wüste zurückdrängen kann. [...] Yacouba bewirtschaftet seine Felder mit der traditionellen Zaï-Methode und verbessert diese sogar. Bei dieser Methode werden kleine Löcher in den Boden gehackt, in die die Samen gesetzt werden. Dies macht man, damit diese nicht vom Wind weggetragen werden. Zudem kann sich in den Löchern Wasser sammeln. Yacouba entscheidet sich dazu, die Löcher größer und tiefer zu graben, als es üblich ist, damit die Samen so viel Wasser bekommen wie möglich. [...] Er füllt Tierdung in die Löcher. Dies lockt Termiten an, die den Boden umgraben und auflockern. In der Regenzeit kann sich das Wasser so besser im Boden verteilen. [...] Er legt Steine in langen Reihen auf die Erde, sie halten das Wasser davon ab, zu schnell abzufließen. Auch Bäume lässt Yacouba stehen, [...] [denn sie] spenden Schatten und werfen Blätter ab, die den Boden feucht halten, außerdem sorgen sie für große Artenvielfalt. Er [...] entschließt sich, sein Wissen weiterzugeben. [...] [H]eute profitieren tausende Menschen in Westafrika von Yacoubas Erkenntnissen und Innovationen. Auch Wissenschaftler aus Ländern des Globalen Nordens fragen ihn um Rat und lernen von ihm.

Gemeinsam für Afrika, 2019

2018 wurde Yacouba Sawadogo für seine innovativen Anbaumethoden geehrt.

M3

1
Beschreibe Formen der Entwicklungszusammenarbeit (T1).

2 MK
a) Teilt die drei Projekte M1 – M3 untereinander auf.
b) Informiert euch über das gewählte Projekt. Nutzt für weitergehende Informationen auch den Terra-Code.
c) Informiert die anderen Gruppenmitglieder über das erarbeitete Projekt.
d) Diskutiert, inwiefern die drei Projekte Möglichkeiten sind, Ziele der Agenda 2030 für nachhaltige Entwicklung zu erreichen (S. 16/17).

3
Erläutere die afrikanischen Initiativen zur Entwicklung des Kontinents (T2).

Wichtige Begriffe

- absolute Armut
- Analphabet
- Bruttonationaleinkommen (BNE)
- Disparität
- Entwicklungsland
- Entwicklungszusammenarbeit
- fairer Handel
- Gender Development Index (GDI)
- Hilfe zur Selbsthilfe
- Human Development Index (HDI)
- Industrieland
- Mangelernährung
- Nichtregierungsorganisation (NGO)
- relative Armut
- Schwellenland
- Terms of Trade
- Überernährung
- Unterernährung
- Weltgesundheitsorganisation (WHO)
- Welthandelsorganisation (WTO)

Kennen und verstehen

1 Lebenserwartung weltweit
Arbeite mit Karte M 1:

a Erstelle eine Tabelle mit je fünf Ländern, in denen die Lebenserwartung
- unter 60 Jahren,
- 60 bis 70 Jahre und
- über 70 Jahren liegt.

b Ordne die 15 Länder den vier Gruppen nach dem HDI-Wert zu (Seite 30).

2 Findest du die Begriffe?

a Staat, der im weltweiten Vergleich als hochentwickelt gilt

b Index für den Stand der menschlichen Entwicklung in einem Land

c Summe der Einkommen, die alle Bewohner/innen eines Staates innerhalb eines Jahres im Inland und Ausland erwirtschaften

d ein Mensch älter als 15 Jahre, der nicht lesen und schreiben kann

e das Verhältnis des Preisniveaus für Einfuhrgüter zum Preisniveau für Ausfuhrgüter

f Warenaustausch, bei dem die Erzeuger für ihre Produkte einen Mindestpreis erhalten

g Index der geschlechtsspezifischen Entwicklung in einem Land

3 Richtig oder falsch?
Verbessere die falschen Aussagen und schreibe alle richtig auf.

a Die Lebenserwartung ist weltweit in etwa gleich und liegt bei 75 Jahren.

b In allen Entwicklungsländern hatten Mädchen schon immer die gleichen Bildungschancen wie Jungen.

c Mithilfe des Human Development Index kann man die Einwohnerzahl eines Landes ermitteln.

d Deutschland ist ein Land mit hohem Wohlstand.

e Ein Schwellenland ist ein Land auf dem Weg zu einem Entwicklungsland.

f Ein wichtiges Ziel von Entwicklungszusammenarbeit ist die Hilfe zur Selbsthilfe.

g Man kann den Entwicklungsstand eines Landes berechnen.

Methoden anwenden

4 Mit einem WebGIS arbeiten
Arbeite mit dem Schul-WebGIS (Linktipp auf Seite 25):

a Ermittle die Anzahl der durchschnittlichen Schuljahre in Deutschland, Ghana und Haiti.

b Ermittle die Höhe der Jugendarbeitslosigkeit für Deutschland, Ghana und Haiti.

c Stelle aus dem Vergleich der Ergebnisse von a und b einen Zusammenhang zwischen Schulbildung und den Chancen auf dem Arbeitsmarkt her.

d Betrachte die Anzahl der Schuljahre und die Jugendarbeitslosigkeit für Italien und Spanien. Was stellst du fest?

Beurteilen und bewerten

5 Sauberes Trinkwasser
Beurteile die im Foto M 2 dargestellte Situation hinsichtlich der Ziele 6 (sauberes Wasser und sanitäre Einrichtungen) und 5 (Geschlechtergleichheit) der Agenda 2030 für nachhaltige Entwicklung.

Vernetzen

6 Ursachen von Armut

a Übertrage das Wirkungsschema M3 in deine Mappe.

b Ergänze die leeren Kästchen mithilfe der Liste M 4.

c Stelle mit weiteren Pfeilen Zusammenhänge zwischen den Faktoren her.

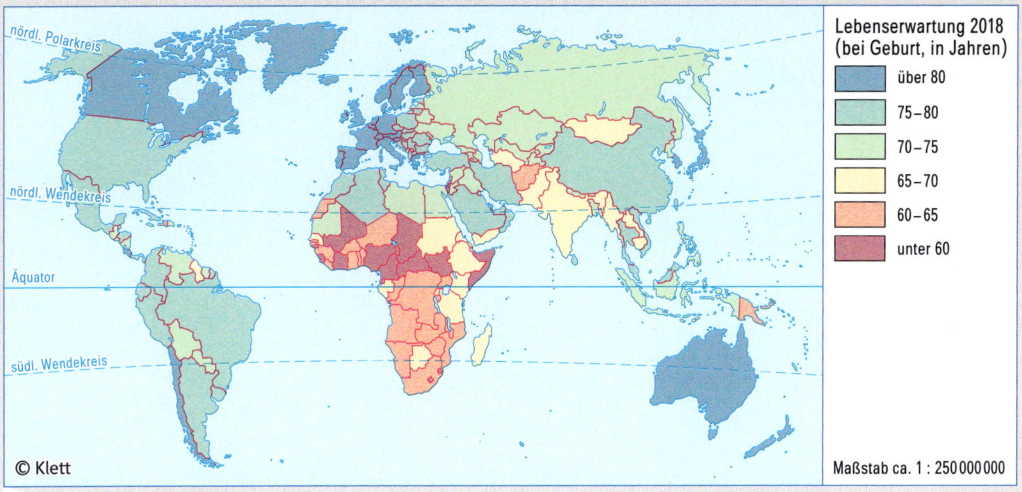

M1 Lebenserwartung 2018

M2 Wasserholen in Äthiopien

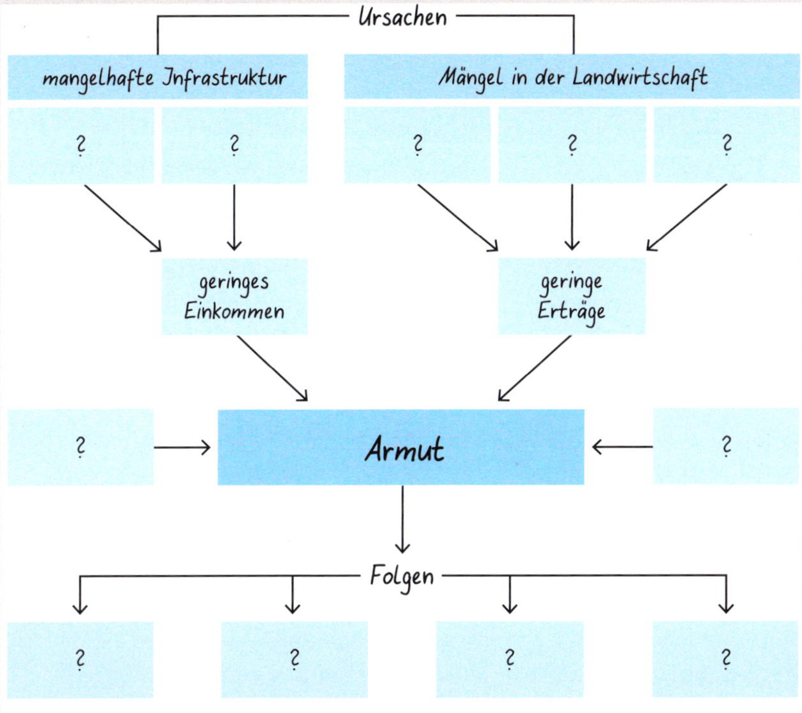

M3 Ursachen und Folgen von absoluter Armut

einfache Anbaumethoden
fehlende Arbeitsplätze
fehlende Düngung
geringer Landbesitz
geringes Bildungsangebot
hohes Bevölkerungswachstum
Krankheit/Sterblichkeit
Landflucht/Migration
Naturkatastrophen/Kriege
Unterernährung/Hunger
Verschuldung

M4 Begriffe zum Einsetzen

Wähle aus

Beurteilen, wie Landgrabbing Armut befördern kann

A Die Gier nach Land diese Seite
B Entwicklung mit Energie und Rohstoffen Seite 44/45

1
Landgrabbing
a) Erläutere den Begriff (T1).
b) Was will die Karikatur M1 aussagen? (Methode: S. 217)

2
Chinas Rolle in Afrika (T2, M2)
a) Nenne Gründe, weshalb China in Afrika Land erwirbt.
b) Erläutere die Vor- und die Nachteile für die afrikanischen Staaten.

A Die Gier nach Land

Um die Ernährung der schnell wachsenden Bevölkerung zu sichern, muss in Afrika jeder Hektar Ackerland für die Versorgung der Bevölkerung genutzt werden. Doch oft passiert genau das Gegenteil.

M1

M2 China baut in Afrika ganze Bahnstrecken neu.

Devisen
ausländische Zahlungsmittel

T1 Landgrabbing

Um das Ungleichgewicht zwischen Import und Export auszugleichen, benötigen die Entwicklungsländer Devisen. Deshalb verkaufen oder verpachten einige von ihnen große Ackerflächen an internationale Agrarkonzerne. Häufig werden dabei die Landrechte der ansässigen Kleinbauern entschädigungslos übergangen. Deshalb wird der Begriff **Landgrabbing**, der für diese Art des Landerwerbs benutzt wird, oft mit „Landraub" übersetzt. Fast alle reicheren Staaten nehmen am internationalen Landhandel teil. Ausländische Firmen nutzen die Agrarflächen, um auf Plantagen Nahrungsmittel und Energiepflanzen für ihren eigenen Markt anzubauen. Dies bedroht aber die örtliche Ernährungssicherung. Nachhaltige Entwicklung ist so nicht möglich.

T2 Beispiel: Chinas Rolle in Afrika

China engagiert sich weltweit, besonders in den Entwicklungs- und Schwellenländern Südostasiens und Afrikas. Durch den Erwerb großer Agrarflächen in Afrika will China die Ernährung der eigenen Bevölkerung sicherstellen. Daneben sichert sich das Land Rechte zum Abbau von Rohstoffen für die Industrie. Als Gegenleistung finanziert China große Infrastrukturprojekte wie den Bau von Bahnstrecken, Straßen und Häfen. Jedoch sind hier oft chinesische statt einheimischer Firmen tätig. China hilft somit afrikanischen Staaten bei der Entwicklung ihrer Infrastruktur, sichert sich aber zugleich einen Absatzmarkt für seine Produkte. Zudem werden die betroffenen Staaten von China finanziell abhängig. Einige Politiker/innen sprechen sogar von einer neuen Art des Kolonialismus.

3
Landgrabbing findet auf der ganzen Welt statt (M3, M4). Beurteile diese Aussage mithilfe der Karte M3.

4
Watergrabbing (M4)
a) Erkläre den Begriff.
b) Erläutere die Folgen.

Lösungen
s4j5tw

AFB I: 2a II: 1a, 2b, 4 III: 1b, 3 → Lösungshilfen ab S.195

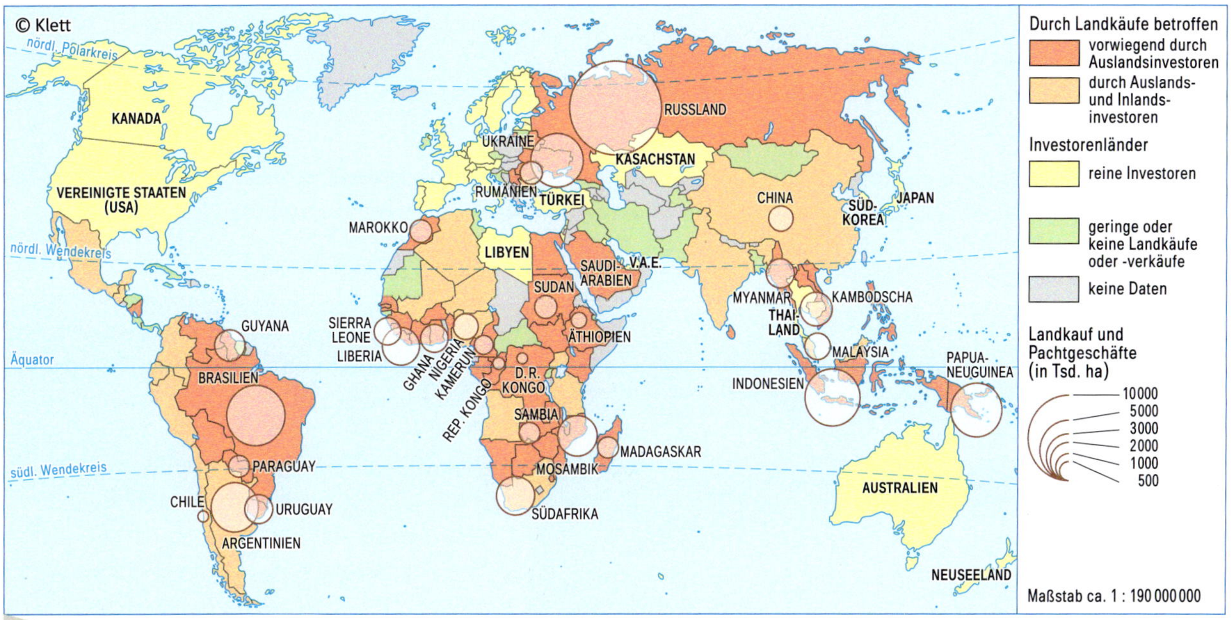

M3 Landgrabbing weltweit 2019

Hintergrund

Landgrabbing betrifft rund um den Globus riesige Flächen Land. Schätzungen bewegen sich zwischen 43 Millionen bis zu 200 Millionen Hektar – was ungefähr der Fläche Westeuropas entspricht. So viel Land wurde seit 2007 an ausländische Regierungen, an Finanzakteure, Konzerne und Privatpersonen verkauft oder verpachtet – Tendenz steigend.
Die Ursachen für die Landnahmen sind so vielfältig wie die Akteure und die Landdeals selbst. Staaten wie Saudi-Arabien oder Südkorea, die im Zuge der Nahrungsmittelkrisen neue Anbauflächen für ihre Bevölkerung suchten, Finanzakteure, die Land und Wasser im Zuge der Finanzkrise als sichere Anlagen entdeckten, Konzerne und Investoren, die auf den Agrotreibstoffboom aufspringen wollten. [...] Unterstützung erhalten sie von Regierungen [...], die sich davon wirtschaftlichen Aufschwung und Entwicklung erhoffen – oder auch nur privaten Profit.
Besonders betroffen von Landgrabbing sind Afrika und Asien [...]. In den meisten Fällen spielt auch Watergrabbing eine bedeutende Rolle: Durch die Bewässerung der Monokulturen wird der lokalen Bevölkerung das Wasser abgegraben und gleich mit den angebauten Produkten exportiert. Den Preis dafür bezahlen Bauern und Bäuerinnen, Nomadenvölker, Fischer und all diejenigen Menschen, deren Lebensunterhalt von der langfristigen Nutzung der Böden abhängt. Die regional angepasste, bäuerliche Landwirtschaft wird verdrängt durch eine Agrarindustrie, bei der Boden zur Ware und zum Mittel für möglichst hohen Profit wird. Ein Modell, das bereits Millionen von Menschen die Lebensgrundlage gekostet hat.
Brot für alle (15.11.2020)

M4

A Die Gier nach Land
Seite 42/43
B Entwicklung mit Energie und Rohstoffen
diese Seite

1 Erläutere, wie sich Ruanda entwickeln will (T1).

2 Stelle die Methangasgewinnung im Kivusee dar (M1).

3 Beschreibe die Rohstoffgewinnung in Ruanda (M2, M4).

B Entwicklung mit Energie und Rohstoffen

Ruandas wirtschaftliche Entwicklung gilt als Erfolgsgeschichte. Seine Zukunft hängt jedoch davon ab, wie gut das Land mit Energie und Ressourcen versorgt werden kann.

Methangewinnung im Kivusee

Energiegewinnung: das Beispiel Methan

An der Grenze Ruandas zur Demokratischen Republik Kongo liegt der 480 m tiefe Kivusee. Der hohe Wasserdruck sorgt dafür, dass sich in den unteren Wasserschichten große Methanvorkommen befinden. Methan ist ein Gas, das als Energieträger genutzt werden kann. Um den Energiehunger der wachsenden Wirtschaft Ruandas zu stillen, wird methanhaltiges Wasser aus 320 m Tiefe von einer Plattform aus angesaugt. Nachdem das Gas vom Wasser getrennt worden ist, strömt es über eine Pipeline ans Festland zu einem Kraftwerk. Dort betreibt das Methan drei Generatoren, durch die elektrischer Strom erzeugt wird.
Zudem ist der Bau einer Gasförderungsanlage geplant. Dort soll das Methan gewonnen, komprimiert und im Ausland verkauft werden. Bis zu 400 Arbeitsplätze könnten so entstehen.

M1

T1 Ruanda – Land in der Entwicklung

Ein Blick auf die physische Karte verdeutlicht, weshalb Ruanda den Beinamen „Land der tausend Hügel" trägt. Weil Ruanda im Mittel zwischen 1200 und 2000 m hoch liegt, ist das Klima mit Temperaturen zwischen 18 °C und 21 °C angenehm mild.
Ruanda ist ein tropisches Agrarland. Rund 75 % der Bevölkerung leben von der Landwirtschaft, wobei die Menschen meist für den eigenen Bedarf anbauen. Nur wenige landwirtschaftliche Produkte gehen in den Export. Im Land selbst gibt es kaum Industrie. Ruanda zählt zu den ärmsten Staaten der Welt.
Dennoch wird Ruandas Entwicklung als Erfolgsgeschichte bezeichnet. Denn die Wirtschaft wächst jährlich um durchschnittlich 7 %. Immer mehr ausländische Unternehmen nutzen die politische Stabilität des Landes, um hier zu investieren. Ein Beispiel ist Volkswagen: Das weltweit tätige Unternehmen hat in der Hauptstadt Kigali eine Fabrik errichtet.
Um die Wirtschaft des Landes noch stärker voranzubringen, will die Regierung Kigali zum Dienstleistungszentrum für ganz Afrika entwickeln. Sichtbare Zeichen sind ein riesiges Kongresszentrum sowie das Luxushotel daneben für die ausländischen Investoren und Kongressteilnehmer, aber auch für den wachsenden Tourismus.

4 Bewerte die wichtigsten Exportgüter als Einnahmequellen für Ruanda (M 3).

5 Stelle dar, warum diese Projekte wichtig für die ruandische Entwicklung sind.

Lösungen s4j5tw

AFB I: 3 II: 1, 2, 5 III: 4 → Lösungshilfen ab S. 195

Coltan:
Aus dem Erz Coltan wird das seltene Tantalum gewonnen, das für Hightech-Produkte verwendet wird. Man findet es in Kondensatoren für Spielkonsolen, in Laptops, Mobiltelefonen und der modernen Waffentechnik.

Reinigung des Erzes

Verhüttung

M2 Abbau und Verarbeitung von Coltan

Exportgüter/ Rohstoffe	Anteil am Gesamtexport, in %
Gold	32,9
Erdöl	10,1
Kaffee	5,6
Tee	5,4
Zinnerze	5,3
sonstige Mineralien	5,9
Hefe	2,4
Reis	2,4
Weizen	2,1

M3 Wichtigste Exportgüter von Ruanda 2019

M5

Rohstoffgewinnung: das Beispiel Coltan

Im Kibaragebirge, das sich vom Kongo über Ruanda bis nach Tansania zieht, werden reiche Vorkommen von Zinn, Coltan und Wolfram vermutet. Aus zwei großen Abbauzonen, eine davon in der Hauptstadt Kigali, wird momentan gefördert. Vor allem im Grenzgebiet zur Demokratischen Republik Kongo im Bereich der Vulkane, aber auch im Njungwe-Nationalpark liegen förderungswürdige Abbaumengen an Wolfram und Coltan. Dies sind aber auch Naturschutzgebiete. Mehrere Minen fördern diese begehrten Minerale. In Stollen wird das anstehende Gestein unter Tage abgebaut, dann außerhalb gereinigt, zerkleinert und bei hoher Hitze getrennt (Verhüttung). Ruanda hat sich durch eine Zertifikation verpflichtet, Arbeitssicherheitsvorschriften zu garantieren. Ebenso werden klare Dokumentationen der Erträge sichergestellt. Damit wird der verbreitete Schwarzhandel dieses global nachgefragten Produkts erschwert. Der Bergbausektor ist zusammen mit dem Tourismus und dem Tee- und Kaffeeexport die wichtigste Einnahmequelle des Landes.

M4

3

Europa – Einheit in der Vielfalt?

M1 Europa bei Nacht – ein Kontinent mit Unterschieden

Europa ist einer der sieben Kontinente unserer Erde. Aber wenn wir über Europa sprechen, meinen wir oft die Europäische Union oder kurz: die EU. Sie ist ein freiwilliger Zusammenschluss von 27 der 47 europäischen Staaten – mit dem Ziel, die Probleme der Gegenwart und Herausforderungen der Zukunft gemeinschaftlich zu lösen. Weitere Länder möchten gerne beitreten und viele Menschen freuen sich über den EU-Beitritt ihres Landes. Andere Länder haben sich bewusst gegen eine Mitgliedschaft entschieden. Erfahre mehr darüber, was die EU zusammenhält und worin sich die Mitglieder unterscheiden.

M2 Die EU als Ziel: Junge Kroatinnen und Kroaten feiern in Zagreb 2013 den EU-Beitritt.

M3 Vor dem Europäischen Parlament in Straßburg

Europa wächst zusammen

Europa verfügt über eine große naturräumliche und kulturelle Vielfalt. Die Zusammenarbeit europäischer Staaten hat zum Ziel, diese Vielfalt als Entwicklungspotenzial optimal zu nutzen, unterschiedliche Lebensbedingungen einander anzugleichen und dabei gemeinsame Werte zu schützen.

Schon gewusst?

Nicht alle EU-Staaten verzichten auf Grenzkontrollen an den Binnengrenzen, sondern nur diejenigen des Schengen-Raumes. Darüber hinaus haben auch Nicht-EU-Mitglieder das Schengener Abkommen unterzeichnet – wie Norwegen, Island und die Schweiz.

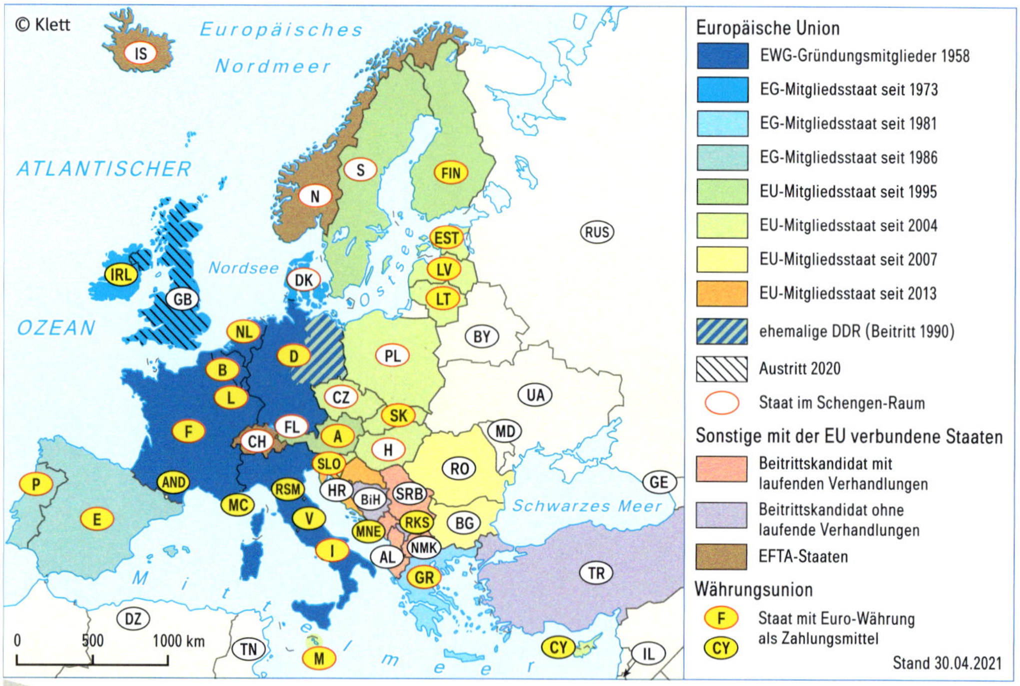

M1 Die Europäische Union

Zwei europäische Hauptstädte

Brüssel:

- Sitz der Europäischen Kommission (ähnlich einer Regierung: Je ein/e Kommissar/in ist zuständig für einen Politikbereich; an der Spitze: der/die Kommissionspräsident/-in)
- Sitz des Europäischen Rates (Organ der Staats- und Regierungschefs)

Straßburg:

- Sitz des EU-Parlaments (direkt gewählte Volksvertretung)

T1 Politische und wirtschaftliche Ziele

Kein anderer Kontinent hat so viele kleine Staaten wie Europa. Oft haben sie ganz unterschiedliche Interessen. In der Geschichte hat es nicht zuletzt deshalb viele kriegerische Konflikte gegeben. Besonders nach den Erfahrungen des Zweiten Weltkrieges suchten die Europäer aber das Miteinander. Daher wurde die Bewahrung des Friedens und der demokratischen Werte zum Hauptziel europäischer Zusammenarbeit. Dazu gehören die Achtung von Freiheit, Demokratie, Gleichheit und Rechtsstaatlichkeit sowie die Wahrung der Menschenrechte.

Die **Europäische Union** ist der größte gemeinsame Wirtschaftsraum der Welt. In Verhandlungen zur Außen- und Wirtschaftspolitik z. B. mit den USA, Russland oder China hat die EU somit ein viel größeres politisches Gewicht, als jedes Land für sich allein hätte.

T2 Der Weg zur Einigung Europas

Den Anfang machten sechs Staaten, die ab 1951 im Bereich der Eisen- und Stahlindustrie zusammenarbeiteten. Dies funktionierte so gut, dass sie 1957 die Europäische Wirtschaftsgemeinschaft (EWG) gründeten. Der EWG traten in den Folgejahren immer mehr Staaten bei. 1985 unterzeichneten die meisten Mitgliedsstaaten das Schengener Abkommen und verzichteten auf gegenseitige Grenzkontrollen. 1992 wurde durch den Vertrag von Maastricht die Europäische Union (EU) gegründet. Damit entwickelte sich die Wirtschaftsunion zur politischen Union weiter. Das EU-Parlament erhielt mehr Rechte und es gibt seitdem eine gemeinsame Außen-, Sicherheits- und Sozialpolitik. Mit Maastricht wurde auch die Währungsunion vorbereitet. Am 1.1.2002 wurde der Euro als gemeinsame Währung eingeführt.

Die wichtigsten Ziele der EU

- Frieden, gemeinsame Werte und das Wohlergehen der europäischen Völker
- nachhaltige Entwicklung Europas auf der Grundlage eines ausgewogenen Wirtschaftswachstums und von Preisstabilität
- wettbewerbsfähige soziale Marktwirtschaft, die auf Vollbeschäftigung und sozialen Fortschritt abzielt
- Bekämpfung von sozialer Ausgrenzung und Diskriminierung jeglicher Art
- soziale Gerechtigkeit, sozialer Schutz und die Gleichstellung von Mann und Frau
- Solidarität zwischen den Mitgliedsstaaten
- Schutz des kulturellen Erbes

M2

T3 Erstrebenswerte Mitgliedschaft

Auf Fotos zum EU-Beitritt eines Landes sind vor allem junge Menschen abgebildet, die glücklich ihre EU-Flaggen schwenken. Sie freuen sich über die Reisefreiheit ohne Kontrollen im Schengenraum und über die gemeinsame Währung. Noch wichtiger sind für viele die besseren beruflichen Perspektiven in einem europäischen Arbeitsmarkt. Durch eine starke Wirtschaft steigen ihre Beschäftigungschancen. Wenn die Lebensbedingungen zwischen den Mitgliedsstaaten angeglichen werden, können sie ihren Beruf im Heimatland ausüben und müssen nicht fern ihrer Familie leben. Während der Corona-Pandemie ab 2020 unterstützte die EU die am meisten betroffenen Staaten mit hohen Geldbeträgen.

EU-Haushalt
Geldbetrag, welcher der EU zur Verfügung steht, im Wesentlichen finanziert durch Beiträge der Mitgliedsstaaten; Betrag je nach Höhe der Steuereinnahmen und Zölle

Ländergruppe	Exportwert in Mrd. €
Europa	823,3
davon EU	634,7
Eurozone	441,0
Asien	207,6
Amerika	141,7
Afrika	20,1
Australien und Ozeanien	10,7
insgesamt	1205,0

M3 Exporte aus Deutschland 2020

Mitgliedsstaaten	Beiträge in Mrd. €
1. Deutschland	25,8
2. Frankreich	20,0
3. Italien	15,0
4. Ver. Königreich	14,0
5. Spanien	10,2
6. Niederlande	5,3
7. Polen	4,2
8. Belgien	3,9
9. Österreich	3,2
10. Schweden	3,0

M4 Beiträge zum EU-Haushalt 2019

Mitgliedsstaaten	Hilfen in Mrd. €
1. Italien	81,8
2. Spanien	77,3
3. Frankreich	38,8
4. Polen	37,7
5. Deutschland	28,8
6. Griechenland	22,6
7. Rumänien	19,6
8. Portugal	15,5
9. Bulgarien	9,2
10. Tschechien	8,6

M5 Corona-Hilfen der EU 2020

A
B

1
a) Fasse die Ziele der Europäischen Union zusammen (T1, M2).
b) Erläutere: Die EU hat zwei Hauptstädte (Randspalte links).

2 MK
Werte Karte M1 aus:
a) Beschreibe die Etappen der europäischen Einigung bis heute.
b) Nenne fünf Staaten Europas, die nicht zur EU gehören.

2
Bearbeite Aufgabe A2. Stelle mithilfe der Karte dar, wie sich die EU zukünftig weiterentwickeln könnte.

3
Arbeite zuerst allein und informiere dann deine/n Lernpartner/in: Erkläre, was der „Schengenraum" ist und welche Staaten dazugehören (M1, T2, T3).

3
Arbeite zuerst allein und berichte dann deinem Lernpartner: Welche Staaten haben den Euro (M1)? Welche Vorteile hat eine gemeinsame Währung (T2, T3)?

4
a) Nenne die fünf Staaten, die 2019 die höchsten Beiträge an die EU gezahlt haben (M4).
b) Beurteile anhand von M3–M5, warum die Mitgliedschaft in der EU für Deutschland wichtig ist.

5 EXTRA SP
Erläutere in einem kurzen Vortrag, warum es sich lohnt, EU-Mitglied zu sein.

AFB I: 2, 4a II: 1, 3, 5 III: 4b AFB I: 4a II: 1–3, 5 III: 4b

→ Lösungshilfen ab S. 195

Europa geht uns alle an

Fast ohne Grenzkontrollen können wir heute quer durch Europa reisen. Weil sich die Mitgliedsstaaten auf gemeinsame Standards verständigt haben, wurde auch der Warenaustausch erleichtert. Voraussetzung dafür war die Schaffung des europäischen Binnenmarktes.

M1 Führerschein und Reisepass sehen in der ganzen EU gleich aus.

M4 Der Euro, gemeinsame Währung in der Eurozone

M2 Prüfsiegel zum Nachweis der Einhaltung der EU-Richtlinien (Conformité Européenne)

M3 EU-Flagge

→ Armes und reiches Europa Seite 52/53

Fonds
Geldmittel für einen bestimmten Zweck

T1 Der europäische Binnenmarkt

Der größte Schritt auf dem Weg zur europäischen Einigung war 1993 die Einführung des **Binnenmarktes** mit den vier Freiheiten (M5). Sie ermöglichen den freien Handel und Personenverkehr zwischen den EU-Ländern. Grenzkontrollen sind an den Binnengrenzen entfallen. Damit dies funktionieren kann, sind gemeinsame Standards notwendig. So gibt es europaweite Anforderungen an die Lebensmittelhygiene und Kennzeichnungsvorschriften. Mit dem CE-Zeichen (M 2) auf zahlreichen Produkten weisen Hersteller auf die Einhaltung der Standards hin.

T2 Ungleichheiten entgegenwirken

Ein Hauptziel der EU ist die Schaffung gleichwertiger Lebens- und Arbeitsbedingungen in allen Mitgliedsstaaten. Dazu wurden Förderprogramme entwickelt, die aus dem EU-Haushalt finanziert werden. Die Europäische Union fördert in allen 27 EU-Staaten Projekte und Programme hauptsächlich über fünf große Fonds – darunter der Fonds für regionale und städtische Entwicklung, Förderprogramme für soziale Integration und verantwortungsvolle Staatsführung, der Fonds für die Entwicklung des ländlichen Raumes und das Programm für eine nachhaltige Meeres- und Fischereipolitik.
Man erkennt die geförderten Projekte an der EU-Flagge mit den zwölf Sternen, die z. B. häufig auf Bauschildern abgebildet ist (M 3).

T3 Berufsausbildung mit Unterstützung der EU

Mit dem Programm LEONARDO DA VINCI unterstützt die Europäische Union Auslandsaufenthalte von Auszubildenden. Das Programm ist Teil des EU-Bildungsprogramms für lebenslanges Lernen. Es bietet Auszubildenden und Berufsschüler/innen die Möglichkeit, weitere berufliche Qualifikationen im Ausland zu erwerben, Land und Leute kennenzulernen und ihre Fremdsprachenkenntnisse zu verbessern. Die EU beteiligt sich an den Kosten für den Aufenthalt im Gastland, z. B. für Unterkunft, Verpflegung und Fahrten.

M5 Die vier Freiheiten des europäischen Binnenmarktes

a) Lara ist Schülerin aus Bielefeld und möchte nach dem Schulabschluss eine Ausbildung zur Modeschneiderin in Paris absolvieren.

b) Eine Aktiengesellschaft aus Hamburg möchte Anteile einer irischen Brauerei erwerben.

c) Ein niederländischer Lehrer möchte nach Eintritt in den Ruhestand seinen Lebensabend in Spanien verbringen.

d) Der Weinbauer Stavros Konstantinidis aus Griechenland liefert mit seinem Lkw 30 000 Flaschen Rotwein über Dänemark nach Schweden.

e) In Bonn gekaufte Wurst aus Ungarn enthält die gleichen Höchstmengen an Zusatzstoffen wie italienische Wurst.

f) Ein polnisches Transportunternehmen bringt im Auftrag einer deutschen Firma Orangen von Südspanien nach Österreich.

M6 Der Binnenmarkt in der Praxis

A / B

1 Führt in der Klasse ein Brainstorming durch zum Thema: „Was haben wir von Europa?" Notiert die Antworten in Kurzform. Geht am Ende der Stunde noch einmal darauf ein.

2 (A) Erläutere die Bedeutung des europäischen Binnenmarktes (T1, M1, M4).

2 (B) Bearbeite Aufgabe A2. Erkläre insbesondere, was eine Binnengrenze ist und was sie bedeutet.

3 (A) a) Erläutere die vier Freiheiten des europäischen Binnenmarktes (M5).
b) Ordne jeder der vier Freiheiten ein Beispiel aus M6 zu.

3 (B) a) Erläutere die vier Freiheiten des europäischen Binnenmarktes (M5).
b) Ordne den vier Freiheiten alle Beispiele aus M6 zu.

4 Partner/-in A stellt die Förderungsmöglichkeiten durch die EU dar (T2), Partner/-in B die Unterstützung der Berufsausbildung durch EU-Mittel (T3). Stellt euch gegenseitig die Ergebnisse vor.

5 EXTRA MK Suche im Internet nach Beispielen für die EU-Förderung in NRW und stelle eins davon vor.

AFB II: 2–5 III: 1 AFB II: 2–5 III: 1 → Lösungshilfen ab S. 195

Armes und reiches Europa

Auch in Europa gibt es arme und reiche Staaten. Zwischen den Mitgliedsstaaten der EU bestehen zum Teil große Unterschiede, aber auch innerhalb einzelner Länder können Wohlstandsgefälle vorkommen. Ein Ziel der EU ist es, überall gleichwertige Lebensbedingungen zu schaffen.

Entwicklungsachse
Instrument der Raumplanung, mit dem entlang wichtiger Verkehrswege die Raumentwicklung intensiv betrieben wird. Es dient vor allem der Entwicklung peripherer Räume.

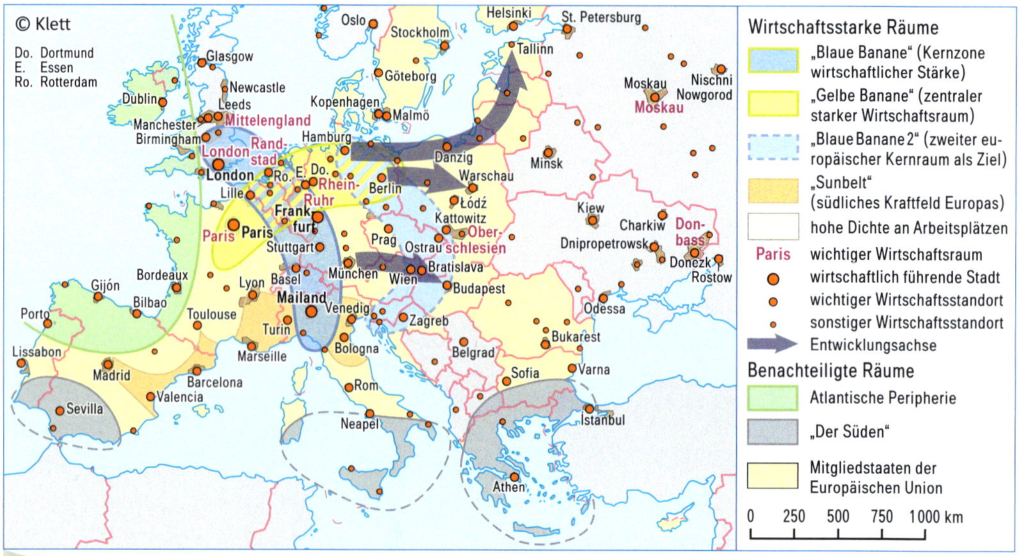

M1 Wirtschaftsstarke und benachteiligte Räume in Europa

T1 Arme und reiche Regionen

Arme Regionen Europas erkennt man vor allem an ihrer unterdurchschnittlichen Wirtschaftsleistung, die sich z. B. in einem niedrigen **Bruttoinlandsprodukt (BIP)** pro Einwohner (bzw. Kopf) ausdrückt.

Bruttoinlandsprodukt (BIP)
Wert aller in einem Jahr hergestellten Güter und erbrachten Dienstleistungen eines Staates

BIP pro Kopf
das BIP geteilt durch die Einwohnerzahl; zum Vergleich der Wirtschaftsleistung von Staaten

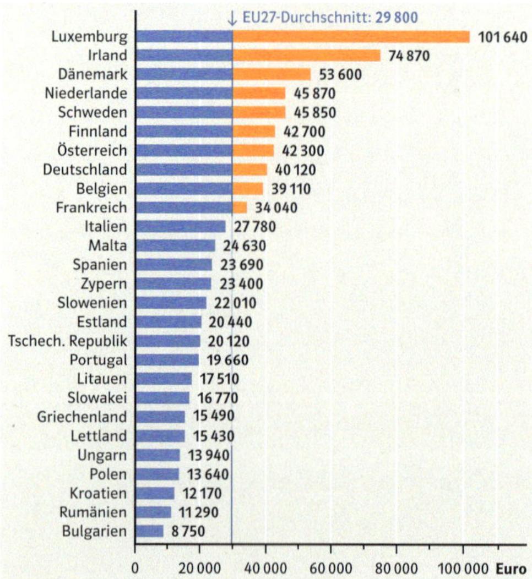

M2 BIP pro Kopf in der EU 2020

Oft sind ländliche Räume von relativer Armut betroffen oder Gebiete, die früher von der Eisen- und Stahlindustrie geprägt waren. Sie weisen eine hohe Arbeitslosenquote und eine sinkende Wohnbevölkerung auf, da vor allem jüngere Bevölkerungsgruppen abwanderten. Auch abseits gelegene strukturschwache Gebiete zählen zu den armen Regionen. Man bezeichnet sie als **Peripherie**. Reiche Regionen liegen mit ihrem BIP über dem EU-Durchschnitt. Sie bieten viele Arbeitsplätze in der Industrie und im Dienstleistungsbereich und liegen meist zentral. Deshalb werden sie auch als **Zentrum** bezeichnet. In der Raumordnung ist die „Blaue Banane" ein solcher Raum (M 1).
Die **regionalen und sozialen Disparitäten** (Unterschiede) zwischen Zentrum und Peripherie mit passgenauen Förderprogrammen zu verringern, ist eines der Hauptziele der Europäischen Union.

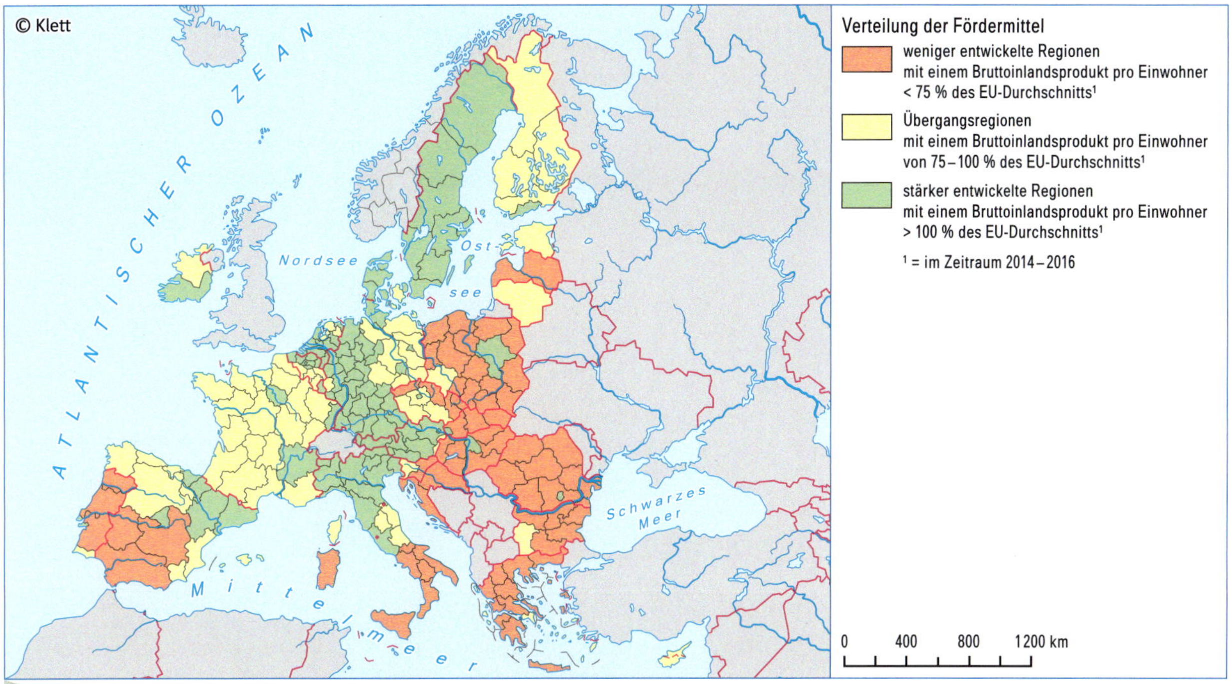

M3 Der Förderbedarf der EU-Regionen 2021–2027

Förderung durch die EU

Die EU gibt ein Fünftel ihres Budgets für regionale Entwicklung aus, unter anderem für Universitäten, Straßen, Unternehmen oder Banken. Bauvorhaben, bei denen die EU die nationale Finanzierung ergänzt, erkennt man an der europäischen Flagge. Beispiele sind 50 Millionen Euro für Breitbandverbindungen in ländlichen Regionen Griechenlands, gut 60 Millionen Euro für die Herstellung von Flugzeugbauteilen im Alentejo in Portugal oder für eine neue Straßenbahnverbindung in der lettischen Hauptstadt Riga.

M4

M5 Bulgarien braucht die EU-Förderung (Plovdiv 2019).

A
B

1 SP
Arme und reiche Regionen (T1, M1–M3)
a) Erläutere die Begriffe „Zentrum“ und „Peripherie“.
b) Stelle wesentliche Merkmale in einer Tabelle gegenüber.

2 (A)
Werte Karte M1 aus: Beschreibe die Lage wirtschaftsstarker und benachteiligter Räume.

2 (B)
Bearbeite Aufgabe A2. Beschreibe außerdem die Lage der Entwicklungsachsen.

3 (A)
Erläutere Möglichkeiten der EU zur Förderung benachteiligter Räume (M4).

3 (B)
Bearbeite Aufgabe A3. Nenne anhand von M3 und M4 die räumlichen Schwerpunkte der EU-Förderung.

4
Werte Karte M3 aus:
a) Beschreibe die Lage der meisten weniger entwickelten Regionen.
b) Stelle Vermutungen an, woran das liegen könnte.

5 SP
a) Sammelt Argumente für und gegen die unterschiedliche Förderung von Regionen.
b) Diskutiert in der Klasse darüber.

MK Eine Raumanalyse durchführen

Eine Raumanalyse dient Geographen dazu, einen Raum besser kennenzulernen und zu verstehen. Mit einer Leitfrage kannst du diesen geographischen Raum aus einem ganz bestimmten Interesse heraus untersuchen.

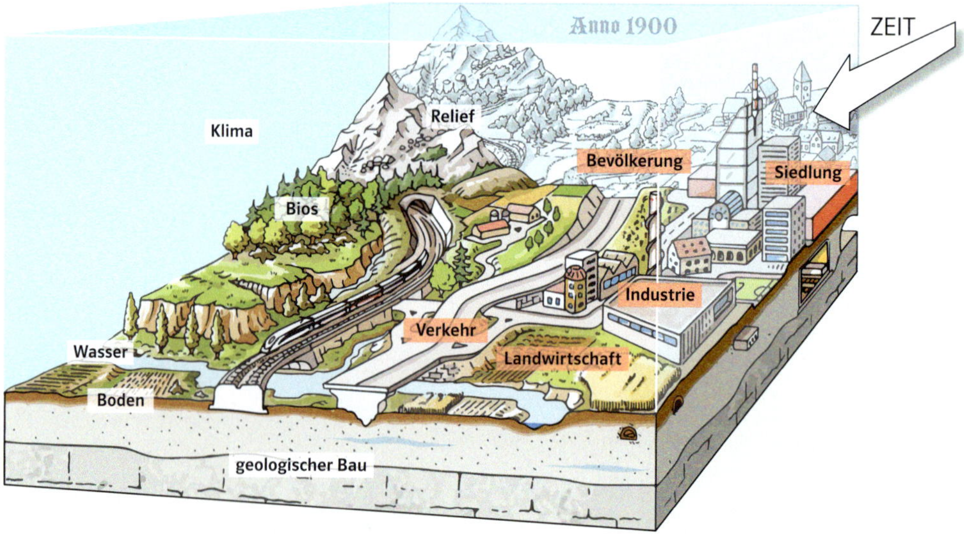

M1 Modell eines geographischen Raumes mit Naturfaktoren und Kulturraumfaktoren

T1 Der geographische Raum

Wenn man in Erdkunde über einen „Raum" spricht, meint man damit ein größeres abgegrenztes Gebiet. Die natürlichen und gesellschaftlichen Faktoren werden bei einer **Raumanalyse** jedoch nicht isoliert betrachtet, sondern in ihrem Zusammenwirken. So kann z.B. die Bevölkerungsverteilung in einem Land ganz unterschiedliche Ursachen haben: Klima, Höhenlage, Bodenfruchtbarkeit, Verkehrswege, Bodenschätze, Marktnähe oder politische Entscheidungen. Auch die Zeit, die für die Raumentwicklung zur Verfügung stand, kann eine Rolle spielen.
Es ist kaum möglich, bei einer Raumanalyse alle Faktoren zu berücksichtigen. Deshalb ist es ratsam, sich auf eine bestimmte Fragestellung zu konzentrieren. Bei der Frage nach den Gründen für die wirtschaftliche Stärke eines Raumes ist es z.B. sinnvoll, die Grundlagen dafür zu untersuchen. Das sind Landwirtschaft, Industrie und Dienstleistungen.

1. Schritt: Leitfrage formulieren

Gut geeignet ist eine Frage, die einen bestimmten Aspekt in den Mittelpunkt stellt. Die Leitfrage regt dazu an, diesen Aspekt von mehreren Seiten zu beleuchten.

Welche Faktoren haben dazu geführt, dass Frankreich heute eine so große wirtschaftliche Bedeutung in Europa hat?

2. Schritt: Sich einen Überblick verschaffen

Grenze den Untersuchungsraum ab und beschreibe seine geographische Lage.
Ordne dazu den Raum in größere räumliche Einheiten ein (z.B. Klimazonen, Landschaftszonen, Staatengruppen, Gebirge usw.).

Frankreich liegt in Westeuropa größtenteils in der Gemäßigten Klimazone, also in einem landwirtschaftlichen Gunstraum. Im Süden des Landes wirkt sich das Mittelmeerklima aus. Frankreich ist Mitglied der EU.

M2 Frankreichs Landwirtschaft: Lavendelfeld in der Provence

M3 Frankreichs Industrie: Airbusproduktion in Toulouse

M5 Frankreichs Dienstleistungen: Bank Société Générale in Paris

3. Schritt: Informationen zur Leitfrage recherchieren

Suche im Internet und anderen Medien nach Informationen zum Raum, die sich auf die Landwirtschaft, Industrie und Dienstleistungen beziehen. Ordne die Informationen nach den drei Wirtschaftssektoren. Schaue dir die ausgewählten Materialien genauer an und notiere Informationen, die du verwenden möchtest. Wähle nur die Informationen aus, mit denen du die Leitfrage am besten beantworten kannst. Gib jeweils die Quelle an (Web-Adresse und Zugriffsdatum; bei Büchern den Verfasser, den Buchtitel, das Erscheinungsjahr und die Seite).

4. Schritt: Die Leitfrage beantworten

Beantworte die Leitfrage mithilfe der ausgewählten Materialien und erarbeite eine übersichtliche Darstellung deiner Ergebnisse.

5. Schritt: Die Ergebnisse präsentieren

Stelle deine Ergebnisse anderen in einer selbst gewählten Form vor, z. B. als Computerpräsentation, Vortrag, Lernplakat …

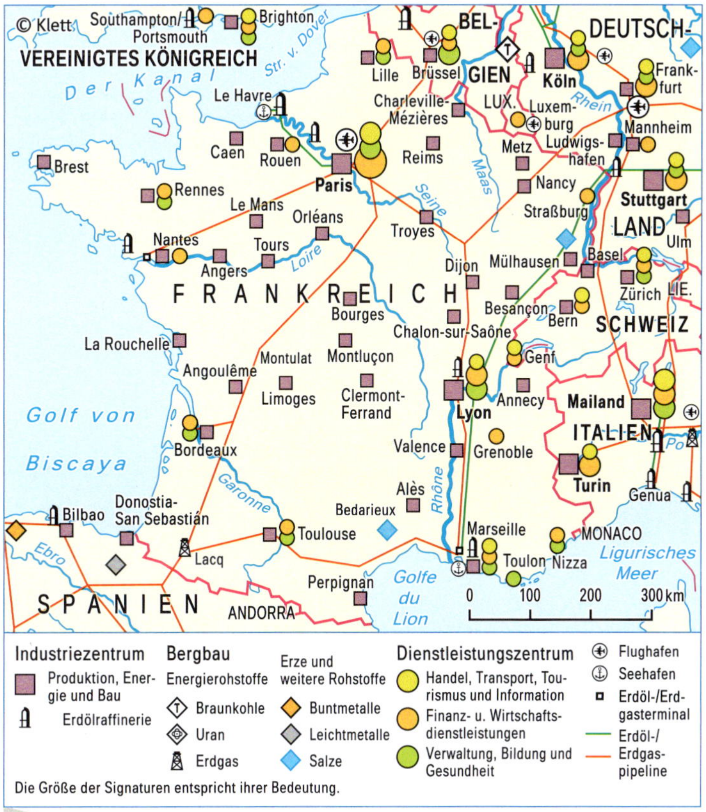

M4 Bergbau, Industrie und Dienstleistungen in Frankreich

1

Führe eine fragengeleitete Raumanalyse zu Frankreich durch.

Leitfrage: Welche Faktoren haben dazu geführt, dass Frankreich heute eine so große wirtschaftliche Bedeutung in Europa hat?

Nutze die Materialien der S. 54 – 61 und weitere Quellen.

MK

A Frankreichs Landwirtschaft

Produkte der französischen Landwirtschaft sind weltweit bekannt und haben Maßstäbe gesetzt. Die wirtschaftliche Stärke unseres westlichen Nachbarn scheint wesentlich auf den hohen Erträgen und der besonderen Qualität landwirtschaftlicher Produkte zu beruhen. Stimmt diese Einschätzung?

A **Frankreichs Landwirtschaft** diese Seite

B **Frankreichs Industrie** Seite 58/59

C **Frankreichs Dienstleistungen** Seite 60/61

1 Führe den ersten Teil der Raumanalyse zu Frankreich durch: Welchen Anteil hat Frankreichs Landwirtschaft an der wirtschaftlichen Stärke des Landes?

a) Werte dazu die Materialien auf dieser Doppelseite aus. Du kannst weitere Quellen hinzuziehen, z. B. den Atlas und das Internet.

SP b) Formuliere schriftlich ein Zwischenergebnis zum Beitrag der französischen Landwirtschaft zur wirtschaftlichen Spitzenstellung des Landes in Europa.

AFB II: 1 → Lösungshilfen ab S. 195

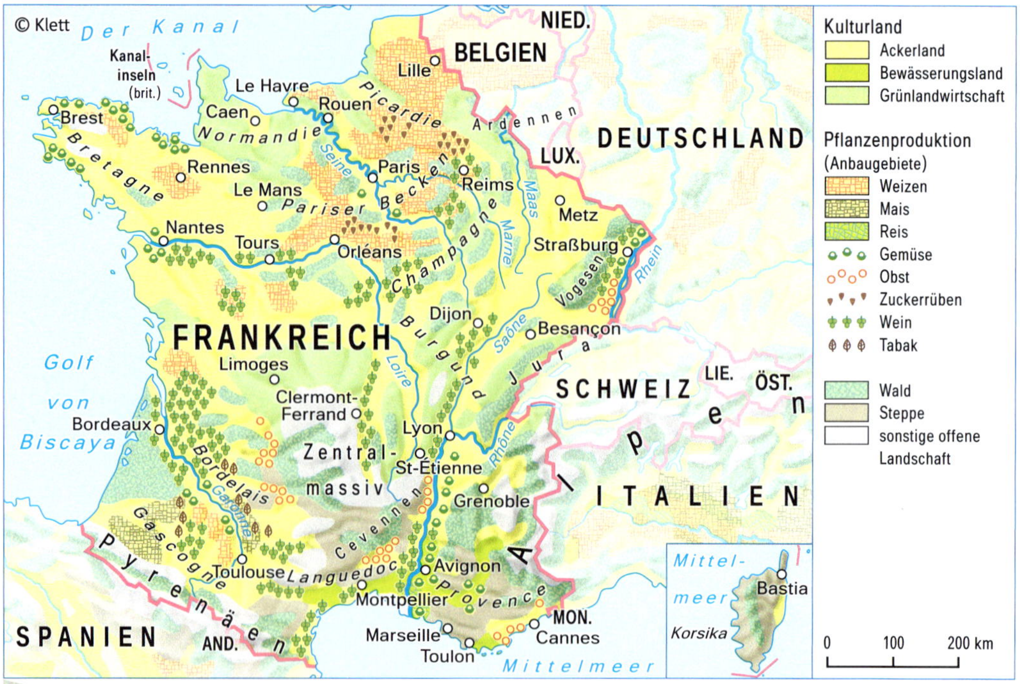

M1 Landwirtschaft in Frankreich

T1 **Der Ruf französischer Agrarprodukte**

Die hervorragende Qualität französischer Speisen und Getränke ist weltbekannt. Ein Glas Champagner bei feierlichen Anlässen oder gar eine Champagnerdusche nach dem Sieg in einem Autorennen; ein Rotwein aus Burgund zum Charolais-Rind; ein Stückchen Käse zum Dessert und das unerlässliche Baguette zu allen Speisen: Die Grundlagen dafür stammen fast immer aus dem eigenen Land. Bei einer Reise durch Frankreich durchquert man saftige Weiden, endlose Felder und große Weinbaugebiete. Frankreich ist der größte Exporteur agrarischer Produkte in der EU. Somit könnte man den Eindruck gewinnen, dass Frankreich seine gute wirtschaftliche Lage überwiegend der Landwirtschaft verdankt. Doch ist das wirklich so?

M2 Weizenanbau in der Île-de-France

M4 Die Normandie, bekannt für ihren Käse

Île-de-France
Region um die französische Hauptstadt

M3 Weinberge in der Champagne

M5 Charolais-Rinder aus Burgund

T2 Vielfältige Landwirtschaft

Frankreich bietet durch seine Lage im Westen und Süden Europas sowie durch sein Relief (Oberflächengestalt) eine Vielfalt an unterschiedlichen Bedingungen für die landwirtschaftliche Nutzung. Die großen Ebenen im Norden und in der Umgebung von Paris weisen hervorragende Böden auf und erhalten gleichzeitig genügend Niederschlag. Im Süden profitieren Oliven und Lavendel vom subtropischen Klima und bilden die Grundlage der verarbeitenden Industrie, wie z. B. der Öl- und Parfumherstellung. Hinzu kommt die Fischerei, bei der in Frankreich vor allem die Austernzucht hervorsticht. Bestimmte in Frankreich hergestellte Produkte sind von weltweiter Bedeutung und setzen qualitative Maßstäbe. Dabei arbeiten weniger als 3 % der Beschäftigten in der Landwirtschaft! Dass die Bewertung von Restaurants mit Sternen zuerst in Frankreich praktiziert wurde und das französische Mahl 2010 in das immaterielle Weltkulturerbe der UNESCO aufgenommen wurde, begründet in besonderer Weise den Ruf landwirtschaftlicher Produkte und versetzt das Land in eine Spitzenstellung.

	Frankreich	Deutschland	Rumänien	Polen
Weizen	70,5	44,3	30,0	28,5
Gerste	13,6	11,6	1,9	3,3
Zuckerrüben	38,0	29,7	0,9	13,8
Kartoffeln	9,0	11,6	2,6	8,9
Mais	12,9	3,7	17,3	3,7

M6 Erntemenge ausgewählter Agrarprodukte 2019 (in Mio. t)

	Frankreich	Deutschland	Spanien	Polen
Schweinefleisch	2,2	5,2	4,6	2,0
Rindfleisch	1,4	1,1	0,7	0,6
Hühnerfleisch	1,1	1,0	1,4	2,1

M7 Fleischproduktion 2019 (in Mio. t), führende Länder in der EU

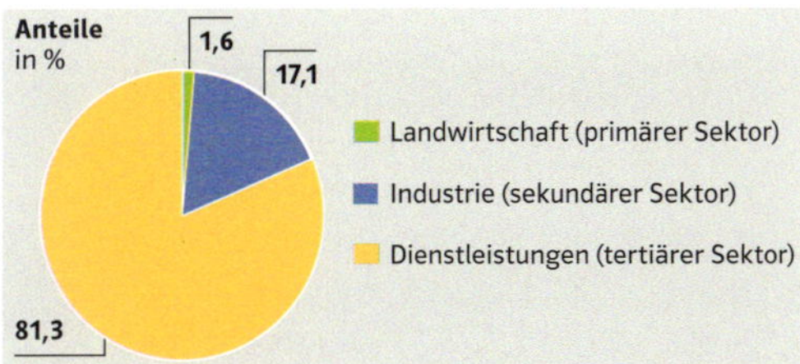

M8 Anteile der Wirtschaftssektoren am BIP 2019

MK

B Frankreichs Industrie

Frankreich ist einer der industriell am höchsten entwickelten Staaten Europas und der ganzen Welt. Dies beruht unter anderem auf der frühen Industrialisierung des Landes. Heute bilden moderne Industriebranchen und eine Energieversorgung auf der Basis zahlreicher Kernkraftwerke die Grundlagen der französischen Wirtschaft.

1 Führe den zweiten Teil der Raumanalyse zu Frankreich durch: Welchen Anteil hat Frankreichs Industrie an der wirtschaftlichen Stärke des Landes?

a) Werte dazu die Materialien auf dieser Doppelseite aus. Du kannst weitere Quellen hinzuziehen, z.B. den Atlas und das Internet.

SP b) Formuliere schriftlich ein Zwischenergebnis zum Beitrag der französischen Industrie zur wirtschaftlichen Spitzenstellung des Landes in Europa.

AFB II: 1 → Lösungshilfen ab S. 195

T1 Die Wurzeln der französischen Industrie

Schon früh fand die Industrialisierung im Norden und Nordosten Frankreichs statt. Reiche Steinkohle- und Eisenerzvorkommen waren die Basis für die Eisen- und Stahlindustrie in den Regionen Nord-Pas-de-Calais und Lothringen. Beide gehören zu den altindustrialisierten Räumen und weisen nach dem Niedergang der Eisen- und Stahlindustrie ab Mitte des 20. Jahrhunderts ähnliche Strukturprobleme auf wie das Ruhrgebiet und das Saarland in Deutschland. Bis heute sind die Folgen des Strukturwandels nicht ganz überwunden und die französische Regierung bemüht sich mit Unterstützung der EU um die Schaffung neuer Arbeitsplätze in den betroffenen Regionen.

Eine wichtige Grundlage für die Industrie ist die Energieversorgung. Frankreich setzt auf die Erzeugung von Kernenergie (M 2). Erst in jüngster Zeit mehren sich die Stimmen der Kritiker dieser Strategie.

Rang	Name des Unternehmens	Branche/Industriezweig
1	Total	Öl und Gas
2	Électricité de France (EDF)	Energieversorgung
3	ENGIE	Energieversorgung
4	Renault	Automobilindustrie
5	Christian Dior	Luxusgüterherstellung
6	LVMH Moët Hennessy Louis Vuitton	Luxusgüterherstellung
7	VINCI	Baugewerbe
8	Compagnie de Saint-Gobain	Mischkonzern (Werkstoffe für Bau, Mobilität, Gesundheit u.a.)
9	Orange	Telekommunikation
10	Bouygues	Baugewerbe, Telekommunikation

M1 Die größten französischen Industrieunternehmen, nach Umsatz 2020

EU-Staat	Anteil in %
Frankreich	70,6
Slowakei	53,9
Ungarn	49,2
Belgien	47,6
Bulgarien	37,5
Slowenien	37,0
Tschechien	35,2
Finnland	34,7
Schweden	34,0
...	
Deutschland (2018)	11,7

M2 Anteil der Kernenergie an der Stromerzeugung 2019

M3 Lothringen – früher Standort der Schwerindustrie

M5 Ein Hochgeschwindigkeitszug von Alstom

M4 Airbusproduktion in Toulouse

M6 Der Smart wurde in Hambach nahe der deutschen Grenze montiert.

T2 Standort im Wandel

Die Idee zum Bau des Smart stammt vom Schweizer Swatch-Uhrenhersteller Nicolas Hayek. Dieser versprach sich von seinem Kleinstwagen einen Beitrag zur Lösung innerstädtischer Verkehrsprobleme. Der geringe Verbrauch und die umweltschonende Produktion sollten den Umweltgedanken in die Automobilindustrie übertragen. Der geplante relativ geringe Anschaffungspreis sollte das Auto vor allem für jüngere Menschen attraktiv machen. Mercedes-Benz übernahm die moderne Produktion des Smart ForTwo im Werk Hambach. Seit 2020 gibt es diesen nur noch vollelektrisch. Inzwischen wurde das Werk Hambach jedoch an das britische Unternehmen INEOS Automotive verkauft. In Zukunft könnte sich die Produktion des Smart komplett aus Frankreich nach China verlagern. Am Standort Hambach soll dann ein Geländewagen gebaut werden.

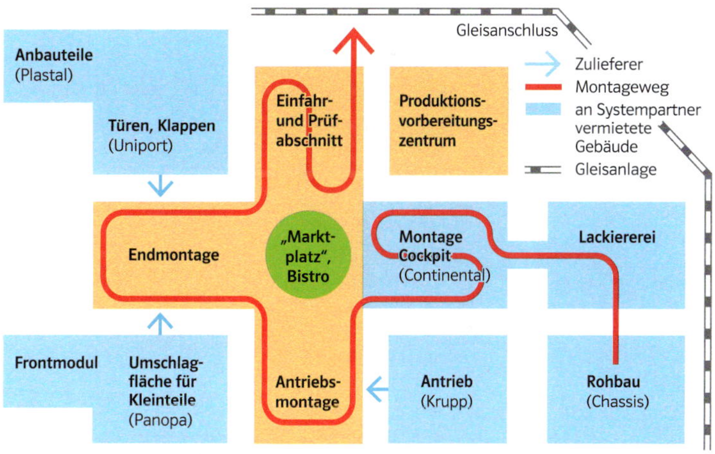

Das Produktionskonzept von MCC (Micro Compact Cars smart GmbH) war bei seiner Einführung revolutionär. Das Auto ist nach nur 4,5 Stunden fertig und kann ausgeliefert werden. Dabei kümmert sich MCC lediglich um die Endmontage. Mehr als 90 % der Bauteile werden per Lkw just in time angeliefert, d.h. sie erreichen genau zur festgesetzten Zeit das Werk und verursachen keine Lagerkosten.

M7 Smartproduktion in Hambach (Lothringen)

MK

C Frankreichs Dienstleistungen

Während Landwirtschaft und Industrie stark raumprägend wirken, haben die Dienstleistungen scheinbar einen geringeren Einfluss. Ihr Anteil an den Beschäftigtenzahlen und an der wirtschaftlichen Stärke von Staaten hat aber europaweit zugenommen. Welche Bedeutung hat der dritte Wirtschaftssektor in Frankreich?

A **Frankreichs Landwirtschaft** Seite 56/57
B **Frankreichs Industrie** Seite 58/59
C **Frankreichs Dienstleistungen** diese Seite

1 Führe den dritten Teil der Raumanalyse zu Frankreich durch: Welchen Anteil haben die Dienstleistungen an der wirtschaftlichen Stärke des Landes?
a) Werte dazu die Materialien auf dieser Doppelseite aus. Du kannst weitere Quellen hinzuziehen, z. B. den Atlas und das Internet.
SP b) Formuliere schriftlich ein Zwischenergebnis zum Beitrag der Dienstleistungen in Frankreich zur wirtschaftlichen Spitzenstellung des Landes in Europa.

2 SP Beantworte die Leitfrage in einem Text: Welche Faktoren haben dazu geführt, dass Frankreich heute eine so große wirtschaftliche Bedeutung in Europa hat? Nutze deine Zwischenergebnisse der S. 56–61.

AFB II: 1, 2 → Lösungshilfen ab S. 195

M1 Im Einfluss von Paris

Agglomeration
Ballungsgebiet

TGV
frz. train à grande vitesse = Hochgeschwindigkeitszug

T1 Die Bedeutung der Hauptstadt Paris

In Frankreich gibt es im Gegensatz zu Deutschland keine Bundesländer. Die Regierung hat ihren Sitz in Paris und lenkt das Land von dort aus zentral. Paris ist der absolute Mittelpunkt des Landes. Auch fast alle großen Firmen und die Börse haben hier ihren Sitz. Im Hochhausviertel „La Défense“ im Westen der Hauptstadt befinden sich wichtige Banken. Auch ausländische Firmen und internationale Institutionen wie die Organisation für wirtschaftliche Zusammenarbeit und Entwicklung (OECD) sind in Paris angesiedelt. Hinzu kommen Forschungsinstitute und Museen mit Weltruf wie der Louvre.

T2 Das Herz Frankreichs

Paris und die Region Île-de-France sind mit zwölf Millionen Einwohnern einer der am dichtesten besiedelten Ballungsräume der Welt und das wirtschaftliche und politische Zentrum Frankreichs. Rund 30 % des französischen BIP werden hier erwirtschaftet. Aber die Lebenshaltungskosten sind enorm hoch. Viele Beschäftigte wohnen daher weit weg und nutzen das Hochgeschwindigkeitsnetz der Bahn, um mit mehr als 300 km/h ihre Arbeitsstelle zu erreichen. Bis nach Marseille sind es z. B. nur drei Fahrtstunden.

M2 Cité des Sciences et de l'Industrie (Stadt der Wissenschaften und der Industrie) in Paris

M4 La Défense – das Verwaltungszentrum in Paris

M3 Cap d'Agde – Ferienort am Mittelmeer

M5 Disneyland bei Paris

T3 Dezentralisierung

Die zentrale Verwaltung eines so großen Landes ist nicht immer vorteilhaft. Die Wege sind weit, Ansprechpersonen nicht leicht zu erreichen. Um im Bereich der staatlichen Dienstleistungen effektiver zu arbeiten, werden seit den 1980er-Jahren im Rahmen der Dezentralisierung wichtige Funktionen aus der Hauptstadt in die Provinz verlagert. Städte wie Lyon, Strasbourg und Bordeaux profitieren davon. Auch Kultur wird verlagert, wie das Beispiel des Louvre de Lens, einer Zweigstelle des berühmten Museums, zeigt.

T4 Bedeutende Rolle des Tourismus

Paris darf auf keiner Europareise von Touristen aus den USA, aus China oder Japan fehlen. Die Côte d'Azur bei Nizza, die Strände am Atlantik und moderne Wintersportgebiete in den Alpen locken einheimische und ausländische Gäste. Allein das Disneyland bei Paris war 2019 das Ziel von 15 Millionen Besuchern.

Land	Ankünfte in Mio.
Frankreich	89
Spanien	83
USA	80
China	63
Italien	62
Türkei	46
Mexiko	41
Deutschland	39
Thailand	38
Vereinigtes Königreich	36

M6 Die zehn Top-Reiseziele der Welt 2018

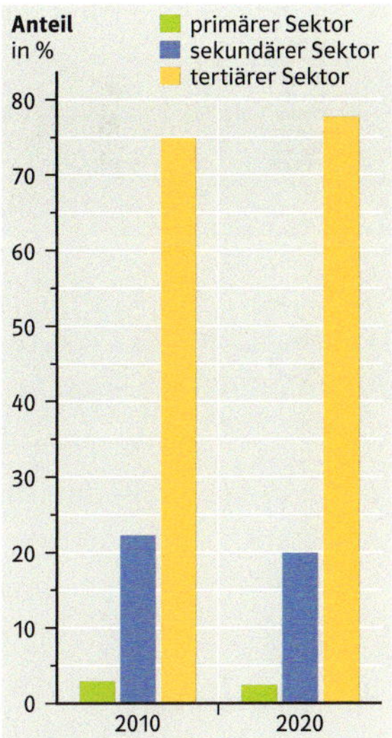

M7 Anteile der Beschäftigten in den Wirtschaftsbereichen

Rumänien im Wandel

Fern von den wirtschaftlichen Kernräumen Europas und nach jahrzehntelanger politischer Isolation litt Rumänien unter seiner Lage in der europäischen Peripherie. Seit 2007 ist das Land EU-Mitglied. Befindet sich Rumänien nun auf dem Weg in eine bessere Zukunft?

M1

M2 In einem Dorf in Siebenbürgen

M3 Brücke „Neues Europa" über die Donau, 3,5 km lange Verbindung nach Bulgarien

Siebenbürgen ist seit dem 12. Jahrhundert Heimat von deutschen Siedlern. Inzwischen leben nur noch etwas mehr als 30 000 Deutschstämmige in Rumänien. Mehr als 95 % der deutschsprachigen Bevölkerung hat Rumänien inzwischen verlassen. Der 2014 gewählte rumänische Staatspräsident Klaus Johannis ist aus Siebenbürgen.

T1 Erste Erfolge der EU-Mitgliedschaft

Bis 2007 war Rumänien das Armenhaus Europas, dann erfolgte gemeinsam mit dem Nachbarn Bulgarien der Beitritt zur Europäischen Union. Nun weist das Land Wachstumsraten wie Indien oder China auf. Deutsche Konzerne investieren, qualifizierte Arbeitskräfte werden knapp. Die ersten Schritte auf dem Weg zur Stärkung weniger entwickelter Räume und zur Verbesserung der Lebens- und Arbeitsbedingungen scheinen erfolgreich gewesen zu sein.
Besonders die Region Siebenbürgen entwickelt sich zu einem Raum, in den ausländisches Kapital fließt. Binnen weniger Jahre haben sich 50 deutsche Industrieunternehmen, überwiegend aus der Automobilbranche, in Siebenbürgen niedergelassen. Die meisten sind Autozulieferer wie Continental. 300 der 900 Conti-Mitarbeiter/innen am Standort Sibiu (Hermannstadt), der Hauptstadt Siebenbürgens, sind Ingenieure, darunter viele Deutsche.

T2 Investitionen in Rumänien

Verschiedene Faktoren begünstigen besonders deutsche Investitionen in Rumänien: Die Arbeitskosten pro Stunde entsprechen nur einem Achtel der deutschen. Viele Rumänen sprechen Deutsch. In den größeren Städten gibt es deutsche Schulen, manche Universitäten schicken ihre Studierenden zum Praktikum nach Deutschland. Das alles wirkt sich auch bei uns aus: Im Oktober 2020 verkündete der Reifenhersteller Continental, den traditionellen Standort Aachen mit über 1800 Mitarbeitern zu schließen und seine Produktion nach Rumänien zu verlagern.
In Rumänien passiert genau das, was die EU mit ihren Förderprogrammen erreichen will, nämlich die Angleichung der Lebensverhältnisse zwischen den Mitgliedsstaaten. Die EU stellte von 2014 bis 2020 insgesamt 23 Milliarden Euro für Investitionen bereit, vorrangig für den Ausbau der Verkehrsinfrastruktur und den Netzausbau, den Schutz der Umwelt, die Reduzierung der CO_2-Emissionen und die Bekämpfung von Armut.

M4 Ansiedlung im Bereich Forschung und Entwicklung der deutschen Firma Continental in Sibiu

Rang	Land	BIP pro Kopf in €
1	Luxemburg	101 640
2	Irland	74 870
3	Dänemark	53 600
4	Niederlande	45 870
8	Deutschland	40 120
10	Frankreich	34 040
Durchschnitt EU-27		29 800
26	Rumänien	11 290
27	Bulgarien	8 750

M5 BIP pro Kopf 2020

Kohäsion
wirtschaftlicher und politischer Zusammenhalt

T3 Die Schattenseiten der EU-Förderung

Nur drei Jahre nach seiner Eröffnung schloss der finnische Mobiltelefonhersteller Nokia 2011 das kurz nach dem EU-Beitritt gebaute Werk im rumänischen Cluj. 60 Millionen Euro hatte Nokia am neuen Standort investiert, er sollte die Produktion in Bochum ersetzen. Der Umzug hatte in Deutschland damals für erheblichen Unmut gesorgt, auch weil in das Bochumer Werk erhebliche staatliche Subventionen geflossen waren. Mit 5,5 Millionen Euro unterstützte die EU die 2 300 Bochumer Arbeitnehmer/innen, die durch die Verlagerung ihre Stelle verloren. Der Standort sei nicht mehr wettbewerbsfähig, begründete der Konzern damals die Entscheidung. Die Arbeitskosten in Bochum seien fast zehnmal so hoch wie in Rumänien. Nun ist die Produktion auch in Rumänien ausgelaufen. Nokia investiert nun in Asien.

Instrumente und Ziele der EU-Förderung 2021–2027

Die meisten Mittel zur Förderung von Regionen stammen aus dem EFRE (Europäischer Fonds für regionale Entwicklung) und dem Kohäsionsfonds (Fonds zur Förderung von Regionen mit einem BIP pro Kopf von weniger als 90 % des EU-Durchschnitts).
- 62 % des EFRE gehen an weniger entwickelte Räume (BIP pro Kopf von unter 75 % des EU-Durchschnitts);
- 14 % erhalten sogenannte Übergangsregionen (BIP pro Kopf von 75–100 % des EU-Durchschnitts);
- 11 % bekommen bereits entwickelte Räume (BIP pro Kopf mit mehr als 100 % des EU-Durchschnitts).

Weitere 13 % der Fördermittel stammen aus dem Kohäsionsfonds.

Ziele: Annäherung von weniger entwickelten Regionen und Übergangsregionen an den EU-Durchschnitt, Stärkung der regionalen Wettbewerbsfähigkeit, territoriale Zusammenarbeit

M6

1 a) Beschreibe die Entwicklung Rumäniens seit dem EU-Beitritt (M2–M4, T1).
b) Beschreibe den Umfang und die wichtigsten Ziele der EU-Förderung für Rumänien (T2).

2 (A) Nennt Gründe für deutsche Firmen, in Rumänien zu investieren (T2, M4).

2 (B) Beurteilt die Entscheidung deutscher Firmen für Investitionen in Rumänien (T2, M4).

3 (A) Arbeitet die für Rumänien passenden Instrumente und Ziele der EU-Förderung heraus (M5, M6, Karte „Förderbedarf“ auf S. 53, M3).

3 (B) Bearbeitet Aufgabe A3. Nennt weitere Staaten mit einem ähnlichen Förderbedarf und beschreibt deren räumliche Lage.

4 Rollenspiel zur deutschen EU-Mitgliedschaft
a) Führt das Rollenspiel in Gruppen durch. Ein/e Schüler/-in übernimmt die Moderatorenrolle, je eine/r die Rolle des Befürworters und des Gegners. Nutzt die Informationen dieses Themenblocks.
b) Bewertet im Plenum die vorgebrachten Argumente.

5 EXTRA SP
a) Erläutere die Standortentscheidungen der Firma Nokia (T3).
b) Nimm Stellung dazu.

AFB I: 1–3 II: 5 III: 4   AFB I: 1, 3 II: 5 III: 2, 4   → Lösungshilfen ab S. 195

Wichtige Begriffe

- Binnenmarkt
- Bruttoinlandsprodukt (BIP)
- Europäische Union
- Peripherie
- Raumanalyse
- regionale und soziale Disparitäten
- Zentrum

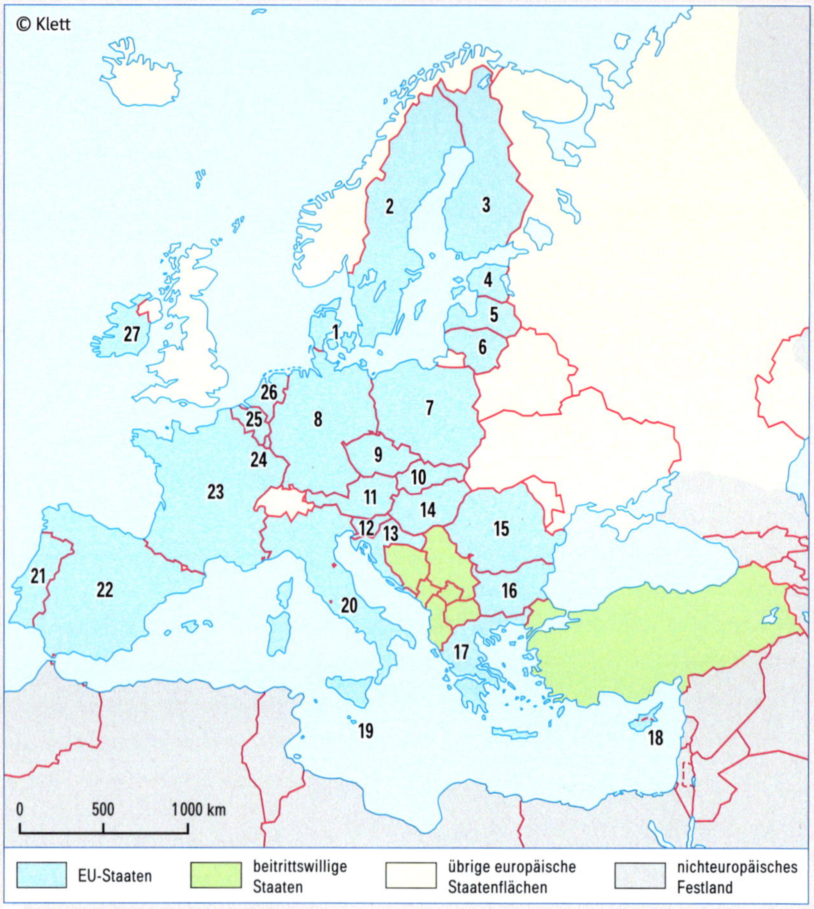

M1 Die 27 EU-Staaten 2021

Kennen und verstehen

1 EU-Partner gesucht

a Werte Karte M1 mithilfe des Atlas aus. Erstelle eine Liste der 27 EU-Staaten.
Ordne jedem Staat seine Hauptstadt zu sowie die Großregion, in der er liegt (Südeuropa, Westeuropa, Nordeuropa, Mitteleuropa, Osteuropa oder Südosteuropa).
Beispiel: Dänemark, Kopenhagen, Nordeuropa

b Liste die sieben beitrittswilligen Staaten auf.

c Nenne die Staaten, die nicht Mitglied der EU sind und auch nicht beitreten wollen.

2 Buchstabensalat

Ordne die Buchstaben folgender europäischer Staaten in der richtigen Reihenfolge. Welche Staaten sind nicht Mitglied der EU?

a FLANNIND
b ZWEISCH
c DUSCHTALEND
d GERNWONE
e GUNNAR
f FRECHKARIN
g VERNEIGTEIS KRÖNEIGICH

3 Finde die Städte

Welche Hauptstadt liegt am …

a westlichsten?
Dublin – Paris – Lissabon

b nördlichsten?
Helsinki – Stockholm – Oslo

c südlichsten?
La Valletta – Athen – Madrid

d östlichsten?
Nikosia – Tallin – Sofia

4 Erweiterung der EU

Arbeite mit Karte M1 auf Seite 48:

a Nenne die sechs Gründerstaaten der EWG.

b Welche Staaten kamen bei der Westerweiterung 1973 hinzu?

c Welche Staaten traten bei der Süderweiterung 1981 und 1986 in die Europäische Gemeinschaft ein?

d Welche Staaten wurden bei der Osterweiterung 2004 Mitglieder der EU?

e Nenne die Namen der drei jüngsten EU-Mitglieder und deren Beitrittsjahr.

5 Nenne die passenden Begriffe

a große wirtschaftliche und soziale Ungleichheiten zwischen den Regionen

b der Name der Gemeinschaft von 27 Staaten in Europa

c Er ist durch die vier Freiheiten gekennzeichnet.

d der Wert aller in einem Jahr erzeugten Güter und erbrachten Dienstleistungen in einem Staat

6 Richtig oder falsch?
Verbessere die falschen Aussagen und schreibe alle richtig auf.
- **a** Die Europäische Union kümmert sich nur um die Wirtschaft.
- **b** Der Euro gilt in allen Staaten der EU.
- **c** Alle Unionsbürger haben gleiche Rechte und können sich in der gesamten EU frei bewegen.
- **d** Die 27 Mitgliedsstaaten haben die EU gemeinsam gegründet.
- **e** Die EU-Kommission hat ihren Sitz in Straßburg.
- **f** Deutsche Firmen verlegen ihre Produktion nach Rumänien, da dort die Umweltschutzauflagen niedriger sind.

Mutter Europa und ihre Kinder

M2

7 Bilderrätsel
Löse die Bilderrätsel und erkläre die gesuchten Begriffe.

a

b

10 Eine Karikatur auswerten
- **a** Beschreibe die Karikatur M2.
- **b** Erkläre, wen die Kinder darstellen.
- **c** Was will der Karikaturist mit seiner Darstellung aussagen?
- **d** Nimm Stellung zu der Aussage.

Beurteilen und bewerten

11 Wir in Europa
- **a** Bewerte die Aussage: „Europa betrifft mich nicht."
- **b** Die EU fördert den Wohlstand. Deshalb investiert sie in die Regionalförderung ärmerer Mitgliedsstaaten. Bewerte die Maßnahmen.
- **c** Beurteile die Aussage: „Uns Deutschen ginge es besser ohne die Europäische Union."

Vernetzen

12 Ungleichheiten
Nutze deine Kenntnisse aus den Kapiteln 2 und 3 sowie das Kreisdiagramm M3. Erläutere:
- Soziale und wirtschaftliche Disparitäten gibt es nicht nur auf globaler Ebene, sondern auch auf europäischer und staatlicher Ebene.
- Die EU setzt einen Großteil der Mitgliedsbeiträge zur Schaffung gleichwertiger Lebensverhältnisse ein.

Methoden anwenden

8 Raumanalyse
Erkläre, wozu eine Raumanalyse dient. Nutze die Abbildung M1 auf Seite 54.

9 Internetrecherche
- **a** Beschreibe eine möglichst weite Reise innerhalb des Schengenraumes ohne Grenzkontrollen.
- **b** Informiere dich über den „Brexit" und berichte darüber in einem kurzen Text.

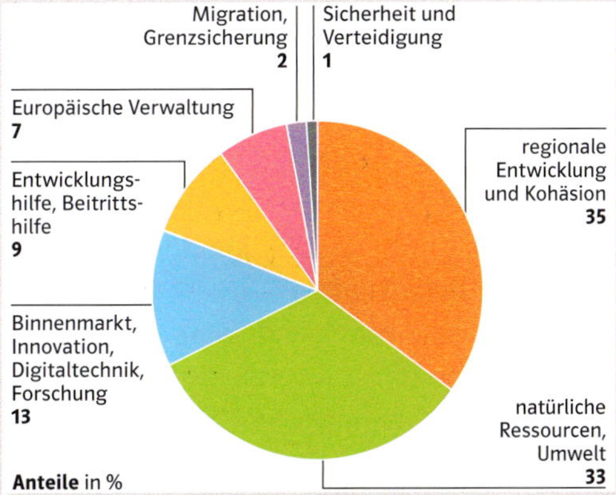

M3 Einsatz der EU-Gelder 2021 – 2027

1 Beschreibe die Unterschiede zwischen Nord- und Süditalien anhand von M1, M2 und T1.

2 Erläutere Ursachen und Folgen der Zweiteilung des Landes. Betrachte in diesem Zusammenhang insbesondere M3–M5.

A Ungleiche Lebensbedingungen in Italien

Der Norden Italiens ist eine der wohlhabendsten Regionen der EU – mit pulsierenden Metropolen wie Mailand und Turin, seinen touristisch erschlossenen Gebieten an der Riviera und Adria, seinen ehrwürdigen Städten wie Florenz und Bologna. Und was ist mit dem Süden, dem sogenannten Mezzogiorno?

M1 Mailand – neues Stadtviertel CityLife mit Wohnungen, einem großen Einkaufszentrum und modernen Bürohäusern

M2 Kleinstadt Locorotondo in Apulien

Metropole
von altgriechisch mētropolis = Mutterstadt; eine Großstadt, die einen politischen, sozialen, kulturellen und wirtschaftlichen Mittelpunkt einer Region oder eines Landes bildet

Mezzogiorno
ital. = Mittag, nach dem Stand der Sonne; Begriff für die Regionen im Süden Italiens und die Inseln Sizilien und Sardinien

T1 Regionale Disparitäten

Nicht nur die Landschaft und die Mentalität der Menschen sind in den Regionen Italiens sehr unterschiedlich, sondern auch die Lebensbedingungen und die wirtschaftliche Situation. Häufig spricht man von einer Zweiteilung des Landes. Dabei trennt man den stark industrialisierten Norden mit den großen Wirtschaftszentren Mailand, Turin und Genua vom weniger entwickelten Süden, der oft auch als Mezzogiorno bezeichnet wird. Bei der Betrachtung der Wirtschaftssektoren bietet sich eher eine Dreiteilung an: Während der gesamte oberitalienische Raum über einen gut entwickelten Dienstleistungssektor verfügt und zu den wirtschaftlich stärksten Gebieten Europas zählt, herrscht in Mittelitalien mit vielen Betrieben aus der Textil-, Schuh- und Möbelbranche noch der sekundäre Sektor vor, wobei viele Großunternehmen ihren Sitz in bzw. um Rom haben. Im Süden dagegen ist die Landwirtschaft stark ausgeprägt. Der Tourismus spielt überall eine große Rolle.
Dieses Nord-Süd-Gefälle lässt sich auch mit Zahlen belegen: Während das Bruttoinlandsprodukt pro Kopf in Südtirol 37 561 Euro beträgt, weist Kalabrien mit 16 659 Euro weniger als die Hälfte auf. Sizilien belegt in dieser Liste mit 17 358 Euro den viertletzten Platz.

3 Beschreibe die Maßnahmen zum Abbau der regionalen Disparitäten und deren Auswirkungen (T2).

4 Nimm Stellung zur Bedeutung krimineller Organisationen im Süden Italiens (T2, M4).

Lösungen ys67hk

AFB I: 1, 3 II: 2 III: 4 → Lösungshilfen ab S. 195

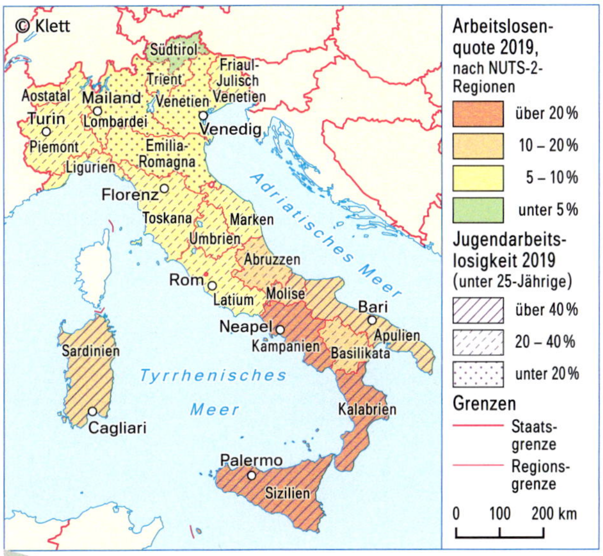

M3 Arbeitslosenquote 2019

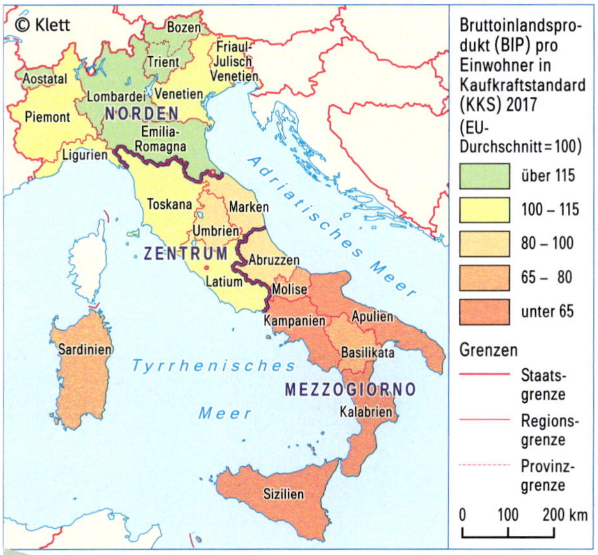

M5 BIP pro Kopf 2017

T2 Abbau der Disparitäten

Schon 1950 gründete der italienische Staat die „Südkasse". Daraus wurden Steuererleichterungen und günstige Kredite für Unternehmen finanziert, die sich im Süden ansiedeln wollten. Die Südkasse finanzierte außerdem den Ausbau der Infrastruktur. Dennoch investierten nur wenige private Firmen im Süden. Der einzige große Betrieb mit anfangs mehreren Hundert Arbeitsplätzen war ein Stahlwerk, das der Staat in den 1960er-Jahren in Tarent bauen ließ. In seiner Nähe siedelten sich einige wenige Betriebe der Kleinindustrie an. Doch die wirtschaftlichen Zentren mit hinreichend großen Absatzmärkten wie Mailand, Turin und Florenz lagen fern.

Höher gebildete Menschen wie Universitätsabsolventen wandern weiterhin in den Norden ab und fehlen in Süditalien, wo Arbeitslosigkeit und relative Armut drohen.

Nicht zu unterschätzen ist die negative Rolle der kriminellen Mafia. Sie verschafft dem Süden ein schlechtes Image. Im Januar 2021 begann ein Prozess gegen 355 Mitglieder ihres kalabrischen Zweiges, der Ndrangheta.

Ursachen für die Disparitäten in Italien

Italien gehört zu den Gründungsmitgliedern der europäischen Gemeinschaft und nahm 2018 mit seiner Wirtschaftsleistung die achte Stelle in der Welt ein. Trotzdem waren und sind die Regionen sehr unterschiedlich an der wirtschaftlichen Wertschöpfung des Landes beteiligt.

Die Ursachen für die wirtschaftlichen, sozialen und kulturellen Unterschiede reichen weit in die Geschichte zurück. Erst im 19. Jahrhundert erfolgte die Einigung Italiens. Im Süden blieben herrschaftliche Agrarstrukturen erhalten. Für eine industrielle Entwicklung fehlten Rohstoffe. Norditalien hingegen profitierte von der Nähe zu europäischen Kohlerevieren und Märkten. Mit der Industrialisierung entstanden große Industriezentren, die ausländisches Kapital anzogen.

Die Wirtschaft Italiens wurde wie in anderen Staaten schwer von der Corona-Pandemie getroffen. Das Zentrum im Norden und der Tourismus sollen neuen Aufschwung für das ganze Land bringen.

M4

Wähle aus

An Beispielen die Zusammenarbeit europäischer Staaten erläutern

A Ungleiche Lebensbedingungen in einem EU-Mitgliedsstaat: Italien
Seite 66/67

B Zusammenarbeit in Europa
diese Seite

1
Arbeite aus den Beispielen M1–M4 die Vorteile der Zusammenarbeit europäischer Staaten heraus. Inwiefern spielt der Binnenmarkt dabei eine Rolle?

2 SP
Erkläre die europäische Arbeitsteilung bei der Fertigung eines Airbus-Flugzeugs (M3).

B Zusammenarbeit in Europa

Viele EU-Staaten nutzen die Möglichkeiten der grenzüberschreitenden Zusammenarbeit intensiv. Der Wegfall der Zollschranken, die Angleichung von technischen Bestimmungen und die Freizügigkeit bei der Wahl des Arbeitsplatzes begünstigen dies. Die Zusammenarbeit reicht bis in den Weltraum!

Grenzverlauf im Fußboden des Dienstleistungszentrums EBC (Eurode Business Center)

Europa im Kleinen – Die Euregios

In der EU arbeiten die Menschen nicht nur auf staatlicher Ebene, sondern auch regional zusammen. Entlang der Grenzen fast aller europäischer Staaten gibt es sogenannte Europaregionen, oder kurz: Euregios. Das sind grenzüberschreitende Regionen, in denen Gebietskörperschaften, vergleichbar unseren Kommunen oder Kreisen, zusammenarbeiten. Eine davon ist der EVTZ Euregio Maas-Rhein mit Sitz im belgischen Eupen, die deutsche, niederländische und belgische Gebiete umfasst. In den Städten Herzogenrath (D) und Kerkrade (NL) wurde das Eurode Business Center (EBC), ein gemeinsam genutztes Bürogebäude, genau auf der Grenze gebaut. Etwa 70 Firmen und Organisationen nutzen das Gebäude, darunter Anwälte, Ärzte, Logistikfirmen und Telekommunikationsunternehmen. Sie können sich im Gebäude auf beiden Seiten der Grenze einmieten und dadurch die jeweiligen Vorteile beider Länder nutzen, z. B. im Steuerrecht. Es gibt im EBC übrigens auch eine deutsch-niederländische Polizeiwache.

M1

Frontex vor der Insel Lesbos

Sicherheit

Die Europäische Union verfügt über eine gemeinsame Außengrenze mit einer Länge von über 14 000 km auf Land und 45 000 km auf See. Diese Außengrenze zu schützen, ist seit 2004 eine der Aufgaben der Europäischen Agentur für die Grenz- und Küstenwache, kurz Frontex genannt. Sie koordiniert die Zusammenarbeit der Mitgliedsstaaten beim Grenzschutz und verfügt über eigene Hubschrauber, Schiffe und Fahrzeuge. Frontex kontrolliert die Migrationsbewegungen an den Außengrenzen und bekämpft die grenzüberschreitende Kriminalität.

M2

3 MK SP

Sammle im Internet Informationen zu weiteren Formen der europäischen Zusammenarbeit, z. B. Europol und Galileo. Erstelle Steckbriefe darüber.

Lösungen ys67hk

AFB I: 1 II: 2, 3 → Lösungshilfen ab S. 195

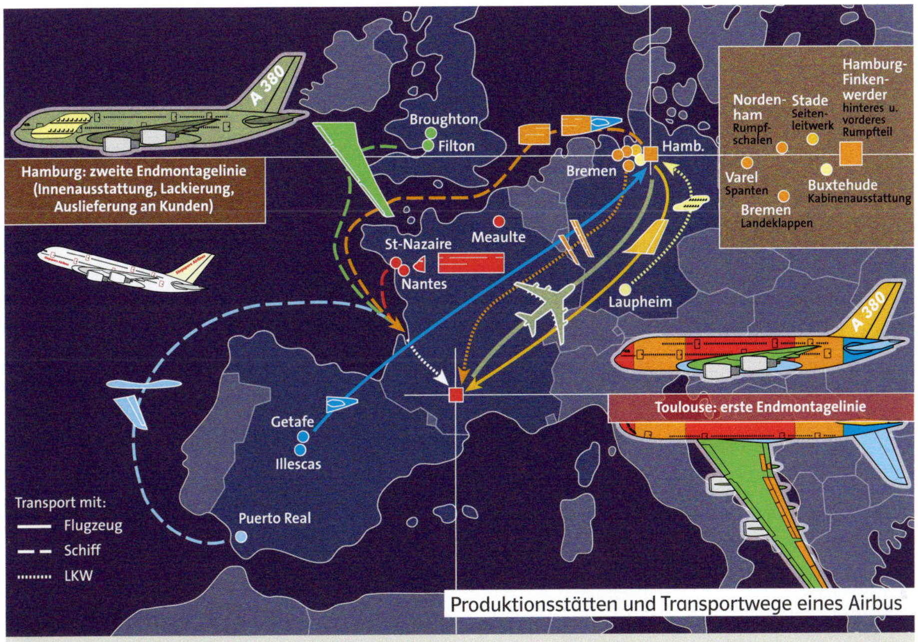

Produktionsstätten und Transportwege eines Airbus

Das Airbus-Puzzle

Als Konkurrenz zur amerikanischen Firma Boeing schlossen sich in den 1970er-Jahren Flugzeughersteller aus Deutschland, Frankreich, Spanien und dem Vereinigten Königreich zur Airbus-Industrie zusammen. Seit 2001 liegt der Firmensitz in Toulouse.

Die Teile eines Airbus-Flugzeugs werden arbeitsteilig in den Partnerländern hergestellt und mit riesigen Transportflugzeugen nach Toulouse oder Hamburg zur Endmontage geflogen. So stammen z. B. die Tragflächen aus Broughton im Vereinigten Königreich und die Landeklappen aus Bremen in Deutschland.

Airbus ist inzwischen hinter Boeing weltweit der zweitgrößte Hersteller von Passagierflugzeugen. Davon profitiert die ganze Region um Toulouse im ansonsten industriearmen Süden Frankreichs. Gleichzeitig ist der Airbus eines der besten Beispiele für eine gelungene europäische Kooperation. Trotz des Brexits wird die Produktion von Airbus-Teilen im Vereinigten Königreich fortgesetzt.

M3

Ariane-5-Rakete auf dem Weltraumbahnhof in Kourou in Französisch-Guayana

Europas Zusammenarbeit im Weltraum

22 europäische Staaten arbeiten bei der European Space Agency ESA zusammen. Diese hat ihren Hauptsitz in Paris. Unter anderem werden im European Astronauts Centre in Köln Astronauten für künftige Missionen im Weltraum ausgebildet.

M4

4

Wachstum und Verteilung der Weltbevölkerung

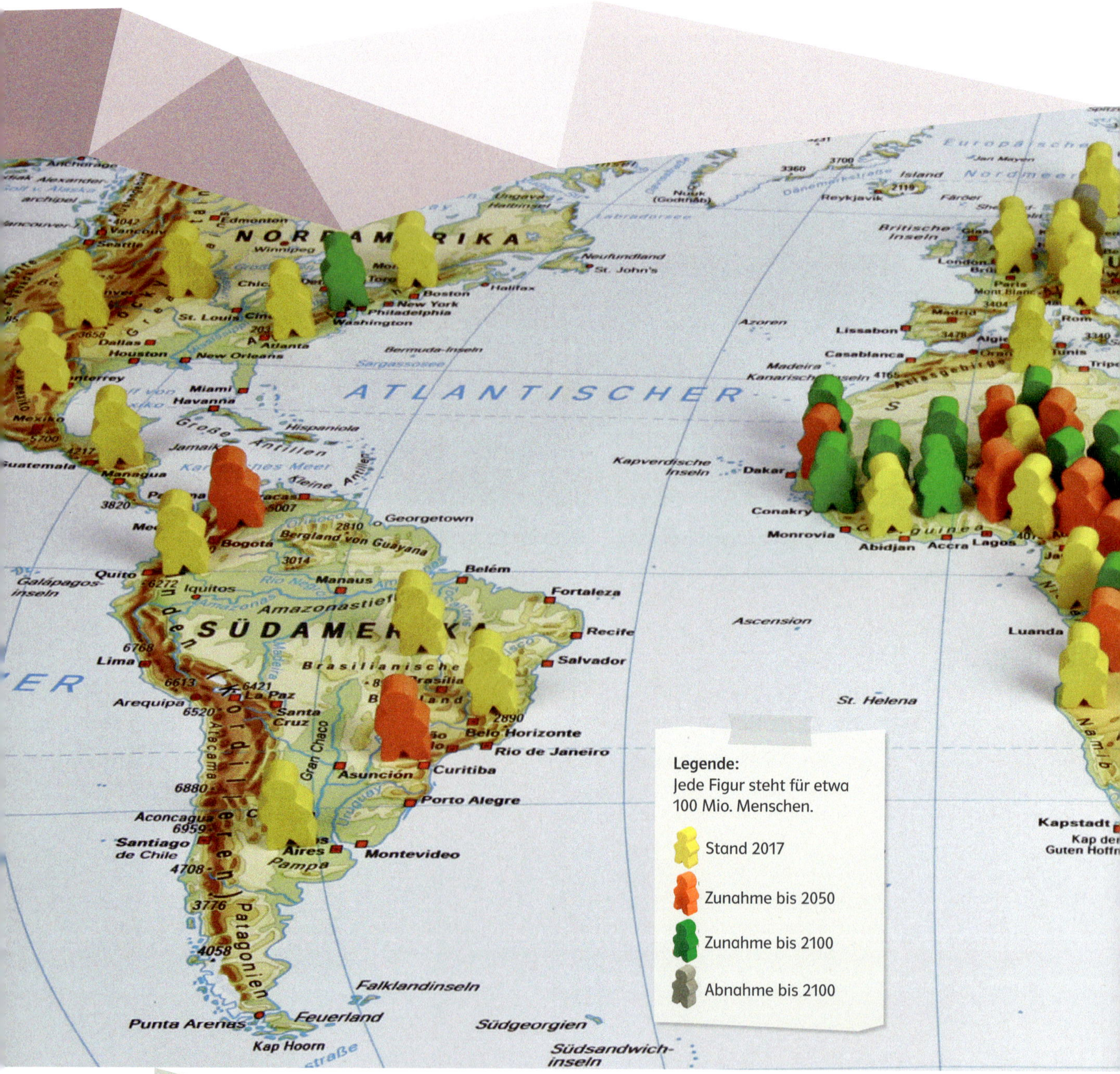

M1 **Entwicklung der Bevölkerung auf den einzelnen Kontinenten** (Annahmen bis 2100 sind sehr unsicher.)

Im Jahr 2020 lebten 7,8 Milliarden Menschen auf der Erde, und die Bevölkerung wächst weiter. Berechnungen sagen voraus, dass die Zahl bis zum Ende des Jahrhunderts elf Milliarden erreichen könnte. Aber wird es so kommen? Vorhersagen für die Zukunft sind schwierig und hängen von verschiedenen Annahmen ab.

Das Wachstum und die Bevölkerungsdichte sind in verschiedenen Teilen der Welt höchst unterschiedlich, in manchen Ländern nimmt die Bevölkerung sogar ab. Wo liegen die Ursachen? Und welche Folgen ergeben sich daraus?

Immer mehr Menschen – aber nicht überall

In den letzten 200 Jahren hat sich die Weltbevölkerung mehr als versiebenfacht. Zurzeit wächst die Bevölkerung jedes Jahr um 80 Millionen. Doch nicht überall ist das Wachstum gleich stark.

Geburtenrate
die Anzahl der Geburten auf 100 Einwohner in einem Jahr

Sterberate
die Anzahl der Sterbefälle auf 100 Einwohner in einem Jahr

Wachstumsrate
das Verhältnis von Geburtenrate und Sterberate

T1 Entwicklung der Weltbevölkerung

Bis ins 18. Jahrhundert wuchs die Weltbevölkerung nur langsam. Es wurden zahlreiche Kinder geboren, doch viele Menschen starben früh. Krankheiten, Hunger, schlechte Ernährung, kriegerische und gewaltsame Auseinandersetzungen sorgten dafür, dass die Zahl der Sterbefälle fast genauso hoch war wie die Zahl der Geburten. Deshalb blieb das Bevölkerungswachstum gering.
Dies änderte sich erst, als es etwa ab Mitte des 18. Jahrhunderts gelang, Krankheiten zu bekämpfen und mehr Nahrungsmittel zu produzieren. Deshalb wurden die Menschen älter und es starben weniger Kinder. Die Bevölkerung wuchs zunächst in den Ländern Europas und Nordamerikas vor und während der Industrialisierung. In Ländern, die extremer kolonialer Ausbeutung unterworfen waren, vor allem in Afrika und Südamerika, schrumpfte die Bevölkerung weiter.
Heute nehmen die Bevölkerungszahlen in Industrieländern nur noch wenig oder gar nicht zu. Die Bevölkerung in Entwicklungs- und Schwellenländern wächst hingegen.

T2 Das Bevölkerungswachstum berechnen

Die Bevölkerung nimmt zu, wenn es mehr Geburten als Sterbefälle gibt. Man spricht von der **Geburtenrate**, die höher ist als die **Sterberate**. Zurzeit wächst die Weltbevölkerung jedes Jahr um 1,2 %. Dies ist die **Wachstumsrate**. Man kann sie berechnen, indem man die Sterberate von der Geburtenrate subtrahiert.

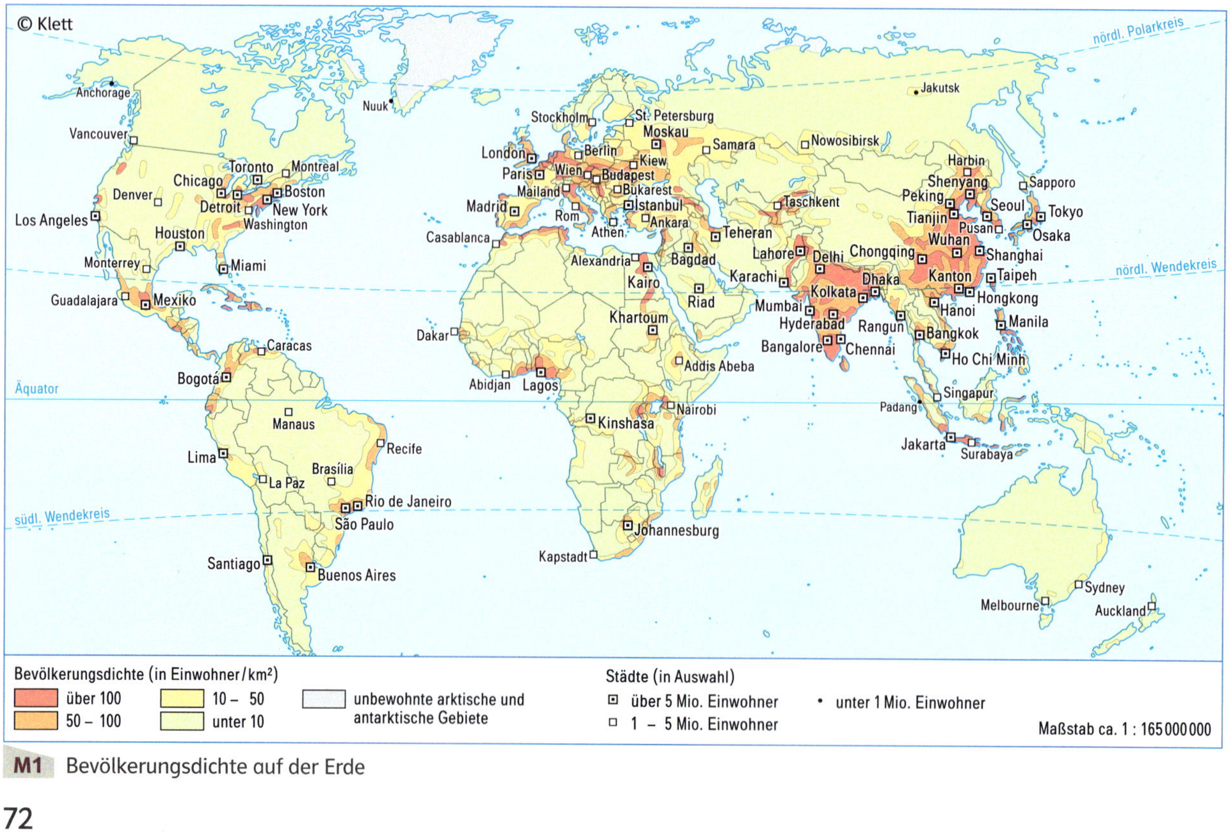

M1 Bevölkerungsdichte auf der Erde

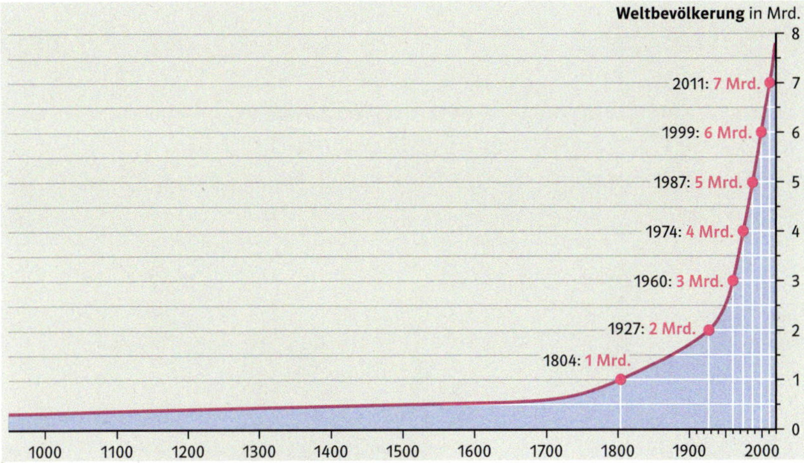

M2 Entwicklung der Weltbevölkerung

7.884.720.600
MENSCHEN LEBEN AUF DER ERDE
(aufgerufen am 27.7.2021 um 17:30 Uhr)

M5 Weltbevölkerungsuhr der Deutschen Stiftung Weltbevölkerung (DSW)

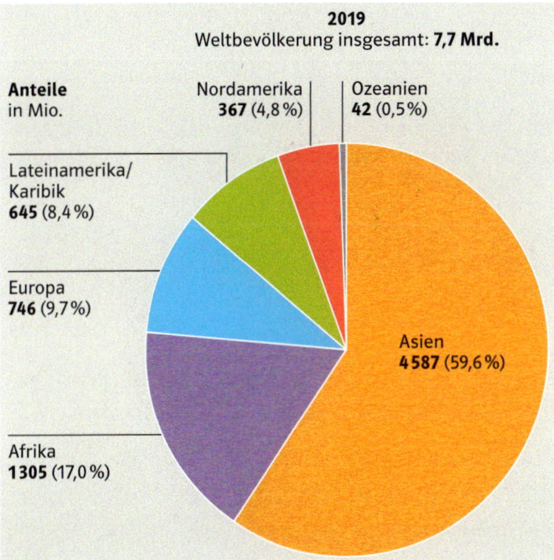

M3 Anteile der Weltbevölkerung

Staaten	Einwohner (in Mio.)
China	1 404
Indien	1 378
USA	330
Indonesien	270
Brasilien	211
Pakistan	208
Nigeria	206
Bangladesch	165
Russland	146
Mexiko	127

M4 Bevölkerungsreichste Staaten 2020

1 MK
a) Arbeite mit der Weltbevölkerungsuhr (M 5): Recherchiere die aktuelle Zahl der Weltbevölkerung.
b) Vergleiche diese mit Abbildung M 5 und berechne den Zuwachs.

2
Werte M 2 aus: Wie lange dauerte es jeweils, bis die nächste Milliarde erreicht war? Achte auf die Abstände bei den Milliardengrenzen.

2
Das Wachstum der Weltbevölkerung hat sich beschleunigt. Beurteile diese Aussage mithilfe von M 2.

3 SP
Arbeite mit T 1 und T 2: Begründe, warum das stärkere Bevölkerungswachstum etwa um 1750 begann. Nutze die Fachbegriffe „Geburtenrate“, „Sterberate“ und „Wachstumsrate“.

4
Verteilung der Weltbevölkerung
a) Bestimme mithilfe von M 1 die am dichtesten besiedelten Regionen der Erde.
b) Setze M 1 und M 3 in Beziehung zueinander.
c) Arbeite mit M 1 auf S. 70/71: Nenne Regionen der Welt, wo die Bevölkerung abnimmt.

5 MK
Arbeite mit M 4, M 1 und der Karte „Erde (Staaten)“ im Haack-Kartenteil (S. 230/231):
a) Lokalisiere die bevölkerungsreichsten Staaten der Erde in Karte M 1.
b) Beschreibe jeweils die Bevölkerungsdichte.
c) Gibt es Zusammenhänge? Erläutere sie.

AFB I: 4 a, 4 b, 5 a, 5 b II: 1 – 3, 4 c, 5 c AFB I: 4 a, 4 b, 5 a, 5 b II: 1, 3, 4 c, 5 c III: 2 → Lösungshilfen ab S. 195

Große Unterschiede

Nicht überall ist die Geburtenrate gleich hoch, in den meisten Ländern sinkt sie sogar. Trotzdem wächst die Weltbevölkerung bis 2050 voraussichtlich auf 9,7 Mrd. Menschen. Wie kann das sein?

M1 Junges ... - altes ...

T1 Die einen werden mehr

In fast allen Ländern der Erde bekommen Frauen heute deutlich weniger Kinder als früher. Eine europäische Frau bekommt im Durchschnitt 1,6 Kinder. In den ärmsten Ländern der Welt, in Afrika südlich der Sahara, bekommen Frauen durchschnittlich drei Kinder mehr. Zum Beispiel genießen kinderreiche Familien in Nigeria und Ghana ein hohes Ansehen. Wichtige Gründe sind auch, dass Kinder eine Altersvorsorge für ihre Eltern darstellen und eine hohe Kindersterblichkeit ausgeglichen werden soll. Außerdem sind sie als Helfer/innen bei Arbeiten im Haus und auf dem Feld willkommen. Hinzu kommt, dass einige Frauen in Entwicklungsländern zwar verhüten wollen, es aber nicht können. Mangelnde Gleichberechtigung, fehlende Verhütungsmittel oder unzureichendes Wissen sind die Ursachen für zahlreiche ungewollte Schwangerschaften. Dennoch sinkt auch in Afrika die Geburtenrate. Von 1960 bis heute sank die **totale Fruchtbarkeitsrate (TFR)** von 6,6 auf 4,6. Bildung und Berufstätigkeit besonders der Frauen, Wohlstand und persönliche Freiheit führen dazu, dass weltweit mehr Paare ihre Familie planen. Eine aktive Familienplanung führt tendenziell dazu, dass weniger Kinder geboren werden als ohne Familienplanung.

totale Fruchtbarkeitsrate (TFR)
die durchschnittliche Zahl von Kindern, die eine Frau zur Welt bringt

T2 Die anderen werden älter

In Industrieländern wie Deutschland erhalten die meisten Kinder eine gute Ausbildung. Die Gleichberechtigung der Frauen ist weit fortgeschritten. Sie bekommen relativ spät im Leben wenige Kinder und sind weiter berufstätig. Viele Kinder würden viel Geld kosten und die Berufstätigkeit der Eltern einschränken. Für die Rente der alten Menschen kommt die Allgemeinheit auf. Aus diesen Gründen sinkt der Anteil jüngerer Menschen. Gleichzeitig gibt es mehr über 65-Jährige, weil die Lebenserwartung steigt. Für die Weltbevölkerung bedeutet das: Da die weltweite Geburtenrate pro Frau im Schnitt nur langsam abnimmt und ältere Menschen länger Teil der Weltbevölkerung sind, wird es noch einige Jahrzehnte dauern, bis die Bevölkerungszahl stagniert oder sinkt.

T3 Die Bevölkerungsentwicklung

Mit der Entwicklung der Bevölkerung befasst sich die **Demografie.** Veränderungen werden auch als demografische Entwicklung bezeichnet. Aus der Vergangenheit können Demografen Schlüsse für künftige Entwicklungen eines Landes ziehen.

Das starke Bevölkerungswachstum Europas im 19. und 20. Jahrhundert hatte Ursachen, die man in außereuropäischen Ländern heute ähnlich wiederfindet. Durch Vergleiche werden Modelle entwickelt, mit deren Hilfe Vorhersagen für die zukünftige Entwicklung der Bevölkerung möglich sind (M 3). Genaue Vorhersagen sind aber nicht möglich, auch müssen sie für einzelne Regionen nicht zutreffen. So zeigt sich in vielen Industriestaaten heute ein Rückgang der Geburtenrate unter die Sterberate. Das hat mit gesellschaftlichen Entwicklungen zu tun, etwa späteren Erstgeburten der Frauen.

Werte in %	Deutschland	Nigeria
Geburtenrate	0,9	3,5
Sterberate	1,2	1,0
Wachstumsrate	−0,3	2,6
Anteil der Bevölkerung unter 15 Jahren	14	44
Anteil der Bevölkerung über 65 Jahren	22	3

M2 Strukturdaten zur Bevölkerung, zwei Länder im Vergleich (2018)

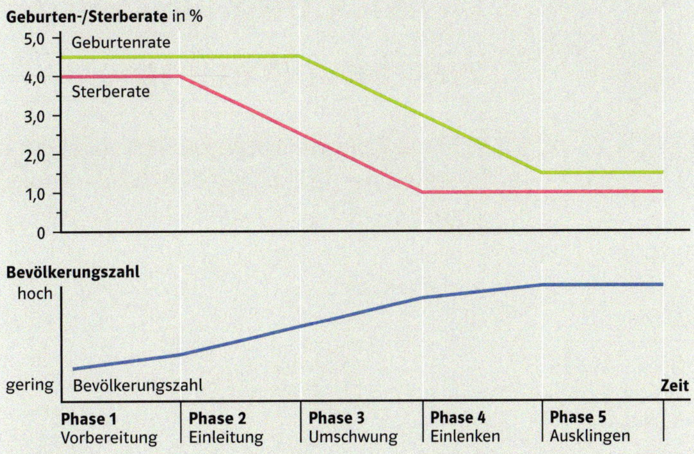

In **Phase 1** des Modells sind Geburten- und Sterberate hoch, aber im Gleichgewicht; die Bevölkerung wächst kaum.

In **Phase 2** wächst die Bevölkerung; aufgrund verbesserter Lebensbedingungen sterben weniger Menschen als geboren werden.

In **Phase 3** wächst die Bevölkerung sehr stark, denn die Geburtenrate ist sehr viel höher als die Sterberate.

In **Phase 4** verlangsamt sich das Wachstum durch eine weiter sinkende Geburtenrate – bedingt durch verbesserte Bildung, Wohlstand und Altersabsicherung.

In **Phase 5** sind die Raten wieder im Gleichgewicht, jedoch auf niedrigem Niveau.

M3 **Modell des demografischen Übergangs:** Es beschreibt idealtypisch den Wandel der natürlichen Bevölkerungsentwicklung von relativ hohen Geburtenraten und Sterberaten zu vergleichsweise niedrigen Werten.

A B

1
a) Beschreibe die Karikatur M 1.
b) Ergänze die Bildunterschrift. Erkläre, was der Zeichner aussagen möchte.
c) Nimm kritisch Stellung zur Aussage der Karikatur.

2
Arbeite die Unterschiede in M 1 mithilfe von T 1 und T 2 heraus:
a) Nenne Gründe für die höheren Kinderzahlen in Afrika.
b) Begründe, warum es in Europa eine niedrigere Geburtenrate und viele ältere Menschen gibt.

3 SP
Modell des demografischen Übergangs (M 3)
Lies die Texte zu den Phasen. Schreibe für jede Phase auf: Die Geburtenrate … Die Sterberate … Deshalb … die Bevölkerungszahl

3 SP
Erläutere das Modell des demografischen Übergangs ausführlich mit dem Verlauf der drei Linien (M 3).

4
Arbeite mit Tabelle M 2 und M 3:
a) Ordne die beiden Länder jeweils in eine Phase des Modells M 3 ein.
b) Erkläre, wozu das Modell M 3 dient und welche Schwächen es hat (T 3).

5 EXTRA
Nutze die Strukturdaten auf S. 184/185. Ordne je zwei weitere Länder den Phasen 2 und 5 zu.

AFB I: 1a, 2a II: 1b, 2b–5 III: 1c   AFB I: 1a, 2a II: 1b, 2b–5 III: 1c

→ Lösungshilfen ab S. 195

Entwicklung und Verteilung der Weltbevölkerung

Wird die Weltbevölkerung weiter so rasant wachsen oder wird es sogar einen Bevölkerungsrückgang geben? Beides kann zu Problemen führen. Vorhersagen sind schwierig, da sie von vielen Faktoren abhängen.

SP Tipp

Ein Diagramm mit unterschiedlichen Prognosen auswerten
→ Aufgabe 1a

Variante hoch/mittel/niedrig:

- Bis 2050 wird die Weltbevölkerung auf … Milliarde Menschen anwachsen.
- Laut dieser Prognose werden im Jahr 2100 …

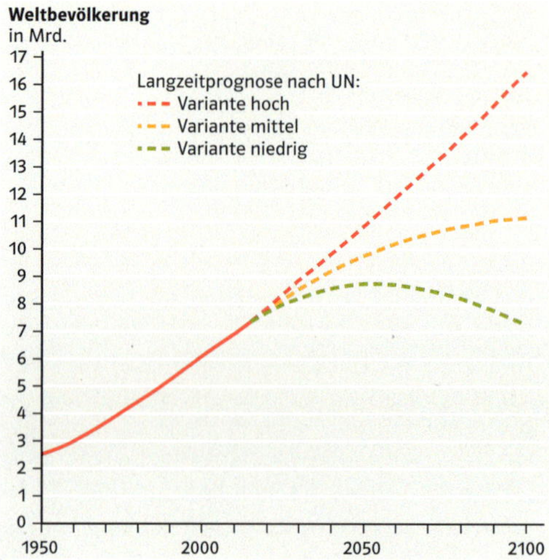

M1 Die Entwicklung der Weltbevölkerung

Staaten	Einwohner in Mio.	
	2020	2100 (mittlere Prognose)
China	1404	1021
Indien	1378	1517
USA	330	448
Indonesien	270	306
Brasilien	211	190
Nigeria	206	794
Russland	146	124
Äthiopien	97	250

M2 Bevölkerungszahlen ausgewählter Länder

Prognose
Voraussage einer künftigen Entwicklung

→ Tragfähigkeit
die maximale Zahl von Lebewesen, die in einem Raum dauerhaft leben können, ohne diesen nachhaltig zu schädigen. Entsprechend ist die Grenze der Tragfähigkeit dann erreicht, wenn die Ökosysteme eines Raumes durch zu starke oder unangepasste Nutzung aus dem Gleichgewicht geraten, also geschädigt werden.
Seite 78/79

T1 Prognosen und ihre Bedeutung

Experten der Vereinten Nationen (UN) stellen alle zwei Jahre Prognosen darüber auf, wie sich die Weltbevölkerung weiterentwickeln wird. Dafür werden auch die Wachstumsraten der einzelnen Länder herangezogen. Solche Bevölkerungsprognosen sind häufig der Ausgangspunkt für wichtige Fragestellungen, z. B.: Können genügend Nahrungsmittel und Wohnraum für die wachsende Bevölkerung bereitgestellt werden? Gibt es ausreichend Ausbildungsstellen und Arbeitsplätze?
Bei schrumpfender Bevölkerungszahl stellen sich dagegen Fragen wie: Wird es später genügend Arbeitskräfte geben? Wie können die Renten einer zunehmend älter werdenden Bevölkerung finanziert werden?
Aus all diesen Fragen ergibt sich die weltumspannende Frage: Wie viele Menschen können überhaupt – mit welchem Ressourcenverbrauch – auf der Erde leben und versorgt werden? Wann sind die Grenzen der **Tragfähigkeit** erreicht?

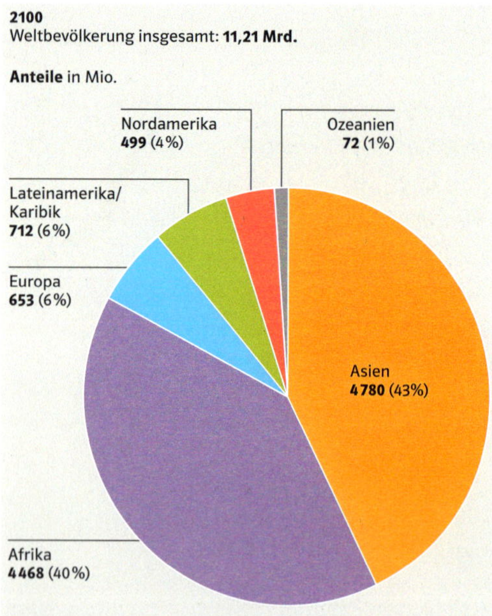

M3 Prognose: Verteilung der Weltbevölkerung

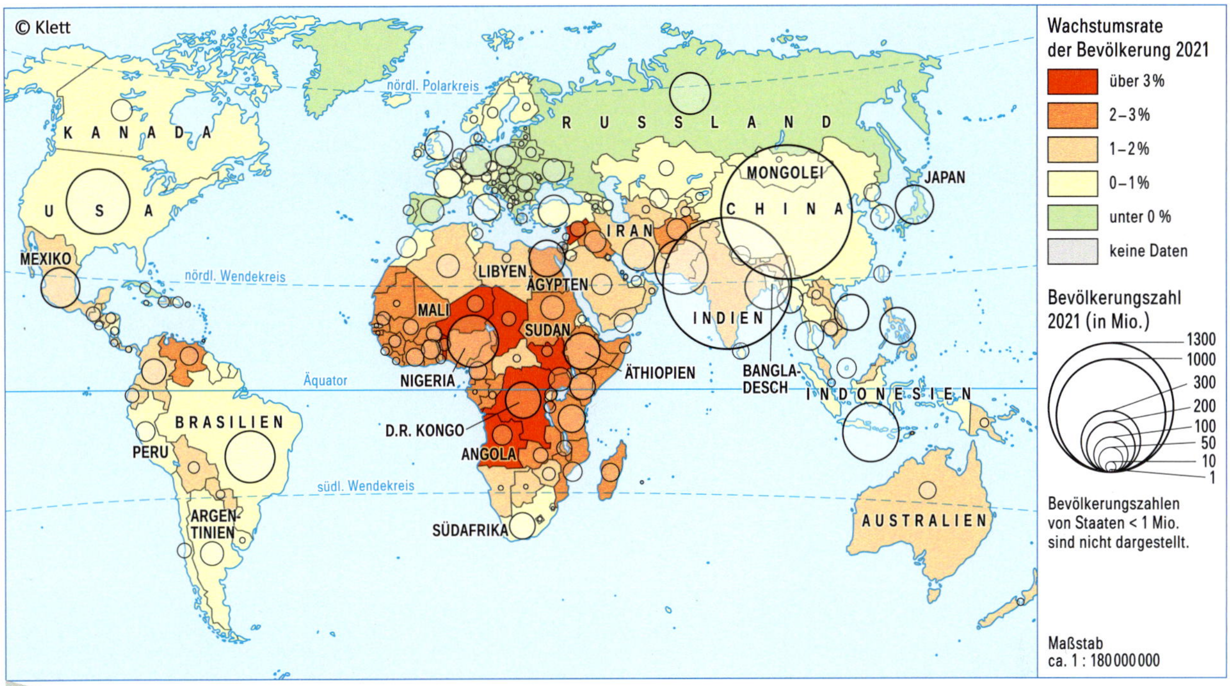

M4 Wachstumsraten und Bevölkerungszahlen in der Welt 2016

Grenzen des Wachstums?

Der amerikanische Ökonom Dennis L. Meadows hat 1972 in seinem Werk „Die Grenzen des Wachstums" eine maximal zu ernährende Bevölkerung von 8,2 Milliarden errechnet. Die Versorgung einer größeren Weltbevölkerung hätte ökologische Risiken, welche die Erde überlasten würden. Dabei kritisierte er auch das wachstumsorientierte Wirtschaftssystem.
Voraussagen darüber, wie viele Menschen die Erde ernähren kann, sind jedoch schwierig. Verschiedene Faktoren spielen eine Rolle, z. B. technologische Neuerungen in der Landwirtschaft, die Ergebnisse biogenetischer Forschung, Klimaveränderungen sowie die Einkommensentwicklung.
Wenn das Einkommen der Menschen steigt, verändert sich auch ihr Konsumverhalten, z. B. nimmt der Fleischverbrauch zu. Schon heute dienen rund 30 % aller Anbauflächen dem Futtermittelanbau. Andere Flächen werden zur Energiegewinnung genutzt, aber nicht zur Ernährungssicherung. Solche Entwicklungen beeinträchtigen die Tragfähigkeit der Erde. Und die Entwicklungsländer haben bisher den geringsten Anteil daran.

M5

1 SP
Werte Diagramm M 1 aus:
a) Beschreibe die unterschiedlichen Prognosen bis 2100.
b) Erkläre die Bedeutung von Prognosen (T 1).

2 MK
Arbeite mit Karte M 4 und dem Atlas:
a) Nenne weltweit fünf Staaten mit hoher und fünf Staaten mit niedriger Wachstumsrate.
b) Nenne acht Staaten mit hoher Bevölkerungszahl.

3 MK
Entwicklung der Weltbevölkerung
a) Vergleiche das Kreisdiagramm M 3 mit dem Kreisdiagramm M 3 auf S. 73.
b) Finde heraus, welche Prognose aus M 1 dem Kreisdiagramm M 3 zugrunde liegt.

4
Tragfähigkeit der Erde
a) Definiere kurz den Begriff (T 1, Randspalte).
b) Beurteile die Aussage mithilfe von M 5: „Pauschal zu behaupten, dass eine zu hohe Bevölkerungszahl die Tragfähigkeit der Erde bedroht, ist schwierig."

AFB I: 1a, 2, 4a II: 1b, 3 III: 4b → Lösungshilfen ab S. 195

Wie viele Menschen trägt die Erde?

Nicht die bloße Zahl der Menschen überlastet die Erde, sondern der hohe Ressourcenverbrauch. Theoretisch bräuchten wir noch eine „halbe Erde“ dazu. Die Suche nach Lösungen für ein nachhaltigeres Leben hat begonnen.

M1

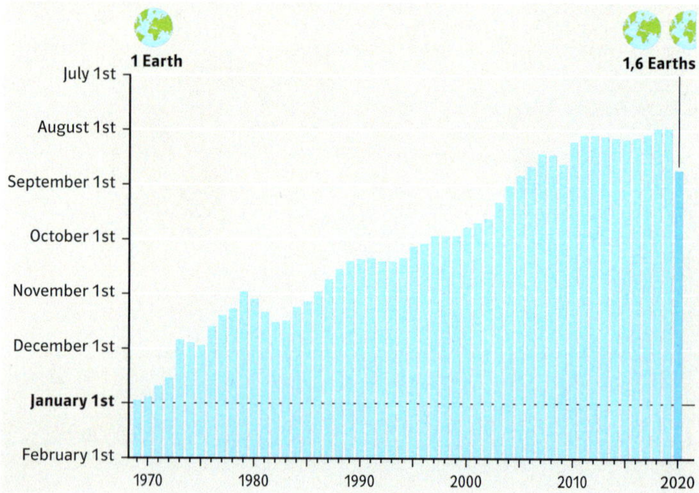

M2 Earth Overshoot Day

Club of Rome

Organisation von Wissenschaftler/innen, die über die Zukunft der Menschheit nachdenken

← ökologischer Fußabdruck Seite 12

T1 Der Weltüberlastungstag

Im Jahr 2018 war der 29. Juli ein besonderer Tag: Erstmals fiel der **Weltüberlastungstag** („Earth Overshoot Day“) bereits in den Juli. In jedem der vergangenen Jahre und Jahrzehnte ist dieser Tag im Kalender weiter nach vorne gerückt (mit Ausnahme von 2020).
Der Tag zeigt an, dass die Menschheit bereits so viel von der Erde genommen hat, wie eigentlich für das ganze Jahr vorgesehen war. Die Industrie- und Schwellenländer haben daran den größten Anteil.
Alles, was die Menschen nach dem Weltüberlastungstag an Bodenschätzen, Natur, Nahrungsmitteln, Wasser, Luft usw. verbrauchen, steht eigentlich erst ab dem 1. Januar des neuen Jahres wieder zur Verfügung. So lange müsste die Erde Zeit bekommen, um ihre Ressourcen regenerieren zu können. Dass sie die Zeit nicht bekommt, bleibt nicht ohne Folgen. Zwar wird nicht sofort überall sichtbar, dass wir zusätzliche Natur verbraucht haben oder schneller fischen, als sich die Fischbestände erholen. Doch die Folgen werden in vielen Bereichen immer deutlicher.

T2 Nachhaltig handeln

Der Club of Rome hat bereits 1972 zum ersten Mal den Bericht „Grenzen des Wachstums“ veröffentlicht. Darin erklärte die Organisation, dass die Erde nur eine bestimmte Tragfähigkeit hat. Anders ausgedrückt: Unser ökologischer Fußabdruck ist zu hoch. Bei unserer heutigen Lebensweise bräuchten wir mehr als eine Erde. Wir müssten sparsamer und mit mehr Rücksicht auf die Güter der Erde leben und wirtschaften.
Inzwischen ist Nachhaltigkeit zum Leitbild für verantwortungsvolles, wirtschaftliches und ökologisches Handeln geworden. Sie soll gewährleisten, dass künftige Generationen ihre Bedürfnisse ebenso befriedigen können wie die Generationen der Gegenwart.
Das Bewusstsein, dass die Güter unserer Erde begrenzt sind und wir diese nicht verschwenden bzw. zerstören dürfen, ist bei vielen Menschen vorhanden. Doch der Schritt „vom Umdenken zum Handeln“ fällt vielen noch schwer. Nicht zuletzt ist unser Wirtschaftssystem bisher nicht auf einen kleinen ökologischen Fußabdruck ausgerichtet.

Neue Nahrungsquellen erschließen

Neue Lebensmittel wie Proteinsnacks aus Heuschrecken-Mehl, Chips aus Seetang oder Würstchen aus Insekten könnten bald in den Regalen der Supermärkte liegen. Das hat nicht nur etwas mit neuen Trends und veränderten Essgewohnheiten zu tun, sondern vor allem mit begrenzten Acker- und Weideflächen bei einem steigenden Fleischkonsum, z. B. in China und Indien. Dabei spielen auch klimatische Grenzen der Landwirtschaft eine Rolle (Trocken-, Kälte- und Höhengrenze), denn nicht überall sind die äußeren Bedingungen für Ackerbau und Viehzucht geeignet.

M3

Mobilität neu denken

Bis zum Jahr 2030 wird sich die Zahl der Autos weltweit voraussichtlich auf 1,8 Milliarden erhöhen. Das ist ein jährlicher Zuwachs von 32 Millionen Autos, pro Sekunde kommt ein Auto dazu. Dieser Anstieg bedeutet eine zunehmende Belastung der Umwelt und des Klimas. Die Abgase aus Verbrennungsmotoren gefährden zudem die Gesundheit der Menschen. Forscher/innen und Ingenieure in aller Welt arbeiten daher an neuen Konzepten für die Zukunft wie Elektro- und Wasserstoff-Antrieben sowie neuen Mobilitätsformen.

M5

Neuer Wohnraum

Vor allem in den großen Städten sind Flächen zum Bauen kaum verfügbar. Es muss also in die Höhe gebaut werden. Ein zukunftsweisendes Projekt ist z. B. das Hochhaus „The Rainbow Tree“ eines Pariser Architekten für die philippinische Insel Cebu.

Der 115 m hohe Turm mit 32 Stockwerken bietet Platz für Parkplätze, Büros, ein Restaurant, einen Wellnessbereich und viele Wohnungen. „The Rainbow Tree“ besteht aus natürlichen Materialien wie Holz. Die begrünten Balkone mit 30 000 Pflanzen können 150 t CO_2 absorbieren.

M4

1 MK
Werte die Karikatur M 1 aus (Methodenschritte auf S. 217). Was will der Zeichner aussagen?

2 MK
Weltüberlastungstag
a) Erklärt das Diagramm M 2 mithilfe von T 1.
b) Recherchiert den aktuellen „Earth Overshoot Day“. Vergleicht mit dem Datum von 2018 (T 1).

3 (A)
Begründe, warum nachhaltiges Handeln für die Zukunft der Menschheit notwendig ist (T 2, M 2).

3 (B)
Erläutere den Zusammenhang zwischen den Begriffen „Tragfähigkeit“ und „Nachhaltigkeit“ (T 2, M 2).

4
Arbeitet zu dritt: Teilt M 3 – M 5 untereinander auf und berichtet euch gegenseitig.
a) Beschreibt die Herausforderungen.
b) Bewertet die Lösungsansätze.

5
„Um die Erde nicht zu überlasten, müssen sich die Menschen ändern.“ Diskutiert diese Aussage.

AFB I: 4 a II: 1 – 3 III: 4 b, 5   AFB I: 4 a II: 1 – 3 III: 4 b, 5   → Lösungshilfen ab S. 195

MK Bevölkerungsdiagramme auswerten

Aus der Form eines Bevölkerungsdiagramms lässt sich der Altersaufbau der Bevölkerung in einem Land ablesen. Zwischen verschiedenen Ländern kann es starke Unterschiede bei den Diagrammformen geben.

T1 Altersaufbau der Gesellschaft

Ein **Bevölkerungsdiagramm** stellt die Zusammensetzung der Bevölkerung eines Landes nach Alter und Geschlecht dar. Das ist die sogenannte Altersstruktur. Man kann ablesen, wie viele Frauen und Männer in welchem Alter in einem Land leben.

Mithilfe eines Bevölkerungsdiagramms können auch Prognosen erstellt werden, z. B. wie sich die Bevölkerung eines Landes in den nächsten Jahren entwickeln wird.

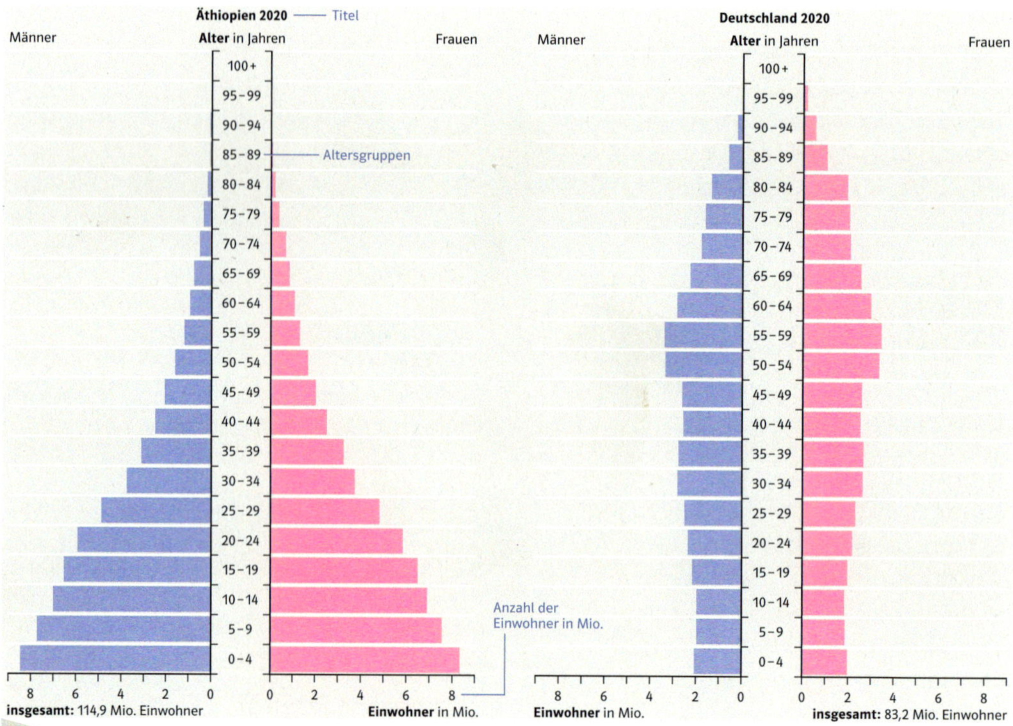

M1 Bevölkerungsdiagramme von Äthiopien und Deutschland

1 Ergänze für Deutschland die Texte in den Schritten 2–5 (M1, M2).

2 Werte das Bevölkerungsdiagramm Äthiopiens mithilfe der Schritte 1–5 aus (M1, M2).

3 Vergleiche beide Diagramme in M1 miteinander und nenne auffällige Unterschiede.

4 Ordne folgende Aussagen einem Diagramm in M1 zu. Begründe deine Entscheidungen.
a) Kindergärten müssen schließen.
b) Es kommen immer mehr Menschen ins erwerbsfähige Alter.
c) Künftig gibt es mehr Altenheime.
d) In einer Klasse sitzen mehr als 50 Kinder.
e) Es gibt kaum Auszubildende.

AFB I: 1 II: 2–4 → Lösungshilfen ab S. 195

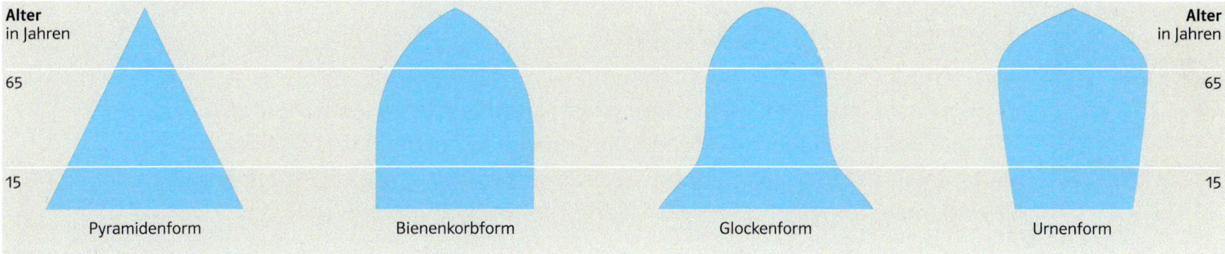

M2 Grundformen von Bevölkerungsdiagrammen

1. Schritt: Überblick verschaffen

Betrachte das Bevölkerungsdiagramm und verschaffe dir einen Überblick. Stelle fest, für welches Land und für welches Jahr die Angaben gelten. Lies ab, wie groß die Gesamtbevölkerung ist.
Analysiere, ob die Bevölkerungsanteile auf der waagerechten x-Achse in Prozent oder in absoluten Zahlen angegeben werden und in welche Schritte die Altersgruppen auf der senkrechten y-Achse eingeteilt sind.

Das Diagramm M1 rechts zeigt Deutschlands Altersaufbau im Jahr 2020. Die Gesamtbevölkerung betrug 83,2 Millionen. Die x-Achse gibt die Bevölkerungsanteile in Millionen an. Die y-Achse zeigt die Altersgruppen in Fünfjahresschritten, links den männlichen und rechts den weiblichen Bevölkerungsanteil.

2. Schritt: Altersgruppen einschätzen

Lies die Anteile der weiblichen und männlichen Bevölkerung in einer Altersgruppe (Randspalte rechts) ab. Schätze den Anteil der Altersgruppen ein.

Die Altersgruppe der 0- bis 14-Jährigen ist in Deutschland ... vertreten. Den ... Anteil an der Gesamtbevölkerung hat die Altersgruppe der ... Die Altersgruppe der 65-Jährigen und älter hat wieder einen ... Anteil an der Gesamtbevölkerung, aber der Anteil liegt höher als bei den jungen Menschen der ...-Jährigen.

3. Schritt: Eine Grundform zuordnen

Ordne dem Diagramm eine Grundform zu (M 2).

Das Bevölkerungsdiagramm Deutschlands hat Ähnlichkeit mit der ...form.

4. Schritt: Erklären mit weiteren Informationen

Warum bestimmte Altersgruppen größer oder kleiner sind, lässt sich mit dem Diagramm nicht erklären. Sammle Zusatzinformationen (z. B. Seite 74/75).

Deutschland ist ein wohlhabendes Industrieland mit niedriger ... Daher ist die Altersgruppe der 0 – 14 Jährigen im Vergleich zu den über 65-Jährigen ...

5. Schritt: Prognosen aufstellen

Stelle Vermutungen an, wie sich die Bevölkerung zukünftig entwickeln wird. Vergleiche dazu die Anteile der Kinder und der älteren Menschen. Überlege, wie sich dies auf die Altersstruktur auswirkt.

*Vermutlich wird die Gesamtbevölkerung in Deutschland ... Der Anteil der Altersgruppe ab 65 Jahren wird sich ..., da ...
Einer Überalterung kann eventuell durch ... entgegengewirkt werden.*

Altersgruppen in einer Bevölkerung

0-14-Jährige: Säuglinge, Kleinkinder und schulpflichtige Kinder

15-65-Jährige: Jugendliche und Erwachsene im Erwerbsalter

65-Jährige und älter: Bevölkerung im Rentenalter

5 GESCHLECHTER-GLEICHHEIT

Die Frauen stärken

Die Gleichstellung der Geschlechter ist ein grundlegendes Menschenrecht. Trotzem werden Frauen und Mädchen weltweit benachteiligt und leiden häufiger unter Gewalt. Dabei sind Bildung, Gesundheitsvorsorge, gleichwertige Arbeit und Bezahlung entscheidend für verbesserte Lebensbedingungen weltweit.

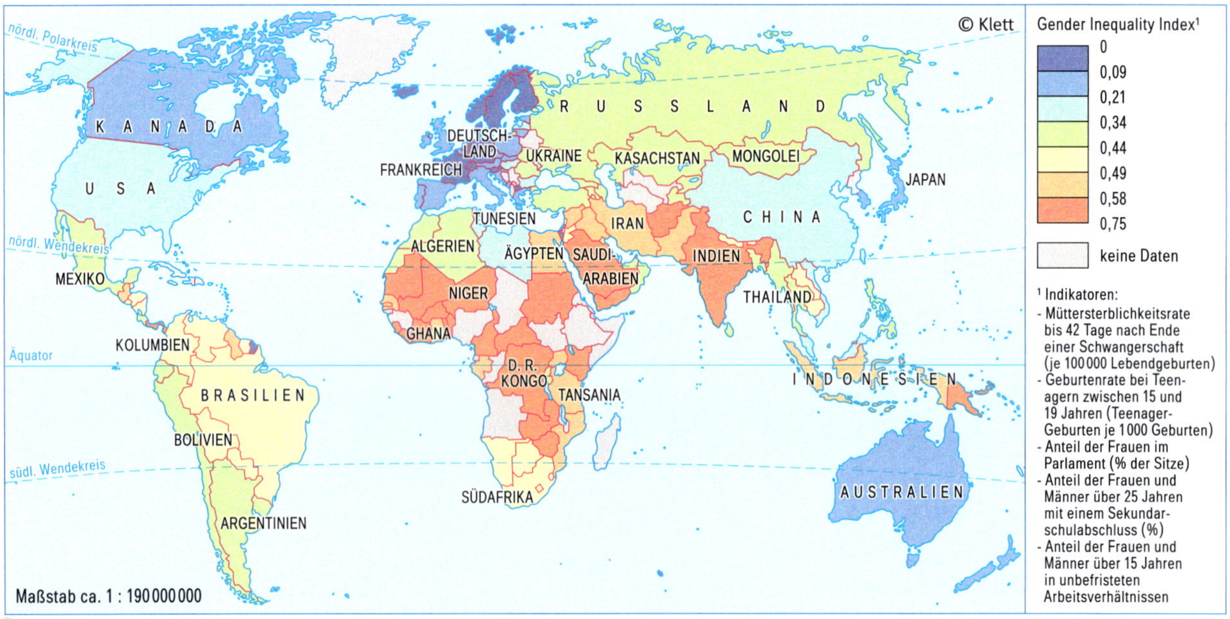

M1 Gender Inequality Index 2017 (Je kleiner der Wert, desto weniger sind Frauen benachteiligt.)

Ruanda: größter Frauenanteil im Parlament

Frauen in Entwicklungsländern …

- produzieren ca. 80 % der Nahrung;
- tragen in Afrika zu 90 % zur Versorgung mit Holz und Wasser bei;
- legen z. B. in Subsahara-Afrika jeden Tag rund 6,4 Millionen km zurück, um die Familien mit Trinkwasser zu versorgen;
- sind für die Familienplanung zuständig.
- In sieben Entwicklungs- und Schwellenländern sind Frauen Staatspräsidentin oder Regierungschefin.

M2

T1 Die Situation von Frauen in der Welt

In den meisten Ländern der Welt ist die Gleichstellung der Geschlechter in der Verfassung verankert. Trotzdem gibt es fast überall Defizite. In vielen Gesellschaften, z. B. in Südasien und im Vorderen Orient, steht der Mann über der Frau. Frauen sind nach dem traditionellen Rollenbild zuständig für die Arbeiten im Haushalt und für die Erziehung der Kinder. Verschiedene Lebens-, Bildungs- und Berufsbereiche bleiben ihnen verwehrt. Ein Beispiel ist Saudi-Arabien, wo Frauen erst seit 2018 Auto fahren dürfen. Dennoch darf man Geschlechterungleichheiten nicht nur den Entwicklungs- und Schwellenländern zuweisen. Auch bei uns werden Frauen noch schlechter bezahlt als Männer, sind seltener in Führungspositionen und können Familie und Beruf schwerer miteinander vereinbaren. Aber im Unterschied zu anderen Ländern wird bei uns die Beseitigung von Nachteilen staatlich gefördert.

Staat	mittleres Alter der Frauen bei der Erstgeburt	totale Fruchtbarkeitsrate (TFR)	weibliche Analphabetenrate/ Gesamtrate	Kindersterblichkeit bis zum 5. Lebensjahr	Anteil der Bevölkerung in absoluter Armut	Anteil von Frauen im Parlament
Deutschland	29,6	1,5	0,1 % / 0,1 %	0,4 %	0 %	31,6 %
Indonesien	22,8	2,0	6,0 % / 4,3 %	2,6 %	2,9 %	17,4 %
Kenia	20,3	3,8	21,8 % / 18,5 %	4,9 %	37,1 %	23,3 %
Ruanda	23,0	3,4	30,6 % / 26,8 %	3,9 %	56,5 %	55,7 %

M3 Kenndaten zur Situation von Frauen im Ländervergleich

T2 Geschlechtergleichheit fördern

Die Vereinten Nationen (UN) haben mit dem SDG 5 eine gemeinsame Vorstellung davon entwickelt, was die Gleichstellung der Geschlechter genau bedeutet. Die Unterziele beziehen sich auf die Abschaffung von diskriminierenden Gesetzen, das Bekämpfen von häuslicher und sexueller Gewalt, Kinderheirat, weiblicher Genitalverstümmelung, aber auch die Anerkennung unbezahlter Sorgearbeit, die Gleichberechtigung bei politischen Entscheidungen, die Selbstbestimmung in Bezug auf Schwangerschaft und Geburt, das Recht auf Landbesitz und wirtschaftliche Ressourcen.

Die Stärkung der Frauen ist nicht nur ein Menschenrecht, sondern auch ein wichtiger Beitrag zur Lösung von Entwicklungsproblemen und zur Begrenzung des Bevölkerungswachstums in vielen Ländern. Denn wo Frauen gleichberechtigt sind, sinkt die Fruchtbarkeitsrate. Dazu tragen auch die Ziele 4 „Hochwertige Bildung“ und 3 „Gute Gesundheitsversorgung“ entscheidend bei.

Kenia: Aufklärungskampagnen für mehr Selbstbestimmung in der Familienplanung

Kenia war 1967 das erste Land Subsahara-Afrikas, das eine nationale Bevölkerungspolitik formulierte. Das Land hatte mit über acht Kindern pro Frau eine der höchsten Fruchtbarkeitsraten der Welt. Aber erst Anfang der 1980er-Jahre wurde das staatliche Familienplanungsprogramm wirksam. Mit finanzieller Unterstützung der Weltbank wurden Gesundheitshelfer ausgebildet und Ausgabestellen für Verhütungsmittel eingerichtet. Über die Medien wurde eine Aufklärungskampagne für moderne Verhütungsmethoden gestartet. Dazu bildeten sich Vereine, die die Verhütungsmittel bis in kleine Gemeinden verteilten.

Das Regierungsprogramm hatte Erfolg. Bereits 1990 bekamen Kenianerinnen 1,5 Kinder weniger als 1980. Die Verteilung von Verhütungsmitteln durch den Staat wurde beibehalten und die Fertilitätsrate von Kenia mit 3,8 Kindern je Frau ist heute eine der niedrigsten in Ostafrika. Ein weiterer Baustein des Erfolgs war die Bildungsarbeit: Heute haben 61 Prozent aller Kenianerinnen und Kenianer die Sekundarschule besucht – ebenfalls ein Spitzenwert für Afrika.

nach: Berlin-Institut für Bevölkerung und Entwicklung: Afrikas demografische Vorreiter (Juni 2019)

M4

A B

1 Beschreibe die Situation von Frauen in der Welt (T1, M2).

2 MK Arbeite mit Karte M1:
a) Erkläre, was der „Gender Inequality Index“ bedeutet und wie er sich zusammensetzt (Legende; S.31, M4).
b) Erläutere die Situation in verschiedenen Regionen der Welt.

3 SP Arbeite mit M3:
a) Erläutere den Tabellenkopf.
b) Vergleiche jeweils die vier Daten einer Spalte und formuliere eine Aussage dazu.

3 SP Arbeite mit M3: Beurteile, welche Aussagekraft die Kenndaten zur Situation von Frauen in Ländern mit verschiedenem Entwicklungsstand haben.

4 Werte T2 aus:
a) Erläutere, wie die Vereinten Nationen versuchen, die Geschlechtergleichheit zu fördern.
b) Begründe, warum die Stärkung der Frauen ein wichtiges Ziel der Politik sein muss.

5 Kampagne für mehr Selbstbestimmung
a) Erläutere die Aufklärungskampagne in Kenia (M4).
b) Beurteile, ob die Kampagne erfolgreich war.

AFB I: 1 II: 2–5a III: 5b   AFB I: 1 II: 2, 4, 5a III: 3, 5b   → Lösungshilfen ab S.195

5 GESCHLECHTER-GLEICHHEIT

Bevölkerungspolitik in Indien und China

Die bevölkerungsreichsten Länder der Welt, Indien und China, machen einen großen gesellschaftlichen Wandel durch. Dazu gehören auch vielfältige staatliche Maßnahmen zur Reduzierung des Bevölkerungswachstums.

M1 Werbetafel für den Schutz von Mädchen in Indien

M3 Frauenprotest in Kolkata, 2020

T1 Indien – Land der Gegensätze

In Indien stehen sich aufstrebender Reichtum und bittere Armut, technischer Fortschritt und soziales Gefälle vor allem zwischen Stadt und Land gegenüber. Die Religion des Hinduismus bestimmt das Leben der meisten Menschen. Nach dem Gesetz sind Frauen und Männer gleichgestellt, Frauen werden aber im täglichen Leben massiv benachteiligt. Häusliche Gewalt und Misshandlungen betreffen ein Drittel der verheirateten Frauen. Jährlich werden Hunderttausende weibliche Föten abgetrieben.

← Bevölkerungsdiagramme auswerten Seite 80/81

Der Staat versucht, mit Gesetzen gegenzusteuern, aber besonders auf dem Land schreitet die Emanzipation der Frauen nur langsam voran. Bei Kommunalwahlen wurde eine Frauenquote eingerichtet, die weitgehend eingehalten wird. In den Städten sind die Frauen zunehmend gebildet und üben Berufe aus.

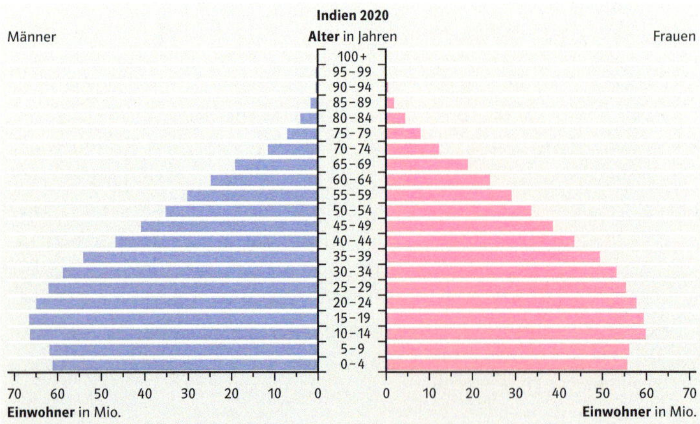

M2 Bevölkerungsdiagramm von Indien

Staatliche Familienplanung in Indien

1952	Plakatwerbung, Familienberatung, Verhütungsmittel bereitgestellt
1972	Abtreibungen legalisiert
ab 1975	Sterilisierungskampagnen für Frauen
1978	Heiratsalter auf 18 Jahre erhöht
1979	Familienplanungsprogramm umbenannt in Familienwohlfahrt
2000	Förderung der Gesundheit von Frauen und Kindern als Schwerpunkt (von Frauen in Protesten erkämpft)
ab 2005	National Rural Health Mission (NRHM): Gesundheitsdienste in ländlichen Gebieten verbessert
ab 2016	Sterilisierungskampagnen für Männer

M4

M5 Studentin in China

M7 Arbeiterinnen in einer Schuhfabrik in Dongguan

T2 China – Bevölkerung im Wandel

China sichert Frauen heute Gleichberechtigung und berufliche Teilhabe zu. Ehen werden nicht mehr vorherbestimmt und Frauen haben das Recht auf ein eigenes Vermögen. Obwohl sich ihre Stellung in der Gesellschaft insgesamt verbessert hat, ist der Arbeitsmarkt für Frauen schlechter als für Männer und sie verdienen weniger.

Eine strenge Geburtenplanung gehörte lange Zeit zur Normalität in China. Aufgrund der Ein-Kind-Politik (M 6) wurden viele Mädchen abgetrieben, da Jungen erwünschter waren. Als Folge herrscht Frauenmangel. Trotz Abschaffung der Ein-Kind-Politik verzichten heute viele chinesische Paare aus beruflichen und finanziellen Gründen auf ein zweites Kind.

Von der Ein-Kind- zur Zwei-Kind-Politik

Die Volksrepublik China verfügte 1979, dass nach der Geburt des ersten Kindes jedes weitere Kind ungewollt ist. Familienplanung und Geburtenkontrolle wurden vorgeschrieben, nur wenige Ausnahmen zugelassen (z. B. bei Behinderung). Eltern in einer Ein-Kind-Ehe erhielten bis zum 14. Lebensjahr des Kindes monatliche Prämien und finanzielle Anreize. 2013 wurde die Ein-Kind-Politik gelockert, 2016 offiziell beendet und durch die Zwei-Kind-Politik ersetzt. 2021 wurden drei Kinder erlaubt. Trotzdem sinken die Geburtenzahlen in China, denn die Einstellung zur Familie hat sich inzwischen gewandelt.

M6

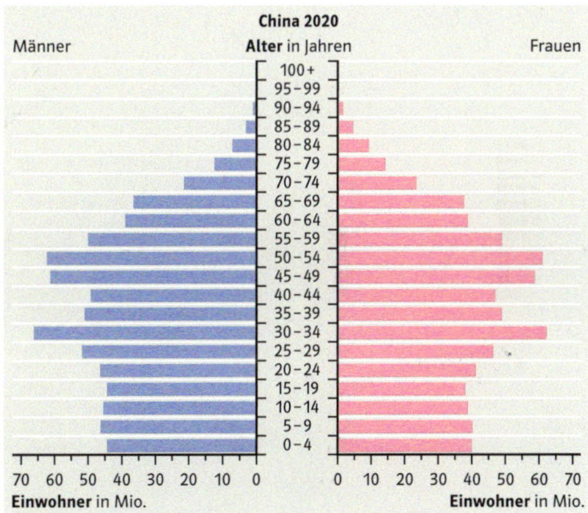

M8 Bevölkerungsdiagramm von China

A 1 Vergleiche die Rolle der Frau in Indien und China: Welche Gemeinsamkeiten und Unterschiede gibt es (T1, T2)?

A 2 Erläutere die Programme zur Bevölkerungspolitik in Indien und China (M 4, M 6).

B 2 Arbeite mit M 4 und M 6:
a) Vergleiche die Programme zur Bevölkerungspolitik in Indien und China.
b) Bewerte sie.

A 3 MK Werte die Bevölkerungsdiagramme aus (M 2, M 8). Ordne beiden Diagrammen eine Grundform zu (S. 81).

B 3 MK Löse Aufgabe A 3. Begründe die verschiedenen Diagrammformen mit den Infos aus T 1, T 2, M 4 und M 6.

4 Erläutere, inwiefern der Stellung der Frau in Indien und China jeweils eine besondere Bedeutung für die Familienplanung zukommt.

5 EXTRA MK Recherchiere, welche staatlichen Maßnahmen zur Bevölkerungspolitik es aktuell in Indien und China gibt.

AFB II: 1–5 AFB II: 1, 2 a, 3–5 III: 2 b → Lösungshilfen ab S. 195

Wichtige Begriffe

- Bevölkerungsdiagramm
- Demografie
- Geburtenrate
- Sterberate
- totale Fruchtbarkeitsrate (TFR)
- Tragfähigkeit
- Wachstumsrate
- Weltüberlastungstag

Kennen und verstehen

1 Verteilung der Weltbevölkerung
Arbeite mit Karte M1 und Karte M4 auf Seite 77:

a Vergleiche die beiden Karten.
b Welche Kartendarstellung findest du aussagekräftiger? Begründe.

2 Bevölkerungswachstum
Arbeite mit Karte M4 auf Seite 77 und dem Atlas:

a Nenne fünf Staaten, die eine Wachstumsrate von über 3% haben.
b Nenne fünf Staaten, die eine Wachstumsrate von 1–2% haben.
c Nenne Kontinente, die zukünftig von einem Wachstum bzw. von einem Bevölkerungsrückgang betroffen sein werden.

3 Finde die Begriffe

a eine Darstellung, aus der man den Altersaufbau einer Bevölkerung ablesen kann
b das Verhältnis von Geburtenrate und Sterberate
c das Modell zu den Phasen der Bevölkerungsentwicklung
d Sie sind häufig Ausgangspunkt wichtiger Fragestellungen, z.B. bei der Bevölkerungsentwicklung in einem Land.

4 Richtig oder falsch?
Verbessere die falschen Aussagen und schreibe alle richtig auf.

a China wird immer das Land mit der höchsten Einwohnerzahl bleiben.
b Das Modell des demografischen Übergangs ist ähnlich auf Entwicklungsländer übertragbar.
c Mit Bevölkerungsdiagrammen kann man keine Aussagen zur zukünftigen Entwicklung eines Landes treffen.
d Das Bevölkerungswachstum in Europa stagniert.
e Wenn wir Menschen auf der Erde so weiterleben wollten wie bisher, bräuchten wir theoretisch noch eine halbe Erde dazu.
f Frauen haben heute in allen Ländern der Welt die gleichen Rechte wie Männer.
g Nach mittleren Prognosen wird die Weltbevölkerung bis zum Jahr 2100 auf etwa 11,2 Milliarden Menschen ansteigen.

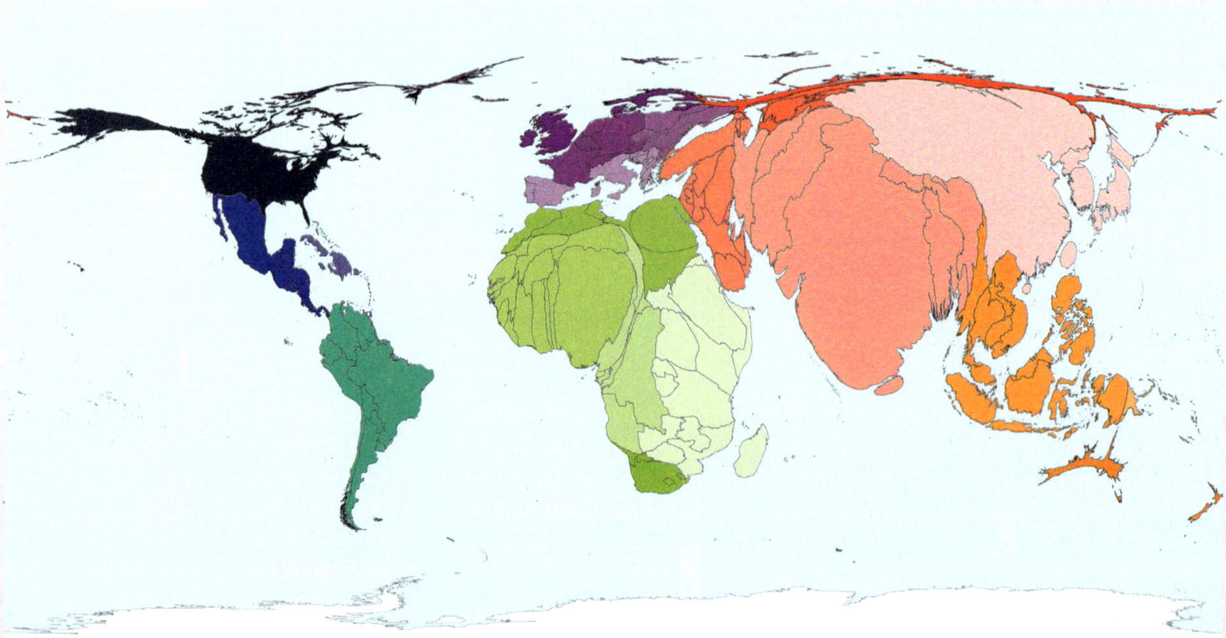

M1 Prognose zur Verteilung der Weltbevölkerung 2050. Wie groß ein Land dargestellt ist, resultiert aus der jeweiligen Bevölkerungszahl.

5 Bilderrätsel
Löse die Bilderrätsel und erkläre die gesuchten Begriffe.

a

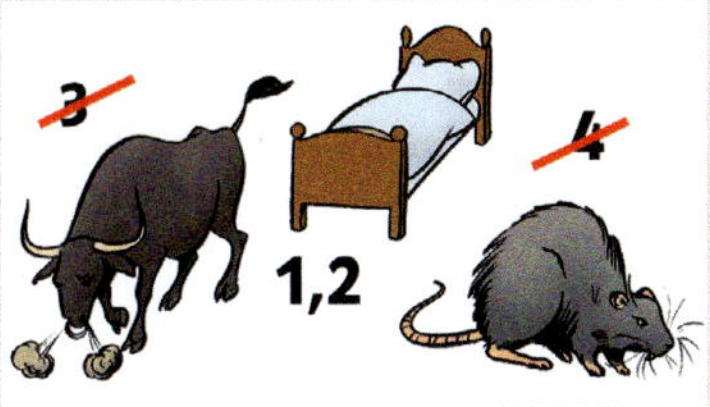

b

6 Overshoot Days
Arbeite mit M2 und dem Atlas:
- **a** Nenne die acht Länder mit den frühesten Daten und die acht Länder mit den spätesten Daten des Overshoot Day 2020.
- **b** Verorte die Länder jeweils auf einer Weltkarte.
- **c** Begründe die frühen Daten des Overshoot Day für die acht Länder.

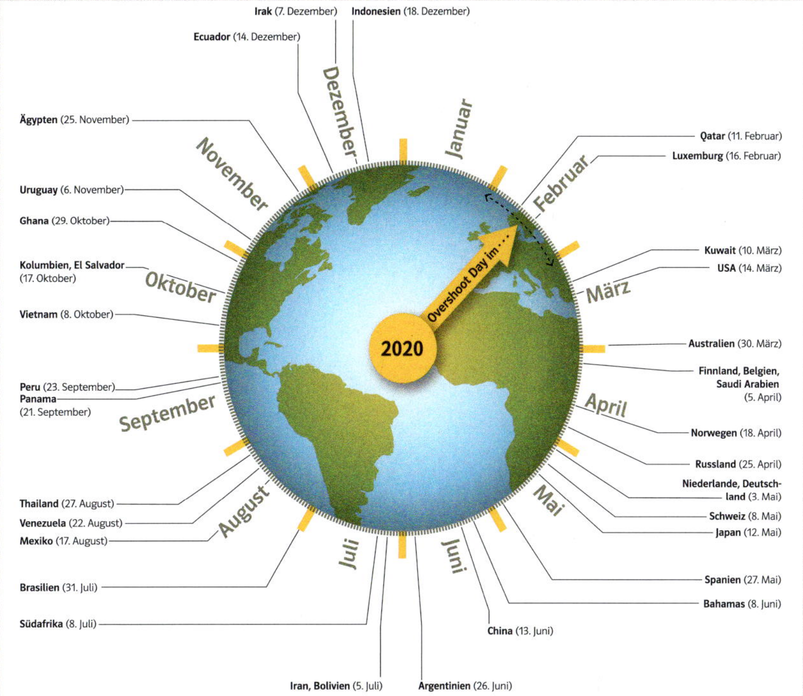

M2 Die Overshoot Days für die Länder der Welt im Jahr 2020

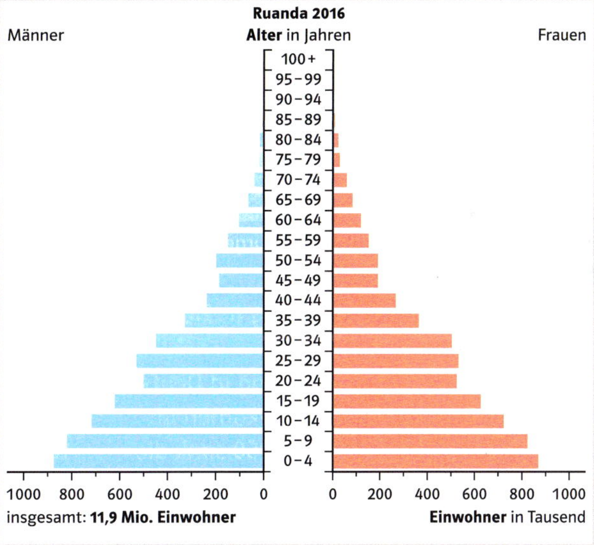

M3 Bevölkerungsdiagramm von Ruanda

Methoden anwenden

7 Ein Bevölkerungsdiagramm auswerten
Werte M3 aus. Ermittle den Anteil …
- **a** der männlichen Bevölkerung unter fünf Jahren,
- **b** der weiblichen Bevölkerung im Alter von 20–24 Jahren,
- **c** der Kinder und Jugendlichen (bis 14 Jahre),
- **d** der Menschen über 65 Jahre an der gesamten Bevölkerung.
- **e** Welche Probleme könnten sich aus der Verteilung der Bevölkerung zukünftig ergeben?
- **f** Nenne fünf Unterschiede zum Bevölkerungsdiagramm von Deutschland auf Seite 80, M1 rechts.

Beurteilen und bewerten

8 „Bei den vielen Kindern in Afrika und Asien ist es doch gut, dass bei uns weniger Kinder geboren werden. Das ist ein Beitrag zur Verringerung des Bevölkerungswachstums in der Welt." Verfasse eine Stellungnahme zu dieser Aussage.

Vernetzen

9 Stelle einen Zusammenhang her zwischen der Tragfähigkeit der Erde und der Lebensweise der Menschen in den verschiedenen Regionen der Erde.

A **Gesellschaftsproblem Überalterung** diese Seite

B **Zukunftsaufgabe Ernährungssicherung** Seite 90/91

1 Beschreibe die Bevölkerungsentwicklung in Deutschland (T1).

2 MK Werte die Bevölkerungsdiagramme M6 und S.80, M1 rechts aus.
a) Begründe die Unterschiede mit den Informationen aus T1.
b) Ordne die Diagramme in M6 Grundformen auf S.81 zu.

3 Erläutere die drei Problembereiche einer überalterten Gesellschaft (M3 – M5). Unterscheide Ursachen und Lösungsansätze (M1).

A Gesellschaftsproblem Überalterung

In Deutschland steigt das Durchschnittsalter der Bevölkerung seit vielen Jahren, d.h., der Anteil älterer Menschen wird größer. Das hat große Auswirkungen auf viele Bereiche der Gesellschaft.

M1 Bürgerbus – Mobilitätsservice nicht nur für ältere Bürger

M2 Neue Wohnform im Alter: Die „Alten-WG“

Bürgerbusse
Kleinbusse, die von Bürgerbus-Vereinen meist ehrenamtlich gefahren werden, teils nach Fahrplan, teils auch auf Anforderung

T1 Bevölkerungsentwicklung in Deutschland seit 1900

Seit 1900 wuchs die Bevölkerung in Deutschland zunächst stark. Frauen bekamen im Durchschnitt vier Kinder. Bis 1950 sank die Fruchtbarkeitsrate jedoch auf ca. zwei Kinder. Dafür waren die beiden Weltkriege und die Weltwirtschaftskrise 1929 – 1932 die Hauptursachen.
Der Wirtschaftsaufschwung nach dem Zweiten Weltkrieg ließ die Fruchtbarkeitsrate bis 1960 wieder auf 2,5 Kinder ansteigen. Mit Einführung der Antibabypille und steigendem Wohlstand sank die Fruchtbarkeitsrate jedoch bis 1995 auf nur noch 1,25.

Trotzdem sank die Bevölkerungszahl nicht, denn es gab Zuwanderung und die Menschen wurden immer älter. Diese Entwicklung hält an, die Lebenserwartung liegt heute bei fast 79 Jahren für Männer und 83 Jahren für Frauen. Das ist eine Verdoppelung gegenüber dem Jahr 1900.
Eine nach wie vor niedrige Geburtenrate von 1,6 und eine immer höhere Lebenserwartung führen zu einer steigenden Überalterung der Gesellschaft. Diese Entwicklung erzeugt verschiedene gesellschaftliche Probleme, worauf mit vielen Maßnahmen reagiert werden muss.

4 Wohnsituation im höheren Alter (M 7)
Arbeitet zu dritt:
a) Erläutert die unterschiedlichen Vorstellungen.
b) Überlegt Maßnahmen, damit die Wünsche umgesetzt werden können.

5 MK Werte Karikatur M 2 aus:
a) Beschreibe die Karikatur.
b) Erkläre einzelne Bildteile.
c) Deute die Gesamtaussage.
d) Nimm Stellung dazu.

6 SP Wie möchtest du im Alter leben? Formuliere einen kleinen Text zu dieser Frage.

Lösungen 6nv3ty

AFB I: 1, 5a II: 2–4a, 5b III: 4b, 5c–6
→ Lösungshilfen ab S. 195

Gesellschaftsproblem 1: Wirtschaft und Sozialsysteme

Eine größere Lebenserwartung bedeutet, dass die Lebenszeit nach dem Ausscheiden aus dem Beruf zunimmt. Die Sozialsysteme müssen somit länger Renten- und Pensionsleistungen zahlen. Gleichzeitig sinkt der Anteil von Menschen im Arbeitsalter, sodass weniger Beiträge in die Rentenkassen fließen. Durch die niedrige Geburtenrate kommen auch nicht genügend Jugendliche nach, um die ausscheidenden Arbeitnehmer in der Wirtschaft zu ersetzen. Die Folge ist ein großer Arbeitskräftemangel in zahlreichen Bereichen. Diese Probleme können nur durch Maßnahmen wie eine längere Lebensarbeitszeit, Zuwanderungsprogramme und Anreize für mehr Kinder behoben werden.

M3

Gesellschaftsproblem 2: Wohnen und Mobilität

Ältere und zum Teil körperlich eingeschränkte Menschen benötigen speziellen Wohnraum, z. B. mit Aufzügen und Rampen für Rollstühle. Bauprogramme richten sich verstärkt danach. Auch die Wohnungsgrößen müssen angepasst werden, denn viele ältere Menschen wohnen allein und können Mieten für größere Wohnungen nicht bezahlen. Die Anforderungen an Mobilität wandeln sich ebenfalls. Bahnsteige müssen behindertengerecht sein, Bürgerbusse ergänzen den Öffentlichen Personennahverkehr und Fußgänger-Grünphasen an Ampeln werden verlängert.

M4

Gesellschaftsproblem 3: Gesundheit und Pflege

Mehr Pflegeeinrichtungen mit mehr Personal müssen geschaffen werden. Dadurch steigen die Kosten im Gesundheitswesen. Vielfach herrscht auch ein großer Mangel an Pflegekräften; für den Beruf muss geworben werden. Die meisten Menschen möchten, so lange es geht, selbstständig leben. Dabei sind altersgerechte Serviceangebote wie Lebensmittel- und Medikamentenlieferungen gefragt.

M5

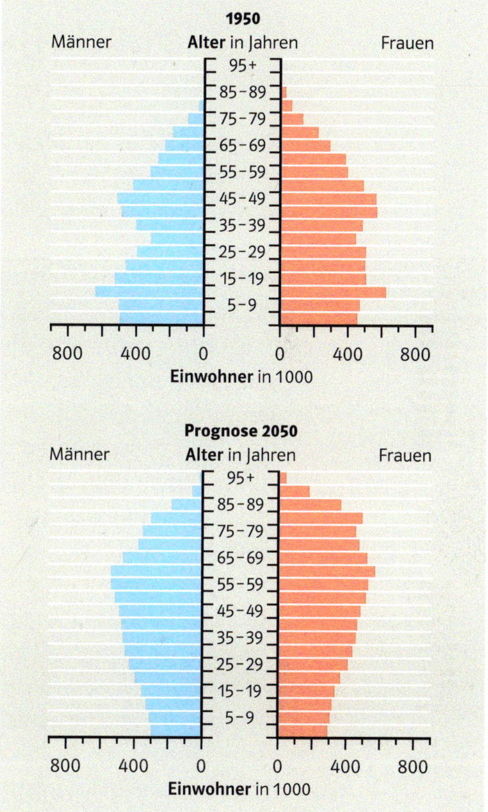

M6 Altersstruktur in Deutschland

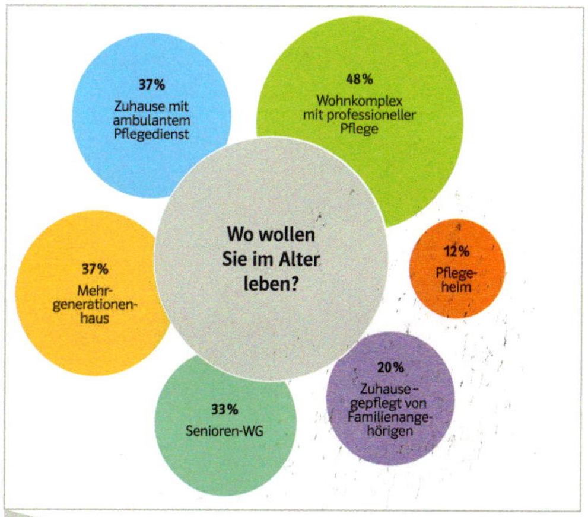

M7 Wie die Deutschen im Alter leben wollen (Studie der Deutschen Gesellschaft für Qualität 2015)

A Gesellschaftsproblem Überalterung
Seite 88/89

B Zukunftsaufgabe Ernährungssicherung
diese Seite

1
Zukunftsaufgabe Ernährungssicherung (T1)
a) Nenne Herausforderungen für die Nahrungsproduktion der Zukunft.
b) Arbeite allgemein wichtige Ansätze dafür heraus.

2 MK
Wähle eine Präsentationsform (z.B. Plakat, Wandzeitung, digitales Präsentationsprogramm) und erstelle einen Vortrag zum Thema „Nahrungsmittel der Zukunft“ (M1–M4).

B Zukunftsaufgabe Ernährungssicherung

Bis heute ist es der Menschheit nicht gelungen, die verfügbaren Nahrungsmittel gerecht zu verteilen. Diese Aufgabe wird mit einer steigenden Bevölkerungszahl noch schwieriger. Können neue Nahrungsmittel das Problem lösen?

T1 Alte und neue Nahrungsquellen

Die Weltbevölkerung wächst noch einige Jahrzehnte weiter und der Klimawandel sorgt für neue Herausforderungen bei der Nahrungsproduktion. Gleichzeitig verändern sich die Ernährungstrends der Menschen stetig. Das sind die großen Herausforderungen für die Ernährungssicherung der Zukunft.

Auf vielen verschiedenen Ebenen wird nach Lösungen gesucht, um die Ernährungssouveränität aller Menschen zu sichern. Daran sind sowohl Wissenschaftler/innen als auch Kleinbauern und bäuerliche Bewegungen weltweit beteiligt. Agrarökologen setzen sich dafür ein, die Nahrungsproduktion insgesamt nachhaltiger zu gestalten, um wichtige Ressourcen wie die Böden und Wasservorräte der Erde zu schützen. Einig sind sich alle darin, dass der Fleischkonsum verringert werden muss. Ein wichtiger Forschungszweig versucht, die Erträge der bekannten Hauptnahrungspflanzen durch Züchtung und Gentechnik weiter zu verbessern. Dabei spielt der immer deutlicher spürbare Klimawandel eine große Rolle. Die Pflanzen müssen z.B. in vielen Anbaugebieten dauerhaft mit höheren Temperaturen und geringeren Niederschlägen als früher auskommen. Klimaforscher/innen und Stadtplaner/innen befassen sich mit neuen und nachhaltigen Anbauformen wie Hochhausfarmen („Vertical Farming“), Dachfarmen auf Flachdächern oder „Instore Farming“, wo frisches Gemüse direkt im Supermarkt wächst und verkauft wird. Und nicht zuletzt werden auch alternative und neue Nahrungsquellen erforscht und entwickelt, deren Produkte die meisten Menschen heute noch nicht auf ihren Speiseplänen kennen.

Ernährungssouveränität
das Recht aller Menschen auf eine selbstbestimmte, gesunde und kulturell angepasste Nahrungsproduktion

Insekten gehören in vielen Ländern z.B. in Asien bereits zum alltäglichen Speiseplan. Auch in Deutschland kann man Mehlwürmer und Heuschrecken aus nachhaltigen Zuchtanlagen bereits in einigen Supermärkten kaufen. Insekten haben einen hohen Proteingehalt und könnten einen wichtigen Beitrag zur Verringerung des Fleischkonsums leisten. Das ist sowohl aus gesundheitlichen als auch aus Tierwohl- und Umweltgründen erstrebenswert. Da viele Menschen noch Probleme mit dem Verzehr ganzer Insekten haben, könnten sie vielen Speisen auch getrocknet und zermahlen beigefügt werden.

M1 Insekten – Ein alltägliches Nahrungsmittel der Zukunft?

3 SP
Erarbeite einen kleinen Fragebogen zum Thema „Neue Nahrungsquellen“ und führe eine Umfrage in deinem Bekanntenkreis zur Akzeptanz bisher ungewohnter Nahrungsmittel durch.

4 MK
Recherchiere im Internet weitere Informationen zu „Nahrungsmitteln der Zukunft“. Stelle deiner Klasse interessante Aspekte zu dem Thema vor.

AFB I: 1 II: 2, 4 III: 3 → Lösungshilfen ab S. 195

6nv3ty
- **Lösungen**
- **Linktipps:** Nahrungsmittel der Zukunft

Algen sind laut einer Studie der Vereinten Nationen eines der besten Lebensmittel für die Ernährungssicherung der Zukunft. Sie enthalten viele Vitamine, Fettsäuren, Ballaststoffe und Eiweiß. Sie wachsen schnell und können daher in kurzer Zeit vielfache Mengen an Nahrung z. B. im Vergleich zu Getreideerträgen liefern. In asiatischen Ländern gehören Algen in vielerlei Form schon seit jeher zum alltäglichen Speiseplan.
Als anderes Meeresprodukt testen Wissenschaftler/innen bereits Quallen auf ihre Tauglichkeit als Nahrungsmittel. Nach dem Entzug von Wasser und der Trocknung ist das Ergebnis ein Quallenchip, den man durch Frittieren knusprig bekommt.

M2 Spirulina-Algen

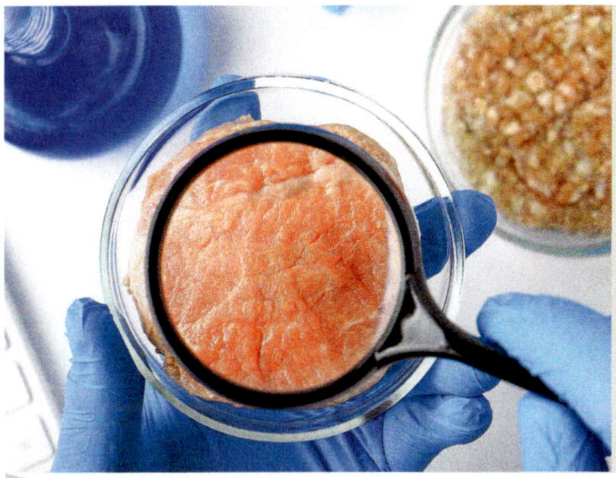

Der Wissenschaft ist es inzwischen gelungen, in Nährlösungen im Reagenzglas aus Muskelstammzellen von Tieren Fleisch zu erzeugen. Bereits 2013 wurde daraus der erste Burger geformt. Das Verfahren ist aber langwierig und teuer und von der Massenproduktion noch weit entfernt. Es gibt aber mehrere Start-up-Unternehmen vor allem in den USA, die diesen Weg weiterverfolgen.
In Zukunft könnte bereits um 2030 bis zu ein Viertel des Fleischkonsums aus großen Containerkulturen stammen.
Entsprechend weniger Schlachttiere wären dann notwendig.

M3 Fleisch aus dem Reagenzglas

Ein längst erfolgreicher Weg zu weniger Fleischkonsum ist die Produktion von Fleischersatz. Mithilfe verschiedenster pflanzlicher Grundstoffe (z. B. Erbsen, Weizen, Kartoffeln oder Sojabohnen) werden vor allem hackfleischähnliche Lebensmittel hergestellt, die in Beschaffenheit und Geschmack von echtem Hackfleisch kaum zu unterscheiden sind. Vegetarische Burger sind inzwischen überall erhältlich. Die amerikanische Firma Beyond Meat verkauft ihre vegetarischen Produkte als Ersatz für Burger, Chicken-Nuggets und Würstchen bereits in 50 Ländern. Die Produktion der fleischlosen Burger erspart 93 % Land, 90 % Treibhausgase und 46 % Energie gegenüber Burgern aus Rindfleisch.

M4 „Pflanzenfleisch“: Burger aus Kokos, Kartoffeln und Heme, einem synthetischen roten Protein als Farbgeber

5

Migration – auf der Suche nach Zukunft

M1 Migranten bei der Ankunft auf der griechischen Insel Lesbos

M2 Migranten aus Kolumbien an der Grenze zwischen Mexiko und den USA

Weltweit verlassen jährlich Millionen Menschen ihre Heimat. Die Gründe sind vielfältig. Einige Menschen fliehen vor einem Krieg oder dem Klimawandel. Andere möchten einen Arbeitsplatz im Ausland oder einer anderen Stadt ergreifen. Mit der Entscheidung abzuwandern gehen oft schwerwiegende Veränderungen einher.

Warum verlassen so viele Menschen ihre Heimat? Woher kommen sie? Welche Städte, Regionen und Länder sind besonders von Zuwanderung geprägt? Welche Chancen und Herausforderungen ergeben sich in den Herkunftsgebieten und Zielgebieten?

M3 Handwerker aus Polen und der Türkei in Deutschland

M4 Mumbai, Indien – Stadt mit 20 Millionen Einwohnern und vielen Gegensätzen

Die Heimat verlassen

Viele Menschen erleben Armut, Krieg oder Naturkatastrophen und sind gezwungen, ihre Heimat zu verlassen. Andere gehen freiwillig, auf der Suche nach Arbeit und besserer Bezahlung. Doch ohne Grund geht keiner weg.

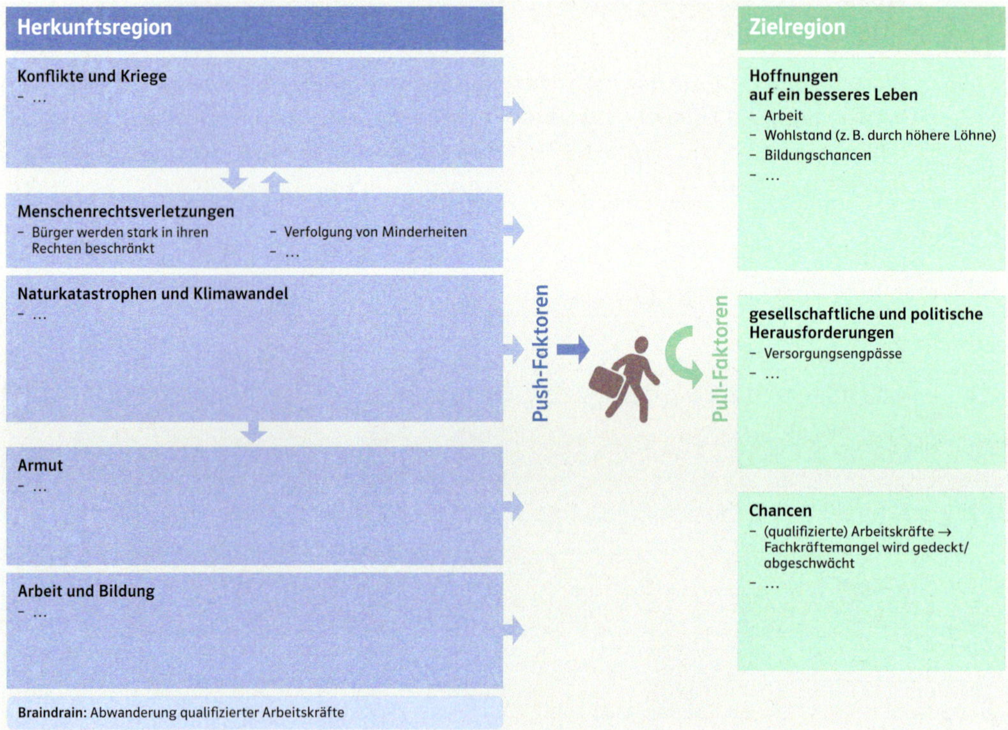

M1 Migrationsursachen sowie Hoffnungen und Herausforderungen in der Zielregion

T1 Migrationsursachen

Wenn Menschen ihren Wohnsitz dauerhaft verlagern, spricht man von **Migration**. Die Gründe sind vielfältig, doch im Allgemeinen wollen die Menschen ihre Lebensverhältnisse verbessern. Freiwillig migrieren Menschen in der Hoffnung auf ein besseres Leben – mit der Aussicht auf Arbeit, Wohlstand, Bildung oder sozialen Aufstieg. Unfreiwillig verlassen Menschen ihren Heimatort, wenn sie vor Krieg, Menschenrechtsverletzungen oder Naturkatastrophen fliehen müssen oder vertrieben werden. Diese Form der Migration nennt man **Flucht**. Sie findet häufig überstürzt bzw. ungeplant statt. Fast neun von zehn Geflüchteten stammen aus Entwicklungsländern.

Ende des Jahres 2020 befanden sich weltweit über 82 Millionen Menschen auf der Flucht. Der weitaus größte Teil von ihnen (48 Millionen) waren Geflüchtete, die ihren Wohnsitz innerhalb ihres eigenen Landes verlagert haben. Auch bei freiwilliger Migration findet diese überwiegend innerhalb nationaler Grenzen statt. Übergeordnet spricht man in diesen Fällen von **Binnenmigration.** Auch in Deutschland gibt es Binnenmigration. Häufig wandern hier Menschen aus ländlichen Regionen in Städte ab. Bei Migrationsbewegungen über Landesgrenzen hinweg spricht man von internationaler oder **transnationaler Migration.**

Die Gründe, welche die Menschen dazu bringen, ihren Wohnsitz dauerhaft zu verlagern, nennt man **Push-Faktoren.** Gleichzeitig werden die Menschen auch aus bestimmten Gründen zu ihrem Zielort hingezogen. Diese Gründe nennt man **Pull-Faktoren.**

M2 Arbeitsmigranten bei der Spargelernte in Deutschland

M3 Ärzte mit Migrationshintergrund in Deutschland

T2 Migrationsformen in Deutschland

Der Nachzug von Familienangehörigen macht den größten Teil der weltweiten Migration aus. Auch in Deutschland ist der Zuzug von Ehegatten und Kindern die häufigste Migrationsform.

Die zweite größere Wanderungsform ist die Arbeitsmigration. Dazu gehören hoch qualifizierte Arbeitnehmer/innen, aber auch ungelernte Arbeitskräfte. In vielen Ländern ist die Wirtschaft mittlerweile auf diese Zuwanderung angewiesen. In Deutschland werden z. B. jährlich Tausende Saisonarbeiter in der Landwirtschaft beschäftigt, vor allem Bulgaren, Polen und Rumänen. Ohne sie wäre die Ernte von Obst und Gemüse nicht zu bewältigen. Aber auch in Pflege- und Heilberufen sowie im Handwerk werden viele Zugewanderte angestellt.

Diese Form der Migration kommt in der Europäischen Union häufig vor, weil EU-Bürger/innen das Recht auf Freizügigkeit zusteht. Das heißt, Unionsbürger/innen dürfen in jedem anderen EU-Land arbeiten, ohne eine Arbeitserlaubnis beantragen zu müssen. Insgesamt waren im März 2020 über 3,3 Millionen EU-Bürger/innen aus anderen Staaten in Deutschland beschäftigt.

Die dritthäufigste Wanderungsform ist die Flucht. Geflüchtete machen etwa ein Zehntel der Migranten in Deutschland aus.

Durch die lange Einwanderungsgeschichte hat mittlerweile jeder vierte Mensch in Deutschland einen **Migrationshintergrund**. Diese statistische Einordnung trifft zu, wenn die Person selbst oder mindestens ein Elternteil nicht mit deutscher Staatsangehörigkeit geboren wurde.

↩ freier Personenverkehr im europäischen Binnemarkt Seite 51

→ Migrationshintergrund in Deutschland Seite 113

1 Übertragt das Schaubild M1 in euer Heft oder nutzt das Arbeitsblatt aus dem Terra-Code. Ergänzt die Übersicht mithilfe der folgenden Seiten im Laufe der nächsten Unterrichtsstunden.

2 SP Definiere die Begriffe „Migration“ und „Flucht“ (T1).

2 SP Beschreibe den Unterschied zwischen den Begriffen „Migration“ und „Flucht“ (T1).

3 SP Push- und Pull-Faktoren
a) Erkläre die Begriffe (T1).
b) Stelle verschiedene Push- und Pull-Faktoren in einer Tabelle zusammen (T1, T2, M2, M3).

3 SP Erläutere verschiedene Push- und Pull-Faktoren in einem zusammenhängenden Informationstext (T1, T2, M2, M3).

4 Migrationsformen
a) Erläutere die häufigsten Migrationsformen in Deutschland (T2).
b) Begründe, warum viele Migranten in Deutschland aus EU-Staaten kommen (T2).

5 EXTRA MK Finde heraus, warum viele Menschen mit Migrationsgeschichte in Deutschland aus dem Nicht-EU-Land Türkei kommen.

AFB I: 2 II: 1, 3–5 AFB I: 2 II: 1, 3–5 → Lösungshilfen ab S.195

Gruppenpuzzle

A Migrationsgrund: Klimawandel

Bangladesch leidet unter dem Klimawandel besonders. In den nächsten Jahren könnten aufgrund des Meeresspiegelanstiegs bis zu 30 Millionen Menschen das Land verlassen. Und Bangladesch ist nur ein Beispiel unter vielen.

1 Stammgruppe
Teilt die vier Doppelseiten mit dem Titel „Migrationsgrund" untereinander auf. Jeder arbeitet zunächst allein:
a) Fasse das Beispiel M 2 zusammen.
b) Erläutere den Migrationsanlass.
c) Beschreibe mögliche Auswirkungen der Migration auf das Herkunfts- und Zielgebiet (T 1, T 2, M 2).
d) Gib einen Überblick über Auswirkungen des Klimawandels in anderen Ländern/Regionen (M 4, T 2).

2 Expertengruppe
Bildet eine Expertengruppe mit anderen Schülerinnen und Schülern, die auch das Thema „Klimawandel" bearbeitet haben.
a) Tauscht euch über eure Ergebnisse aus und klärt offene Fragen.
b) Ergänzt eure Ergebnisse aus Aufgabe 1 und fertigt gemeinsam eine Tabelle an.

3 Stammgruppe
Geht zurück in die Stammgruppe.
a) Informiert die Gruppe, indem ihr eure Ergebnisse aus der Tabelle präsentiert.
b) Haltet eure Ergebnisse in einem Schaubild zu den Migrationsursachen, Chancen und Herausforderungen fest (Aufgabe 1, S. 95).

AFB I: 1c, 2a II: 1a, 1b, 1d, 2b, 3 → Lösungshilfen ab S. 195

M1

M3 Überschwemmung in Bangladesch

Abdul Shan aus Dacope am Fluss Pasur (Bangladesch)

Ein Großteil der Menschen in Abduls Dorf lebt von der Landwirtschaft. Die letzte Überschwemmung hat drei Dorfbewohnern das Leben gekostet und Häuser und Ackerflächen zerstört. Der Meeresspiegel steigt, das salzige Meerwasser vermischt sich mit dem Grundwasser. Böden versalzen und Missernten sind die Folgen. Nahrungsmittel werden knapp und viele Menschen sind bereits arbeitslos. In der Hoffnung auf ein besseres Leben hat Abdul, wie viele andere, beschlossen, nach Dhaka abzuwandern.

M2

T1 Flucht der Landbevölkerung

Allein in Bangladesch sind 15 Millionen Menschen direkt von den Auswirkungen des Klimawandels betroffen. Bei starken Überschwemmungen wird mehr als ein Viertel des Landes überflutet. Große Teile der fruchtbaren Böden sind versalzen, sodass schon heute einige Dörfer von Frischwasserlieferungen abhängig sind. Viele Menschen verlassen die betroffenen Regionen und wandern in die Großstädte ab. Durch diese Abwanderung fällt der Wiederaufbau nach den Überschwemmungen oft schwer.

Um große Flüchtlingsbewegungen zu verhindern, müssen Anpassungen und Schutzmaßnahmen ergriffen werden. In vielen Regionen werden Dämme errichtet und Frühwarnsysteme installiert, um auf bevorstehende Fluten und Zyklone reagieren zu können. In manchen Orten haben sich Reisbauern an die salzigen Böden angepasst. Statt Reis anzubauen, haben sie die Böden mit Salzwasser geflutet und sich auf die Shrimp-Zucht spezialisiert.

T2 Zielregionen an ihren Grenzen

Die meisten Geflüchteten suchen Schutz in vermeintlich sicheren Teilen ihres eigenen Landes. Dieser Zuzug stellt die Aufnahmeregionen jedoch vor gesellschaftliche und wirtschaftliche Herausforderungen. Wo die Ernährungssituation schon vor der Ankunft der Flüchtlinge angespannt war, wird sie noch verschärft. Versorgungsengpässe und Konflikte drohen. Allein nach Dhaka kommen täglich 2 000 Menschen. Sie hoffen auf ein besseres Leben, doch die meisten finden sich unterhalb der Armutsgrenze in überfüllten und unterversorgten Vierteln wieder. Die Stadt ist mit der Zuwanderung überfordert und steht ohne entsprechende Infrastruktur kurz vor dem Zusammenbruch.

Die Migrationsbewegungen in Bangladesch sind nur ein Beispiel für die Flucht vor dem Klimawandel. Weltweit sind Schätzungen zufolge mehr als 20 Millionen Menschen auf der Flucht vor Wetterextremen, Wassermangel, dem Schmelzen der Permafrostböden oder dem Anstieg des Meeresspiegels.

Zyklon
tropischer Wirbelsturm im Indischen Ozean

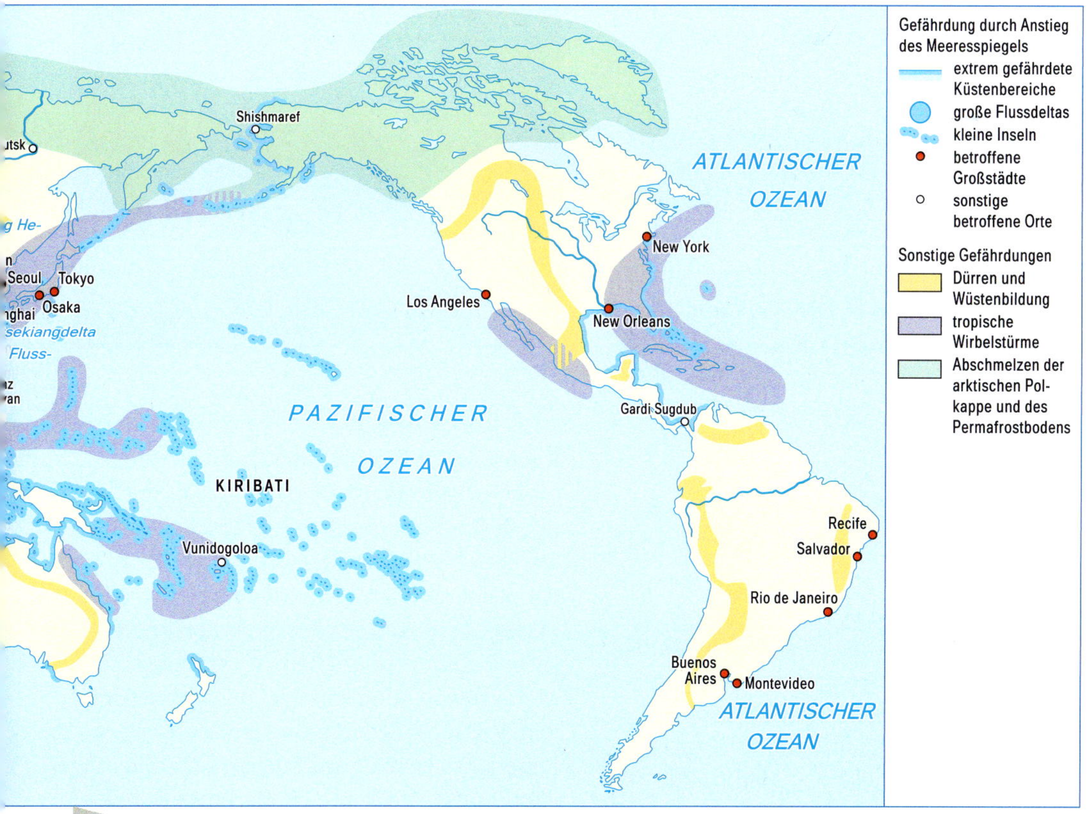

M4 Durch Naturkatastrophen gefährdete Räume: westlicher Pazifischer Ozean im Mittelpunkt

Gruppenpuzzle

B Migrationsgrund: Armut

Nepal gehört zu den ärmsten Ländern der Welt. Millionen Nepalesen verlassen jährlich ihr Land, um der Armut und Perspektivlosigkeit zu entkommen.

1
Stammgruppe
Teilt die vier Doppelseiten mit dem Titel „Migrationsgrund" untereinander auf. Jeder arbeitet zunächst allein:
a) Fasse das Beispiel M 2 zusammen.
b) Erläutere den Migrationsanlass.
c) Beschreibe mögliche Auswirkungen der Migration auf das Herkunfts- und Zielgebiet (T 2, M 2, M 3).
d) Informiere dich im Internet über die Lebensbedingungen der Gastarbeiter in Katar im Vorfeld der Fußball-WM.

2
Expertengruppe
Bildet eine Expertengruppe mit anderen Schülerinnen und Schülern, die auch das Thema „Armut" bearbeitet haben.
a) Tauscht euch über eure Ergebnisse aus und klärt offene Fragen.
b) Ergänzt eure Ergebnisse aus Aufgabe 1 und fertigt gemeinsam eine Tabelle an.

3
Stammgruppe
Geht zurück in die Stammgruppe.
a) Informiert die Gruppe, indem ihr eure Ergebnisse aus der Tabelle präsentiert.
b) Haltet eure Ergebnisse in einem Schaubild zu den Migrationsursachen, Chancen und Herausforderungen fest (Aufgabe 1, S. 95).

AFB I: 1c, 2a II: 1a, 1b, 1d, 2b, 3 → Lösungshilfen ab S. 195

M1

Schon gewusst?

Die Armut treibt einige Nepalesen sogar dazu, als Soldaten in fremden Armeen zu dienen.

Nagindar Deleg aus Nepal

Nagindar lebte mit seinen Eltern und Geschwistern in einem Dorf in den Bergen Nepals. Im Dorf gibt es keinen Frischwasseranschluss, keine sanitären Anlagen und auch die Lebensmittelversorgung ist knapp. Die Familie verdiente seit jeher nur so viel, dass es gerade zum Überleben reichte. Aber durch eine Dürreperiode wurde ihre Ernte vernichtet. In ihrer Not musste sich die Familie Geld bei Bekannten leihen, die jedoch selbst auch nicht viel besitzen. Nagindars Familie ist nun verschuldet und steht vor der Herausforderung, täglich genug Essen zu haben und gleichzeitig ihre Schulden zu begleichen. Deshalb ging Nagindar mit seinem Vater als Gastarbeiter nach Katar. Dort arbeitete er gemeinsam mit vielen Nepalesen an Projekten für die Fußball-WM 2022. Dafür wurden gezielt Arbeiter angeworben. Die Löhne sind in Katar höher als in Nepal und das verdiente Geld schickten sie nach Hause. Trotz der harten Arbeit auf den Baustellen sahen sie diese als letzten Ausweg aus der Armut.

M2

M3 Gastarbeiter aus Nepal in Katar

T1 Extreme Armut

Knapp 736 Millionen Menschen sind weltweit von extremer bzw. absoluter Armut betroffen. Hierunter fallen Menschen, die weniger als 1,90 Dollar pro Tag und Kopf zum Leben haben. Sie können ihre Grundbedürfnisse nur schwer decken und kämpfen jeden Tag ums Überleben. Am stärksten sind Menschen in Südasien und Subsahara-Afrika von absoluter Armut betroffen. Viele verlassen ihre Heimat und suchen Arbeit in ökonomisch stärkeren Ländern wie Dubai, Malaysia oder Saudi-Arabien.

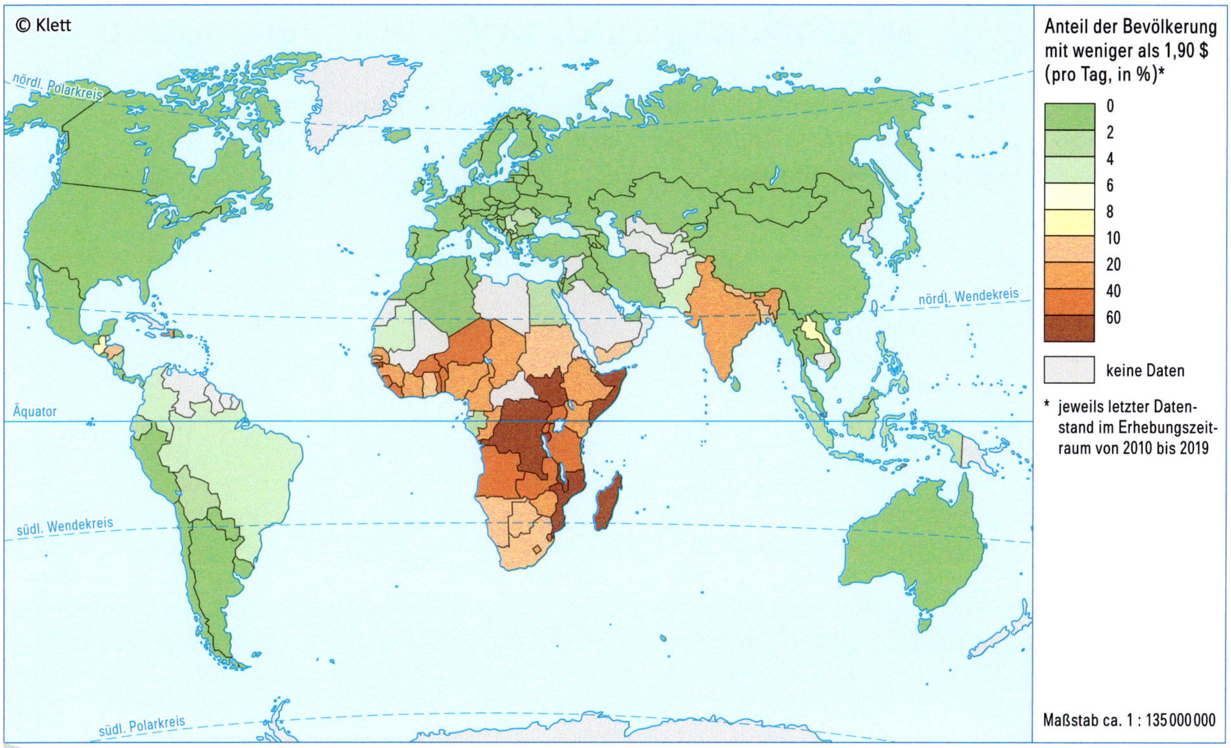

M4 Weltkarte der Armut – Bevölkerung mit weniger als 1,90 Dollar pro Tag, 2019

T2 Herausforderung in Nepal

Nepal gehört zu den am wenigsten entwickelten Ländern der Welt. Jedes zweite Kind in Nepal ist unterernährt. Regelmäßig sterben Menschen am Hungertod oder an Durchfallerkrankungen, die durch schlechte sanitäre Einrichtungen oder verschmutztes Wasser verursacht wurden.

Derzeit lebt rund ein Viertel der Bevölkerung Nepals unterhalb der Armutsgrenze. Der Grund: Noch bis 2006 herrschte in Nepal ein Bürgerkrieg. Dieser hat die Entwicklung des Landes geschwächt und das wirtschaftliche Wachstum stark verlangsamt. Zudem kam es in den Folgejahren zu schweren Erdbeben und Überschwemmungen, welche die Häuser und Infrastruktur des Landes stark beschädigten sowie Ernten und Lebensgrundlagen der Menschen zerstörten. Der Wiederaufbau Nepals fällt schwer. Viele arbeitsfähige Männer wandern als Gastarbeiter ins Ausland ab, um ihre Familien zu ernähren.

T3 Genfer Flüchtlingskonvention

Oft sind Arbeitslosigkeit, Armut und Hoffnungslosigkeit die Ursachen für Migration. Um anerkannte Fluchtursachen handelt es sich dabei aber nicht. Die **Genfer Flüchtlingskonvention** legt fest, wer als Flüchtling anerkannt wird. Demnach ist es eine Person, „die sich außerhalb des Landes befindet, dessen Staatsangehörigkeit sie besitzt […], und wegen ihrer Rasse, Religion, Nationalität, Zugehörigkeit zu einer bestimmten sozialen Gruppe oder wegen ihrer politischen Überzeugung eine wohlbegründete Furcht vor Verfolgung hat und den Schutz dieses Landes nicht in Anspruch nehmen kann oder wegen dieser Furcht vor Verfolgung nicht dorthin zurückkehren kann." Trifft dies zu, kann eine Person in einem anderen Land Zuflucht suchen und Asyl beantragen. Bei Nichterfüllung der Kriterien folgt die Rücküberführung der Person in das Herkunftsland oder die Person wird aus humanitären Gründen weiter geduldet.

Kritik am Begriff „Rasse"

Die Genfer Flüchtlingskonvention wurde 1951 verabschiedet und 1967 ergänzt. Der Begriff „Rasse" wird aus der Perspektive des Verfolgers verwendet, jedoch weiß man heute, dass es keine menschlichen „Rassen" gibt. Kritiker/innen wollen den Begriff streichen, weil er der Bekämpfung von Rassismus (also Diskriminierung aufgrund äußerlicher Merkmale) widerspricht.

→ **Asyl Seite 105**

Gruppenpuzzle

C Migrationsgrund: Krieg und Verfolgung

In Syrien herrscht seit 2011 ein Bürgerkrieg. Seither bestimmen anhaltende Unruhen und schwere Angriffe das Leben der Menschen im Land. Viele sahen die Flucht als letzten Ausweg.

1 Stammgruppe
Teilt die vier Doppelseiten mit dem Titel „Migrationsgrund" untereinander auf. Jeder arbeitet zunächst allein:
a) Fasse das Beispiel M 2 zusammen.
b) Erläutere den Migrationsanlass.
c) Beschreibe mögliche Auswirkungen der Migration auf das Herkunfts- und Zielgebiet (T 2, M 2 – M 6).
d) Beschreibe die Migration syrischer Bürgerkriegsflüchtlinge (M 4).

2 Expertengruppe
Bildet eine Expertengruppe mit anderen Schülerinnen und Schülern, die auch das Thema „Krieg und Verfolgung" bearbeitet haben.
a) Tauscht euch über eure Ergebnisse aus und klärt offene Fragen.
b) Ergänzt eure Ergebnisse aus Aufgabe 1 und fertigt gemeinsam eine Tabelle an.

3 Stammgruppe
Geht zurück in die Stammgruppe.
a) Informiert die Gruppe, indem ihr eure Ergebnisse aus der Tabelle präsentiert.
b) Haltet eure Ergebnisse in einem Schaubild zu den Migrationsursachen, Chancen und Herausforderungen fest (Aufgabe 1, S. 95).

AFB I: 1c, 2a II: 1a, 1b, 1d, 2b, 3 → Lösungshilfen ab S. 195

M1

Esma Malouf aus Homs (Syrien)

Esma ist 16 Jahre alt und stammt aus Homs, einer Großstadt im Westen Syriens. Beinahe täglich sind Anschläge auf ihre Stadt verübt worden. Hunderte Menschen sind gestorben, Häuser wurden zerstört und die Wege zu anderen Städten waren abgeschnitten. Aus Angst vor weiteren schweren Angriffen haben Esma und ihre Familie die Flucht ergriffen. Sie haben alles zurückgelassen – ihr Haus, ihre Möbel, selbst Kleidung. Nur das Nötigste, was sie an sich trugen, haben sie mitgenommen. Von Freunden und vielen Familienangehörigen konnten sie keinen Abschied mehr nehmen. Sie lebten eine Zeitlang in anderen Städten Syriens, doch sie entschlossen sich wegen zunehmender Unruhen zur Flucht nach Europa. Einige Zeit haben sie in einem Flüchtlingscamp in der Türkei gelebt, ehe sie nach Deutschland weiterreisten. Heute leben sie in Köln. Esma hat Deutsch gelernt und besucht erfolgreich eine Realschule. Nach ihrem Abschluss möchte sie eine Lehre zur Erzieherin beginnen.

M2

M3 Bürgerkriegsflüchtling aus Syrien

T1 Krieg, Krisen und Konflikte

Weltweit sind Krieg, Gewalt und Verfolgung die Hauptgründe unfreiwilliger Migration. Die Angst um das eigene Leben oder das Wohlergehen der Familie zwingt Menschen, überstürzt ihre Heimat zu verlassen. Weltweit befinden sich mehr als 80 Millionen Menschen auf der Flucht. Der Großteil sind Binnenflüchtlinge. Besonders betroffen sind Menschen in Syrien, Venezuela, Afghanistan, Südsudan und Myanmar. Nicht selten leben Geflüchtete über mehrere Generationen im Exil, weil sie im eigenen Land verfolgt oder vertrieben wurden.

Exil
langfristiger Aufenthalt außerhalb des Heimatlandes aufgrund von Verbannung, Vertreibung oder Verfolgung

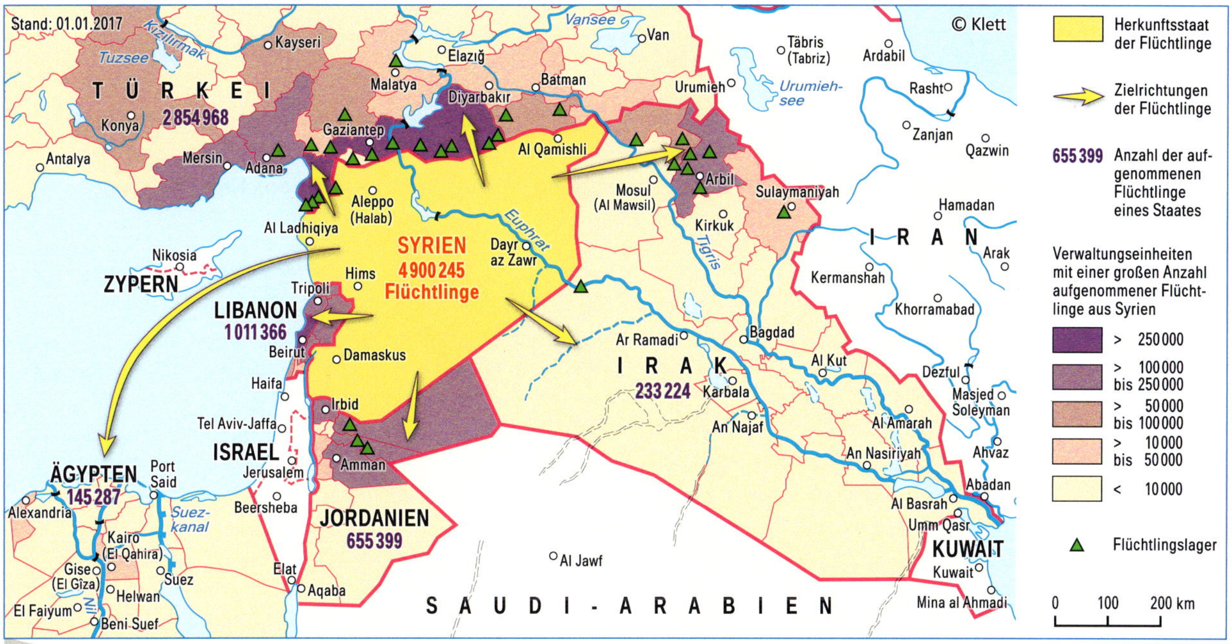

M4 Bürgerkriegsflüchtlinge aus Syrien 2017

T2 Schutz und Zuflucht

Wenn Menschen aus ihrem Land flüchten, suchen sie meist Zuflucht in einem direkten Nachbarland. Häufig leben Geflüchtete zunächst notdürftig in einem Flüchtlingslager, ehe sie in ein sicheres Land weiterreisen. Diese Durchreiseländer nennt man auch Transitstaaten.

Die Türkei ist aktuell eines der Hauptaufnahmeländer geflüchteter Menschen. Derzeit leben rund 4,1 Millionen Geflüchtete zusammen mit der dortigen Bevölkerung in den Städten und ländlichen Gebieten des Landes. Die Türkei gewährt Flüchtlingen das Recht auf Bildung, medizinische Versorgung und andere Sozialleistungen. Aufgrund der hohen Flüchtlingszahlen wird es aber immer schwieriger, diese Leistungen zu gewähren. Außerdem nehmen Spannungen mit der einheimischen Bevölkerung zu.

2016 schloss die EU mit der Türkei ein Abkommen: Die Türkei nimmt illegal in die EU eingereiste und abgelehnte Asylbewerber zurück. Dafür nimmt die EU eine gleich hohe Anzahl von Syrern aus der Türkei auf und zahlt dem Land sechs Milliarden Euro für Projekte der Flüchtlingshilfe. Die Zahl der Flüchtlinge ist seither stark zurückgegangen. Kritiker werfen der EU aber Abschottung vor.

Ausnahmezustand in Syrien

Syrien befindet sich seit 2011 in einem Bürgerkrieg. Die Syrische Beobachtungsstelle für Menschenrechte geht davon aus, dass schon mehr als 500 000 Menschen im Krieg gestorben sind. Viele Häuser und Wohnungen sind zerstört. Häufig fehlt es den Menschen an Arbeit und Hunderttausende Kinder und Jugendliche haben keinen Zugang zu Bildung. Die medizinische Versorgung ist schlecht. Es fehlt an Ärzten und Medikamenten. Über zwölf Millionen Syrer sind bereits aus Kriegsgebieten geflohen. 6,6 Millionen Menschen haben Syrien verlassen und ca. 6,7 Millionen Syrer/innen befinden sich innerhalb der Landesgrenzen auf der Flucht vor Krieg und Gewalt.

M5

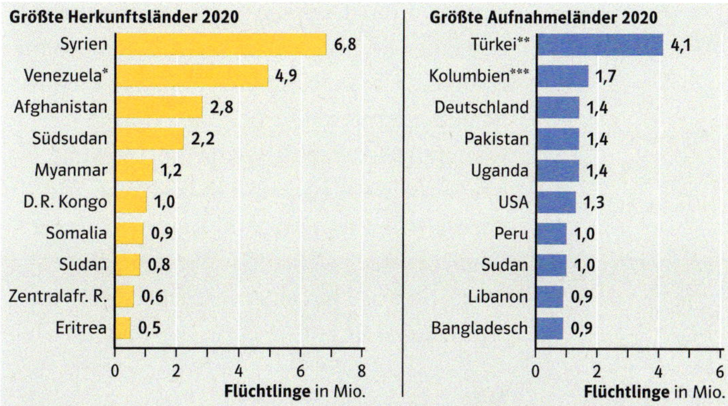

* Venezolaner haben evtl. im Ausland keinen Asylantrag gestellt. ** Die Zahl der Flüchtlinge aus Syrien ist eine Schätzung der türkischen Regierung. *** Inklusive schutzbedürftiger Venezolaner.

M6 Herkunftsländer und Aufnahmeländer von Geflüchteten 2020

Gruppenpuzzle

D Migrationsgrund: Arbeit und Beruf

Die Arbeitsmigration innerhalb der Europäischen Union ist hoch. Allein zwischen 2003 und 2014 haben über 370 000 hoch qualifizierte Arbeitskräfte ihr Land temporär oder langfristig verlassen. Dies bleibt oft nicht ohne Konsequenzen für das Herkunftsland.

Migrationsgrund:
A **Klimawandel** Seite 96/97
B **Armut** Seite 98/99
C **Krieg und Verfolgung** Seite 100/101
D **Arbeit und Beruf** diese Seite

1 Stammgruppe
Teilt die vier Doppelseiten mit dem Titel „Migrationsgrund" untereinander auf. Jeder arbeitet zunächst für sich allein:
a) Fasse das Beispiel M 2 zusammen.
b) Erläutere den Migrationsanlass.
c) Beschreibe mögliche Auswirkungen der Migration auf das Herkunfts- und Zielgebiet (T 1, T 2, M 2 – M 5).
d) Erkläre, wie Deutschland den Fachkräftebedarf decken möchte (T 2, M 6).

2 Expertengruppe
Bildet eine Expertengruppe mit anderen Schülerinnen und Schülern, die auch das Thema „Arbeit und Beruf" bearbeitet haben.
a) Tauscht euch über eure Ergebnisse aus und klärt offene Fragen.
b) Ergänzt eure Ergebnisse aus Aufgabe 1 und fertigt gemeinsam eine Tabelle an.

3 Stammgruppe
Geht zurück in die Stammgruppe.
a) Informiert die Gruppe, indem ihr eure Ergebnisse aus der Tabelle präsentiert.
b) Haltet eure Ergebnisse in einem Schaubild zu den Migrationsursachen, Chancen und Herausforderungen fest (Aufgabe 1, S. 95).

AFB I: 1 c, 2 a II: 1 a, 1 b, 1 d, 2 b, 3 → Lösungshilfen ab S. 195

M1

emigrieren
aus einem Land aus-/abwandern

immigrieren
in ein Land einwandern

Gabriela Radu aus Bukarest (Rumänien)

Die junge Ärztin aus Bukarest ist vor einigen Jahren nach Frankreich emigriert. Der Grund: Gabriela hat in Rumänien keine Anstellung gefunden, die ihren Vorstellungen entsprach. Durch den Beitritt Rumäniens zur Europäischen Union (im Jahr 2007) ist es für gut ausgebildete Fachkräfte wie Gabriela problemlos möglich, in anderen EU-Ländern zu arbeiten. Auch ihr Studium wird seitdem in der gesamten EU vollständig anerkannt.
In Frankreich hat Gabriela neben einem sicheren Job auch bessere Arbeitsbedingungen und einen deutlich besseren Verdienst als in Rumänien. Französisch hat sie bereits in der Schule gelernt, weshalb ihr der Start in Frankreich leicht gefallen ist. Mittlerweile hat sie viele Kollegen und Kolleginnen, die ebenfalls aus dem Ausland stammen. Unter ihnen befinden sich auch zwei deutsche Ärzte. Gabriela hat einen Franzosen geheiratet und eine Familie in Paris gegründet.

M2

M3 Ärztin aus Rumänien

T1 Ich bin dann mal weg

Die Abwanderung qualifizierter Arbeitskräfte stellt die Herkunftsländer vor große Herausforderungen. Oftmals verlassen junge Menschen mit gefragten Qualifikationen ihr Heimatland, z. B. aus den Bereichen IT, Ingenieurwesen, Medizin oder Pflege. Diese Form der Abwanderung wird auch als **Braindrain** bezeichnet. Besonders ost- und südeuropäische Staaten wie Polen, Rumänien, Bulgarien und Griechenland sind innerhalb der EU von starker Abwanderung betroffen. Außerhalb Europas trifft dies vor allem auf Indien zu. Niedrige Löhne, schwache Sozialsysteme, ökonomische Unsicherheit sowie gute Jobangebote im Ausland begünstigen die Emigrationsbereitschaft.

M4 Braindrain

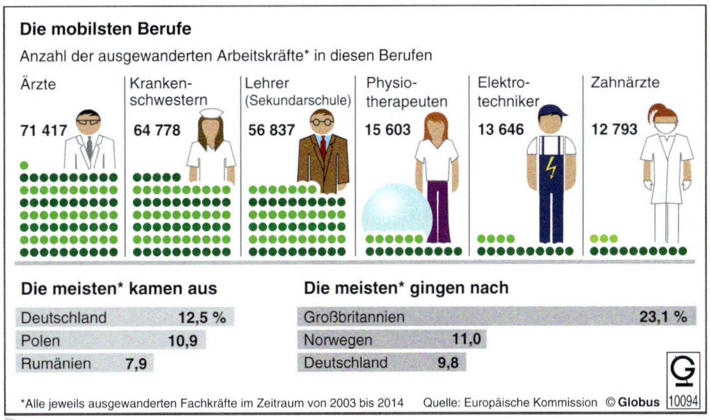

M5 Braindrain innerhalb Europas (2003 – 2014)

T2 Folgen für Rumänien

Jährlich verlassen beispielweise mehrere Tausend gut ausgebildete Ärzte, Physiker, Mechatroniker und Elektrotechniker Rumänien. Inzwischen hat zudem die Hälfte aller Handwerker/innen das Land verlassen. Die Regierung steht vor der Herausforderung, die Versorgung im Land sicherzustellen. Besonders in ländlichen Regionen kommt es zu Engpässen. Um das Bleiben für Fachkräfte attraktiver zu machen, erhöht die Regierung die Löhne für Personal im öffentlichen Bereich. Dies gilt z. B. für Mediziner und Pflegekräfte. Zudem wirbt Rumänien Arbeitskräfte aus Nicht-EU-Ländern an, um dem Fachkräftemangel entgegenzuwirken.

T3 Mit offenen Armen empfangen

Fehlendes Fachpersonal und zu wenig qualifizierte Bewerber/innen haben sich in vielen europäischen Ländern wie Deutschland, Frankreich und Österreich zum Risiko für Unternehmen entwickelt. Besonders betroffen sind Bereiche der IT und Medizin. Wenn die Länder ihren Wohlstand halten wollen, brauchen sie ausgebildete Fachkräfte.
Die Immigration von ausländischem Fachpersonal wird deshalb durch spezielle Maßnahmen wie die „EU Blue Card“ unterstützt. Seit 2012 soll die Blue Card insbesondere Menschen mit Hochschulabschluss aus Drittstaaten den Aufenthalt und die Erwerbstätigkeit in EU-Staaten ermöglichen.
Auch unter dem Gesichtspunkt des demografischen Wandels leisten zugewanderte Arbeitnehmer/innen einen wichtigen Beitrag. Sie entrichten Sozialabgaben und sichern somit die Rente für die alternde Bevölkerung. Langfristig müssten die Staaten aber zusätzlich Ausbildungskonzepte für junge Menschen im eigenen Land entwickeln und sich nicht ausschließlich auf Fachkräfte aus dem Ausland verlassen.

↼ alternde Bevölkerung in Deutschland Seite 74/75

Das Fachkräfteeinwanderungsgesetz

Das Gesetz zur Einwanderung von Fachkräften soll Deutschland als Arbeitsplatz attraktiver machen. Gemeinsam mit der Wirtschaft will die Bundesregierung mehr ausländische Fachkräfte ins Land locken. „Es ist dringend notwendig, dass wir ein solches Gesetz haben“, sagte Kanzlerin Angela Merkel (CDU) mit Blick auf den Fachkräftemangel in Deutschland. [...] Es gebe weltweit einen großen Wettbewerb um qualifizierte Fachkräfte, sagte die Kanzlerin [...]. Deutschland müsse attraktive Arbeitsbedingungen bieten und ein attraktives Umfeld. „Auf jeden Fall ist das wirklich Wichtige, dass wir in den Drittländern als ein weltoffenes, als ein interessiertes Land rüberkommen.“
Das Fachkräfteeinwanderungsgesetz [das am 1.3.2020 in Kraft getreten ist] [...] soll qualifizierten Arbeitnehmern aus Nicht-EU-Staaten den Weg nach Deutschland erleichtern. [...] So sollen Visaverfahren beschleunigt und die Möglichkeiten verbessert werden, dass Fachkräfte Deutsch lernen. Daneben geht es um die Anerkennung von Berufsabschlüssen. [...]
Finanzminister Olaf Scholz (SPD) sprach von einem weitreichenden Schritt in der Geschichte Deutschlands. „Wir akzeptieren, Einwanderungsland zu sein.“ Wirtschaftsminister Peter Altmaier sagte, es seien Pilotprojekte geplant zur Anwerbung von Fachkräften in Brasilien, Indien und Vietnam.

dpa; Frida Thurm; Simona Gaul: Bundesregierung will gezielt ausländische Fachkräfte anwerben. 16.12.2019. Unter: www.zeit.de

M6

Weltweite Wanderung

Millionen von Menschen sind dauerhaft unterwegs. Die ungleiche Verteilung von Reichtum ist nur einer von vielen Gründen.

T1 Gründe für die weltweite Wanderung

Menschen verlassen aus verschiedenen Gründen ihre Heimat. Mehr oder weniger freiwillig sind z. B. Arbeitssuchende unterwegs. Andere sind z. B. wegen Krieg, Hunger oder einer Naturkatastrophe gezwungen, ihre Heimat zu verlassen. Wer sich dauerhaft woanders niederlässt, ist ein **Migrant**.

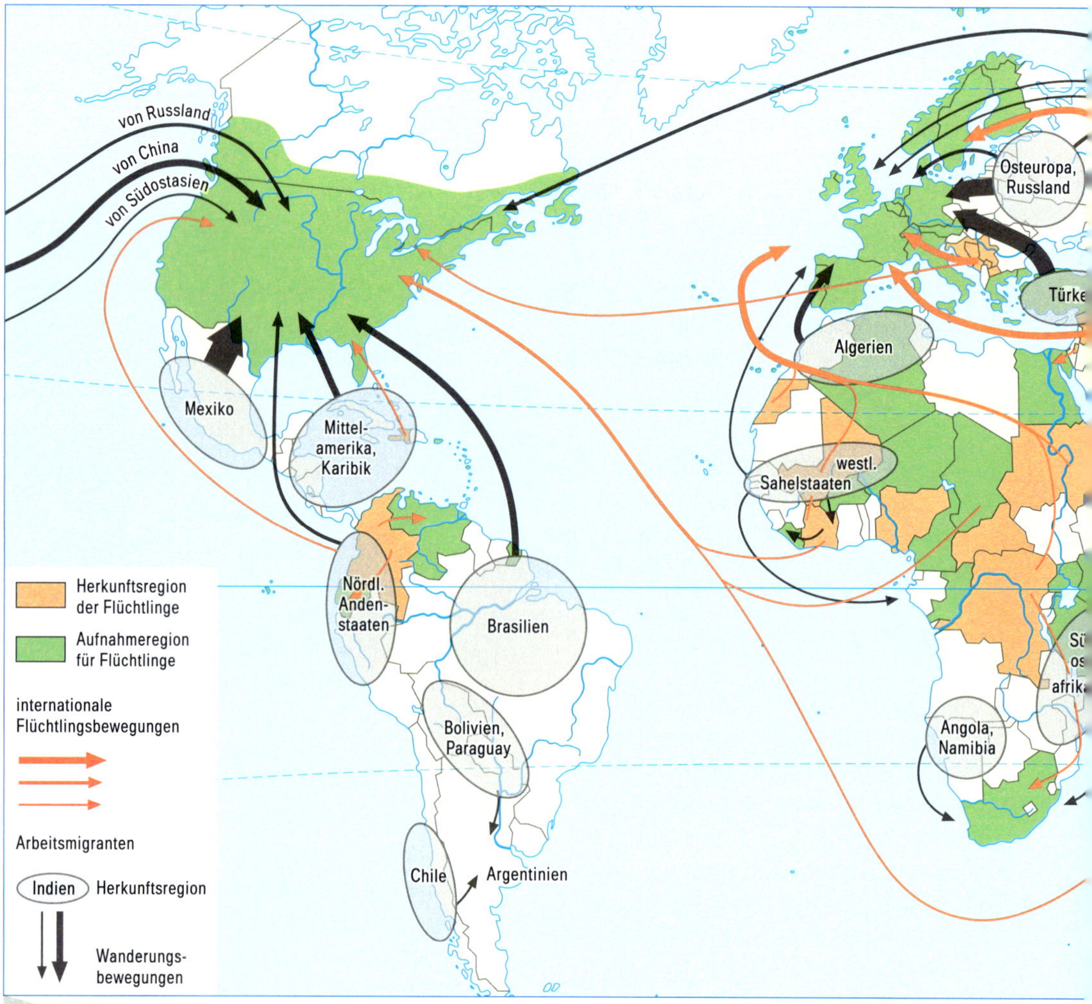

M1 Weltweite Migration

1 SP
Erläutere Unterschiede zwischen Flucht und Migration (T1, Lexikon).

2
Werte die Karte M1 aus:
a) Nenne fünf Regionen, aus denen Flüchtlinge kommen.
b) Nenne die Regionen, die besonders viele Flüchtlinge aufnehmen.
c) Nenne die drei Regionen, in denen die meisten Migranten ankommen. Begründe.

Kleines Migrationslexikon

Arbeitsmigrant: ein Mensch, der in anderen Ländern Arbeit oder eine bessere Arbeit sucht, weil z.B. im eigenen Land ein Mangel an Arbeitsplätzen herrscht. Als Arbeitsmigranten gelten auch Personen, die von Arbeitgebern im Ausland angeworben wurden.

Asyl: ein Ort, an dem Menschen Zuflucht finden, die vor Gefahr oder Verfolgung ihre Heimat verlassen haben

Asylberechtigter: Die Person darf solange am Zufluchtsort bleiben, bis sich die Lage in der Heimat geändert hat. Nicht asylberechtigt sind Menschen aus → sicheren Herkunftsländern.

Asylsuchender: jemand, der → Asyl beantragt

Ausländer: Ausländer ist jeder, der eine andere Staatsangehörigkeit hat als die des Betrachterlandes. Jeder ist außerhalb seines Heimatlandes Ausländer.

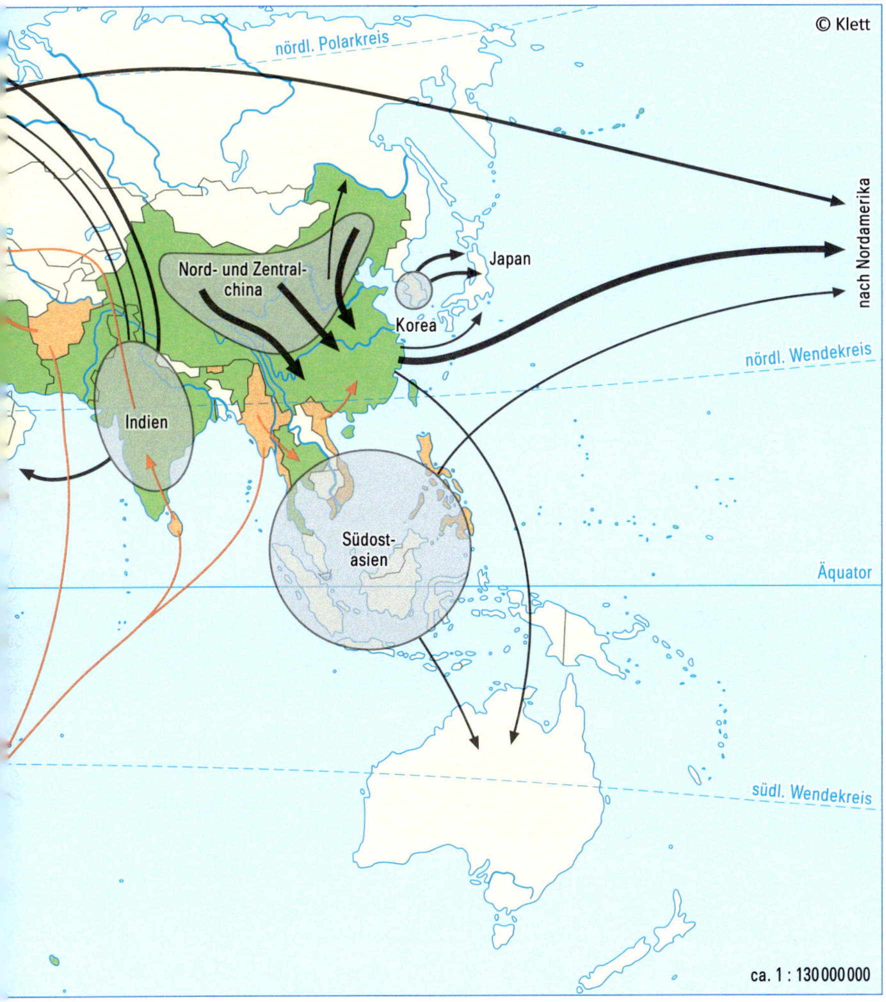

Binnenmigration: → Migration

Flucht: Eine Person verlässt unfreiwillig ihre Heimat. Fluchtgründe nach internationalem Recht → Flüchtling

Flüchtling: nach der → Genfer Flüchtlingskonvention eine Person, die sich unfreiwillig außerhalb des Landes befindet, dessen Staatsbürger sie ist und die bei begründeter Furcht vor Verfolgung wegen äußerlicher Merkmale, Zugehörigkeit zu einer Religion, Nationalität, sozialen Gruppe oder wegen politischer Überzeugung woanders Schutz sucht

Genfer Flüchtlingskonvention: Einigung von 1951 über die Definition von → Flüchtlingen und ihre Rechtslage

Menschen mit Migrationshintergrund: Jemand in unserem Land hat einen Migrationshintergrund, wenn er oder sie selbst oder mindestens ein Elternteil nicht mit der deutschen Staatsangehörigkeit geboren ist. Das sind im Einzelnen folgende Personen:

1. zugewanderte und nicht zugewanderte Ausländer;
2. zugewanderte und nicht zugewanderte Eingebürgerte;
3. (Spät-)Aussiedler;
4. mit deutscher Staatsangehörigkeit geborene Nachkommen der drei zuvor genannten Gruppen.

Migrant: eine Person, die dauerhaft den Lebensmittelpunkt (meist Hauptwohnsitz) räumlich verlegt

Migration: Geschieht die räumliche Verlegung des Lebensmittelpunktes innerhalb einer Region oder innerhalb eines Staates, spricht man von Binnenmigration. Geschieht dies über Staatsgrenzen hinweg, liegt internationale bzw. transnationale Migration vor.

sichere Herkunftsländer: Länder, in denen keine politische Verfolgung, unmenschliche Behandlung oder bewaffnete Konflikte drohen

Wirtschaftsmigrant: → Arbeitsmigrant

d) Vergleiche Europa und Nordamerika bezüglich der Herkunftsländer der Migranten.

3 SP Vergleiche die Begriffe „Binnenmigration“ und „internationale Migration“.

4 MK Recherchiere für drei ausgewählte Regionen die Gründe für die Fluchtbewegungen.

Integration als Herausforderung

Stell dir vor, du lebst in einem fremden Land. Die neue Sprache und Kultur bereiten dir Probleme. Viele Erwartungen werden an dich gestellt. Aber auch du hast Erwartungen an das Land. Gelingt beiden Seiten die Integration?

M1 „Zwischen zwei Stühlen" sitzen?

Podcast über das Gleich- und Anderssein in einer bunten Welt

Mensch mit Migrationshintergrund – ein sperriger, deutscher Bürokratenbegriff, der in den meisten Fällen eigentlich nur ein Gefühl beschreibt: Irgendwie immer zwischen den Stühlen zu sein. Linda Zervakis kennt das ganz gut. Mit ihren griechischen Wurzeln ist sie hier in Deutschland immer die Griechin, in dem Land ihrer Eltern der Alman. Im Spotify Original Podcast „Linda Zervakis präsentiert: Gute Deutsche" will sie mit prominenten Persönlichkeiten herausfinden, was es bedeutet, nirgends so richtig dazuzugehören. Welche Probleme bringt das, wann werden Menschen darauf reduziert oder ab wann genießt man dadurch Vorteile?

Spotify: Linda Zervakis präsentiert: Gute Deutsche, spotify.com

M3

Integration
von lat. „integrare" = erneuern, ergänzen; die Eingliederung einer Gruppe, hier der Menschen mit Migrationshintergrund, in die Gesellschaft

T1 Eingliedern statt ausschließen

Die **Integration** von Zugewanderten ist ein wichtiges Ziel der deutschen Politik. Integration will eingliedern und respektieren statt ausschließen und trennen. Mit anderen Worten: Sowohl die **Exklusion** (Ausschluss) als auch die **Separation** (Trennung) von Menschen aus der Gesellschaft sollen verhindert werden.

M2

T2 Wie Integration gelingen kann

→ Einwanderungsland Deutschland Seite 112/113

← Migrationshintergrund Seite 105

Statistisch gesehen ist Deutschland ein Einwanderungsland. Allein im Jahr 2020 kamen mehr als eine Million Zuwanderer. 21,2 Millionen Menschen haben einen Migrationshintergrund. Integration kann nur gelingen, wenn beide Seiten sich bemühen, damit Zuwanderer ein Teil der deutschen Gesellschaft werden. Seit 2005 gibt es staatlich organisierte Integrationskurse in Deutschland. In diesen Kursen können die Zugewanderten Kenntnisse über die deutsche Rechtsordnung, Kultur und Geschichte erwerben. Auch Werte wie Religionsfreiheit, Toleranz und Gleichberechtigung werden thematisiert. Schulbildung, gute Sprachkenntnisse, eine qualifizierte Berufsausbildung und die Vermittlung auf dem Arbeitsmarkt sind wichtig für eine erfolgreiche Integration.

Projekt Ankommen

Vielen Menschen fällt es schwer, sich in einem fremden Land zurechtzufinden und die Normen und Werte der fremden Gesellschaft zu verstehen. Das „Projekt Ankommen" möchte Geflüchteten in Dortmund das Ankommen erleichtern und ihre Integration unterstützen. Ehrenamtliche Mitarbeiter/innen helfen bei Behördengängen, der Jobsuche und beim Spracherwerb. Sie organisieren gemeinsame Veranstaltungen und Patenschaften zwischen Geflüchteten und Bürger/innen aus der Region. Die Paten sind Ansprechpartner bei Problemen und begleiten beispielsweise Arztgänge und Gespräche in Bildungseinrichtungen oder helfen, die Stadt kennenzulernen.

M4

„Ich bin 18 Jahre alt und kam als Neunjährige mit meinen Eltern aus Syrien nach Deutschland. Der Anfang war schwer. Wir konnten die Sprache nicht sprechen und lesen. Nicht einmal den Asylantrag konnten meine Eltern alleine stellen. Sie haben von Bekannten in Deutschland Hilfe bekommen. Nur so konnten wir die Behördengänge meistern. Meine Eltern haben Deutschkurse belegt und sich mit den Nachbarn angefreundet. Ich durfte häufig mit deren Kindern spielen. Durch die Schule und meine deutschen Freunde habe ich schnell Deutsch gelernt. Meine Eltern haben mich außerdem im Sportverein angemeldet und mich unterstützt, wo sie nur konnten. Im Sommer beginnt meine Ausbildung zur Floristin. Bis dahin jobbe ich in einem Blumenladen."

M5 Lela Hadid aus Syrien

„Ich bin 21 Jahre alt und kam vor fünf Jahren aus Eritrea nach Deutschland. Der Weg hierhin war schwer. Ich war fünf Monate unterwegs und kam schließlich mit einem überfüllten Boot nach Europa. Jetzt lebe ich in Bochum, doch eigentlich bin ich nie wirklich angekommen. Ich spreche nur gebrochenes Deutsch und Kontakt zu Deutschen habe ich auch nicht. Der Integrationskurs hat mir nicht viel gebracht, die Sprache ist schwer. Ich werde aufgrund meiner Hautfarbe häufig komisch angeschaut und die Polizei hat mich schon mehrfach kontrolliert. Heute habe ich vor allem Kontakt zu Leuten aus meiner alten Heimat. Einigen geht es wie mir. Sie konnten sich nie wirklich integrieren und haben auch keinen guten Job gefunden. Insgeheim träume ich davon, wieder in meine Heimat zurückzugehen."

M6 Adel Bahre aus Eritrea (nach einer Übersetzung)

T3 Vorurteile im Kopf

Manchmal stehen einer erfolgreichen Integration Vorurteile im Weg. So kann bereits ein ausländischer Nachname zur Benachteiligung bei der Wohnungssuche oder bei der Suche nach Arbeit führen.
Vorurteile seitens der Aufnahmegesellschaft können nur abgebaut werden, wenn es direkten Kontakt zwischen Zuwanderern und der lokalen Bevölkerung gibt – basierend auf Neugierde, Wertschätzung und Respekt. Eine gute Möglichkeit sind Projekte, die Begegnungen vor Ort organisieren.

T4 Chancen und Herausforderungen

Beruflich qualifizierte Arbeitskräfte werden eigentlich gesucht, um den Fachkräftemangel zu decken. Doch nicht jede/r Zugewanderte kann seinen oder ihren Beruf in Deutschland ausüben. Häufig werden Abschlüsse nicht vollständig anerkannt oder deutsche Sprachkenntnisse vorausgesetzt. Chancen wie Mehrsprachigkeit oder spezielle Berufserfahrungen werden oft nicht berücksichtigt. Integration gelingt, wenn sich beide Seiten von starren Denkmustern lösen und den Mehrwert aus Vielfalt erkennen.

SP Tipp

Den Erfolg bei der Integration beurteilen
→ Aufgabe 4b

- Bei … ist die Integration gelungen/nicht gelungen, weil …
- Im Vergleich zu …
- Anders/Gleich ist …

A

1 a) Beschreibt das Foto M1. Was könnte es mit der Seitenüberschrift zu tun haben?
b) Erklärt, warum Linda Zervakis ihren Migrationshintergrund mit einem Gefühl gleichsetzt (M3).

2 Beschreibe M2 mithilfe von T1.

3 a) Benennt Schwierigkeiten bei der Integration (T2–T4).
b) Tauscht euch darüber aus, welchen Beitrag die Schule und (Sport-)Vereine zur Integration leisten.

4 SP Fallbeispiele (M5, M6)
a) Jede/r Lernpartner/in liest ein Beispiel. Erläutert euch gegenseitig die Migrationsgeschichte (Herkunft, Probleme, Erfolge).
b) Beurteilt, was in M5 gut gelaufen und was in M6 schlecht gelaufen ist. Nutzt bei Bedarf den Sprachtipp.
c) Erläutert, wie Integrationsprojekte in Deutschland umgesetzt werden (T2, M4).

5 EXTRA MK
a) Informiert euch über Integrationsprojekte in eurer Nähe und berichtet davon.
b) Überlegt, was ihr selbst zur Integration beitragen könnt.

B

2 Erkläre die Grafik M2 in eigenen Worten.

3 a) Beurteile Schwierigkeiten der Integration (T2–T4).
b) Nimm Stellung zu der Aussage: „Integration setzt gegenseitige Wertschätzung und Respekt voraus."

Wichtige Begriffe

- Binnenmigration
- Braindrain
- Exklusion
- Flucht
- Genfer Flüchtlingskonvention
- Integration
- Migrant
- Migration
- Migrationshintergrund
- Pull-Faktoren
- Push-Faktoren
- Separation
- transnationale Migration

gute medizinische Versorgung

größere persönliche Freiheit

fehlende Bildungs- und Ausbildungsmöglichkeiten

mangelhafte Infrastruktur (Schule, Krankenhaus etc.)

hohes Bevölkerungswachstum

Armut

berufliche Chancen, bessere Bezahlung

fehlende Arbeitsplätze

Umweltprobleme, Klimawandel

M1 Push- und Pull-Faktoren

Kennen und verstehen

1 Migrationsursachen
Arbeite mit deinem ergänzten Schaubild (Seite 94, M1) und der Karte M1 auf Seite 104/105: Fasse zusammen, warum Menschen ihre Heimat dauerhaft verlassen.

2 Push- und Pull-Faktoren
a Sortiere die Kästchen in M1 nach Push- und Pull-Faktoren.
b Wähle jeweils ein Kästchen aus und erläutere, warum es sich um einen Push- oder Pull-Faktor handelt.

3 Silbenrätsel
Schreibe die Begriffe auf und bilde aus den übrigen Silben das Lösungswort.
BIN – BRAIN – DRAIN – E – FAK – FLÜCHT – FREI – GRA – GRANT – GRANT – IM – KEIT – LING – MI – MI – MI – NEN – PULL – REN – TION – TO – ZÜGIG

4 Findest du die Begriffe?
a Mensch, der innerhalb seines Heimatlandes vertrieben wird
b Mensch, der aus einem Land auswandert
c Gründe, die Menschen in andere Länder „ziehen"
d Abwanderung hochqualifizierter Arbeitskräfte
e Begriff für einen Menschen, der in ein Land einwandert
f eine der vier Freiheiten im europäischen Binnenmarkt, die Arbeiten innerhalb der EU für EU-Bürgerinnen und -Bürger erleichtert

5 Richtig oder falsch?
Verbessere die falschen Aussagen und schreibe alle richtig auf.
a Dürre und Trockenheit bringen zwar große Probleme, haben aber mit Migration nichts zu tun.
b Die meisten Flüchtlinge werden von den reichen Industrieländern aufgenommen.
c Migration kann nur über Staatsgrenzen hinweg stattfinden.
d Das Thema „Migration" hat in den letzten Jahren deutlich an Bedeutung verloren.
e Ein höheres Einkommen in einer anderen Stadt ist ein Push-Faktor.
f Armut ist ein anerkannter Fluchtgrund, der einem das Recht auf Asyl in Deutschland zuspricht.

6 Migration und Zukunft
a Beschreibe die Fotos M2 und M4.
b Erläutere jeweils, welcher Zusammenhang zwischen den Fotoinhalten und dem Thema „Migration" besteht.

Beurteilen und bewerten

7 Fluchtursachen bekämpfen
„Die Not der Flüchtlinge muss man in ihren Heimatländern bekämpfen". Nimm Stellung zu dieser Aussage.

M2 Desertifikation und Dürreschäden in Äthiopien

M4 Integrationskurs in Deutschland

8 Chancen auf Asyl?
Nach der Genfer Flüchtlingskonvention gilt als Flüchtling, wer das Heimatland aus begründeter Furcht vor Verfolgung wegen äußerlicher Merkmale, Religion, Nationalität, Zugehörigkeit zu einer sozialen Gruppe oder wegen politischer Überzeugung verlassen musste.
Beurteile, ob die folgenden Personen Chancen haben, als Flüchtling anerkannt zu werden.

a Ein gleichgeschlechtliches Paar flieht, da ihm Gewalt und Verfolgung aufgrund der sexuellen Orientierung droht.
b Ein 19-Jähriger flieht aus Eritrea, weil er Wehrdienst auf unbestimmte Zeit leisten soll. Er will aus Gewissensgründen den Wehrdienst verweigern, dies ist aber in seinem Land nicht möglich.
c Nach Jahren erfolgloser Arbeitssuche in Algerien sieht ein Familienvater nur die Möglichkeit der illegalen Einwanderung in eines der reichen europäischen Länder.
d Eine Familie aus der Tigray-Region (Äthiopien) bittet um Aufnahme in einem EU-Land, weil sie in ihrer Heimat von einem Bürgerkrieg bedroht ist.

M3

9 Grenzen
Beurteile die Aussage: „Wegfallende Grenzen (im Schengenraum der EU) haben Vorteile, aber auch Nachteile."

Vernetzen

10 Migration heute und morgen
a Beschreibe die Karikatur M 3.
b Formuliere eine Aussage.
c Nimm Stellung zu der Aussage.

Wähle aus

1
a) Erkläre das Dublin-Verfahren in eigenen Worten (T1).
b) Erläutere, welche Probleme es bei der Umsetzung des Dublin-Verfahrens gibt (T1, T2).

2 MK
Werte die Karikatur M 3 aus. Nutze hierzu auch den Infokasten.

3
Europäische Flüchtlingspolitik
a) Erläutere die Situation für Geflüchtete (M 4, M 1).
b) Begründe, warum eine gemeinsame Lösung im Umgang mit Flüchtlingen für die EU wichtig ist.

A Festung Europa?

Viele Migranten sehen in den Ländern Europas sichere Zufluchtsorte. Offene Grenzen im Schengenraum ermöglichen ihnen einen freien Grenzübertritt. Doch starke Zuwanderung führt oft zu neuen Grenzen.

M1 Geflüchtete an der Grenze von Serbien nach Ungarn 2015

T1 Das Dublin-Verfahren

← Schengener Abkommen Seite 48

Durch das Schengener Abkommen wurden die Personenkontrollen an den EU-Binnengrenzen abgebaut. Somit können auch Personen die offenen Grenzen überschreiten, bevor sie in einem Land Asyl beantragt haben. Für ein Asylverfahren ist eigentlich das EU-Land zuständig, in dem der Asylsuchende zuerst einreist. So sieht es das **Dublin-Verfahren** vor. Demnach wären aber die Länder an den Außengrenzen der EU für nahezu alle Asylverfahren und die damit verbundenen Kosten verantwortlich. Besonders den südlichen EU-Staaten Italien, Spanien, Griechenland und Malta wurden somit größere Lasten auferlegt als den nördlichen Ländern.

Jahr	Antragsteller EU	Antragsteller Deutschland
2010	259 400	48 589
2011	309 040	53 347
2012	335 290	77 651
2013	431 090	127 023
2014	626 960	202 834
2015	1 321 600	476 649
2016	1 259 955	745 545
2017	705 705	222 683
2018	646 235	185 853
2019	721 075	165 938
2020	471 635	122 170

M2 Asylanträge in der EU und in Deutschland

c) Nenne Aspekte, die bei einer gemeinsamen Lösung beachtet werden sollten.

4 MK
Asylanträge in der EU
a) Werte die Tabelle M 2 aus. Wie haben sich die Anträge im Laufe der Zeit entwickelt?
b) Recherchiere aktuelle Zahlen.

5
Beurteile, welche Interessen mit der Veröffentlichung eines Fotos wie M1 in Medien verbunden sein könnten?

Lösungen cc23fc

AFB I: 3c II: 1–3, 4 III: 5 → Lösungshilfen ab S. 195

Festung Europa

Journalist/innen beschreiben die EU mit kritischer Absicht als „Festung Europa". Der Hintergrund: Dem Ausdruck liegt die Behauptung zugrunde, die EU betreibe gegenüber Nicht-EU-Ländern eine Politik der Abschottung, insbesondere bei der Asyl- und Migrationspolitik. Die Einreise für Nicht-EU-Bürger/innen wurde durch verstärkte Kontrollen an den Außengrenzen der EU erschwert. Für Schutzbedürftige gibt es kaum legale Wege nach Europa. Zur Sicherung der Grenzen wurde eine eigene EU-Organisation namens Frontex gegründet. Dennoch versuchen jedes Jahr Tausende, illegal nach Europa zu gelangen.

Sich schützen gegen Zuwanderung ...

M3

T2 **Neue Grenzen in Europa**

Ein weiterer Mangel des Dublin-Verfahrens ist die fehlende Regelung zur Verteilung der Asylbewerber/innen auf die EU-Staaten. Als 2015 Hunderttausende Bürgerkriegsflüchtlinge aus Syrien, Afghanistan und dem Irak über den Balkan Europa erreichen wollten, war Griechenland überfordert, die riesige Anzahl von Menschen aufzunehmen. Darum ließ es die Migranten meist ungehindert in andere EU-Staaten weiterziehen. Diese sahen jedoch ihre Sicherheit durch die ungeregelte Einreise gefährdet. Daher führten sie wieder „vorübergehende" Grenzkontrollen ein, um Flüchtlinge an der Grenze zu registrieren. Einige Länder errichteten sogar hohe Grenzzäune, z. B. Ungarn an den Grenzen zu Serbien und Kroatien, Slowenien in Richtung Kroatien, Österreich an der Grenze zu Slowenien und Frankreich am Eurotunnel in Calais. Auch Deutschland führte vorübergehende Grenzkontrollen ein.

Freiheit in Gefahr?

Jährlich kommen Tausende Flüchtlinge nach Europa. Sie veräußern ihr gesamtes Hab und Gut, um mit dem Erlös Schlepper und Schleuser zu bezahlen. Immer wieder sterben Menschen auf überfüllten Booten oder an Sauerstoffmangel in Lkw-Laderäumen. Diejenigen, die es nach Europa schaffen, verweilen oft monatelang vor den Grenzen der EU. Der Brand im griechischen Flüchtlingscamp Moria im Jahr 2020 hat die Probleme einer unzureichenden europäischen Flüchtlingspolitik erneut verdeutlicht. Die menschenrechtslose Situation war der EU bekannt. Oftmals fehlt es den Geflüchteten an sauberem Wasser, sanitären Einrichtungen und einem festen Dach über dem Kopf. Dadurch können sich Krankheiten ausbreiten.
Schon 2015 hatten sich die EU-Mitglieder darauf geeinigt, südliche EU-Staaten bei den Flüchtlingsbewegungen zu unterstützen. Allerdings sind nur wenige Länder bereit, Geflüchtete aufzunehmen. Einige Staaten wie Polen, Ungarn und Tschechien lehnen die Aufnahme von Flüchtlingen ab. Sie fürchten eine Überfremdung im eigenen Land. Eigentlich wollten die EU-Staaten einheitliche Regeln im Umgang mit Geflüchteten an den EU-Außengrenzen festlegen. Dabei geht es um die Seenotrettung, die Bekämpfung von Schleppern und die Schaffung legaler Einwanderungswege. Bis es diese Regeln gibt, werden Drittländer wie die Türkei für die „Aufnahme" von Geflüchteten bezahlt oder Schutzsuchende werden vor den Außengrenzen der EU aufgehalten.

M4

Die Ursachen und Auswirkungen der Einwanderung nach Deutschland erläutern

A Festung Europa? Seite 110/111
B Das Einwanderungsland Deutschland diese Seite

1 MK
a) Erstelle eine Tabelle zur Abfolge der deutschen Einwanderungsgeschichte nach dem Zweiten Weltkrieg (M 1, T 1).
b) Ordne die Fotos M 3 und M 4 der Migrationsgeschichte zu.

2 MK
Werte die Grafik M 2 mithilfe von T 1 aus.

3
a) Nimm Stellung zu der Aussage: „Migration hat Deutschland bunter gemacht" (T 2).

B Das Einwanderungsland Deutschland

Neben den USA ist Deutschland eines der beliebtesten Einwanderungsländer weltweit. Mittlerweile besitzt jeder vierte Einwohner in Deutschland einen Migrationshintergrund.

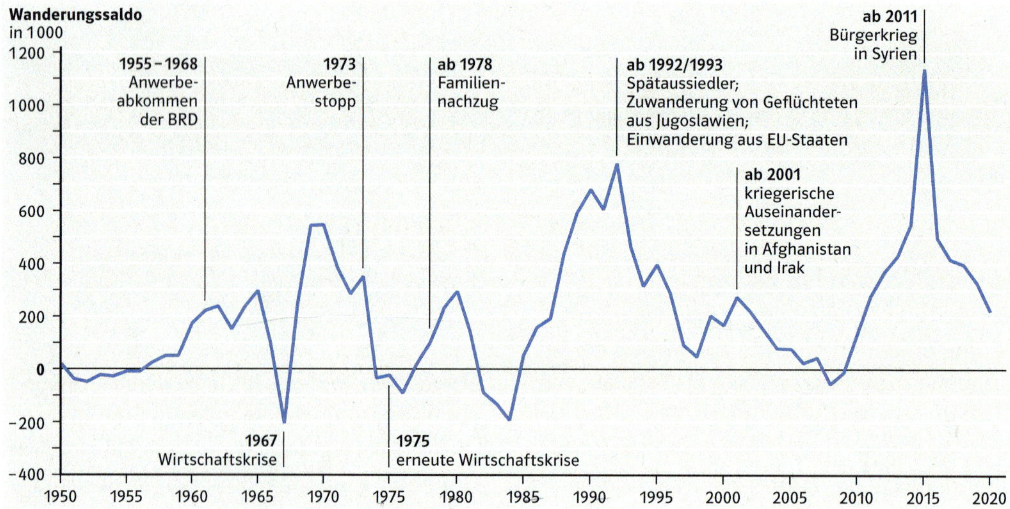

M1 Deutsche Migrationsgeschichte seit 1950

T1 Einwanderung hat Geschichte

Migration hat eine lange Tradition in Deutschland. Immer wieder gab es Phasen starker Zu- und Abwanderung. In den 1950er- und 1960er-Jahren hat Deutschland viele Menschen aus dem Mittelmeerraum angeworben, um den hohen Arbeitskräftebedarf nach dem Zweiten Weltkrieg zu decken und die Wirtschaft anzukurbeln. Es kamen vor allem Arbeitskräfte aus Italien, Griechenland, Spanien und der Türkei. Das waren zwischen 1955 und dem Anwerbestopp 1973 14 Millionen „Gastarbeiter". Ein Großteil von ihnen, nämlich elf Millionen, kehrte in seine Heimat zurück. Andere blieben, holten ihre Familien nach und fanden eine neue Heimat.

← freier Personenverkehr im europäischen Binnenmarkt Seite 51

Insbesondere nach dem Zerfall der Sowjetunion 1991 wanderten deutschstämmige Spätaussiedler nach Deutschland ein. In den 1990er-Jahren nahm die Bundesrepublik auch etwa 350 000 Bürgerkriegsflüchtlinge aus dem ehemaligen Jugoslawien auf.
Seit 2002 wird die Zuwanderung vorrangig vom europäischen Recht auf Freizügigkeit und von Fluchtbewegungen bestimmt.
Allein im Jahr 2015 haben aufgrund von kriegerischen Konflikten in Afghanistan und Irak sowie dem Bürgerkrieg in Syrien mehr als 476 000 Menschen in Deutschland Asyl beantragt. Insgesamt kamen im Rekordjahr 2015 2,14 Millionen Menschen nach Deutschland, davon knapp 40 % aus EU-Staaten.

b) Beschreibe, welche weiteren positiven Auswirkungen die Zuwanderung auf die Gesellschaft hat (T2).

4 MK
Wähle einen Einwanderungsabschnitt (T1) aus und erstelle eine Präsentation.

5 SP
Tauscht euch darüber aus, inwiefern es in eurer Familie Migrationsgeschichte oder Migrationserfahrungen gab/gibt.

Lösungen cc23fc

AFB I: 3b II: 1, 2, 4, 5 III: 3a → Lösungshilfen ab S. 195

T2 Einwanderung bringt Vielfalt

Einwanderer prägen das Land bis heute und tragen maßgeblich zum Wohlstand bei. Mehr als ein Viertel der Bürgerinnen und Bürger haben einen Migrationshintergrund. Die Zuwanderung hat Deutschland bunter gemacht. Ohne italienische Eisdielen und Pizzerien, türkische Dönerimbisse und griechische Restaurants ist Deutschland kaum vorstellbar. Auch die Kultur wird von Zuwanderern maßgeblich mitgestaltet. Eine große Anzahl deutschsprachiger Musiker/innen, Künstler/innen und Schauspieler/innen hat einen Migrationshintergrund.
Einwanderer tragen dazu bei, dass der Fachkräftemangel in Deutschland ausgeglichen wird. Durch ihre Arbeitskraft leisten sie außerdem einen wichtigen Beitrag zum Bruttoinlandsprodukt (BIP). Der Zuzug junger Familien beeinflusst die demografische Entwicklung einer insgesamt alternden Bevölkerung positiv. Ein Deutschland ohne Vielfalt ist heute nicht mehr vorstellbar.

M3 1975: „Gastarbeiter" in einer Metallfabrik in Lüdenscheid

M4 2009: Altenpflegerin aus Polen

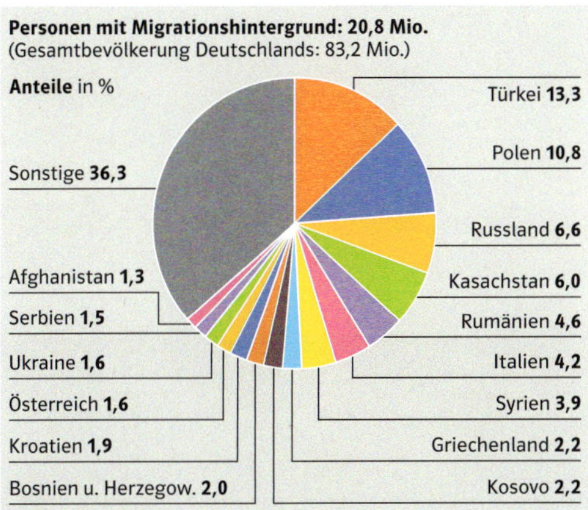

M2 Bevölkerung mit Migrationshintergrund in Deutschland 2019 nach Herkunftsländern

T3 Weltweite Entwicklung

Ingesamt werden heute die Möglichkeiten zum Wohnortswechsel innerhalb der EU und auch international immer mehr genutzt. Im Jahr 2017 lebten ca. 285 Millionen Menschen weltweit in einem Land, in dem sie nicht geboren wurden. Mehr als die Hälfte dieser Migranten lebte in nur zehn Staaten. Fast jeder fünfte Migrant zog in die USA, gefolgt von Saudi-Arabien und Deutschland, den größten Zuwanderungsländern der Welt. Von den Auswanderern stammten über 40 Millionen aus nur drei Ländern – Indien, Mexiko und Russland.

← Migrationshintergrund Seite 105

← Bruttoinlandsprodukt (BIP) Seite 52

6

Stadtentwicklung und Verstädterung

M1 São Paulo, Brasilien

Weltweit leben und arbeiten heute die meisten Menschen in Städten. Das Wachstum der Städte schreitet mit raschem Tempo voran.

Welche Ursachen hat diese Verstädterung? Was bedeutet das für die Städte und welche Probleme ergeben sich daraus? Gibt es Möglichkeiten und Strategien einer nachhaltigen Stadtentwicklung?

M2 Essen: Blick auf die Stadtmitte

M3 Modellentwurf: Building the City of Tomorrow

Köln wächst

Köln ist eine der der ältesten deutschen Städte. Mit über einer Million Einwohnern ist sie nach Berlin, Hamburg und München auch die viertgrößte Stadt Deutschlands. Doch kann die Stadtentwicklung mit der Bevölkerungsentwicklung Schritt halten?

M1

M2 Köln mit Kranhäusern und Kölner Dom

Metropole
eine Großstadt, die den politischen, sozialen, kulturellen und wirtschaftlichen Mittelpunkt einer Region oder eines Landes bildet

Eingemeindung
Zusammenlegung von zwei oder mehr Gemeinden. Damit wurden zum einen die Verwaltungen zusammengefasst und der Verwaltungsapparat verkleinert. Zum anderen können Planungsvorhaben (z.B. Wohnungs- und Straßenbau) einfacher durchgeführt werden.

T1 Stadtentwicklung Kölns

Köln hat sich seit der Gründung vor fast 2000 Jahren zu einer bedeutenden Metropole am Rhein entwickelt. Ihren Ursprung verdankt die Stadt den Römern. „Colonia Agrippina" erhielt bereits 50 n. Chr. römische Stadtrechte. Im 4. Jahrhundert wurde eine feste Brücke über den Rhein und auf der rechten Rheinseite wurde ein römisches Kastell gebaut. Doch mit dem Ende der Römerherrschaft war die Blütezeit vorbei. Später, unter dem Einfluss der Kirche, stieg das Ansehen wieder. Um 800 wurde die Stadt Bischofssitz. Im Mittelalter wuchs Köln zu einer der größten europäischen Städte und war mit einer Stadtmauer gesichert. Durch die verkehrsgünstige Lage am Kreuzungspunkt wichtiger Handelsstraßen mit dem Rhein war Köln ein bedeutender Handelsplatz. Bis zum 19. Jahrhundert stagnierte die Entwicklung. Erst im Zuge der Industrialisierung siedelten sich Fabriken an, deshalb zogen viele Arbeitskräfte nach Köln.

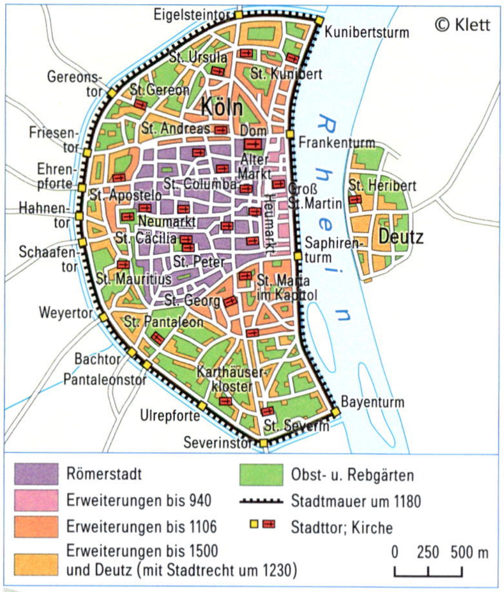

M3 Stadtstruktur Kölns im Mittelalter

Durch Eingemeindungen verzehnfachte sich die Stadtfläche. Im 20. Jahrhundert gewann der tertiäre Sektor an Bedeutung: Handel, Banken und Versicherungen machten Köln zu einer Handelsmetropole.

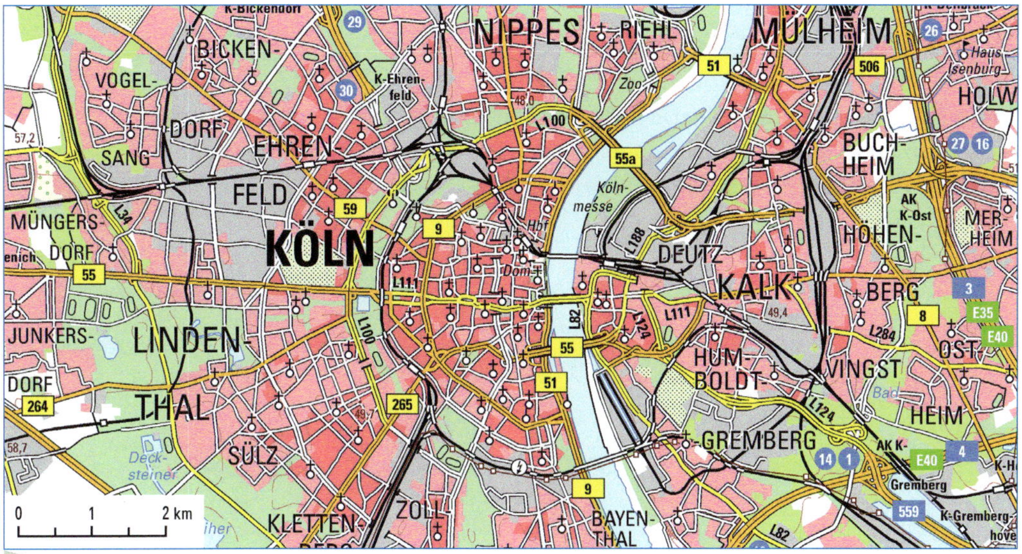

M4 Köln 2020, Ausschnitt aus der digitalen topografischen Karte 1:100 000

T2 Köln – eine Millionenstadt mit Zukunft

Heute ist Köln eine Universitäts-, Einkaufs- und Messestadt sowie ein bedeutendes kulturelles Zentrum. Aber wie in vielen anderen Großstädten konnte die Entwicklung der Infrastruktur mit dem schnellen Wachstum nicht mithalten. In einer Umfrage der Stadt bemängelten die Bürgerinnen und Bürger u.a. die hohe Verkehrsbelastung, eine unzureichende Fahrradfreundlichkeit, das Fehlen von bezahlbarem Wohnraum, gestiegene Kosten für die Kinderbetreuung sowie eine hohe Kriminalitätsrate. Doch die Stadt hat ehrgeizige Ziele (M 5).

Henriette Reker, Oberbürgermeisterin

Köln soll eine lebenswerte und durchmischte Stadt bleiben. Das Modell der „Europäischen Stadt“ ist die Planungsgrundlage: Wohnen, Arbeiten, Bildung, Kultur und Freizeit am selben Ort. Kurze Wege, attraktive öffentliche Räume mit viel Stadtgrün, die aktive Beteiligung der Bürgerinnen und Bürger an der Planung – alles zum Zweck einer nachhaltigen und sozialgerechten Stadtentwicklung. Dabei gilt [es,] [...] die ökologische Qualität [...] für Neubauten noch stärker zu beachten.

Stadt Köln/Die Oberbürgermeisterin: Wohnen in Köln, 2019, unter: stadt-koeln.de

M5 Zur Stadtentwicklung in Köln

Bevölkerungsentwicklung in Köln

50 n.Chr.	ca. 3 000
4. Jh.	ca. 40 000
12. Jh.	ca. 30 000
13. Jh.	ca. 50 000
1840	75 960
1880	144 500
1917	639 900
1939	772 200
1950	594 000
1970	864 300
1990	992 200
2010	1 027 564
2020	1 087 863

1 a) Beschreibe das Foto M 2.
b) Nenne Merkmale einer bedeutenden Großstadt am Beispiel Kölns.

2 MK Arbeite mit den Karten M 3 und M 4:
a) Ordne die mittelalterliche Karte in den Stadtplan ein.
b) Vergleiche die heutige Ausdehnung Kölns mit der im Mittelalter.

3 SP Notiere in einer Tabelle wichtige Stationen der Stadtentwicklung Kölns (T1, M 3).

3 SP Erstelle einen Zeitstrahl mit wichtigen Etappen der Stadtentwicklung Kölns (T1, M 3).

4 Nenne die Probleme des schnellen Wachstums der Stadt Köln (T2).

4 „Die Infrastruktur vieler Städte hält ihrem Wachstum nicht stand.“ Beurteile diese Aussage (T2, Randspalte rechts).

5 Stadtentwicklung in Köln: Bewerte die Vorstellungen der Oberbürgermeisterin (M 5).

6 EXTRA MK Zeichne mithilfe von Excel ein Säulendiagramm zur Bevölkerungsentwicklung in Köln (Randspalte rechts).

AFB I: 1, 3, 4 II: 2, 6 III: 5 AFB I: 1 II: 2, 3, 6 III: 4, 5 → Lösungshilfen ab S. 195

Vom Land in die Stadt

Lagos ist die größte Stadt Nigerias. Jährlich kommen über eine halbe Million Menschen hinzu und ihre Erwartungen an das Leben in der Stadt sind hoch. Doch Lagos ist diesem Ansturm nicht gewachsen.

M1

M2 Leben auf dem Land in Nigeria

M3 Die Großstadt Lagos

T1 Weg vom Land ...

So wie in anderen afrikanischen Staaten auch verlassen in Nigeria immer mehr Menschen ihre Dörfer und ziehen in die Städte. Für diese **Land-Stadt-Wanderung** gibt es verschiedene **Push-Faktoren:** Familien auf dem Land sind oft kinderreich. Aber das Einkommen reicht häufig nicht aus, eine große Familie zu ernähren. Hinzu kommt die Gefahr von Dürren oder Überschwemmungen, welche die Ernte vernichten. Außerhalb der Landwirtschaft fehlen Arbeitsplätze. Darüber hinaus kann es bis zum nächsten Arzt oder Krankenhaus weit sein, doch es gibt nur wenige befestigte Straßen. Die Versorgung mit Wasser und Strom ist oft schlecht. Gute Schulen auf dem Land sind selten, Universitäten noch seltener. Außerdem wollen gerade junge Menschen nicht ihr Leben lang in der Dorfgemeinschaft verbringen, die das Leben stark bestimmt. In Nigeria kommt es gerade auf dem Land auch immer wieder zum Streit zwischen verschiedenen Gruppen und Religionen. Auseinandersetzungen zwischen Christen und Muslimen gipfeln in Terroranschlägen der „Boko Haram“. Vor dieser Terrororganisation fliehen viele Menschen.

↜ Push-Faktoren, Pull-Faktoren Seite 94

Boko Haram
eine islamistische terroristische Gruppierung im Norden Nigerias, die sich für die Einführung der Scharia (der im Koran und der Überlieferung festgelegten göttlichen Ordnung) einsetzt. Die Terrorgruppe lehnt auch westliche Bildung sowie die Beteiligung an Wahlen ab.

T2 ... in die Stadt

Lagos ist die heimliche Hauptstadt Nigerias. Etwa 15 Millionen Einwohner leben hier. Selbst die Errichtung der neuen Hauptstadt Abuja im Jahr 1991 konnte die Zuwanderung nicht aufhalten. Lagos ist das Finanz- und Bankenzentrum Nigerias. Eine wirtschaftlich starke Bedeutung hat Lagos auch durch die Industrie, drei Häfen und einen Flughafen. Die Millionenstadt ist das kulturelle Zentrum Nigerias: Sie besitzt Schulen, mehrere Universitäten und Hochschulen sowie zahlreiche Theater, Museen und Baudenkmäler. Auch die nigerianische Filmindustrie hat hier ihren Sitz, sie wird manchmal als „Nollywood“ bezeichnet.
Menschen, die vom Land nach Lagos ziehen, erwarten ein besseres Leben. In der Stadt gibt es viele Arbeitsplätze und die Versorgung mit Nahrungsmitteln ist gut. Die Stadtteile haben eine Wasser- und Stromversorgung und es gibt genügend Krankenhäuser und Ärzte. Mit Bussen und Bahnen sind wichtige Orte schnell zu erreichen.
All das, was die Stadt attraktiv macht und die Menschen anzieht, nennt man **Pull-Faktoren.**

Makoko – Slum in Lagos

Nach Angaben der Weltbank gibt es über 100 Slums in Lagos. Immer wieder wurde und wird versucht, das Slum-Problem mit gewaltsamen Räumungsaktionen zu lösen. Denn Slums passen nicht zum Image einer aufstrebenden Wirtschaftsmetropole.
Der bekannteste Slum in Lagos ist Makoko. Wie viele Menschen hier leben, ist unbekannt. Nach Schätzungen sind es über 50 000. Die Menschen leben in Pfahlhütten aus Holz, im Wasser der Lagune. Es gibt keine sanitären Einrichtungen, kein Trinkwasser, keinen Stromanschluss, keine Abfallbeseitigung, nur eine Schule und keine stabilen Einnahmequellen. Die meisten Männer arbeiten in der Fischerei. Mehr als die Hälfte der Bewohner/innen lebt unterhalb der Armutsgrenze von 1,90 US-Dollar am Tag. Einzige Verkehrsmittel sind Boote.

M4

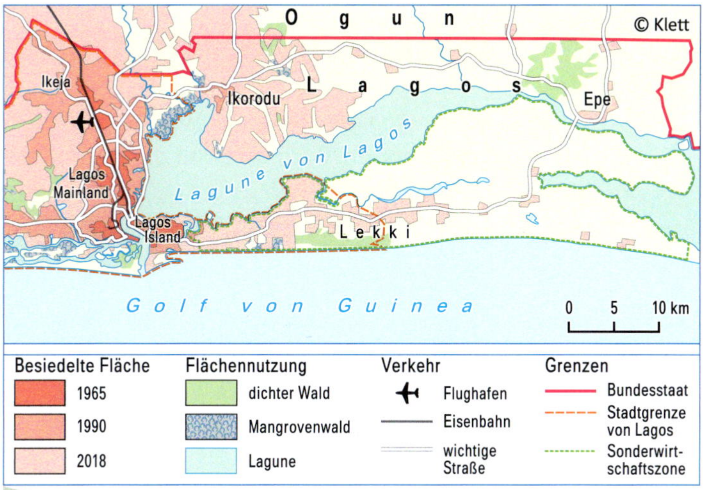

M5 Das Wachstum von Lagos

T3 Leben in Lagos

Für viele Neuankömmlinge in Lagos erfüllt sich der Traum vom besseren Leben nicht. Die Land-Stadt-Wanderung führt zu einem rasanten Wachstum der städtischen Bevölkerung. Dadurch dehnt sich Lagos unkontrolliert und flächenhaft aus. Diesen Prozess nennt man **Verstädterung**. Durch das schnelle Wachstum wird Wohnraum knapp. Die meisten Menschen landen daher in den **Slums**. Arbeit finden viele nur im **informellen Sektor**. Das heißt, sie arbeiten z. B. als Schuhputzer, Straßenverkäufer oder Kleinhandwerker außerhalb der offiziellen Wirtschaft. Sie sind dann weder krankenversichert noch zahlen sie Steuern. Häufig müssen auch Kinder zum Lebensunterhalt der Familie beitragen. Sie können dann nicht zur Schule gehen und erhalten auch keine berufliche Ausbildung.

Bevölkerungsentwicklung von Lagos (in Mio.)

1950	0,28
1960	0,76
1970	1,48
1980	2,74
1990	5,20
2000	6,75
2010	10,00
2020	14,37

Slum
durch raschen Zuzug schnell und größtenteils unkontrolliert wachsendes Elendsviertel in einer Stadt

A B

1 Leben auf dem Land – Leben in der Stadt
a) Vergleiche die Fotos M 2 und M 3.
b) Formuliere Vermutungen, warum Menschen vom Land wegziehen.

2 SP Stelle in einer Tabelle Gründe gegenüber, warum Menschen vom Land wegziehen bzw. warum sie in die Stadt ziehen (T1, T2).

2 SP Stelle in einer Grafik die Push- und Pull-Faktoren am Beispiel von Nigeria dar (T1, T2).

3 Beschreibe das Bevölkerungswachstum von Lagos (Randspalte rechts).

3 Erläutere das Wachstum von Lagos (Karte M 5, Daten in der Randspalte rechts).

4 Verstädterung (T3)
a) Erläutere den Begriff „Verstädterung".
b) Nenne negative Auswirkungen der Verstädterung.

5 Berichte über die Lebensbedingungen im Slum Makoko (M 4).

AFB I: 3, 4 b II: 1 a, 2, 4 a, 5 III: 1 b AFB I: 4 b II: 1 a, 2, 3, 5 III: 1 b → Lösungshilfen ab S. 195

Weltweite Verstädterung

Immer weniger Menschen wohnen auf dem Land. Dagegen ist das Wachstum der Städte enorm. Doch weltweit gibt es erhebliche Unterschiede.

M1 Tokyo (Japan)

Schon gewusst?

Im Jahr 1900 gab es weltweit nur 13 Millionenstädte, darunter Berlin, London, New York, Paris, Peking, St. Petersburg, Tokyo und Wien. Heute gibt es über 400 Millionenstädte.

← Paris Seite 60

T1 Immer mehr Millionenstädte

Um 1900 lebten nur 10 % der Weltbevölkerung in Städten. Mitte des 20. Jahrhunderts waren es knapp 30 % und im Jahr 2007 zum ersten Mal mehr als die Hälfte aller Menschen. Die Zahl der Millionenstädte ist weltweit stark angestiegen. Die meisten befinden sich in den bevölkerungsreichsten Ländern Asiens.

Schätzungen zufolge werden 2050 etwa 70 % aller Menschen in Städten leben. Die Verstädterung nimmt also weiter zu und damit steigt auch der **Verstädterungsgrad** auf der Erde. Der Verstädterungsgrad gibt den prozentualen Anteil der Stadtbevölkerung an der Gesamtbevölkerung eines Landes an. Es ist möglich, dass ein Land mit wenig Großstädten, wie z. B. Australien oder Island, einen hohen Verstädterungsgrad hat. Gleichzeitig kann ein Land mit vielen Großstädten, wie China oder Indien, einen niedrigeren Verstädterungsgrad haben.

T2 Megastädte und Metropolen

Megastädte, auch Megacitys genannt, haben mehr als zehn Millionen Einwohner und eine hohe Bevölkerungsdichte von über 2 000 Einwohnern/km². Viele Megastädte haben eine weltweite wirtschaftliche und politische Bedeutung. Zurzeit ist Tokyo mit Abstand die größte Stadt der Welt, zumindest wenn man die **Metropolregion** Tokyo betrachtet (siehe M4).

Städte mit einer Mindestgröße von einer Million Einwohnern und einer besonderen politischen, wirtschaftlichen, kulturellen oder gesellschaftlichen Funktion für das ganze Land nennt man **Metropolen**. Häufig sind es Hauptstädte, es müssen jedoch keine Megastädte sein. Paris, Frankreichs Hauptstadt, ist eine Megastadt und erfüllt alle Merkmale einer Metropole. Die Stadt hat weltweiten wirtschaftlichen Einfluss und es befinden sich viele bedeutende Museen und kulturelle Einrichtungen dort.

M2 Verstädterungsgrad auf der Erde

	Stadt	Einw. in Mio.
1	Tokyo	37,5
2	Delhi	28,5
3	Shanghai	25,6
4	São Paulo	21,7
5	Mexiko Stadt	21,6
6	Kairo	20,1
7	Mumbai	20,0
8	Beijing	19,6
9	Dhaka	19,6
10	Osaka	19,3

M3 Megastädte der Welt 2018

Welche ist die größte Stadt der Welt?

Die Beantwortung der Frage hängt davon ab, wie man den Begriff „Stadt" definiert. Betrachtet man nur die Kernstadt, so wetteifern Tokyo, Shanghai und Mexiko Stadt um den ersten Platz. Viele Städte sind jedoch mit benachbarten Städten zu einem Ballungsraum zusammengewachsen. Unter diesen sogenannten Metropolregionen belegt Tokyo mit etwa 37,5 Millionen Einwohnern unangefochten den ersten Platz. Das sind mehr Menschen, als im gesamten Land Kanada leben. Nimmt man dagegen die flächenhafte Ausdehnung zur Bestimmung der größten Stadt, dann liegt Chongqing in China mit 82 000 km² – eine Fläche doppelt so groß wie die Schweiz – auf Platz 1, obwohl „nur" ca. 19,3 Millionen Einwohner im Ballungsraum leben.

M4

1 MK

a) Erkläre den Begriff „Verstädterungsgrad" (T1).
b) Arbeite mit Karte M2:
- Nenne fünf Staaten mit einem Verstädterungsgrad von über 75%.
- Nenne fünf Staaten, in denen die meisten Menschen auf dem Land leben.
- Beschreibe die weltweite Verteilung von Staaten mit hohem Verstädterungsgrad und mit vielen Megastädten.

2

Megastädte und Metropolen
a) Erläutere die Unterschiede (T2).
b) Ordne acht Megastädte den Kontinenten zu (M3).

3 MK

Arbeite mit dem Schul-WebGIS (S. 24/25 und Linktipp):
a) Wähle in der Themenleiste unter „Umweltindikatoren" die Karte „Städtische Bevölkerung" aus.
b) Vergleiche die in der Legende standardmäßig eingestellten Grenzwerte (z. B. >20–40%) mit den Grenzwerten in M2. Erläutere mögliche Konsequenzen.
c) Passe die Grenzwerte im WebGIS mit der Funktion „Karte bearbeiten" an M2 an und speichere die Karte unter einem benutzerdefinierten Titel ab.

4 EXTRA MK

a) Öffne das Ergebnis zur städtischen Bevölkerung aus Aufgabe 3 im Schul-WebGIS als Tabelle. Lade diese in Excel herunter und sortiere die Daten aufsteigend.
b) Nenne jeweils die fünf Länder mit dem niedrigsten und dem höchsten Anteil an der städtischen Bevölkerung.
c) Erkläre, warum bei einigen Staaten der Anteil der städtischen Bevölkerung 100% beträgt.

AFB I: 1b II: 1a, 2–4

→ Lösungshilfen ab S. 195

MK

Eine Infografik erstellen

Infografiken begegnen uns täglich: Du siehst sie in Fernsehsendungen, Zeitungen und Internetbeiträgen. Sie werden auch genutzt, um Vorträge zu veranschaulichen. Doch was ist eigentlich eine Infografik und wie kannst du selbst eine erstellen?

T1 Was ist eine Infografik?

Die Informationsgrafik – oder kurz Infografik – ist eine Möglichkeit, Sachverhalte anschaulich darzustellen. Typisch für Infografiken ist die Kombination von verschiedenen Medien in einer Abbildung. So können sich Diagramme, kleinere Texte, Fotos, Zahlen, Grafiken, Icons, Piktogramme oder auch Videos in einer Infografik wiederfinden. Die Möglichkeiten sind vielfältig. Mit geeigneten Online-Tools oder Apps kann man mit wenig Aufwand ansprechende Infografiken selbst erstellen, z. B. auf der Website Piktochart.

T2 Piktochart

Wenn du eine Infografik mit diesem Online-Tool erstellen möchtest, legst du dir auf der Startseite einen Account an. Schon mit der freien Version hast du viele Möglichkeiten, Infografiken, Präsentationen, Poster, Flyer oder Berichte zu erstellen. Es gibt zahlreiche Vorlagen, die du anpassen kannst. Du kannst aber auch alles selbst anlegen. Dazu stehen Textfelder, Linien, Hintergründe, Illustrationen oder Designkomponenten zur Verfügung. Wichtig ist aber immer eine gute Vorbereitung!

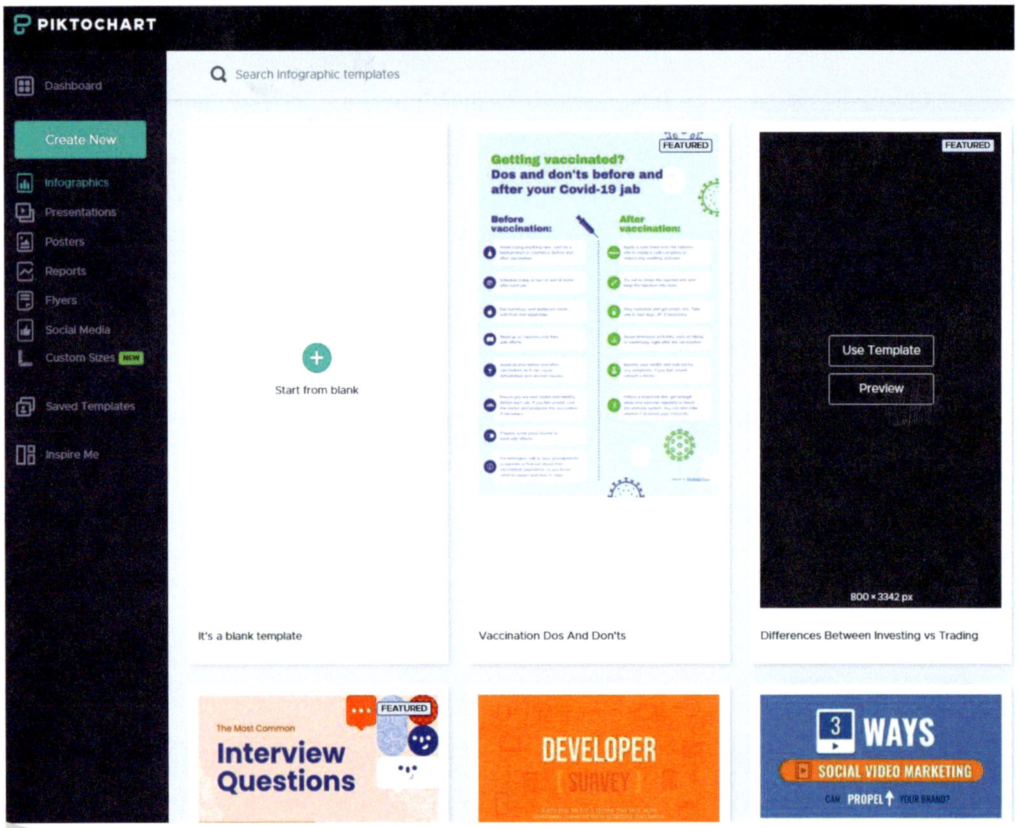

M1 Die Infografik-Website „Piktochart" mit vielen Vorlagen

1. Schritt: Thema und Zielgruppe festlegen

Zu welchem Thema möchtet ihr eine Infografik erstellen? Welche Botschaft soll sie vermitteln? An wen richtet sich die Infografik? Arbeitet im Team. Grenzt das Thema auf einen zentralen Aspekt ein, der sich sinnvoll unterteilen lässt. Sprache, Farbgebung, der Einsatz von Bildern und die Icons sind abhängig von der Zielgruppe.

2. Schritt: Informationen sammeln, reduzieren und strukturieren

Woher bekommt ihr die notwendigen Daten? Welche Daten sind geeignet? Sind sie aktuell? Sind sie zuverlässig und vollständig? Schulbücher, Lexika und das Internet sind geeignete Informationsquellen.
Mehr als 15 bis 20 Informationen sollten in der Grafik nicht vermittelt werden, damit die Betrachtenden den Überblick nicht verlieren. Überprüft statistisches Material, entnehmt zentrale Begriffe und Schlagworte aus Texten und hinterfragt Bilder auf ihren Bezug zum Thema. Damit die Grafik nicht überladen wird, ist es hilfreich, die gesammelten Informationen nach „notwendig“, „nützlich“ und „nett“ (also bei Platznot verzichtbar) zu unterteilen.

3. Schritt: Die Infografik erstellen

Wie sollen die Daten dargestellt werden? Die einzelnen Punkte können in der Reihenfolge variieren:
- Format festlegen (Größe, horizontale oder vertikale Anordnung);
- Blick- bzw. Leserichtung bestimmen (von links nach rechts oder von oben nach unten);
- Farbschema für Elemente und Hintergrund wählen;
- einzelne Informationselemente erstellen, dabei auf Zahlenwerte, die Skalierung und eine mögliche Legende achten (bei Diagrammen und Karten);
- die gesammelten Informationen in kurze Texte, Schlagworte, geeignete Symbole, Icons und Formen übertragen;
- durch Pfeile die Farbgebung und Größe gruppieren, verbinden und gewichten;
- dabei Hauptelemente hervorheben

M2 Beispiel für eine mit „Piktochart“ erstellte Infografik

1 Sammelt aus dem Kapitel „Stadtentwicklung und Verstädterung“ Ideen für Infografiken.

2 Erstellt eine Infografik zu einem Thema aus dem Kapitel nach den Schritten 1–3.

3 Beurteilt die Infografiken eurer Lernpartner/Lernpartnerinnen: Sind die Informationen gut erfassbar und ansprechend gestaltet?

São Paulo – Stadt der Gegensätze

In Megastädten wie São Paulo liegen unterschiedliche Wohn- und Siedlungsformen oft direkt nebeneinander. Die Gegensätze könnten nicht größer sein.

M1

M2 Alphaville – eine Gated Community am Rand von São Paulo

T1 Leben in der Gated Community

Matheus: „Olá, ich bin Matheus und wohne seit Kurzem in Alphaville, einer **Gated Community.** Meine Eltern und ich sind aus dem Zentrum São Paulos weggezogen und haben hier ein Haus gekauft. Mein Papa ist Manager in einem Automobilwerk und verdient sehr gut. Deshalb können wir uns den Luxus hier leisten. Ich erzähle dir was von unserem neuen Zuhause. Du willst uns besuchen? Das geht nicht so leicht. Wir müssen dich anmelden, denn du kannst nicht einfach in unsere Siedlung hineinfahren. Sie ist von einer 5 m hohen Mauer und elektrischen Zäunen umgeben. Beim Sicherheitsdienst muss jeder seinen Anwohnerausweis oder seine Berechtigung zeigen. Alles wird genau gecheckt.
In der Siedlung ist alles sauber und ordentlich. Wir wohnen in einem Einfamilienhaus. Ich selbst habe ein eigenes großes Zimmer mit Computer und Fernseher. Zu unserem Haus gehört auch ein Fitnessraum. Die Hausarbeit erledigt Maria, unsere Hausangestellte. Früher, im Zentrum von São Paulo, war sie mein Kindermädchen, aber jetzt bin ich ja schon größer. Hausangestellte hat hier jeder. Unser Haus hat einen großen Garten, wir können aber auch auf der Straße skaten oder Rad fahren, denn hier ist es absolut sicher. Kameras überwachen alles, Infrarotsensoren bemerken auch im Dunkeln, wo sich etwas bewegt. Und es gibt bewaffnete Sicherheitskräfte. In Alphaville brauchst du keine Angst vor Überfällen zu haben wie in São Paulo. Als wir noch da wohnten, habe ich selbst Überfälle und Entführungen beobachtet. Jeden Tag passiert das Tausend Mal da draußen. Wenn du rausgehst, musst du höllisch aufpassen. Es ist hart in São Paulo. Hier fühlen wir uns sicher. Und wenn wir einkaufen müssen, fahren wir ins Shoppingcenter, das zur Siedlung gehört. In meiner Freizeit treffe ich mich mit Freunden aus Alphaville. Manchmal ist uns langweilig, denn auf den Straßen ist nichts los. Das war in São Paulo anders – da hast du immer was erlebt. Ob ich später hier wohnen bleibe? Wahrscheinlich, denn ich möchte nicht in Angst leben."

Gated Communitiy
geschlossene Wohnsiedlung, die umzäunt oder ummauert ist und einen bewachten Zugang hat

Segregation
räumliche Trennung von Menschen mit unterschiedlichem Einkommen oder unterschiedlicher Herkunft. Das Gegenteil von Segregation ist Integration.

← Seite 106

M3 Paraisópolis – eine Favela am Rand von São Paulo

T2 Leben in der Favela

Antonio: „Ich bin Antonio und lebe in der **Favela** Paraisópolis. Schau dich mal um: Siehst du den Müll, der hier auf den Straßen liegt? Und da läuft das Abwasser aus dem Haus, direkt in den kleinen Bach neben der Straße. Wenn es geregnet hat, dringt das Wasser in die Häuser und damit auch der Müll. Hier wirst du krank. Ich zeig' dir meine ‚Villa'. Da drüben, der Bretterschuppen. Dort lebe ich mit meiner Mutter, meinem älteren Bruder und meiner kleinen Schwester in einem Raum. Ich bin hier geboren, meine Eltern sind aus dem Nordosten hierhergezogen. Sie dachten, es gibt Jobs und irgendwann eine Wohnung. Das hat aber nicht geklappt. Jetzt ist mein Vater weg und wir müssen uns durchs Leben schlagen. Ich sammle Müll und suche heraus, was man noch brauchen oder verkaufen kann. Nachmittags in der Rushhour versuche ich, an Straßenkreuzungen ein paar Süßigkeiten zu verkaufen. Meine Mutter verdient mit Putzen etwas Geld. Aber oft reicht es nicht. Mein ältester Bruder ist auch weg. Er ist ins Drogengeschäft eingestiegen, lebt von Überfällen und hängt am Crack. Ich hab' gehört, dass er bei einer Schießerei verletzt worden sein soll. Kriminalität ist überall. Du bist nirgends sicher.
Aber wir helfen uns auch, wir unterstützen uns. Ich will es schaffen, hier herauszukommen und besuche jetzt eine Schule. Ich habe von einem Hilfsprojekt erfahren, mit dem uns auch nachmittags geholfen wird. Es gibt da ein Haus, da kann man Hausaufgaben machen und Capoeira lernen. Warmes Essen kann ich da auch bekommen. Ich schau' da mal vorbei."

Favela
ungeplant errichtete Barackensiedlung am Rand einer brasilianischen Großstadt. Die Bewohner/innen haben oft keine geregelte Arbeit, es herrschen Armut, schlechte Lebensverhältnisse und eine hohe Kriminalitätsrate.

Capoeira
brasilianische Kampfkunst bzw. Kampftanz

A B

1 MK
a) Beschreibt mithilfe der Pilotkarte M1 und dem Kartenanhang die Lage von São Paulo.
b) Vergleicht die Fotos M2 und M3.

2 (A)
Lernpartner/in 1: Stelle Informationen zum Leben von Matheus stichwortartig zusammen (T1).

2 (B)
Lernpartner/in 2: Stelle Informationen zum Leben von Antonio stichwortartig zusammen (T2).

3
a) Berichtet einander über das Leben in einer Gated Community und in einer Favela (T1, T2).
b) Vergleicht die Zukunftschancen von Matheus und Antonio.

4
Erläutere, inwiefern es sich bei der Wohnsituation von Matheus und Antonio um Segregation handelt (Begriff Randspalte links).

5 EXTRA MK
São Paulo – Stadt der Gegensätze:
Erstellt in Gruppen eine Infografik zu dem Thema. Nutzt dazu die Informationen aus dem Text und recherchiert im Internet. Folgt den Schritten auf S. 122/123.

AFB I: 1a, 2 II: 1b, 3–5 AFB I: 1a, 2 II: 1b, 3–5

→ Lösungshilfen ab S. 195

Eine Stadt schrumpft – das Beispiel Detroit

Kaum eine Stadt in den USA ist so schnell gewachsen wie Detroit. Und kaum eine Stadt hat in kurzer Zeit so viele Bewohner wieder verloren. Wie kam es dazu? Und welche Konsequenzen hat das für die Stadt?

M1

M3 Blick auf die Innenstadt von Detroit

Motorcity Detroit

Vor etwa 100 Jahren begann der rasante Aufstieg von Detroit. 1908 baute Henry Ford hier den Ford T – das Auto, das in den folgenden Jahren durch die Massenproduktion am Fließband zum Verkaufshit wurde. Neben Ford machten Chrysler und General Motors aus Detroit die „Motorcity", das Zentrum der amerikanischen Automobilindustrie. Auch viele Zulieferer der Rüstungsindustrie hatten hier ihren Standort. Die um die Großen Seen angesiedelte Schwerindustrie lieferte das notwendige Material. 1953 war Detroit mit fast zwei Millionen Einwohnern die fünftgrößte Stadt der USA.

In der Hoffnung auf Arbeit und Gleichstellung kamen in den 1950er- und 1960er-Jahren vor allem Afroamerikaner aus den Südstaaten der USA. Doch das Zusammenleben der afroamerikanischen mit der ansässigen weißen Bevölkerung war von Anfang an problematisch. Diskriminierung der schwarzen Bevölkerung im Alltag, am Arbeitsplatz und auf dem Wohnungsmarkt kam sehr häufig vor.

Der Ford T, auch „Tin Lizzy" (= „Blechliesel") genannt, war das meistverkaufte Automobil seiner Zeit.

M2

T1 Der Niedergang von Detroit

In den 1970er- und 1980er-Jahren ging der Bedarf an Arbeitskräften sowohl in der Rüstungsindustrie als auch in der Automobilindustrie zurück. Der im Autobau eingesetzte Stahl wurde immer mehr durch andere Werkstoffe ersetzt. Dadurch gab es auch weniger Arbeitsplätze in der Stahlindustrie. Verstärkt wurde das Problem, als aufgrund des steigenden Ölpreises die Absatzzahlen der großen, spritfressenden Autos deutlich zurückgingen. Weitere Betriebsstilllegungen, Arbeitslosigkeit und Verarmung waren die Folgen. Daraufhin wurden viele Gebäude in Detroit zerstört, abgerissen oder abgebrannt. Auf Flächen abgerissener Häuser entstanden öde Parkflächen oder ungenutzte Brachflächen und Detroit war endgültig eine **schrumpfende Stadt.** Nach dem Konkurs von General Motors im Jahr 2009 betrug die Arbeitslosenrate etwa 30 %, 2013 folgte der finanzielle Bankrott der Stadt.

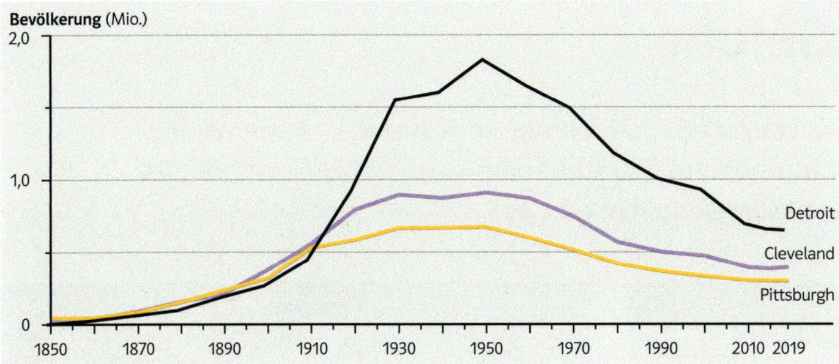

M4 Bevölkerungsentwicklung in schrumpfenden Städten der USA

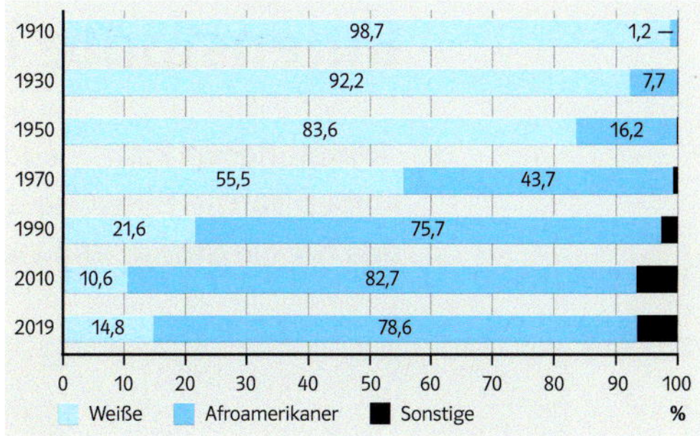

M5 Bevölkerungszusammensetzung in Detroit

T2 Abwanderung in die Vororte

Als die wirtschaftlich oft schlechter gestellte afroamerikanische Bevölkerung in die Innenstadt zog, wanderte die meist besserverdienende und besser ausgebildete weiße Bevölkerung in die Vorstädte ab. Auch viele Unternehmen verlagerten ihre Arbeitsplätze oder Verwaltungen dorthin. Der Ausbau des Straßennetzes und der Bau großer Einkaufszentren begünstigte die Entwicklung. Diese Wanderungsbewegung aus der Innenstadt in die Vororte (engl. „suburbs“) wird als **Suburbanisierung** bezeichnet. Die ärmere afroamerikanische Bevölkerung blieb in Detroit zurück, auch weil viele Vorstädte den Zuzug dieser Bevölkerungsgruppe behinderten. In Detroit fehlten nun die Unternehmen und Einwohner, sodass die Steuereinnahmen zurückgingen. Die Infrastruktur der Stadt musste massiv eingeschränkt werden. Feuerwehr, Polizei, Schulen und öffentlicher Personennahverkehr wurden abgebaut. Arbeitslosigkeit und Unzufriedenheit der Bevölkerung ließen die Kriminalitätsrate ansteigen.

T3 Zur Zukunft Detroits

Die Zukunftsprognosen für Detroit sind sehr unterschiedlich. Es gibt zwar einige Einzelprojekte, aber sie beleben die Downtown häufig nur zeitlich begrenzt:

- Im Jahr 2000 wurde das Stadion der Detroit Tigers (Baseball) eingeweiht, zwei Jahre später das der Detroit Lions (Football).
- Im Campus Martius Park wurden 2004 Restaurants, Hotels, eine Eislaufbahn und zwei Unterhaltungsbühnen eingerichtet.
- 2011 verlegte Dan Gilbert die Zentrale seiner Online-Bank nach Detroit. Er kaufte in der Folge mehr als 40 Gebäude in der Downtown auf, sanierte diese und vermietet sie an Unternehmen.
- 2017 wurde eine neue Straßenbahnlinie eröffnet, die das Zentrum mit der Universität verbindet.
- Inzwischen gibt es fast 2000 Gärten und Farmen, die auf verlassenen Grundstücken angelegt wurden. Die Erzeugnisse werden regional in der Stadt vermarktet.

SP Tipp

Diagramme auswerten

- Das Diagramm informiert über …
- Die Daten stammen aus den Jahren … bis …
- Im Vergleich zu …
- Der größte/kleinste Anteil …
- Zusammenfassend kann man feststellen, dass …

Downtown
Stadtzentrum von nordamerikanischen Städten

A / B

1 MK Beschreibe das Foto der Innenstadt von Detroit. Bedenke, dass es sich um eine US-amerikanische Großstadt handelt (M 3).

2 (A) Nenne Gründe für den wirtschaftlichen Aufstieg von Detroit (M 2).

2 (B) Erläutere die Bezeichnung „Motorcity Detroit“ (M 2).

3 (A) Nenne Gründe für den Niedergang von Detroit (T 1).

3 (B) SP Erläutere, warum Detroit als „schrumpfende Stadt“ bezeichnet wird (T 1, M 4).

4 SP a) Erkläre den Begriff „Suburbanisierung“ (T 2).
b) Erläutere in diesem Zusammenhang das Diagramm M 5.
c) Nimm Stellung zur Diskriminierung der schwarzen Bevölkerung.

5 Beurteile die Maßnahmen zur Wiederbelebung der Downtown von Detroit (T 3).

6 Städte in Industrie- und Entwicklungsländern
a) Vergleiche die Bevölkerungsentwicklung von Lagos (S. 119) und Detroit.
b) Stelle die Probleme in den beiden Städten dar.

Innenstädte in Gefahr

„Räumungsverkauf", „Laden zu vermieten", „Nachmieter gesucht" – immer wieder kleben solche Hinweise an Schaufenstern leerstehender Geschäfte. Was bedeutet das für die Städte und welche Lösungsansätze gibt es?

M1 Ladenschließung in der Innenstadt von Witten

M2 Im Amazon-Logistikzentrum in Dortmund

T1 Entwicklung in den Innenstädten

In den vergangenen Jahrzehnten nahm die Attraktivität vieler Innenstädte durch Maßnahmen der Stadterneuerung deutlich zu. Hierzu gehören sanierte Fußgängerzonen mit vielfältigen Einkaufsmöglichkeiten und attraktiven Stadtwohnungen ebenso wie kulturelle Angebote, Erholungs- und Grünflächen. Einkaufen in der Innenstadt wurde zum Shopping-Erlebnis für die ganze Familie. Doch in jüngerer Zeit sind in manchen Innenstädten vermehrt Leerstände zu beobachten. Nehmen diese zu, so beeinflusst das die Umgebung negativ und setzt einen Prozess in Gang, der in der Folge zu weiteren Ladenschließungen führt. Diese Entwicklung trifft Kleinstädte meist stärker als Großstädte, die nicht nur mehr Einwohner haben, sondern auch mehr Menschen aus dem Umland anziehen. Die Ursachen für den Leerstand sind vielfältig:

→ Logistikzentren Seite 158/159

- Schließung von großen Warenhäusern, die ein attraktiver Einkaufsmagnet waren;
- teure Ladenmieten in zentralen Lagen der Innenstadt;
- zu kleine Ladengrößen und zu geringes Warensortiment;
- fehlende bzw. zu teure Parkmöglichkeiten in der Innenstadt;
- Konkurrenz durch den Onlinehandel und Shoppingcenter am Stadtrand.

T2 Konkurrenz durch den Onlinehandel

Der Onlinehandel hat in den letzten Jahren enorm zugenommen. Kleider, Schuhe, Schmuck, Bücher, Spielwaren, Elektroartikel und inzwischen sogar Nahrungsmittel – heute kann man fast alles bequem online bestellen, 24 Stunden am Tag und sieben Tage die Woche. Neben einem umfangreichen Warenangebot locken häufig günstigere Preise und die einfache Rücksendemöglichkeit. Der Onlinehandel, der über große Logistikzentren abgewickelt wird, führt zwangsläufig zur Verkleinerung von Verkaufsflächen in den Innenstädten. In der Folge verlieren die Innenstädte an Attraktivität und Investitionen bleiben aus.

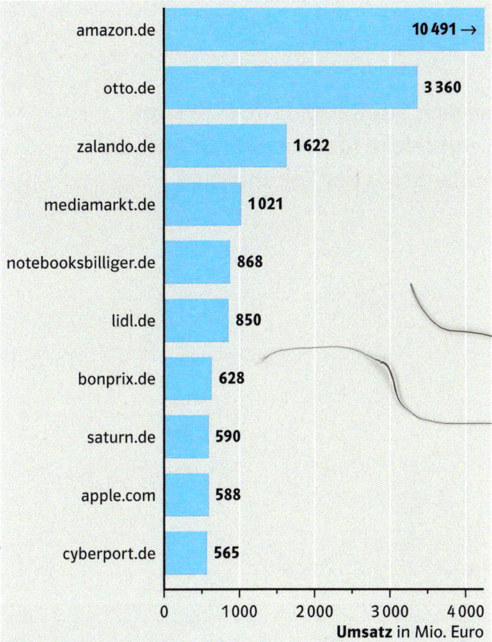

M3 Die Top Ten des Onlinehandels in Deutschland nach Umsatz 2019

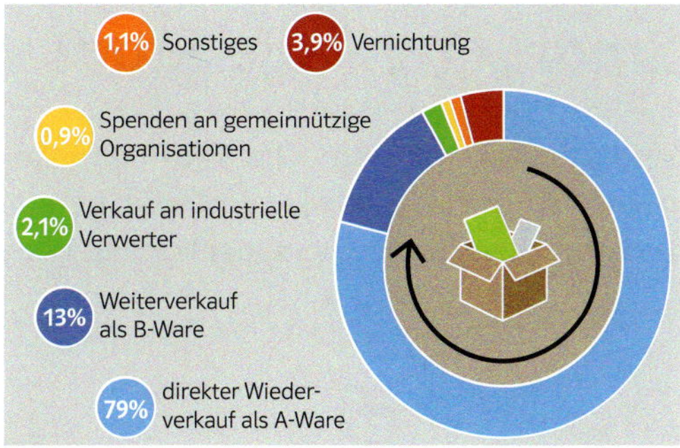

M5 Das passiert mit Retouren

T3 Die Zukunft der Innenstädte

Damit die Innenstädte weiterhin belebt sind und die Menschen nicht der Stadt den Rücken kehren, ist zum einen die Stadtplanung gefordert. Durch kreative Maßnahmen müssen die Anziehungskraft und der Freizeitwert der Innenstädte erhöht werden. Aber auch der Einzelhandel muss Strategien entwickeln, wie das Einkaufen in den Innenstädten wieder attraktiver wird (M 4).

- einheitliche Öffnungszeiten aller Geschäfte in der Innenstadt
- Service anbieten, z. B. Lieferung frei Haus oder kostenlose Installation
- individuelle, fachkundige Beratung der Kundschaft
- kostenlose Nutzung des ÖPNV oder Erstattung der Parkgebühren
- Einkaufserlebnisse bieten, z. B. Schminkaktion für Kinder im Modegeschäft
- gemeinsame Marketingaktionen durchführen, z. B. „Lange Shopping-Nacht"
- Produkte zusätzlich über den Onlinehandel anbieten
- Steigerung der Attraktivität der Innenstädte durch besondere Angebote, z. B. Stadtfeste
- Stammkundschaft über neue Ware und Sonderangebote informieren
- gemeinsamer Internetauftritt von Einzelhändlern in einer Stadt
- kostenlose Betreuung von Kleinkindern, z. B. durch den Zusammenschluss mehrerer Einzelhändler
- …

M4 Strategien der Einzelhändler für attraktives Einkaufen in der Innenstadt

A / B

1 MK
Stelle Vermutungen an, warum das Geschäft in M 1 geschlossen haben könnte.

2 (A)
Beschreibe die Veränderungen in den Innenstädten (T 1).

2 (B)
Löse Aufgabe A 2. Erläutere, warum Läden vermehrt leerstehen (T 1).

3 (A)
Erläutere die Vorteile und Nachteile des Onlinehandels für die Kundschaft und die Innenstädte (T 2).

3 (B)
Konkurrenz für die Innenstädte
a) Stelle mögliche Zusammenhänge zwischen M 1 sowie M 2 und M 3 her.
b) Erläutere die Konsequenzen für die Innenstädte (T 2).

4
Die Zukunft der Innenstädte
a) Bewerte die in T 3 und M 4 vorgeschlagenen Strategien.
b) Was wären für dich Anreize, um in der Innenstadt zu shoppen?

5 EXTRA SP
Schreibe einen kritischen Zeitungskommentar zum Onlinehandel. Gehe auf den Leerstand in Innenstädten, aber auch auf das Verkehrs- und Müllaufkommen ein (M 2, M 5 u. a.).

AFB I: 2 II: 3, 5 III: 1, 4   AFB II: 2, 3, 5 III: 1, 4   → Lösungshilfen ab S. 195

Smart City – die Stadt von morgen

Stadtplaner weltweit machen sich Gedanken, wie sich Städte zukunftsfähig und nachhaltig entwickeln können. Dabei entstehen zahlreiche Ideen in den Bereichen Verkehr, Energie und Gebäudeplanung. Wie sieht die Stadt der Zukunft aus?

M1 Vernetzung in der Stadt von morgen

smart
bedeutet so viel wie intelligent, clever, schlau

Coworking
eine Arbeitsform, bei der verschiedene, oft kleine Unternehmen und Start-ups in einem offen gestalteten Büro einen zeitlich flexiblen Arbeitsplatz anmieten. Sie profitieren vom Vorteil der Zusammenarbeit (engl. co-working) und dem dabei entstehenden Netzwerk.

Wenn die Wände denken lernen

Morgens, 7:30 Uhr: Pünktlich rollt das selbstfahrende E-Auto vor die Haustür. Das Wort „Büro“ startet die Fahrt. Auf der Stadtautobahn steht die erste Videokonferenz an.
20 Minuten später öffnet sich das Tor der Tiefgarage, deren Sensoren das Nummernschild erkannt haben. Sie gehen gleich in den Aufzug, während Ihr Auto den vom System zugewiesenen Parkplatz ansteuert und dann allein einparkt. Vier Stockwerke weiter oben ist Ihr Arbeitsplatz im Coworking-Space bereits nach Ihren Wünschen konfiguriert. So könnte ein typischer Arbeitstag im Jahr 2040 beginnen. „Smart Buildings“, also mit digitaler Sensorik ausgestattete, vernetzte und von künstlicher Intelligenz gesteuerte Gebäude, werden ein fester Bestandteil dieser Zukunft sein.

Zukunftsvision der HypoVereinsbank, Zugriff 18.8.2021

M2

T1 Smart City

Konzepte, die technologiebasierte Veränderungen und Innovationen in städtischen Räumen zum Ziel haben, werden unter dem Sammelbegriff **Smart City** zusammengefasst. Der Einsatz moderner Technologie soll dabei helfen, unterschiedliche Probleme der Stadtentwicklung zu lösen. Durch die Nutzung digitaler Technologien und einen intelligenten Datenaustausch können Abläufe effizienter und nachhaltiger gestaltet werden. Handlungsfelder sind unter anderem:
- die Mobilität bequemer, effizienter und umweltfreundlicher gestalten;
- modernes Wohnen und Arbeiten sinnvoll miteinander verbinden;
- Dienstleistungen bedarfsgerecht anbieten;
- die Energieversorgung umweltfreundlich steuern und Emissionen reduzieren;
- die Sicherheit der Bevölkerung erhöhen.

Smart Mobility	Smart Environment	Smart Economy
Mobilitätslösungen für bedarfsgerechte und ressourcenschonende Transportsysteme, z. B. im öffentlichen Nahverkehr	Umwelt- und Klimaschutz durch einen geringeren Verbrauch von Energie und Ressourcen in der Stadt	Steigerung der wirtschaftlichen Produktivität durch Vernetzung verschiedener Akteure auf lokaler, regionaler und globaler Ebene
Smart Governance	**Smart Living**	**Smart People**
Optimierung und Digitalisierung von Prozessen zwischen öffentlicher Verwaltung und Bürgerinnen und Bürgern	Erhöhung des Lebenskomforts durch Smart-Home-Lösungen, z. B. durch drahtlos vernetzte und steuerbare Haushaltsgeräte	Digital kompetente, aber auch kritisch denkende Bürgerinnen und Bürger als Voraussetzung für Smart-City-Angebote

M3 Bausteine einer Smart City

T2 Smart Mobility

Ziel von Smart Mobility ist ein umfassender Informationsaustausch im gesamten Bereich des Verkehrsgeschehens. Verkehrsflussmessung und Verkehrssteuerung ermöglichen es, den fließenden Verkehr gezielt zu lenken und Staus zu reduzieren. Die Frequenz des öffentlichen Nahverkehrs wird an den tatsächlichen Bedarf der Bewohner/innen angepasst. Smarte Parklösungen leiten in Echtzeit auf dem schnellsten Weg zum nächsten freien Parkplatz. Doch die smarte Technologie erfordert auch digital kompetente Nutzer/innen.

Die Einbindung von Elektrofahrzeugen in das intelligente Stromnetz einer Stadt ist ein Teil des zukünftigen Energiemanagements. Die Batterie der E-Autos wird zu einem festen Bestandteil des Stromnetzes. Sie speichert Energie bei Produktionsüberschüssen und gibt diese bei Bedarf wieder ins Netz ab.

T3 Überwachung in der Smart City?

Grundlage der Smart City sind Daten, die gesammelt, analysiert und miteinander verknüpft werden. Ziel ist es, Städte in Echtzeit zu steuern und dadurch die Effizienz des Systems Stadt zu optimieren. Letztlich sind davon alle Bewohner und Besucher betroffen, da alle relevanten Vorgänge und Bewegungen erfasst werden. Doch wo verläuft die Grenze zwischen Steuerung und Überwachung? Es besteht die berechtigte Sorge, dass durch den Austausch von Echtzeitdaten Bürgerinnen und Bürger identifiziert, lokalisiert und letztlich kontrolliert werden können. Wer es darauf anlegt, kann herausfinden, wann jemand zu Hause ist und wann nicht. Notwendig sind deshalb demokratische Kontrollinstanzen und eine Form des Datenschutzes, der auch das „Tracking", d. h. das Verfolgen und Verwischen digitaler Spuren, regelt.

A / B

1 Arbeitet mit M1 und M2:
a) Erläutere, inwiefern die Begriffe in M1 zu einer Vernetzung in der Stadt beitragen können.
b) Ist das Alltagsszenario in M2 realistisch? Begründet eure Meinung.

2 (A) Beschreibe Ziele und Handlungsfelder einer Smart City (T1).

2 (B) Erläutere das Konzept der Smart City und verdeutliche die Vorteile (T1).

3 (A) Smart Mobility
a) Nenne Vorteile von Smart Mobility (T2).
b) Siehst du auch Probleme?

3 (B) Smart Mobility
a) Erläutere die Vorteile von Smart Mobility (T2).
b) Finde heraus, ob davon in deiner Stadt schon etwas umgesetzt wird.

4 „Datenschutz ist eine zentrale Aufgabe in der Smart City." Beurteile diese Aussage (T3).

5 MK
a) Recherchiert im Internet, mit welchen konkreten Maßnahmen die Bausteine einer Smart City realisiert werden können (M3).
b) Stellt euch eure Ergebnisse gegenseitig vor.

AFB I: 2, 3a II: 1a, 5 III: 1b, 3b, 4 AFB II: 1a, 2, 3, 5 III: 1b, 4 → Lösungshilfen ab S. 195

Wichtige Begriffe

- Favela
- Gated Community
- informeller Sektor
- Land-Stadt-Wanderung
- Megastadt/Megacity
- Metropole
- Metropolregion
- Pull-Faktoren
- Push-Faktoren
- schrumpfende Stadt
- Slum
- Smart City
- Suburbanisierung
- Verstädterung
- Verstädterungsgrad

M1 São Paulo – Gegensätze auf engstem Raum

Kennen und verstehen

1 Staaten gesucht
Arbeite mit Karte M2 auf S. 121 und dem Atlas:

a Ordne die folgenden Megastädte jeweils den Staaten zu, in denen sie liegen: Bangkok, Buenos Aires, Bogota, Dhaka, Istanbul, Kairo, Karachi, Lagos, Manila.
b Nenne die unter Aufgabe a genannten Megastädte, die in Asien liegen.
c Nenne für folgende Staaten jeweils mindestens zwei Megastädte: Brasilien, Indien, USA.

2 Kennst du die Begriffe?

a Gründe, die für die Menschen anziehend wirken und eine Wanderung, z. B. Landflucht, bewirken
b durch raschen Zuzug schnell und größtenteils unkontrolliert wachsendes Elendsviertel in einer Stadt
c Stadt mit mehr als zehn Millionen Einwohnern
d Immer mehr Menschen ziehen von Dörfern in Städte, die sich dadurch vergrößern.
e Vorgang, bei dem immer mehr Menschen aus ländlichen Gebieten in die Städte ziehen
f Zahl, welche den Anteil der Menschen eines Landes angibt, die in Städten leben
g Vorgang, bei dem Menschen aus den Innenstädten in neue Siedlungen im Umland ziehen

3 Richtig oder falsch?
Verbessere die falschen Aussagen und schreibe alle richtig auf.

a Mehr als die Hälfte der Weltbevölkerung lebt heute in Städten.
b Arbeitslosigkeit auf dem Land ist ein starker Pull-Faktor.
c Landflucht ist die Hauptursache für das Wachstum der Megastädte.
d Lagos und Detroit haben ähnliche Probleme.
e Zum informellen Sektor gehören Menschen, die in Großbetrieben tägig sind.
f Der Einzelhandel ist für eine gesunde Struktur einer Stadt von großer Bedeutung.
g Durch den Schutz der vielen Häuser ist das Klima in der Stadt deutlich kühler als auf dem Land.

4 Ursachen und Folgen der Verstädterung

a Erkläre Ursachen für das Wachstum einiger Städte zu Megastädten.
b Nenne Auswirkungen der globalen Verstädterung.

5 Schrumpfende Städte

a Fasse die Aussage des Textes M2 zusammen.
b Nimm Stellung zu der Aussage.

6 Die Stadt von morgen
Betrachte M3.

a Beschreibe deine Eindrücke. Wie stellen sich die Planer die Stadt der Zukunft vor?
b Nenne Vor- und Nachteile einer solchen „Smart City“.

Schrumpfende Stadt – eine Abwärtsspirale

Der Verlust von Arbeitsplätzen ist wohl der wichtigste Auslöser, warum eine Stadt schrumpft. Meist gehen industrielle Arbeitsplätze verloren. Gleichzeitig gibt es im Dienstleistungssektor der Stadt nicht genügend neue Arbeitsplätze. Zuerst gehen die, die keine Perspektive mehr für sich in der Stadt sehen. Steuereinnahmen sinken und die Stadt kann weniger in die Infrastruktur, z. B. Schulen und Straßen, investieren. Dann gehen noch mehr Menschen. Zurück bleiben Arbeitslose, Ältere, arme Menschen und andere benachteiligte Gruppen. Die verlassene Stadt verliert nicht nur Einnahmen; sie muss sich auch um die kümmern, die es sich nicht leisten können, zu gehen.

M2

M3 Konzept für eine Smart City

M4 Gated Community

M5 Nachhaltigkeitsviereck

Methoden anwenden

7 Ein Bild auswerten

a Beschreibe mithilfe des Fotos M1 die unterschiedlichen Lebensbedingungen der Einwohner von São Paulo.

b Stell dir vor, du wohnst in einem der Appartements oder in einem der Backsteinhäuser. Wähle eine Situation aus und erläutere aus deiner Sicht Probleme, die sich aus den nahen Gegensätzen ergeben können.

Beurteilen und bewerten

8 Gated Community

a Beschreibe die Karikatur M4.

b Interpretiere die Karikatur und bewerte die Aussage „Money buys freedom!“.

9 Informeller Sektor

Sollte man den informellen Sektor offiziell erlauben oder verbieten? Begründe deine Meinung aus der Sicht eines Betroffenen (z. B. Schuhputzer).

Vernetzen

10 Nachhaltige Stadtentwicklung

Gib zu jeder Dimension des Nachhaltigkeitsvierecks M5 zwei Beispiele für die Umsetzung in einer nachhaltigen Stadt an.

11 Push- und Pull-Faktoren

a Erstelle eine zweispaltige Tabelle zu den Push- und Pull-Faktoren. Ordne die folgenden acht Begriffe in die Tabelle ein: Schulen, Naturkatastrophe, Krankenhäuser, Hunger, Wohlstand, Armut, Arbeitsplätze, Krieg.

b Erkläre mithilfe der Push- und Pull-Faktoren die Zusammenhänge zwischen Migration und Verstädterung.

1
Beschreibe die Wärmeverteilung in der Stadt und im Umland (M 1).

2
a) Beschreibe Merkmale des Stadtklimas (T 1).
b) Nenne Ursachen und Folgen der Wärmeentwicklung in der Stadt (T 1, T 2).

A Das Klima in der Stadt ist anders

Vor allem im Sommer ist es in Städten deutlich wärmer als im Umland. Worin liegen die Ursachen und was kann man gegen diese städtischen Wärmeinseln tun?

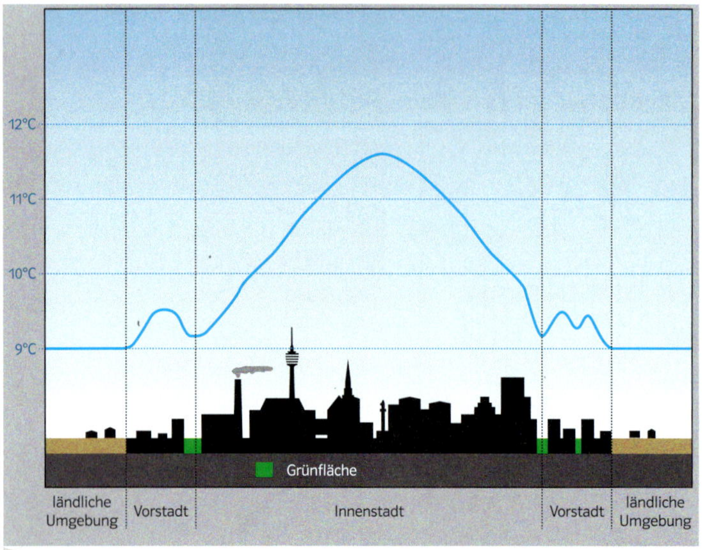

M1 Wärmeverteilung in der Stadt und im Umland

T1 Warum ist es in der Stadt wärmer?

Dichte Bebauung, ein hohes Maß an Bodenversiegelung, fehlende Grün- und Wasserflächen sowie die Emissionen aus Industrie, Haushalten und Verkehr führen in Städten und Ballungsräumen zu einem besonderen Klima, dem Stadtklima. Gemeint ist damit die vom Menschen verursachte Veränderung der Luftqualität und des Klimas in städtischen Gebieten. Kennzeichnend sind höhere Temperaturen, höhere Schadstoffbelastungen, niedrigere Windgeschwindigkeiten sowie eine schlechtere Durchlüftung.

Emissionen
Ausstoß von Schadstoffen

Evapotranspiration
Verdunstung von Wasser aus der Tier- und Pflanzenwelt sowie von Boden- und Wasseroberflächen

Das Phänomen des Aufheizens wird als städtische Wärmeinsel bezeichnet. Je größer die Stadt ist, desto stärker ist die Ausprägung der Wärmeinsel.

T2 Die Folgen des Stadtklimas

Zusammen mit Luftverunreinigungen durch Schadstoffe und Feinstaub sowie dem Lärm und der Hektik in der Stadt entsteht ein Klima, das für Flora, Fauna und letztlich auch für den Menschen belastend ist. Insbesondere Kinder, Senioren und Menschen mit Herz- und Kreislaufproblemen leiden unter diesem Stadtklima. So konnte in den extrem heißen Sommermonaten der Jahre 2003 und 2015 bis 2018 eine erhöhte Sterblichkeit innerhalb dieser Risikogruppen nachgewiesen werden. Die genannten Probleme des Stadtklimas werden sich durch das fortschreitende Wachstum, die Verdichtung der Städte und durch den Klimawandel verschärfen. Extremereignisse wie Hitzesommer werden in ihrer Häufigkeit und Intensität voraussichtlich weiter zunehmen.
Das bedeutet, dass es in Zukunft immer wichtiger sein wird, die Entwicklung des Klimas in unseren Städten genau zu beobachten und einer weiteren Verschlechterung mit geeigneten Maßnahmen entgegenzuwirken.

3 SP

a) Erläutere die Maßnahmen, mit denen man das Klima in der Stadt verbessern kann (M 2 – M 4).
b) Diskutiert, welche Maßnahmen sich in eurer Stadt anbieten würden.
c) Formuliert in einem Brief an die Stadtverwaltung Vorschläge zur Verbesserung des Stadtklimas.

Lösungen m74z3z

AFB I: 1, 2 II: 3 a, 3 c III: 3 b → Lösungshilfen ab S. 195

Verbesserung des Stadtklimas durch Dach- und Fassadenbegrünung

Wenn Bebauung und Asphalt den Boden in Städten fast vollständig versiegeln, fließt Niederschlagswasser zu schnell und ungehindert in die Kanalisation. Es geht dann für die Verdunstung und den damit verbundenen Kühlungseffekt verloren. Kommt zusätzlich die Abwärme aus Industrie, Verkehr und Haushalten hinzu, kann der Temperaturunterschied zwischen Stadt und Land im Sommer bis zu 4 °C betragen. Für ein besseres Stadtklima braucht es daher mehr grüne Flächen in der Stadt.

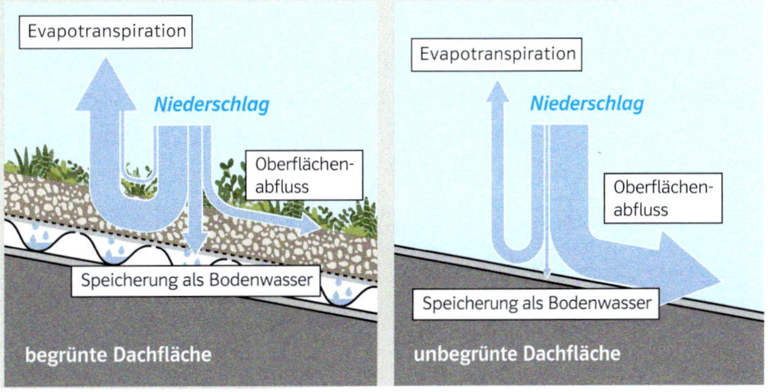

M2

Rückstrahlung erhöhen

Stein, Beton und Asphalt speichern mehr Wärme als die natürliche Vegetation. Die tagsüber aufgenommene Wärme wird in der Nacht abgegeben und verhindert die Abkühlung der Stadtluft. Dies verstärkt sich durch die hohe Gebäudedichte, die vergrößerte Oberfläche bei Hochhäusern und tiefe Straßenschluchten. Deshalb sollten Asphaltflächen reduziert werden. Helle Fassaden reflektieren die Sonnenstrahlen.

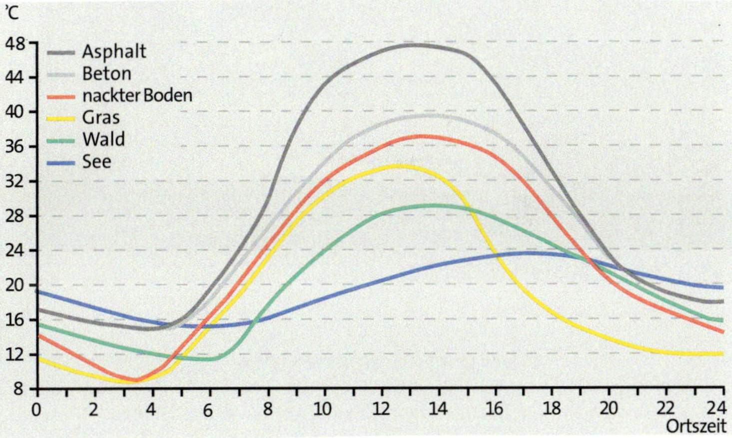

M3

Freie Flächen in der Stadt

Unverbaute Frischluftschneisen regulieren das Stadtklima. Da die schwerere, kalte Luft aus dem Stadtumland eine höhere Dichte aufweist als die noch warme innerstädtische Luft, strömt die kalte Luft bodennah über bestimmte Luftleitbahnen. Dies erfolgt meist reliefbedingt entlang von Taleinschnitten in die Stadt und verdrängt die warme, belastete Luft der Innenstädte. In Zukunft wird es wichtig sein, diese Schneisen bei der Stadtplanung zu berücksichtigen und von Bebauung freizuhalten.

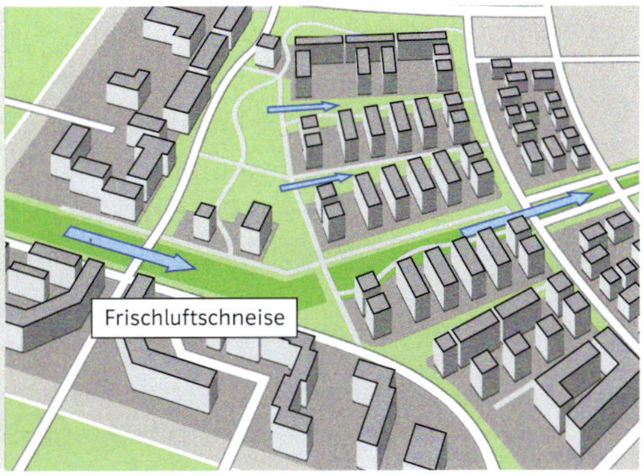

M4

Den Strukturwandel im Ruhrgebiet am Beispiel der Stadt Essen erläutern

A Das Klima in der Stadt ist anders
Seite 134/135

B Essen – European Green Capital
diese Seite

1 Erläutere die Zielsetzung des Wettbewerbs „European Green Capital“ (T1, M2, M4).

2 Erläutere den Strukturwandel, der sich in Essen und im ganzen Ruhrgebiet vollzogen hat (T2, M1, M3, M5).

3 „Wettbewerbe sind ein Impuls für die nachhaltige Entwicklung der Städte in Europa.“ Nimm Stellung zu dieser Aussage (T2).

B Essen – European Green Capital

2017 erhielt Essen die von der Europäischen Kommission jährlich verliehene Auszeichnung „European Green Capital“. Warum wurde gerade die ehemalige Kohle- und Stahlstadt von der Jury ausgewählt?

M1 Zeche Zollverein in Essen

Die Begründung der Jury

„Essen ist eine Stadt, die sich aus ihrer schwerindustriellen Vergangenheit heraus voll und ganz auf einen Wandel in eine saubere, grünere Stadt eingelassen hat“, stellte die Jury bei der Vergabe der Auszeichnung fest. Sie hob die eindrucksvollen Umweltleistungen der Stadt anhand von zwölf Themenfeldern hervor, die ganz unterschiedliche Aspekte wie Energieeffizienz, städtische Grünflächen, Abfallerzeugung und -bewirtschaftung sowie Maßnahmen zur Anpassung an den Klimawandel bzw. zu seiner Abschwächung umfassen.

M2

Schwerindustrie
Betriebe der Eisen erzeugenden und Eisen verarbeitenden Industrie sowie des Bergbaus

T1 Europas grüne Hauptstadt

Die Auszeichnung „European Green Capital“ wird seit 2010 an Städte verliehen, denen es in besonderer Weise gelungen ist, Umweltschutz und wirtschaftliches Wachstum zugunsten der Lebensqualität ihrer Bürgerinnen und Bürger zu verbinden. Bewerben können sich Städte über 100 000 Einwohner. Die Bewerberstädte werden anhand von zwölf Themenfeldern auf ihre Eignung überprüft (M 4). Außerdem müssen sie nachweisen, dass ihr Konzept nachhaltig für die zukünftige Stadtentwicklung ist und weitere Maßnahmen zur Verbesserung der Umweltbedingungen beinhaltet. Zu den Gewinnerstädten zählen z. B. Hamburg (2011), Essen (2017) und Lissabon (2020).

T2 Gelungener Strukturwandel

Mehr als zwei Jahrhunderte war Essens Stadtbild geprägt durch die Gussstahlfabrik Krupp, durch Schlote der Kokereien und Hochöfen, durch Fördertürme und Halden. Dort, wo früher Rauch, Lärm und Schmutz das Stadtbild bestimmten, befindet sich heute eine grüne und lebendige Stadtlandschaft.

Die Grundlage dafür wurde bereits in den 1920er-Jahren geschaffen. Damals wurden zahlreiche Parks angelegt, damit sich die Industriearbeiter erholen konnten.

4 SP

a) Überlege, zu welchen Themenfeldern in M 4 in eurer Stadt konkrete Maßnahmen getroffen werden könnten.

b) Schreibe einen Brief an den Bürgermeister / die Bürgermeisterin, in dem du deine Ideen vorstellst.

AFB II: 1, 2, 4 b III: 3, 4 a → Lösungshilfen ab S. 195

m74z3z
- **Lösungen**
- **Linktipp:** Film „Grün auf! Essen"
- **Erklärfilm:** Strukturwandel

M3 Das Gelände der ehemaligen Stahlwerke Krupp

M5 Krupp-Park in Essen

M6

Mit der Krise der Kohle- und Stahlindustrie in der zweiten Hälfte des 20. Jahrhunderts begann ein Strukturwandel hin zu einer modernen Verwaltungs- und Dienstleistungsstadt. Nach und nach entstanden neue Arbeitsplätze. Überbleibsel aus der industriellen Zeit wurden teilweise zu Denkmälern oder Schauplätzen für Kunst umgebaut.
Beeindruckendes Beispiel ist die Zeche Zollverein in Essen, die seit 2001 Welterbestätte der UNESCO und ein Anziehungspunkt für Touristen ist. Um Platz für neuen Wohnraum zu schaffen, wurden manche Gebäude saniert und zu Loftwohnungen umfunktioniert. Andere Industriebauten wurden abgerissen und machten Platz für neue Wohnsiedlungen. Im Rahmen des Wettbewerbs „European Green Capital" wurden großzügige Grünflächen, Wasserflächen, Fuß- und Radwege angelegt und damit ein weiterer nachhaltiger Stadtentwicklungsprozess in Gang gesetzt. Dabei hat die Stadt auch die Bürgerinnen und Bürger aktiv einbezogen. Die Maßnahmen wurden durch Zuschüsse vom Land Nordrhein-Westfalen und dem Bund finanziert. Vor allem aber brachte die Auszeichnung einen Imagegewinn, da Essen europaweit wahrgenommen wurde.

Loftwohnung
ein zur Wohnung umfunktionierter Lager- oder Industrieraum

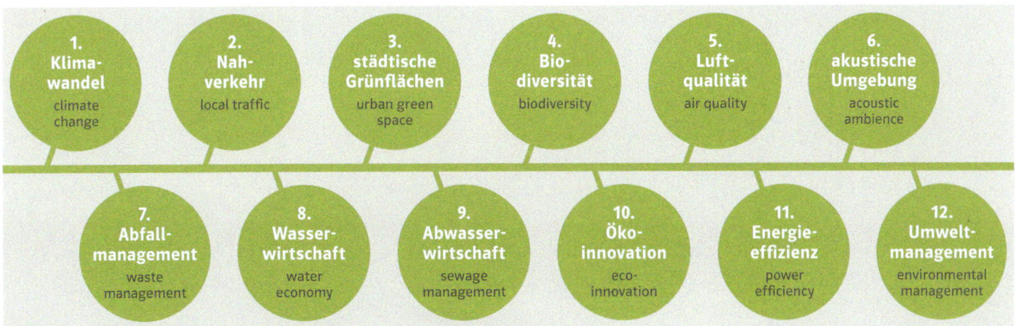

M4 Themenfelder des „European Green Capital Award"

7

Globalisierung und Digitalisierung

M1

Heute ist praktisch jeder Mensch auf der Erde schnell und überall erreichbar. Waren und Menschen können in wenigen Stunden von einem Ort der Erde zum anderen transportiert werden, Daten in wenigen Sekunden. Firmen produzieren an verschiedenen, weltweit verteilten Standorten und bieten ihre Waren rund um den Globus an.

Diese Globalisierung hat positive und negative Auswirkungen. Zusammen mit der Digitalisierung führt sie zu einer immer stärkeren Vernetzung der Welt.

Vernetzte Welt

Entfernungen spielen beim weltweiten Austausch von Gütern und Daten keine große Rolle mehr. Der Ausbau der Telekommunikation war dafür eine wichtige Voraussetzung, aber nicht die einzige.

M1 Der Flugverkehr ist Ausdruck der weltweiten Mobilität.

M3 Weltweite Kommunikation

M2 Amerikanische Fast-Food-Ketten in der chinesischen Stadt Shenzen

M4 Massenhafter Warentransport in Containern

Schon gewusst?

Bereits im 15. und 16. Jahrhundert gab es weltweiten Handel. Damals segelten chinesische und europäische Seefahrer nach Afrika und Amerika, tauschten z.B. Textilien und Waffen gegen Tee, Seide und Gewürze. Ein weiterer Schub vollzog sich im 20. Jahrhundert. Doch zu keinem Zeitpunkt war die Welt so eng miteinander verbunden wie heute.

T1 Weltweiter Austausch

In unseren Geschäften und im Internet finden wir oft preiswerte Waren aus aller Welt. Doch nicht nur Waren werden heute weltweit ausgetauscht. Dienstleistungen wie z.B. Bürotätigkeiten können heute praktisch von jedem beliebigen Ort der Erde erledigt werden. Aber auch Geld wird transportiert – nicht per Schiff, sondern digital. Durch das Internet können große Summen in Sekundenschnelle von einem Land in ein anderes transferiert werden. Der weltweite Austausch von Geld ist doppelt so hoch wie der von Waren.

Verkehrsverbindungen gibt es heute in alle Winkel der Erde. Im Jahr 2017 wurde die Zahl von vier Milliarden Flugpassagieren erstmals überschritten, der internationale Flugverkehr rechnet mit mehr als acht Milliarden Passagieren pro Jahr bis 2037. Die Mobilität fördert den internationalen Austausch von Kultur und Wissen. Sichtbar ist das häufig in den großen Städten, in denen Gebäude, Einkaufspassagen und Werbeplakate fast einheitlich wirken.

Die weltweite Mobilität sorgt aber auch dafür, dass sich z.B. Viren wie das Coronavirus im Jahr 2020 viel schneller über den Erdball verbreiten und zu weltweiten Pandemien führen können als früher.

Mit dem Begriff **Globalisierung** ist der Prozess gemeint, der den weltweiten Austausch von Waren, Dienstleistungen, Wissen, Personen, Kapital und Kultur vorantreibt. Durch die Globalisierung wird die Welt immer stärker miteinander vernetzt und der Austausch über Kontinente hinweg immer leichter.

M5 Automatisierte Produktion

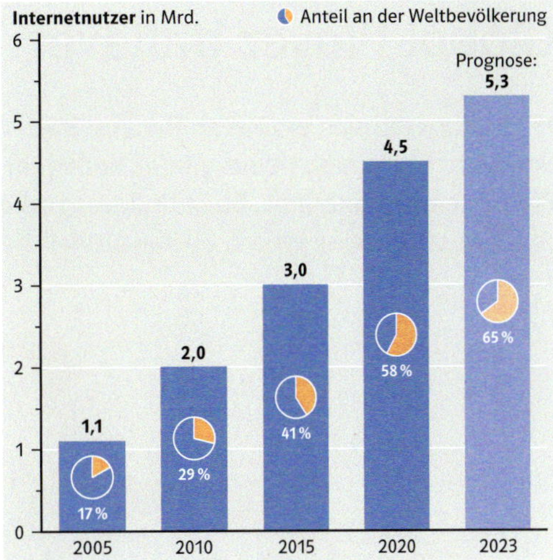

M6 Internetnutzer weltweit und Anteil an der Weltbevölkerung

T2 Voraussetzungen

Bedeutende Fortschritte im Verkehrswesen und in der Kommunikationstechnik haben der Globalisierung einen besonderen Schub gegeben:
1956 hatte der amerikanische Spediteur Malcolm McLean die Idee, Waren in einheitlich großen Kisten aus Stahl zu transportieren, und erfand den Container. Der **Welthandel** wurde dadurch enorm vereinfacht und die Transportkosten vor allem auf dem Seeweg sind seitdem erheblich gesunken. Der Ausbau der Telekommunikation erleichterte die Verbindungen per Telefon und vor allem per Internet. Früher war ein Brief von Europa nach Australien per Luftpost tagelang unterwegs, heute erreicht eine E-Mail ihren Bestimmungsort in wenigen Augenblicken.

T3 Digitalisierung in allen Bereichen

Fast alle Bereiche unseres Lebens werden durch die **Digitalisierung** erfasst. Gemeint ist eine weitgehende Steuerung von Lebens-, Arbeits- und Herstellungsbereichen durch Computer. Bisher analoge Inhalte und Prozesse werden mehr und mehr in digitale Daten und Arbeitsweisen umgewandelt. Dies betrifft z. B. den Handel und Verkehr, aber auch die Industrie, Landwirtschaft, Medizin, Schule und Haushalte. Dazu musste ein Netz von Glasfaserkabeln zur Datenübermittlung verlegt werden, das sowohl Kontinente verbindet als auch einzelne Haushalte erreicht. Satelliten werden in dieses Netzwerk einbezogen, um auch entlegene Gebiete zu erreichen. Ein amerikanisches Unternehmen bringt zu diesem Zweck bis 2027 fast 12 000 Satelliten in eine Umlaufbahn um die Erde.

SP Tipp

Ein Diagramm auswerten
→ Aufgabe 2, B 4

- Das Diagramm stellt die Zunahme der … dar.
- … hat sich im Zeitraum … verdoppelt/verdreifacht.
- Gleichzeitig hat der Anteil der … an der Weltbevölkerung um das … zugenommen.
- Der Trend … / Laut Prognose …

→ **Container machen es möglich**
Seite 162/163

A / B

1 MK Definiere den Begriff „Globalisierung“. Nutze T1 und M1 – M4 oder den Erklärfilm (Terra-Code).

2 Arbeite heraus, welche Voraussetzungen die Globalisierung ermöglicht haben (T2, M6).

3 (A) Beschreibe, welche Auswirkungen die Globalisierung auf deinen Alltag hat (Freizeit, Reisen, Ernährung …) (M1 – M3, T1).

3 (B)
a) Bearbeite Aufgabe A3.
b) „Die Globalisierung lässt die Welt schrumpfen.“ Erkläre diese Aussage.

4 SP (A) „Ohne Digitalisierung keine Globalisierung.“ Nimm Stellung zu dieser Aussage (T2, T3).

4 SP (B)
a) Bearbeite Aufgabe A 4.
b) Belege die zunehmende Digitalisierung mithilfe von M 5 und M 6.

5 EXTRA Diskutiert, was in eurem Alltag ohne Globalisierung und Digitalisierung anders wäre.

Global Player Unilever

1929 schlossen sich ein Hersteller von Butter und eine Seifenfabrik zur Firma Unilever zusammen. Heute gibt es kaum ein Land, in dem das Unternehmen seine Produkte nicht anbietet. Doch Unilever verkauft nicht nur auf der ganzen Welt, sondern stellt seine Waren auch weltweit her.

Nahrungsmittel und Getränke
Ben & Jerry's
Cornetto
Cremissimo
HELLMANN'S
Knorr
Langnese
Lipton
Magnum
Mondamin
Pfanni
Solero
Viennetta

Körperpflege
AXE
Dove
duschdas
Impulse
mentadent
Rexona
Signal
zendium

Haushalts- und Textilpflege
Cif
Comfort
Coral
Domestos
OMO
Sun
Viss

M1 Unilever ist mit vielen Marken auf der ganzen Welt vertreten.

Geschichte
Die niederländische Firma Margarine Unie stellte Butter und Margarine her. Sie schloss sich mit der britischen Seifenfabrik der Lever Brothers zusammen. So entstand der Name Unilever. Beide Unternehmen waren auf Palmöl als Rohstoff für ihre Produkte angewiesen. Durch die Fusion erhofften sie sich bessere Einkaufsbedingungen in Westafrika.

T1 In vielen Bereichen aktiv

Unilever gehört heute zu den weltweit größten Anbietern von Konsumgütern für den täglichen Bedarf. Egal, ob Lebensmittel, Kosmetika, Hygieneartikel, Reinigungs- oder Putzmittel: Die Firma Unilever ist in vielen Bereichen aktiv. Es gibt über 400 Marken in 190 Ländern, darunter auch viele, die du kennst.
Unilever ist ein multinationales Unternehmen, denn es produziert und verkauft seine Waren in vielen Ländern. Da solche Firmen global aktiv sind, werden sie auch als **Global Player** bezeichnet.

Unilever passt seine Produkte an die Länder an, in denen sie verkauft werden. Zum Beispiel bietet der Global Player Speiseeis in Deutschland, Österreich, der Schweiz, im Vereinigten Königreich, in Frankreich, Italien, Griechenland, der Türkei und auf den Philippinen unter verschiedenen Bezeichnungen an und mit den Geschmacksrichtungen, die die Menschen in diesen Ländern mögen.
So kommt es, dass heute Menschen in 180 Ländern der Welt 200 Millionen Mal pro Tag eines der vielen Produkte von Unilever kaufen. 2,5 Milliarden Menschen nutzen täglich ein Erzeugnis des Unternehmens.
Der Hauptsitz ist in London, die Zentrale für den Markt in Deutschland, Österreich und der Schweiz befindet sich in Hamburg.

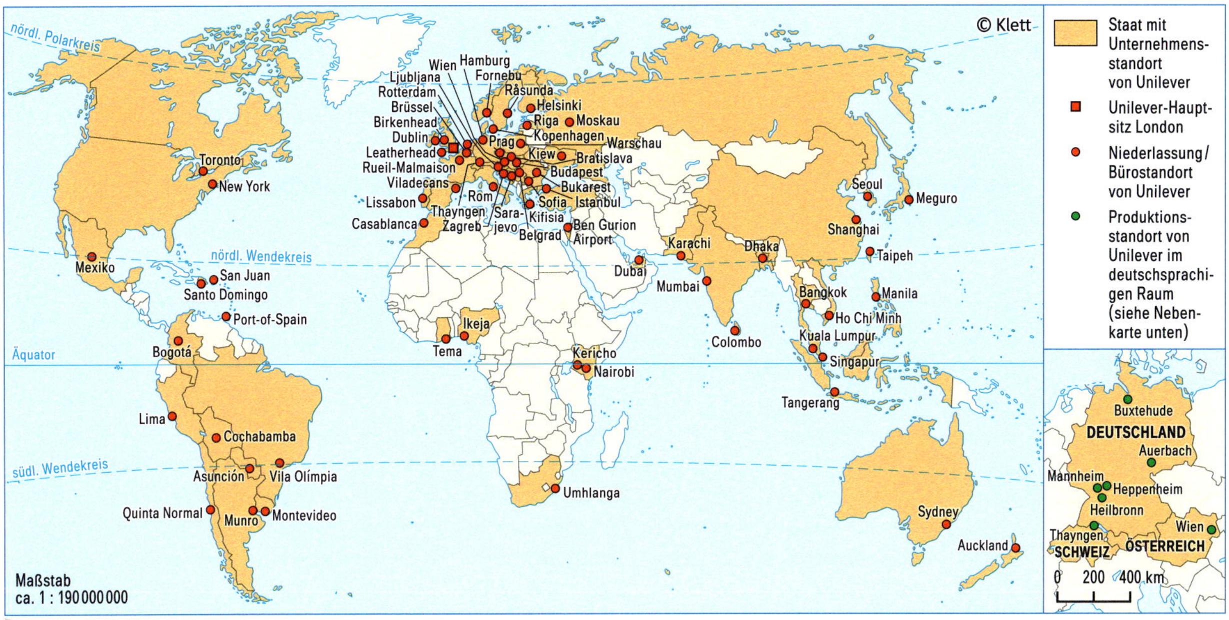

M2 Unternehmensstandorte von Unilever

T2 Standorte auf der ganzen Welt

Standorte in verschiedenen Ländern sind für Global Player aus mehreren Gründen vorteilhaft: Oft ist es schon die Menge der Kunden im jeweiligen Land, die die Anwesenheit eines Unternehmens vor Ort notwendig macht. Nicht umsonst haben z. B. große deutsche Autofirmen in China Werke aufgebaut. Der chinesische Markt mit über einer Milliarde Menschen ist groß. Außerdem erspart sich das Unternehmen die Transportkosten, wenn die Produkte vor Ort hergestellt werden. Kennt es auch die landestypischen Gewohnheiten, kann das Unternehmen die eigenen Produkte daran anpassen. So produziert VW in Indien einen Kleinwagen nur für den indischen Markt. Das Auto ist preiswert und weniger als 4 m lang, daher kostet es in Indien weniger Steuern als andere VW-Modelle. Ein anderes Beispiel ist Nutella: Der Süßwarenhersteller Ferrero mit Sitz in Italien produziert die Nuss-Nougat-Creme für Südeuropa flüssiger als für Deutschland, da die Menschen dort mehr Weißbrot essen, das sonst schnell reißen würde.

Global Player nutzen die Vorteile der verschiedenen Märkte und einer international arbeitsteiligen Produktion. Bei der Wahl eines Standortes spielen auch Arbeitskosten, Umweltstandards oder Steuern eine Rolle. Unilever beschäftigt insgesamt 149 000 Mitarbeiter/innen in etwa 100 Ländern.

→ internationale Arbeitsteilung Seite 144/145

A / B

1 Nenne Unilever-Produkte, die du schon genutzt hast bzw. kennst (M 1).

2 Fasse die Merkmale eines Global Players am Beispiel von Unilever zusammen (T 1, M 2).

3 (A) Global Player haben Standorte auf der ganzen Welt. Nenne Gründe (T 2).

3 (B)
a) Nenne mögliche Vorteile, die die Globalisierung für Unternehmen bringt (T 2).
b) Beurteile diese Vorteile aus sozialer, ökologischer und ökonomischer Sicht.

4 EXTRA MK
VW, Deutsche Telekom, Allianz, adidas … – recherchiere zu einem Global Player aus Deutschland und stelle ihn deinen Mitschüler/innen vor. Begründe, warum es sich um einen Global Player handelt.

AFB I: 1, 3 II: 2, 4 AFB I: 1, 3a II: 2, 4 III: 3b

→ Lösungshilfen ab S. 195

A Eine Hose für die Welt

„Made in the world": Die Jeans ist das wohl berühmteste internationale Kleidungsstück und ein weltweiter Erfolgsartikel der Textilindustrie. Doch ehe man sie anzieht, hat die Hose bereits einen weiten Weg hinter sich. Damit ist sie ein typisches Beispiel für die internationale Arbeitsteilung.

A Eine Hose für die Welt diese Seite

B Ein Büro für die Welt Seite 146/147

1
Bildet Vierergruppen. Zwei Schüler/innen bearbeiten Inhalt A, die anderen Inhalt B auf S. 146/147.
Arbeitet zunächst allein:
a) Beschreibe die Reise einer Jeans und berechne, wie viele Kilometer sie bei ihrer Produktion zurücklegt (M 2).
b) Vergleiche deine Ergebnisse mit denen deines Lernpartners/deiner Lernpartnerin.

2
a) Erläutert, weshalb die Jeans ein Beispiel für internationale Arbeitsteilung ist (T 1, M 2).
b) Arbeitet heraus, welche Folgen die Herstellung einer Jeans hat (M 3, M 4).
c) Erläutert den unsichtbaren Wasserverbrauch bei der Jeansproduktion im Vergleich zu anderen Produkten (T 2, M 1).

3 MK
Arbeitet nun in der Vierergruppe:
a) Stellt eure Ergebnisse auf einem Infoplakat dar.
b) Unterrichtet die Schülerinnen und Schüler mit Inhalt B über die internationale Arbeitsteilung bei der Jeansproduktion und über die Folgen der Jeansherstellung. Nutzt die Infoplakate.
c) Lasst euch von den anderen über das Büro „nebenan" in Indien unterrichten.

AFB I: 1a, 2b II: 1b, 2a, 2c, 3a, 3b III: 3c → Lösungshilfen ab S. 195

T1 Internationale Arbeitsteilung

Die Produktion einer Jeans erfolgt in einzelnen Arbeitsschritten, die an unterschiedlichen Standorten in der Welt stattfinden. Das nennt man **internationale Arbeitsteilung.** Dort, wo die Arbeitslöhne am niedrigsten sind, wird produziert. Viele Arbeitsschritte finden in Schwellen- und Entwicklungsländern statt. Hoch qualifizierte Tätigkeiten wie die Produktentwicklung verbleiben dagegen meist in den Ländern, in denen die Firmen ihren Hauptsitz haben.

Die internationale Arbeitsteilung wirkt sich in den Produktionsländern teilweise positiv aus, denn hier entstehen neue Arbeitsplätze. Allerdings beklagen Gewerkschaften und NGOs seit Langem die schlechten Arbeitsbedingungen besonders in der Textilindustrie, z. B. in Indien, Bangladesch oder Sri Lanka. Vor allem Frauen leiden unter zu geringen Löhnen und langen Arbeitszeiten. In den Industrieländern gibt es hingegen einen Arbeitsplatzverlust bei den vermeintlich einfacheren Tätigkeiten wie z. B. beim Nähen und Färben.

SP Tipp

Etwas erläutern
→ Aufgabe 2a

An … und … erkennt man, dass die Jeans ein Beispiel für die internationale Arbeitsteilung ist.

→ Arbeitsbedingungen in der Textilindustrie Seite 149

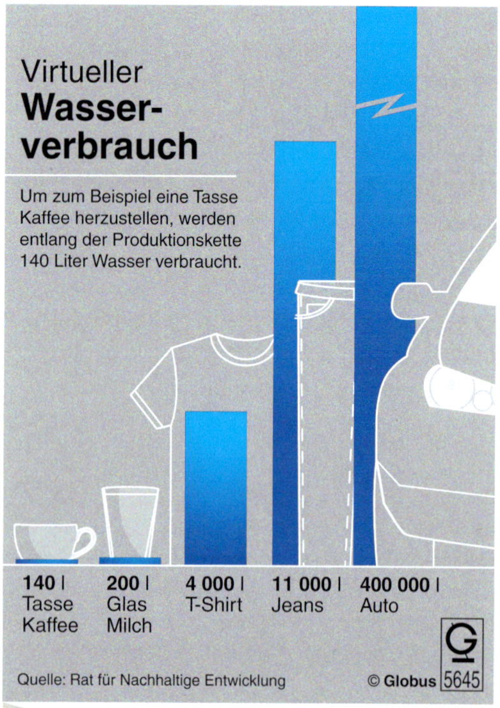

M1 Virtuelles Wasser ausgewählter Produkte

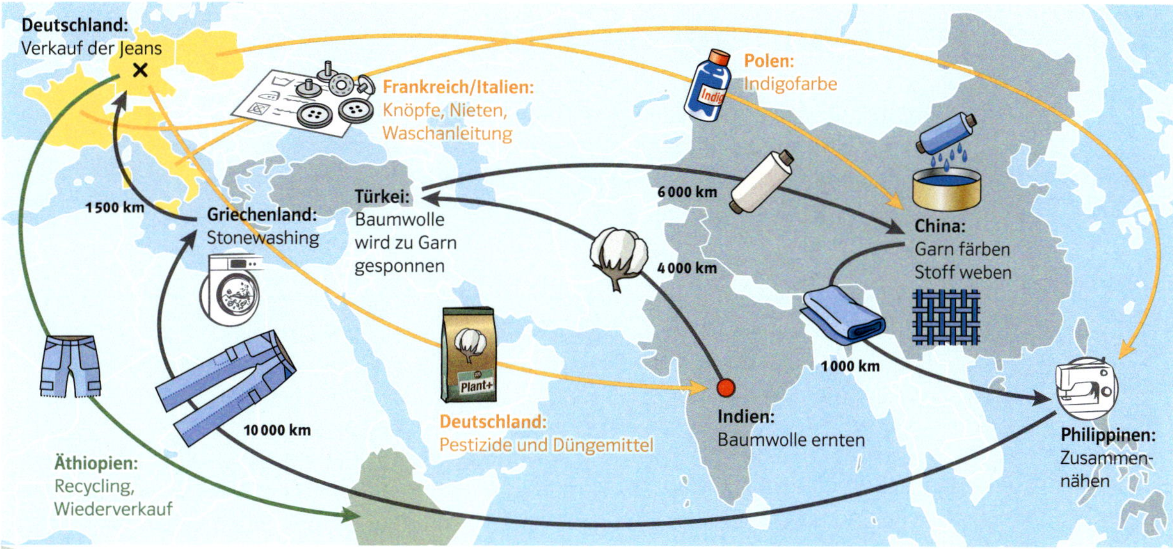

M2 Die Reise einer Jeans (beginnt beim roten Punkt)

T2 Unsichtbarer Wasserverbrauch

Für die Produktion einer Jeans wird viel mehr Wasser benötigt, als man vermuten würde. Dies ist der unsichtbare oder **virtuelle Wasserverbrauch.** So benötigt man 9300 l allein für den Baumwollanbau, insbesondere für die Bewässerung der Baumwollsträucher. Hinzu kommen für die Herstellung der Jeans und für das Färben und Waschen noch einmal 1700 l. Weniger wasserintensiv sind z. B. Öko-Jeans. Bei ihrer Herstellung wird auf die Verwendung von chemischen Produkten verzichtet. Diese müssen im weiteren Herstellungsprozess nicht wieder ausgespült werden. So kann man viel Wasser einsparen. Im Gegensatz zur herkömmlichen Jeans werden Öko-Jeans häufig nur an einem Ort gefertigt. Damit entfallen auch die vielen Transportwege für die einzelnen Arbeitsschritte.

Jeans-Produktion schädigt Mensch und Umwelt

Bei der gängigen Jeansproduktion werden nicht nur riesige Mengen an Wasser verbraucht, sondern zudem giftige Stoffe verwendet. Denn beim Färben mit dem blauen Farbstoff Indigo werden gesundheitsschädliche Chemikalien und Schwermetalle wie Quecksilber und Cadmium eingesetzt. In China, wo weltweit die meisten Jeans hergestellt werden, entsorgen manche Fabriken diese gefährlichen Stoffe nach dem Färben einfach in die Umwelt. Tiefblaue Abwässer fließen mit all ihren Giften nahezu ungeklärt in die Flüsse.
Damit die Jeans ihren beliebten „Used-Look" erhält, kommt das Sandstrahlverfahren zum Einsatz. Hierbei wird von den Arbeitern feiner Sand mit Hochdruck auf die Jeans gesprüht. Der Sandstaub dringt aber auch tief in die Lungen der Arbeiter ein. Infolgedessen bekommen viele von ihnen eine Staublunge, das ist eine unheilbare, oft tödliche Krankheit.

M4

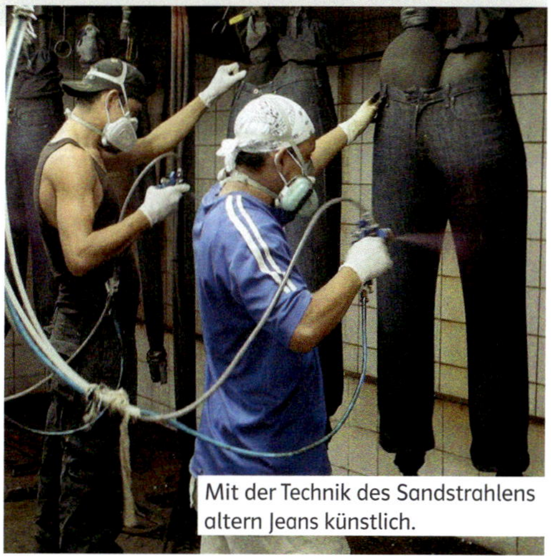
Mit der Technik des Sandstrahlens altern Jeans künstlich.

Der Baumwollanbau

Baumwolle wird in den Tropen und Subtropen in Monokulturen angebaut; diese sind anfällig für Schädlinge. 10 % des weltweiten Verbrauchs an Pestiziden und Düngemitteln entfallen auf Baumwolle. Für den Anbau benötigt man sehr viel Wasser. Da Baumwolle international gehandelt wird, bildet sich ihr Preis auf dem Weltmarkt. Für Entwicklungsländer gehört Baumwolle zu den wichtigsten Exportgütern. Schwankende Weltmarktpreise lassen ihre Einnahmen aber oft niedriger ausfallen als erhofft.

M3

B Ein Büro für die Welt

Auch Dienstleistungen können in andere Teile der Welt verlagert werden. Wer wegen einer Nachfrage bei einem Unternehmen anruft, bekommt die Antwort vielleicht von einem Mitarbeiter in Asien. Die Digitalisierung hat ganz neue Möglichkeiten eröffnet.

A Eine Hose für die Welt
Seite 144/145

B Ein Büro für die Welt
diese Seite

1
Bildet Vierergruppen. Zwei Schüler/innen bearbeiten Inhalt B, die anderen Inhalt A auf S.144/145. Arbeitet zunächst allein:
a) Erkläre den Begriff „Outsourcing“ und begründe, warum Unternehmen Dienstleistungen auslagern (T1, T2, M1).
b) Vergleiche deine Ergebnisse mit denen deines Lernpartners/deiner Lernpartnerin.

2
a) Erklärt anhand von Bengaluru den Begriff „IT-Cluster“ (M2).
b) Erläutert, wie und warum Bengaluru zum IT-Cluster wurde (M2).
c) „Outsourcing wandert weiter.“ Erläutert die Aussage (M3, M4).

3 MK
Arbeitet nun in der Vierergruppe:
a) Stellt eure Ergebnisse auf einem Infoplakat dar.
b) Unterrichtet die Schülerinnen und Schüler mit Inhalt A über Outsourcing und den IT-Cluster Bengaluru. Nutzt die Infoplakate.
c) Lasst euch von den anderen über die internationale Arbeitsteilung bei der Jeansproduktion unterrichten.

AFB II: 1–3b III: 3c → Lösungshilfen ab S.195

M1 Ein Callcenter in Indien

Callcenter
ein Unternehmen oder die Abteilung eines Unternehmens, das für Serviceleistungen telefonisch Kontakt zur Kundschaft hält bzw. versucht, neue Kundschaft für das Unternehmen zu gewinnen

T1 Das Büro „nebenan“ in Indien

Viele Unternehmen verlagern einen Teil ihrer Arbeiten an eigene Standorte im Ausland oder in andere Firmen, die sich auf bestimmte Dienstleistungen spezialisiert haben. Die Auslagerung von Tätigkeiten an externe Dienstleister wird als **Outsourcing** bezeichnet. Die Übertragung von Aufgaben betrifft zunehmend auch komplexe Dienstleistungen. Mittlerweile spielt es für die Produktion kaum noch eine Rolle, ob Mitarbeiter/innen des eigenen Unternehmens die Konstruktionszeichnungen für Maschinen, Autos oder Flugzeuge angefertigt haben oder Ingenieure einer damit beauftragten Firma beispielsweise in Asien. Die Zeitunterschiede zwischen den Kontinenten können dabei sogar von Vorteil sein: Wenn die Angestellten in Deutschland morgens mit ihrer Arbeit beginnen, liegen ihnen die Ergebnisse ihrer Teammitglieder aus Asien bereits vor.

T2 Von der Beratung zur Diagnose

Den Anfang haben Callcenter zur Kundenberatung gemacht. Während die Arbeit im Callcenter bei uns vergleichsweise niedrig bezahlt wird, hat sie in Asien einen höheren Stellenwert und die Mitarbeiter/innen werden besser bezahlt als in anderen Tätigkeitsbereichen. Banken lagern zunehmend wiederkehrende Bürotätigkeiten aus, Softwareunternehmen lassen eigene oder unternehmensfremde Programmierer in Indien für sich arbeiten. Selbst die medizinische Beratung eines deutschen Rentners durch eine indische Ärztin wird dank der Digitalisierung und verbesserter Dolmetscherdienste möglich.

Bengaluru: Indiens Zentrum für IT

Bengaluru (bis 2014 Bangalore) ist mit 11,4 Millionen Einwohnern nach Mumbai und Delhi die drittgrößte Stadt Indiens. Indien ist der weltweit größte Exporteur von IT-Dienstleistungen. Das Zentrum der indischen Software-Industrie ist Bengaluru. Viele Hightech- und Computerfirmen des In- und Auslands haben sich in den letzten Jahrzehnten hier angesiedelt, sodass sich ein regelrechter IT-Cluster entwickelt hat. Hier arbeiten hochqualifizierte indische Fachkräfte. Viele Softwareprogramme, die in der westlichen Welt zum Einsatz kommen, sind in Bengaluru entwickelt worden. Weitere Schwerpunkte sind die Luft- und Raumfahrt sowie die Biotechnologie. Aber Bengaluru bietet noch mehr: Die IT-Servicecenter sind in der Lage, sehr schnell und auch für eine begrenzte Zeit auf Anfragen europäischer Firmen zu reagieren, z. B. zur Durchführung eines zweijährigen Projekts. Befristete Turbo-IT-Dienstleistungen sind eine indische Spezialität. Bengaluru ist zudem Standort von Universitäten, technischen Hochschulen und Forschungsinstituten. Wie in vielen indischen Städten gibt es Sprachschulen für Französisch, Spanisch und Deutsch. Englische Sprachkenntnisse sind für viele Inder/innen selbstverständlich.

Am Standort des deutschen Software-Unternehmens SAP in Bengaluru

M2

Cluster
engl. „cluster" = Schwarm oder Traube; räumliche Zusammenballung von Unternehmen, Zulieferbetrieben oder Hochschulen, die an gleichen oder ähnlichen Zielen arbeiten

Philippinen haben Indien als Standort Nr. 1 für Callcenter überholt

Anfänglich wurden Callcenter vor allem in Indien eingerichtet. Gerade nordamerikanische Kund*innen haben sich jedoch beschwert, dass sie das [...] Englisch der Inder*innen nur schlecht verstehen können. [...] Eine Marktlücke für die Philippinen, wo die weiterführende Bildung an Colleges und Universitäten nahezu ausschließlich auf Englisch stattfindet [...]. Die Löhne liegen zwar weit unter denen in den USA und den anderen Herkunftsländern der Auftraggeber. Dennoch verdient man in internationalen Callcentern um einiges mehr, als wenn man in dem Beruf, den man studiert hat, arbeiten würde. So erhält eine Lehrerin monatlich etwa 9000 (~ 150 Euro) bis 20000 Peso (~ 340 Euro), [...] während selbst eine Anfängerin im Callcenter je nach Standort schon 12000 (~ 205 Euro) bis 30000 Peso (~ 510 Euro) verdient. Wer in der Kundenakquise [...] oder als „Multilingual" (also Leute, die noch andere Fremdsprachen als Englisch beherrschen) arbeitet, verdient schnell das Drei- bis Vierfache. [...]
In Callcentern [...] ist es üblich, schon am Abend nach dem Vorstellungsgespräch den Job angeboten zu bekommen. Zudem kann man sich darauf verlassen, dass die internationalen Callcenter die Sozialversicherungsabgaben abführen. All das macht die Jobs selbst für Absolventinnen der Eliteuniversitäten attraktiv.

Niklas Reese: Boomindustrie Callcenter, 06.05.2019, in: südostasien – Zeitschrift für Politik, Kultur, Dialog

M3

Be a professional CALL CENTER AGENT

Take your chance
TRAINING for FREE!

QUALIFICATIONS:
- 18 years old and above
- At least high-school graduate or college level
- Computer literate
- Good English/German/French/Spanish or Chinese communication skills

OUR OFFER:
- Get trained in two weeks.
- Start work immediately.

CONTACT:
+ 632 123 4567
+ 632 891 0111
+ 632 213 1415

Our friendly staff is waiting for you!

M4 Werbeplakat für die Ausbildung von Callcenter-Mitarbeiter/innen auf den Philippinen

Globalisierung – ein Gewinn für alle?

Die Globalisierung mit der weltweiten Verfügbarkeit von Waren und Dienstleistungen hat viele Vorteile. Doch längst nicht alle Menschen profitieren davon und viele leiden sogar darunter.

M1 Globalisierung – gerecht für alle?

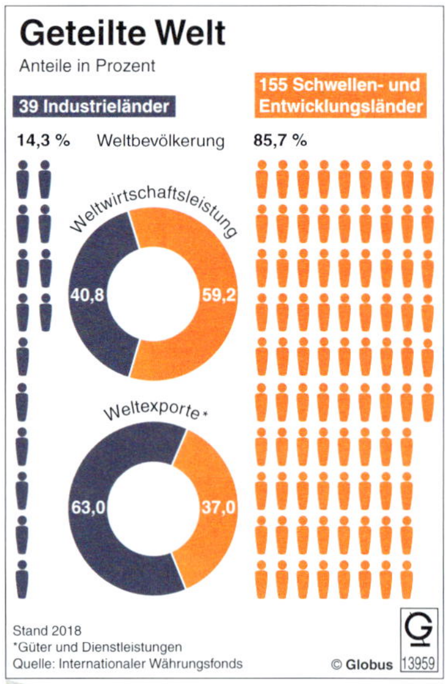

M2 Anteil am Welthandel 2018

← Global Player Seite 142/143

T1 Global Player: pro und kontra

Vieles spricht für Global Player: Die Weltkonzerne verbreiten technisches und wirtschaftliches Know-how über den Globus. Sie fördern den Welthandel und das Wirtschaftswachstum. So tragen sie zu Fortschritt und Wohlstand bei.

Doch es gibt auch eine Kehrseite: Global Player sind schwer zu kontrollieren, weil sie nicht an die Gesetze eines einzelnen Staates gebunden sind. Stattdessen handeln sie weitgehend unabhängig und können aufgrund ihrer Größe und Macht sogar die Politik eines Landes beeinflussen. Um Kosten zu sparen, verlagern Global Player ihre Produktion in sogenannte Niedriglohnländer. Großkonzernen wird außerdem Steuerflucht vorgeworfen, doch dagegen gehen bereits viele Staaten vor. So verlangt die EU seit 2021 die Offenlegung der Steuerzahlungen. Darüber hinaus haben sich die G20-Staaten auf eine globale Mindeststeuer von 15 % geeinigt.

G20
Gruppe der 20 wichtigsten Industrie- und Schwellenländer, in denen mehr als die Hälfte aller Menschen der Erde leben

T2 Vor- und Nachteile ungleich verteilt

Dank der Globalisierung importiert Deutschland preiswerte Waren wie Lebensmittel und Elektronikartikel und exportiert hochwertige Güter wie Maschinen und Autos. Meist profitieren Arbeitnehmer/innen in Deutschland von den gut bezahlten Jobs in Industrie oder Dienstleistungen. Andere Arbeitsplätze sind durch die Globalisierung weggefallen, denn viele Produkte können im Ausland billiger hergestellt werden. Entwicklungsländer und Schwellenländer produzieren für den Weltmarkt z. B. T-Shirts, Kaffee, Computer und Smartphones. Dennoch haben sie einen eher kleinen Anteil am Welthandel (M 2).

Die produzierenden Länder stehen in harter Konkurrenz zueinander und sind wirtschaftlich vom Welthandel abhängig. Dazu müssen sie die Preise niedrig halten. Die Folgen sind Hungerlöhne, Kinderarbeit und Armut. Zwar erfahren einige Länder wie China und Indien einen Aufschwung durch die Globalisierung. Aber es werden auch Arbeitskräfte ausgebeutet und Umweltschäden verursacht.

Ein Lohn von 80 Euro pro Monat – für den Lebensunterhalt reicht das in Bangladesch nicht aus. Und doch ist das dort der gesetzlich festgelegte Mindestlohn in der Textilbranche. Die Armut zwingt die Menschen, für diesen Lohn zu schuften und schlimme Arbeitsbedingungen in Kauf zu nehmen. Gewerkschaften fordern die Verdopplung des Mindestlohns, aber auch dies würde nicht ausreichen, denn zum Leben benötigt man in Bangladesch umgerechnet 377 Euro pro Monat. Um zu überleben, müssen die Menschen Überstunden leisten oder zusätzliche Jobs annehmen.
Das Beispiel zeigt, dass die Vereinten Nationen vom Ziel 8 der Agenda 2030 noch weit entfernt sind. Laut der Internationalen Arbeitsorganisation ILO leben weltweit etwa 700 Millionen Beschäftigte in zum Teil absoluter Armut. Das ist viel, aber gemessen an der Zahl von 1,3 Milliarden armen Beschäftigten aus dem Jahr 1993 schon ein Fortschritt.

M3 Ein Mindestlohn, der nicht zum Leben reicht

T3 Menschenrechte, Mindeststandards

Kritische Verbraucherverbände und NGOs prangern die Missstände in den Weltmarktfabriken seit Jahren an. Sie berufen sich auf die Allgemeine Erklärung der **Menschenrechte** der UN von 1948, die den Schutz von Arbeitenden vorsieht. Auch die Internationale Arbeitsorganisation ILO, eine Organisation der UN, versucht, menschenwürdige Arbeit zu verwirklichen. Die ILO umfasst 187 Mitgliedsstaaten, davon haben 140 Staaten folgende vier Mindeststandards ratifiziert:
- Vereinigungsfreiheit und Recht auf Kollektivverhandlungen, z. B. durch Tarifverträge,
- Beseitigung von Zwangsarbeit,
- Abschaffung der Kinderarbeit,
- Verbot von Diskriminierung am Arbeitsplatz.

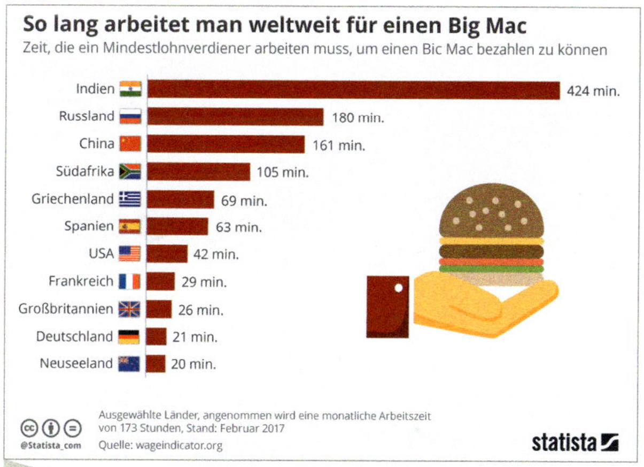

M4

Mindeststandards
Qualitätsmerkmale oder Grundprinzipien, die mindestens erreicht werden müssen

1 Diskutiert über die Karikatur M1:
a) Beschreibt, was dargestellt wird.
b) Stellt den Zusammenhang mit der Globalisierung her.
c) Nehmt Stellung dazu.

2 (A) Nenne die Vorteile und Nachteile der Global Player für die Weltwirtschaft (T1).

2 (B) Erörtere die Rolle der Global Player (T1).

3 SP (A) Beschreibe den Anteil der Entwicklungs- und Schwellenländer am Welthandel (T2, M2).

3 SP (B) „Die Globalisierung geht nur zulasten der Entwicklungs- und Schwellenländer“.
a) Stelle Pro- und Kontra-Argumente zu dieser Aussage zusammen (T2, M2, M3).
b) Nimm Stellung dazu.

4 MK
a) Recherchiere, was sich hinter dem Ziel 8 der Agenda 2030 (M3) genau verbirgt.
b) Analysiere, was es für die Menschen konkret bedeutet, wenn Mindeststandards nicht eingehalten werden (M3).
c) Fasse zusammen, wie dem entgegengewirkt werden soll (T3).

5 EXTRA
Arbeite mit der Grafik M4
a) Erkläre die Unterschiede. Nutze auch M3.
b) Welche Rückschlüsse lässt die Grafik auf den Lebensstandard zu?

AFB I: 1a, 2, 3 II: 1b, 4, 5 III: 1c   AFB I: 1a II: 1b, 3a, 4, 5 III: 1c, 2, 3b

→ Lösungshilfen ab S. 195

Globalisierung und Umwelt

Weltumspannender Handel und steigender Konsum haben Auswirkungen auf die Umwelt und das Klima. Wie groß dieser Zusammenhang ist, lässt sich im Einzelnen schwer nachweisen. Doch seit Beginn der Globalisierung hat der Mensch stärker Einfluss auf die Umwelt genommen als jemals zuvor.

M1

Höllenfeuer Agbogbloshie

Agbogbloshie [ein Stadtviertel von Accra, der Hauptstadt von Ghana] ist der Friedhof der elektronischen Welt. [...] 6 000 Menschen leben hier, auf einer der größten Müllhalden der Welt. [...] Hier landet Elektroschrott aus Ghana, Westafrika, der Welt. Hier trotzen Menschen dem Abfall verwertbare Reste ab und verdienen so ein klein wenig Geld. [...] Die Recycler verbrennen ganze Berge von Kabeln, Monitoren, Computern. Schmilzt das Plastik, bleibt zum Beispiel Kupfer übrig. So lässt sich das wertvolle Metall leicht entnehmen. Aber die Schrottarbeiter und Anwohner des Slums atmen die Giftschwaden ein. Hinzu kommt, dass viele Recycler mit gefährlichen Materialien hantieren, ungeschützt. Geschwächte Lungen, Tumore, Schilddrüsenprobleme sind die Folge.

Gioia Foster; Bernhard Sprengel: Von Deutschland nach Ghana: Dem Elektroschrott auf der Spur, 20.10.2018, goettinger-tageblatt.de

T1 Immer mehr Müll

Je mehr Güter auf der Welt produziert werden, desto mehr Müll fällt an. Doch nicht immer kann er vor Ort verwertet werden. Deshalb hat sich ein reger Müllhandel entwickelt. Allein Deutschland hat im Jahr 2020 etwa eine Million Tonnen Plastikabfälle im Wert von 250 Millionen Euro exportiert, hauptsächlich Verpackungsmüll. In den Abnehmerländern muss nach EU-Standards recycelt werden. Bis 2018 ging ein Großteil des Plastikmülls nach China. Da das Land seine Grenzen für Abfälle jedoch geschlossen hat, landet der Müll nun in anderen Ländern, z. B. in der Türkei. Andererseits importiert Deutschland auch selbst Müll (wie Metalle und Altpapier), um ihn weiterzuverarbeiten.

T2 Verlagerung von Umweltproblemen

Probleme ergeben sich aus dem illegalen Müllexport. In den Entwicklungs- und Schwellenländern entsprechen die Gesetze zum Schutz der Umwelt nur selten den Standards der Industrieländer. Die Entsorgung und das Recycling giftiger Abfälle findet dort häufig unter ungünstigen Bedingungen statt (M 1). Auch umweltbelastende Produktionsprozesse werden verstärkt in Länder mit geringen Umweltstandards verlagert. Dies nennt man „Umweltdumping“.
Die Gefahr ist groß, dass unsachgemäß entsorgte Abfälle Böden und Gewässer verschmutzen. So landen jährlich etwa 40 Millionen Tonnen Plastikmüll im Meer, ein Großteil gelangt über die Flüsse dorthin. Jedes Jahr verenden deshalb ca. 100 000 Meeressäuger und eine Million Seevögel. Plastik ist nicht biologisch abbaubar. Eine Plastikflasche benötigt etwa 500 Jahre, bis sie sich zu Mikroplastik zersetzt hat. Diese winzig kleinen Teilchen können über Nahrung aus dem Meer zurück zum Menschen gelangen und sind gesundheitsschädlich.

Dumping
von engl. „to dump“ = verschleudern. Niedrigere Standards in verschiedenen Bereichen ermöglichen es, Waren und Dienstleistungen in einem Land kostengünstiger herzustellen oder anzubieten als bei Einhaltung strikterer Standards in anderen Ländern.

T3 Verstärkte Emissionen

In den letzten Jahrzehnten hat der internationale Handel stark zugenommen. Die globale, arbeitsteilige Produktion begünstigt den vermehrten Gütertransport und hat die Verkehrsbelastung auf den Meeren, in der Luft sowie auf den Straßen anwachsen lassen. Dadurch sind die verkehrsbedingten Emissionen, v.a. von CO_2, deutlich gestiegen, was wiederum die Erderwärmung verstärkt.
Die Ausweitung der Industrieproduktion geht aber auch mit einer erhöhten Stromproduktion einher, die nach wie vor zum Großteil auf der Verbrennung von Kohle und Erdöl basiert. Die Kohleverbrennung verursacht die größten Umweltschäden.
Eine wachsende Weltbevölkerung verstärkt die Effekte, insbesondere wenn sehr viele Menschen ihren Lebensstandard erhöhen (was nachvollziehbar ist). Das starke Wirtschaftswachstum und die schnelle Entwicklung einiger Schwellenländer, v.a. China und Indien, ist wesentlich auf die Globalisierung zurückzuführen.

T4 Entwaldung und Artensterben

Für Lebensmittel aus aller Welt werden riesige Waldgebiete in landwirtschaftliche Flächen umgewandelt. Auch verstärkt die Globalisierung die Suche nach Bodenschätzen wie Erzen und Energierohstoffen wie Öl. Insbesondere Tropische Regenwälder sind betroffen. Aber auch die Borealen Nadelwälder des Nordens werden für die Holzproduktion gerodet. Die Entwaldung beschleunigt wiederum den Klimawandel, weil der Wald dann nicht mehr als CO_2-Senke zur Verfügung steht. Durch die Erderwärmung, aber auch durch den Verlust an Lebensräumen sterben viele Tier- und Pflanzenarten aus.

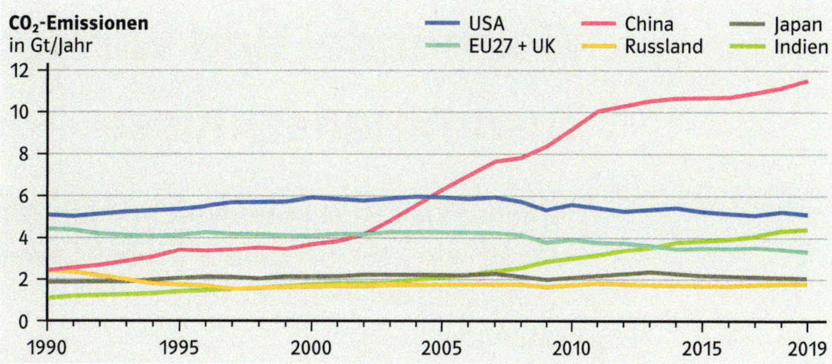

M2 CO_2-Emissionen in ausgewählten Regionen der Erde

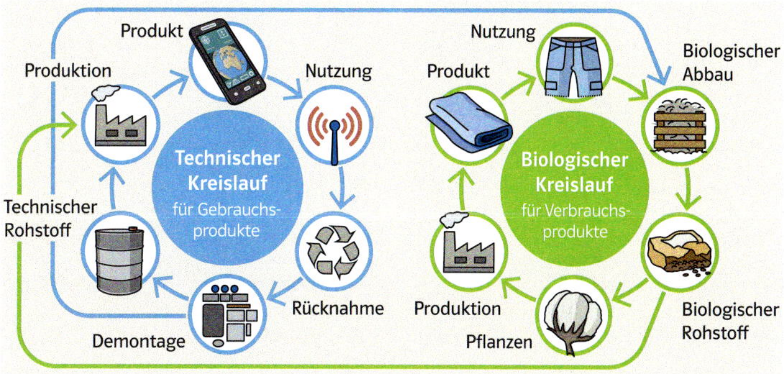

Der ideale Produktionsprozess ist ein Kreislauf, bei dem nichts verlorengeht. Ein Konzept für einen solchen Kreislauf ist „Cradle to Cradle (von der Wiege zurück zur Wiege)". Produkte sollten demnach aus biologisch abbaubaren oder vollständig wiederverwendbaren Materialien bestehen. Dann könnte man z.B. Waschmittel, Papier und Kosmetik in einen biologischen Kreislauf und z.B. Elektrogeräte in einen technologischen Kreislauf einteilen.

M3 Nachhaltige Produktion: Cradle to Cradle

CO_2-Senke
Ökosystem, das CO_2 aufnehmen und speichern kann, z.B. Wälder, Moore, Gewässer

1 Arbeite mit M1: Beschreibe die Situation auf der Müllhalde in Agbogbloshie.

2 Arbeite mit T1 und T2:
a) Begründe, warum der Müllhandel entstanden ist.
b) Erläutere die Folgen des „Umweltdumpings".

2 Erläutere am Beispiel des Umweltdumpings die globale Müllproblematik und deren Folgen (T1, T2).

3 SP Arbeite mit M3:
a) Beschreibe das Cradle-to-Cradle-Konzept.
b) Beurteile, ob es ein Beitrag zur Verringerung des weltweiten Müllproblems ist.

4 Erläutere den Zusammenhang zwischen der Globalisierung und den verstärkten Emissionen (T3, M2).

4 „Durch die Globalisierung haben bereits bestehende Umweltbelastungen zugenommen." Beurteile diese Aussage (T3, M2, T4).

5 EXTRA „Nur die Weltgemeinschaft als Ganzes kann das CO_2-Problem lösen." Beurteile diese Aussage anhand des Diagramms M2.

Welthandel und wirtschaftliche Zusammenschlüsse

Die ganze Welt ist ein riesiges Kaufhaus. Waren werden weltweit produziert, verkauft und über den ganzen Erdball bewegt. Internationale Handelsbündnisse vereinfachen den Warenaustausch. Drei große Wirtschaftszentren dominieren den Welthandel.

Staat	Export (in Mrd. US-$)	Staat	Import (in Mrd. US-$)
China	2499,03	USA	2568,41
USA	1645,63	China	2077,1
Deutschland	1489,16	Deutschland	1234,22
Niederlande	709,23	Japan	720,74
Japan	705,53	Ver. Königreich	691,8
Frankreich	569,73	Frankreich	651,18

M1 Die größten Exportländer und Importländer 2019

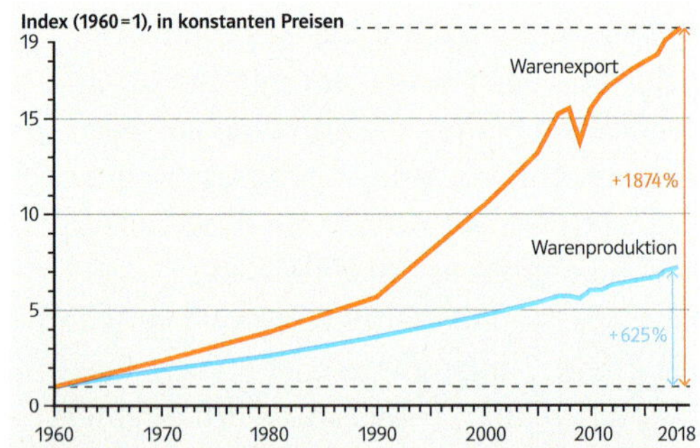

M2 Entwicklung des grenzüberschreitenden Warenhandels

Handelsbilanz
die Differenz aus dem Export und Import

Ist der Import höher als der Export, ist die Handelsbilanz eines Staates negativ, im umgekehrten Fall positiv.
Ein starker Überschuss an Exporten – und damit eine positive Handelsbilanz – gilt als Zeichen für hohe Wettbewerbsfähigkeit. Doch wenn Handelsbilanzen dauerhaft unausgeglichen sind, können Spannungen zwischen Handelspartnern entstehen.

T1 Warenströme verändern sich

Internationale Warenströme sind ein Ergebnis des Welthandels. Sie entstehen durch den Handel und Transport von Produkten über größere Entfernungen. Die Warenströme sind ständig im Wandel, denn sie hängen von wirtschaftlichem Aufschwung oder Wirtschaftskrisen ab. Je besser die Wirtschaft läuft, desto größer sind die Warenströme, da die Staaten dann mehr Produkte ein- oder ausführen als bei einer Wirtschaftsflaute.

T2 Die drei großen Wirtschaftszentren

Die Exporte und Importe von Waren konzentrieren sich auf die drei großen Wirtschaftsregionen der Erde: Asien, Nordamerika und Europa.
In Asien zeigen besonders Indien und China in den letzten beiden Jahrzehnten das größte Wachstum im Handelsaufkommen.
Deutschland ist eine der größten Exportnationen. Daneben gehören China und die USA zu den größten Exporteuren weltweit.

T3 Wirtschaftliche Zusammenschlüsse

Staaten schließen Handelsabkommen ab oder bilden **Freihandelszonen**. In diesen Freihandelszonen erheben die beteiligten Staaten keine Zölle untereinander. Dadurch wird der Handel ausgeweitet und die wirtschaftliche Macht wird gestärkt.
Die Europäische Union (EU) ist eine der größten Freihandelszonen der Welt. Mit dem Euro als gemeinsame Währung hat die Mehrheit der EU-Staaten den wirtschaftlichen Austausch untereinander sogar noch weiter erleichtert. Innerhalb des Wirtschaftsraumes der EU leben etwa 450 Millionen Menschen. Im Unterschied zu anderen Freihandelszonen arbeiten die EU-Staaten auch politisch zusammen.
Das nordamerikanische Freihandelsabkommen heißt NAFTA. Es wurde geschlossen zwischen Kanada, den USA und Mexiko und umfasst einen Wirtschaftsraum mit fast 500 Millionen Menschen.
In Südamerika gibt es den MERCOSUR zwischen Argentinien, Brasilien, Paraguay, Uruguay und Venezuela. Hier leben 260 Millionen Menschen.

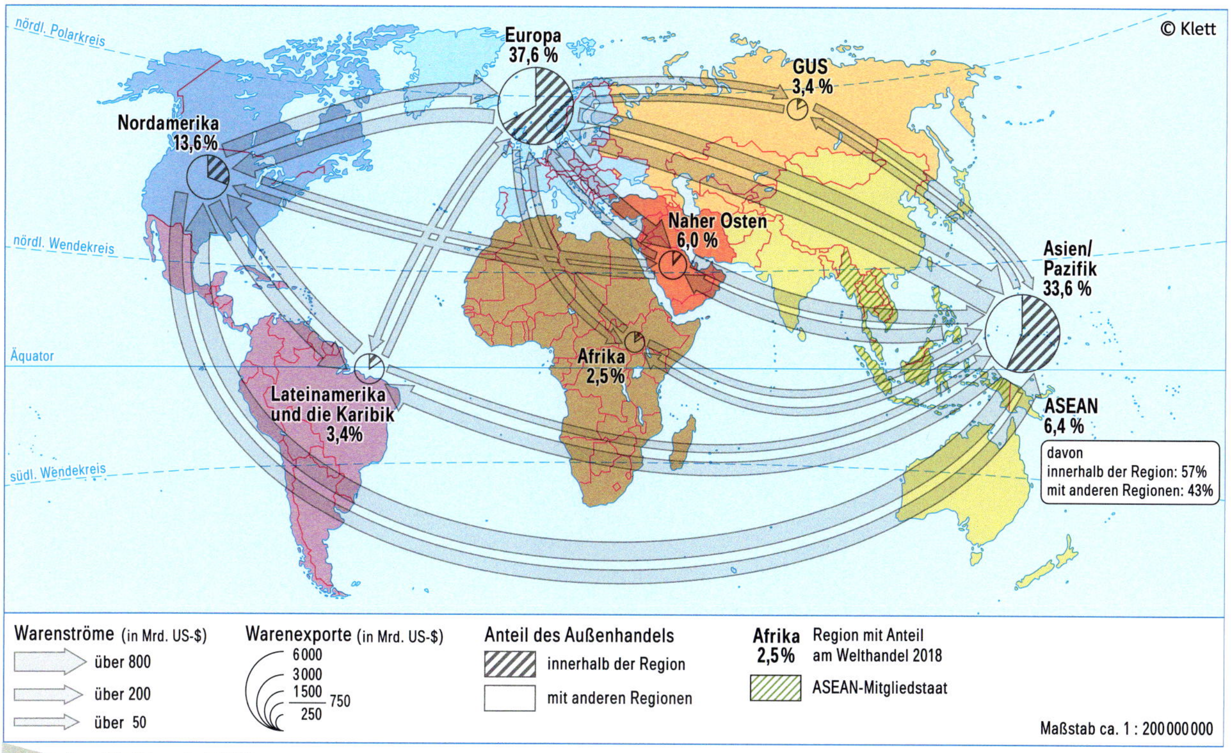

M3 Der Welthandel 2018

Die größte Freihandelszone der Welt, die RCEP, wurde 2020 gegründet. Dabei haben sich China, Japan, Südkorea, Australien und Neuseeland mit den zehn südostasiatischen ASEAN-Staaten zusammengeschlossen. Im Wirtschaftsraum RCEP leben über zwei Milliarden Menschen.

Wirtschaftliche Zusammenschlüsse führen allerdings zu einem globalen Ungleichgewicht. Die Partner innerhalb eines Handelsbündnisses profitieren vom zollfreien Handel, während außenstehende Staaten (wie die meisten Entwicklungsländer) weiterhin für ihre exportierten Waren Zölle zahlen müssen.

Neue Freihandelszone in Afrika

Am 1. Januar 2021 startet[e] die afrikanische Freihandelszone (AfCFTA). 54 Staaten mit 1,2 Milliarden Menschen sollen [...] einen Binnenmarkt bilden. [...] Die Mitgliedsländer müssen immer noch über Zölle, einheitliche Grenzkontrollen und Standards [...] verhandeln. [...] Die Chancen aber sind gewaltig. „Diese Freihandelszone schafft einen riesigen Markt und bietet die Möglichkeit für neue Jobs", sagt Lyndia Chinenye Iroulo, Politikwissenschaftlerin [...] in Hamburg. „Afrika kann damit wirtschaftlich aufholen und die Abhängigkeit vom Rest der Welt verringern."

Caroline Hoffmann: Große Chance für Afrika, 31.12.2020, unter: tagesschau.de

M4

1 SP

Welthandel

a) Beschreibe die Entwicklung des Welthandels (M 2).

b) Beschreibe die Warenströme (M 3, T 1).

2

Freihandelszonen (T 3)

a) Erklärt, was Freihandelszonen sind.

b) Nennt vier große Freihandelszonen und beschreibt deren Lage.

c) Beurteilt eine Freihandelszone aus Sicht eines Nichtmitglieds.

3

Export- und Importländer (M 1)

a) Ordne die Begriffe „positive/negative Handelsbilanz" den Staaten USA, Deutschland und China zu. Begründe deine Entscheidung (Erläuterung in der Randspalte).

b) Bewerte Deutschlands Handelsbilanz im Vergleich zu anderen Staaten.

4 MK

a) Informiere dich über den aktuellen Stand der Freihandelszone in Afrika (M 4, Internet).

b) Beurteile die Chancen einer Freihandelszone für Afrika.

AFB I: 1, 2 b II: 2 a, 3 a, 4 a III: 2 c, 3 b, 4 b

→ Lösungshilfen ab S. 195

China – Nr. 1 im Welthandel

Seit dem Ende der 1970er-Jahre ist China zu einer der größten Wirtschafts- und Handelsnationen der Erde aufgestiegen. Auch für Deutschland ist der Handel mit China wichtig. China selbst baut seine Position stetig aus, z. B. mit einem der größten Infrastrukturprojekte der Erde.

M1 Containerhafen in Shanghai – kein Hafen der Welt hat einen größeren Containerumschlag.

Sonderwirtschaftszone
Abgegrenzter Bereich innerhalb eines Staatsgebietes, in dem günstige Bedingungen für Investoren aus dem Ausland herrschen, die so angelockt werden sollen. So müssen Unternehmen, die sich hier ansiedeln, z. B. weniger Steuern zahlen oder haben Erleichterungen in steuerlicher Hinsicht oder bei Umwelt- bzw. Sozialstandards.

T1 Von der Werkbank zur Wirtschaftsmacht

Noch vor 50 Jahren war China ein isoliertes Entwicklungsland. Seither ist es zu einer der größten Wirtschaftsmächte der Welt herangewachsen. Zunächst produzierten chinesische Arbeiter/innen in Sonderwirtschaftszonen für westliche Unternehmen. China war die „Werkbank der Welt“. Die Investitionen ausländischer Firmen begünstigten die Industrialisierung. Der chinesische Staat verpflichtete die ausländischen Unternehmen, mit chinesischen Firmen zu kooperieren. Solche Kooperationen werden als **Joint Venture** bezeichnet. Dabei ging häufig technologisches Know-how auf die chinesischen Unternehmen über und sie nutzten es für die eigene Produktentwicklung.

Einige Staaten warfen China vor, ausländische Produkte zu kopieren. China war jedenfalls zunehmend selbst in der Lage, hochwertige Industriegüter zu entwickeln und zu produzieren.
Heute fertigen chinesische Unternehmen Hightech-Produkte wie Smartphones, Industrieroboter, Arzneimittel oder Raumfahrttechnik. In einigen Bereichen hat China die Führung übernommen, z. B. bei der Mobilfunktechnologie oder künstlichen Intelligenz.

T2 Handelsnation China

Nach der wirtschaftlichen Öffnung hat das Handelsvolumen ständig zugenommen. 2013 war China erstmals die größte Handelsnation der Welt und überflügelte die USA. Ein Großteil des Warenflusses erfolgt über die Häfen. Von den zehn Häfen der Welt mit dem größten Containerumschlag liegen sechs in China. Für viele Länder, besonders Deutschland, ist der Handel mit China von hoher Bedeutung, weil es sich um einen der größten Absatzmärkte handelt. China braucht den Export ebenfalls, um seine zahlreichen Industrieprodukte zu verkaufen.

T3 Deutschlands Handelspartner

Mittlerweile ist China der wichtigste Handelspartner Deutschlands außerhalb der EU. Deutsche Unternehmen nahmen 2019 mit dem Verkauf ihrer Güter in China 96 Milliarden Euro ein. Doch der chinesische Staat nimmt immer noch Einfluss. Nur solche Unternehmen bekommen staatliche Großaufträge, die ihr technologisches Wissen mit den Chinesen teilen. Chinesische Unternehmen investieren aber auch in Deutschland. Zwischen 2000 und 2018 beliefen sich die Investitionen auf über 22 Milliarden Euro.

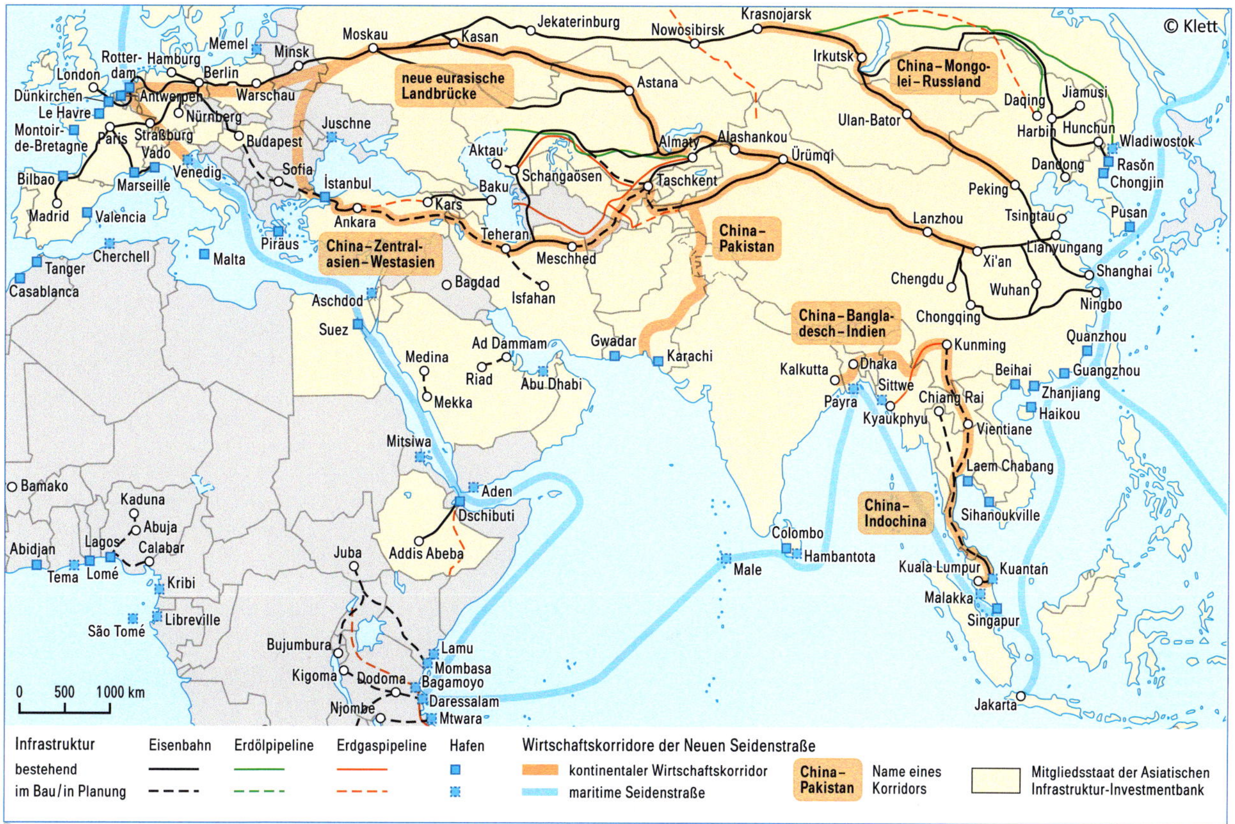

M2 Die Neue Seidenstraße

T4 Die Neue Seidenstraße

Zur Ausweitung des Handels hat China im Jahr 2013 seine Pläne für die sogenannte **Neue Seidenstraße** vorgestellt. Mit diesem riesigen Infrastrukturprojekt baut der Staat die Handelswege innerhalb Asiens sowie nach Europa und Afrika aus und sichert die eigene Versorgung mit Gütern und Rohstoffen. Die Investitionen liegen bei 900 Milliarden Dollar.

Öl- und Gaspipelines werden nach Russland, Kasachstan und Myanmar gebaut. Es entstehen neue Bahnstrecken und Hafenanlagen in Afrika und Südasien. Außerdem investiert China in europäische Häfen. Für seine Investitionen im Ausland verlangt China Nutzungsrechte und andere Privilegien. Verschiedene Nationen befürchten, dass China die Investitionen in anderen Staaten dazu nutzt, diese Länder von sich abhängig zu machen.

Alte Seidenstraße
war von ca. 200 v. Chr. bis ins 14. Jahrhundert ein Netz von Karawanenwegen von Chinas früherer Hauptstadt Xi'an bis ans Mittelmeer, über die nach Westen v.a. Seide, nach Osten Wolle, Gold und Silber transportiert wurden

A B

1 Erläutere die wirtschaftliche Entwicklung Chinas (T1, T2, M1).

2 Beschreibe die Bedeutung Chinas für die deutsche Wirtschaft (T3).

3 Arbeite mit M2 und T4:
a) Beschreibe das Projekt „Neue Seidenstraße".
b) Liste Länder in Asien, Europa und Afrika auf, die in das Projekt eingebunden werden sollen.

4 EXTRA MK
a) Recherchiere über den derzeitigen Stand der Neuen Seidenstraße.
b) Informiere deine Klasse.

3
a) Bearbeite Aufgabe A3.
b) Erkläre, warum China in anderen Ländern dabei hilft, Häfen auszubauen.

AFB I: 2, 3 II: 1, 4 AFB I: 2, 3a II: 1, 3b, 4 → Lösungshilfen ab S. 195

Die Merkmale von Global Cities beschreiben und auf Stadtbeispiele anwenden können

Global Cities

Einige Städte haben für ein ganzes Land oder einen Kontinent eine hohe Bedeutung. Darüber hinaus gibt es Städte mit globaler Bedeutung – in wirtschaftlicher, politischer und kultureller Hinsicht.

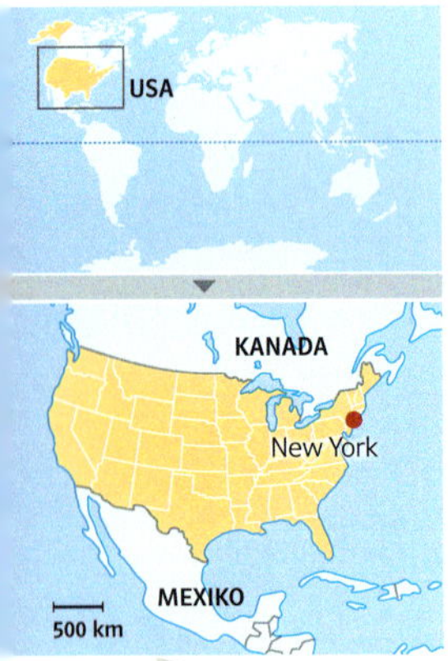

M1

M2 New York – eine Global City

SP Tipp

New York als Global City charakterisieren
→ Aufgabe 2b

- Kennzeichnend für New York als Global City sind …
- Typisch ist auch …
- … wirtschaftliche Bedeutung durch …
- Erreichbarkeit
- … wichtige politische Institutionen, z. B. …

← Global Player Seite 142/143

T1 Von Manna-Hatta nach New York

Was 1624 als eine holländische Handelsstation namens Manna-Hatta begann, hat sich zu einer der bedeutendsten Metropolen der Erde gewandelt. In New York an der Ostküste der USA leben 8,3 Millionen Menschen, im Großraum über 19 Millionen.
Die Stadt hat eine Vielzahl von Museen, Theatern und sonstigen kulturellen Einrichtungen. Viele Global Player haben hier ihren Sitz. Wäre New York ein eigener Staat, würde er zu den 20 größten Volkswirtschaften der Erde zählen. 2017 kamen über 60 Millionen Reisende nach New York, davon 13 Millionen aus dem Ausland. Aufgrund seiner Bedeutung gilt New York auch als eine der teuersten Städte weltweit.

T2 Städte mit weltweiter Bedeutung

Die meisten Städte besitzen eine Bedeutung für ihr Umland, manchmal auch für das ganze Land. Einige Städte der Erde haben jedoch Funktionen, die für Menschen in vielen Ländern von Bedeutung sind. Das liegt teilweise daran, dass sich hier die Hauptniederlassungen von weltweit tätigen Unternehmen befinden. In diesen Unternehmen werden Entscheidungen getroffen, die für die ganze Welt bedeutsam sind. Dadurch erhalten auch die Städte eine besonders große Bedeutung für die Weltwirtschaft. Solch einen Knotenpunkt der Globalisierung nennt man **Global City.** Global Cities beherbergen nicht nur die Hauptsitze der größten Unternehmen und Banken der Welt, sondern hier gibt es auch die wichtigsten Börsen. Das sind Institutionen, an denen mit Wertpapieren wie z. B. Aktien gehandelt wird.

Ein weiteres Merkmal von Global Cities ist die weltweite Erreichbarkeit mit verschiedenen Verkehrsmitteln. Alle Global Cities sind Verkehrsknotenpunkte mit internationalen Flughäfen und teilweise auch großen Seehäfen. Das Passagier- und Güteraufkommen ist enorm hoch. Hiervon profitieren Organisationen mit einem weltweiten politischen oder wirtschaftlichen Einfluss, wie z. B. die Vereinten Nationen (UN). Ihr Hauptquartier befindet sich in New York. Neben New York sind London und Tokyo weltweit die wichtigsten Global Cities.

T3 Nicht nur die Wirtschaft zählt

Es gibt weltweite Ranglisten von Global Cities, die jedes Jahr erneuert werden. Als Grundlage für die Bewertungen werden verschiedene Kriterien herangezogen, die zusammen einen Wert zum Vergleich der weltweit bedeutendsten Städte ergeben. Dabei ist die Wirtschaftskraft nicht mehr allein entscheidend. Es geht auch um andere Aspekte, die zur Lebensqualität einer Stadt beitragen. Kulturelle Einrichtungen wie Theater und Museen spielen ebenfalls eine Rolle. Ein weiteres ergänztes Kriterium ist die Umwelt, gemessen z. B. an der Qualität des Wassers oder der Möglichkeit, sich in der Natur zu erholen.

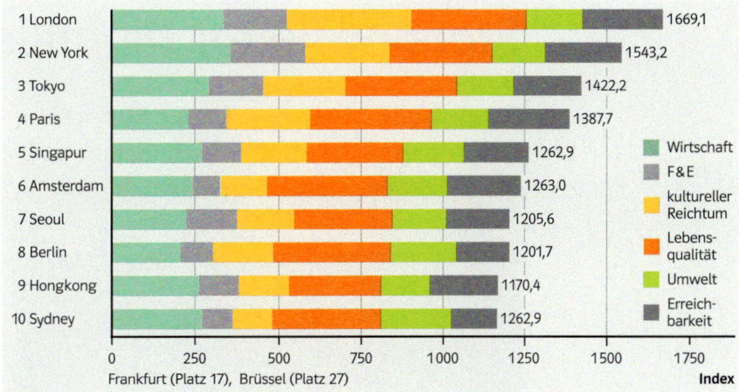

M3 Top Ten der Global Cities nach dem Global Power City Index (GPCI) 2018 (*F&E = Forschung und Entwicklung)

Der Global Power City Index

Die Rangliste beurteilt die großen Städte weltweit nach folgenden Kriterien:

1. **Wirtschaft** (z. B. BIP pro Kopf, Arbeitsplatzangebot)
2. **Forschung und Entwicklung** (z. B. wichtige Universitäten, Anzahl der internationalen Studenten)
3. **kultureller Reichtum** (z. B. Anzahl der kulturellen Veranstaltungen, der touristischen Attraktionen, Theater und Museen)
4. **Lebensqualität** (z. B. Preisniveau, Freiheit und soziale Gleichheit, Arbeitslosigkeit, Anzahl der Ärzte)
5. **Umwelt** (z. B. Anteil der erneuerbaren Energien, CO_2-Emission pro Kopf, Wasserqualität)
6. **Erreichbarkeit** (z. B. Anzahl der Flugpassagiere, Anzahl der mit einem Direktflug erreichbaren Ziele)

M4

A / B

1
a) Beschreibe die Lage von New York (Atlas, M 1).
b) Nenne Gründe, warum Millionen von Menschen New York besuchen (M 2, T1).

2 SP
a) Erläutere den Begriff Global City (T 2).
b) Belege anhand von drei Merkmalen, warum New York eine Global City ist (T 2, M 2).

2 SP
a) Erläutere den Begriff Global City (T 2).
b) Charakterisiere New York als Global City (M 2, T 1, T 2). Nutze den Sprachtipp.

3 SP
Arbeite mit M 3:
a) Beschreibe das Diagramm.
b) Erkläre, warum London die Rangliste anführt (T 3, M 4).

3 SP
Arbeite mit M 3:
a) Beschreibe das Diagramm.
b) Begründe, warum New York trotz seiner Wirtschaftskraft nicht die Nummer 1 ist (T 3, M 4).
c) Begründe, warum Berlin erst auf Platz 8 eingeordnet ist.

4
a) Trage die Top Ten aus M3 in eine Weltkarte ein (TERRA-Code).
b) Beschreibe die Verteilung der Städte.
c) Nenne mögliche Gründe dafür. Nutze die Informationen aus der Karte M3 auf S. 153.

Standortfaktor Digitalisierung

Die Digitalisierung stellt für die Menschheit einen ähnlichen Meilenstein dar wie im 19. Jahrhundert die Industrialisierung. Digitalisierung verändert den Raum, die Wirtschaft und unser Alltagsleben.

Schon gewusst?

2018 gab es bereits 130 000 Beschäftigte in deutschen Rechenzentren. Weitere 80 000 Arbeitsplätze waren direkt davon abhängig.

M1 Rechenzentrum in Hamina, Finnland – das Klima hilft bei der Kühlung.

M2 DHL-Logistikzentrum bei Euskirchen

T1 Digitalisierung als Standortfaktor

Zu den klassischen Standortfaktoren der Wirtschaft zählen die Rohstoffversorgung, der Absatzmarkt und Verkehrsverbindungen. Zuletzt kam ein weiterer Standortfaktor hinzu, der die anderen teilweise an Bedeutung übertrifft – die Anbindung ans World Wide Web bzw. das Internet. Nur dadurch ist die Teilhabe an der Globalisierung möglich. Eine Region oder ein Land kann nur mit einer umfassenden **digitalen Infrastruktur** den Anschluss an technische Entwicklungen halten und am weltweiten Austausch teilnehmen. Dafür sind eine flächendeckende Mobilnetzversorgung sowie moderne Breitbandkabelanschlüsse und leistungsfähige Rechenzentren notwendig. Der Standortfaktor Digitalisierung bleibt somit weitgehend unsichtbar, verändert aber die gesamte Wirtschaft. In jedem größeren Betrieb arbeiten inzwischen IT-Fachleute. Neuansiedlungen von Betrieben finden fast nur dort statt, wo eine gute digitale Infrastruktur gegeben ist.

Standortfaktoren
Gründe für die Wahl eines Standortes

digitale Infrastruktur
Ausstattung eines Raumes z. B. mit Glasfaserfaserkabel, Breitbandanschluss, Netzverfügbarkeit, W-LAN, Rechenzentren usw.

T2 Rechenzentren als Basis der EDV

Das fünftgrößte Rechenzentrum der Welt mit 65 000 m² steht in Frankfurt am Main, dem digitalen Drehkreuz Deutschlands. Hier befindet sich der überwiegende Teil der großen Rechenzentren Deutschlands. Ein Rechenzentrum ist der Ort, in dem die zentrale Rechentechnik eines oder mehrerer Unternehmen bzw. Organisationen untergebracht ist. Es besteht aus einem Netzwerk von Rechen- und Speicherressourcen, die die Bereitstellung von Daten und Anwendungen ermöglichen. So können Unternehmen bzw. Internetdienstanbieter die gesamte IT-Infrastruktur und Datenverarbeitung effizient und sicher betreiben.

Der weltweite Energieverbrauch von Rechenzentren wird sich in den kommenden zehn Jahren verdreifachen. Ein Teil der Energie wird für die Kühlung der Rechner benötigt. Obwohl fast alle Prozesse digital ablaufen, sind für das Programmieren und das Controlling gut ausgebildete IT-Fachleute erforderlich.

T3 Logistik in NRW im Aufwind

In NRW gehören die 24 000 Logistikunternehmen mit 364 000 Arbeitskräften zu den Wachstumsbranchen. Gründe dafür sind die zentrale Lage in Europa, eine ausgezeichnete Transport-Infrastruktur und eine gute digitale Infrastruktur. Ohne diese Faktoren wäre die weltweite Organisation von Warenströmen, z. B. beim Onlinehandel, nicht leistbar. Ein weiterer Vorteil des Standortes NRW ist eine direkte Anbindung an die belgischen und niederländischen Seehäfen und sogar an die Neue Seidenstraße nach China.
Von den 25 größten deutschen Logistikunternehmen haben deshalb neun ihren Hauptsitz in NRW. Die berufliche Existenz von 712 000 Menschen hängt bei uns von der **Logistik** ab. Logistikunternehmen bieten ein breites Berufsspektrum, vom Universitätsabsolventen über Ausbildungsberufe bis hin zu Berufen in Niedriglohnbereichen.

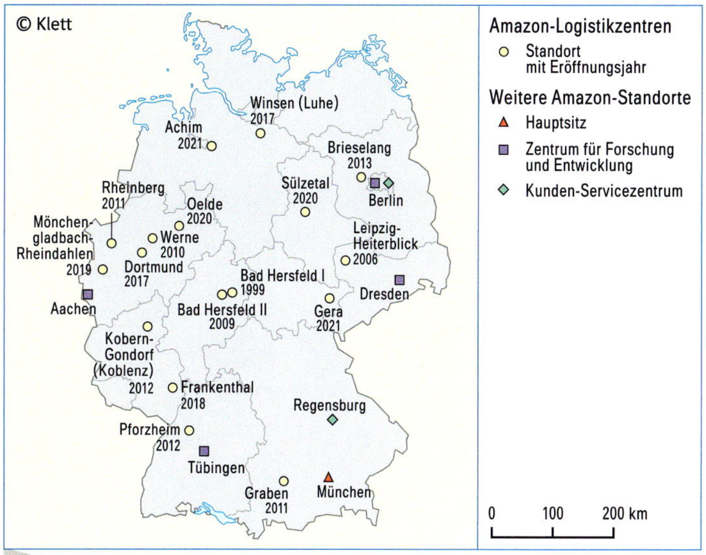

M3 Amazon-Logistikzentren in Deutschland

T4 Veränderungen in der Arbeitswelt

Ein Teil des Arbeitslebens spielt sich heute im digitalen Raum ab. Arbeitsplätze werden unabhängiger vom Standort der Firmen. Eine gute Netzanbindung ermöglicht es den Beschäftigten, zuhause zu arbeiten. Besprechungen werden ohne großen Aufwand per Videokonferenz organisiert, Geldbeträge werden sicher per Online-Banking überwiesen, auch größere Datenmengen können schnell übertragen werden. Die Beschäftigten sparen Zeit, die sie sonst für den Weg zur Arbeit benötigten. Die Umwelt profitiert durch ein geringeres Pendleraufkommen. Es werden weniger Büroflächen benötigt, die Innenstädte vom Berufsverkehr entlastet. So wirkt sich die Digitalisierung auf unsere Umgebung aus und verändert sie. Das ist nicht immer positiv, denn dadurch verringern sich auch persönliche Kontakte und der Onlinehandel gefährdet die Existenz von innerstädtischen Geschäften.

Logistik
Wirtschaftsbereich, in dem Gütertransporte geplant, koordiniert und durchgeführt werden. So gelangen Güter in der benötigten Menge zur richtigen Zeit an den richtigen Ort.

↜ **Innenstädte in Gefahr Seite 128/129**

A / B

1 Tauscht euch in eurer Klasse darüber aus, was ohne Digitalisierung in eurem Alltag nicht möglich wäre.

2 (A) Begründe, warum die digitale Infrastruktur ein wichtiger Standortfaktor für Unternehmen ist (T1).

2 (B) a) Bearbeite Aufgabe A2.
b) Nenne Standortfaktoren für ein Rechenzentrum (M1, T1, T2).

3 (A) a) Nenne Gründe, warum die Logistikzentren in NRW so stark vertreten sind (T3, M3).
b) Beschreibe, welche Bedeutung die Logistikbranche für NRW hat (T3, M3).

3 (B) a) Neun der 25 größten deutschen Logistikunternehmen haben ihren Sitz in NRW. Begründe, warum das so ist (T3, M3).
b) Erläutere die in T3 genannten Zahlen zur Beschäftigung in Logistikunternehmen.

4 Auswirkungen der Digitalisierung (T1, T2, T4)
a) Beurteile, wie sich die Digitalisierung auf Beschäftigte, Unternehmen und Umwelt auswirkt.
b) Beurteile, inwieweit der ländliche Raum von der Digitalisierung profitieren könnte.

5 EXTRA Nimm Stellung zu folgender Aussage: „Die Digitalisierung ist heute eine wichtige Voraussetzung für die Teilhabe an der Globalisierung."

Wichtige Begriffe

- digitale Infrastruktur
- Digitalisierung
- Freihandelszone
- Global City
- Globalisierung
- Global Player
- internationale Arbeitsteilung
- Joint Venture
- Logistik
- Menschenrechte
- Neue Seidenstraße
- Outsourcing
- virtueller Wasserverbrauch
- Welthandel

M1 Schöne digitale Welt?

Kennen und verstehen

1 Welthandel

a Benenne mithilfe der Karte M3 auf Seite 153 die Zentren des Welthandels.

b Sortiere diese nach ihrer Bedeutung.

2 Neue Seidenstraße

Beschreibe mögliche Transportwege auf der Neuen Seidenstraße von Shanghai nach Berlin (Karte M2 auf Seite 155).

3 Global Cities

a Nenne fünf Merkmale einer Global City.

b Arbeite mit dem Atlas und dem Diagramm M3 auf Seite 157: Welcher Kontinent hat die meisten Global Cities der Top Ten? Welche Kontinente haben keine Global City der Top Ten?

4 Standortwahl

Begründe, warum folgende Standortfaktoren für Logistikzentren wichtig sind.

a Verkehrsanbindung

b digitale Infrastruktur

c ausreichende Fläche

d Arbeitskräfteangebot

5 Finde die Begriffe

a weltweit verteilter Produktionsprozess eines Unternehmens

b anderer Begriff für ein multinationales Unternehmen

c ein Wirtschaftsgebiet, in dem Zölle und andere Handelshemmnisse abgebaut wurden

d die Kooperation zwischen zwei oder mehr Unternehmen bei der Entwicklung und Herstellung eines Produkts

6 Richtig oder falsch?

Verbessere die falschen Aussagen und schreibe alle richtig auf.

a Aufgrund der internationalen Arbeitsteilung werden Jeans ausschließlich in Deutschland hergestellt.

b Die modernen Kommunikationsmedien haben eine große Bedeutung für die Globalisierung.

c Die Globalisierung beschränkt sich auf die Wirtschaft.

d Afrika hat an der Globalisierung einen Hauptanteil.

e Durch Outsourcing entstehen in den Entwicklungs- und Schwellenländern neue Arbeitsplätze.

f Für die internationalen Konzerne ist der Umweltschutz das oberste Ziel bei den Entscheidungen für neue Standorte.

g Die Digitalisierung spielt als Standortfaktor kaum eine Rolle für Unternehmen und Städte.

7 Bilderrätsel

Löse die Bilderrätsel und erkläre die gesuchten Begriffe.

a

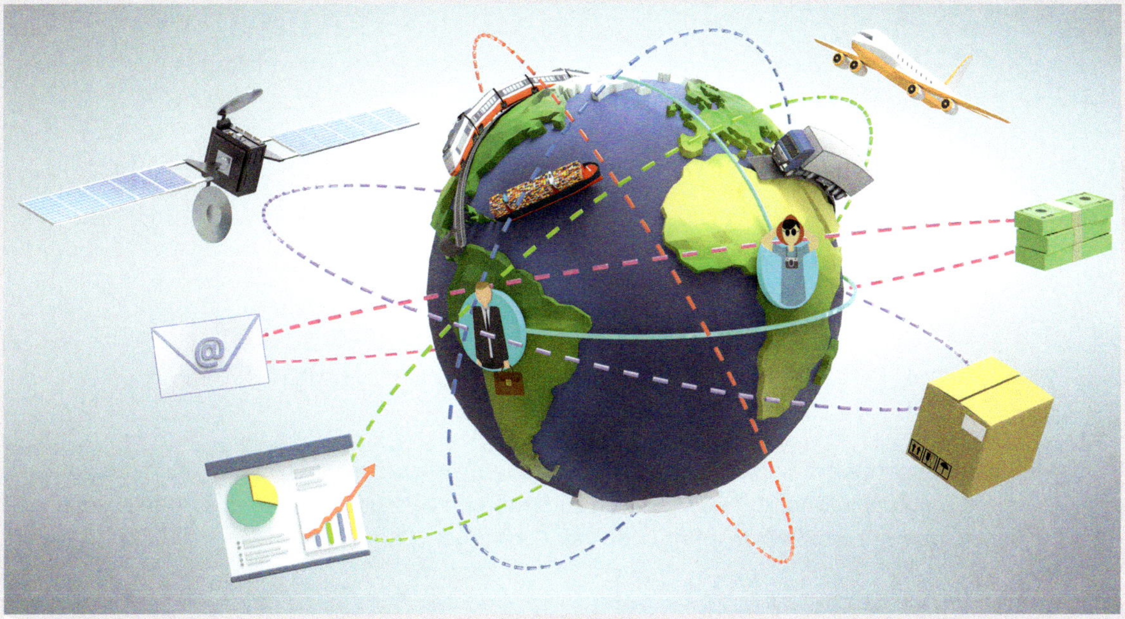

M2 Vernetzte Welt

b

8 Gitterrätsel
Übertrage das Gitterrätsel M3 in dein Heft. Finde das Lösungswort.

1 der Rohstoff für Jeanshosen
2 Dieser ist bei der Herstellung der Jeans besonders hoch.
3 Das brauchen Mitarbeiter in weltweit tätigen Büros.
4 berühmtestes internationales Kleidungsstück
5 Diese sind bei der Jeansherstellung besonders lang.
6 notwendige Maßnahme für den Baumwollanbau
7 wichtigster indischer IT-Standort
8 Firmen, die Telefondienstleistungen für andere Unternehmen übernehmen
9 Damit werden die Baumwollsträucher gespritzt; Arbeiter und die Umwelt werden geschädigt.
10 Damit werden Jeans künstlich auf alt getrimmt.
11 Neben der Güterproduktion werden auch … globalisiert.

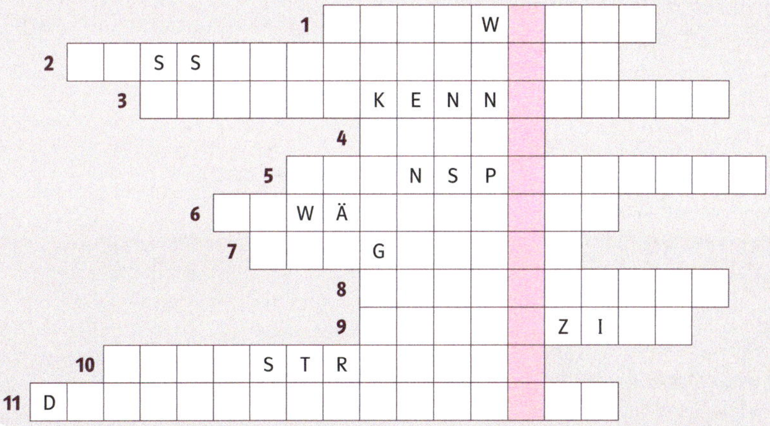

M3 Gitterrätsel zur Jeansproduktion und zur Globalisierung von Dienstleistungen

Beurteilen und bewerten

9 „Geiz ist grausam"
„Wer beim Discounter ein T-Shirt für fünf Euro kauft, darf sich nicht über die Produktionsbedingungen wundern."

a Beurteile diese Aussage auf Grundlage des Nachhaltigkeitsdreiecks (M2 auf Seite 11).
b Stelle deine eigene Position dar.

10 Veränderte Arbeitswelt

a Beschreibe die Karikatur M1.
b Erläutere die Aussage der Karikatur.
c Beurteile die Chancen und Probleme einer digitalisierten Arbeitswelt.

Vernetzen

11 Vernetzte Welt
„Globalisierung und Digitalisierung befördern die Vernetzung der Welt." Erläutere diese Aussage anhand von M2.

Die Bedeutung der Container für den Welthandel erklären

1
Erläutere die Vorteile des Containers (M1–M3, M7).

2 MK
Arbeite mit Tabelle M 6:
a) Zeichne eine Säulendiagramm.
b) Beschreibe die Entwicklung des weltweiten Containerumschlags.

3 MK
Arbeite mit Tabelle M 4:
a) Trage in eine Weltkarte (siehe Terra-Code) die wichtigsten Containerhäfen ein. Nutze den Atlas.
b) Was stellst du fest?

A Container machen es möglich

Wie transportiert man Smartphones, Jeans, Chemikalien oder Maschinen, ohne dass alles einzeln und umständlich in getrennten Laderäumen verstaut werden muss? Die Lösung ist eine genormte, große Transportkiste – der Container.

HMM „Algericas"
Länge: 400 m
Breite: 61 m
Tiefgang: 16,5 m
Ladung: 23 964 TEU

M1 Containerschiff im Hafen von Rotterdam

TEU
Twenty-foot Equivalent Unit = Standardcontainer mit festgelegten Maßen:
6,06 m lang,
2,44 m breit und
2,60 m hoch.
In der Handelsschifffahrt werden auch 12,19 m lange Doppelcontainer eingesetzt.

Wie der Container entstand

Die Geschichte des Containers begann vor über 60 Jahren in den USA. Der Spediteur Malcom McLean hatte Probleme mit der Be- und Entladung seiner Lkw und Schiffe: Stück für Stück musste seine Mannschaft die Ware abladen, zwischenlagern und wieder aufladen. Das dauerte McLean zu lange. Er entwickelte die Idee, den Lkw komplett auf das Schiff zu verladen. Bald darauf lud er nur noch die Lkw-Aufsätze auf das Schiff, später nutzte er gleich große Blechkisten. Das waren die Vorgänger des heutigen Frachtcontainers. 1956 transportierte ein umfunktionierter Tanker die ersten 58 Kisten von Newark (New Jersey) nach Houston (Texas). Der Container war erfunden.

M2

Genormt, stapelbar und billig

Der Container ist eine Stahlkiste mit einheitlichen Maßen und wiegt beladen bis zu 30 t. Lkw und Eisenbahnwaggons sind an diese Standardmaße angepasst. Dadurch ist es möglich, Container schnell vom Lkw auf ein Schiff oder einen Güterzug oder umgekehrt zu laden. Fast alles wird heute in Containern um die Welt geschickt, sogar Flüssigkeiten, Müll oder Gas. Für verschiedene Waren gibt es spezielle Containerarten: Lager-, Kühl-, Stückgut- oder Schüttgut-Container. Für den Transport von Flüssigkeiten und Gasen wie Chemikalien oder Treibstoffen werden Tank-Container mit spezieller Folie ausgekleidet.

M3

Schon gewusst?

Nach Schätzungen fällt etwa jede Stunde irgendwo auf der Erde ein Container ins Meer. Mittlerweile bilden die Kisten ein ernsthaftes Problem für die Schifffahrt. Brechen die Container auseinder, kann der Inhalt dem Ökosystem Meer schaden.

4
Erkläre die Vorteile und Nachteile der Luftfracht (M5).

5
Bewerte die Aussage: „Der Container hat den Welthandel revolutioniert.“

eb9g9r
- Lösungen
- Arbeitsblatt: stumme Weltkarte

AFB I: 2b II: 1, 2a, 3, 4 III: 5 → Lösungshilfen ab S. 195

	Containerhafen	Umschlag in Mio. TEU
1	Shanghai	43,5
2	Singapur	36,8
3	Ningbo-Zhoushan	28,7
4	Shenzhen	26,5
5	Guangzhou	23,2
6	Qingdao	22,0
7	Busan	21,8
8	Tianjin	18,3
9	Hongkong	18,0
10	Los Angeles/Long Beach	17,3
11	Rotterdam	14,4

M4 Die größten Containerhäfen der Welt 2020

Jahr	Umschlag in Mio. TEU
2000	236
2002	277
2004	360
2006	442
2008	525
2010	550
2012	625
2014	685
2016	710
2018	795

M6 Entwicklung des Containerumschlags weltweit

Schneller Umschlag

Knappe Umschlagzeiten mit Containern sparen Kosten, weil die Schiffe nur kurz im Hafen liegen müssen. Die Containerbrücken und viele Transportfahrzeuge im Hafen arbeiten computergestützt. Mithilfe spezieller Software kann jeder einzelne Vorgang vorausgeplant und verfolgt werden: die Zusammenstellung der Container am Produktionsort der Waren, das Verladen auf die Verkehrsmittel, das Lagern im Hafen. Jedes Containerschiff muss in bestimmter Reihenfolge beladen werden – je nachdem, welche Zielhäfen das Schiff wann erreicht. Software hilft auch, die Transporte zu orten und die Waren am Zielort zu verteilen.

M7

Luftfracht: Wenn es auf's Tempo ankommt

Die Bedeutung der Luftfracht liegt nicht in der Menge der transportierten Güter: Luftfracht macht weniger als 1 % des weltweiten Warentransports aus. Aber beim Wert der Waren erreicht sie 40 %!
Das liegt daran, dass vor allem kostspielige oder verderbliche Güter mit Flugzeugen transportiert werden. Zu solchen Gütern gehören z. B. wertvoller Schmuck, frische Blumen und besondere Lebensmittel. Frischwaren finden nur dann einen Käufer, wenn sie ihn schnell erreichen. Schnittblumen, die man bei uns kaufen kann, stammen häufig aus Kolumbien oder Kenia. Da kommt es auf einen schnellen Transport an.
Oder es handelt sich um Produkte der Mode- und Kommunikationsbranche. Diese Güter veralten rasch. Ziel des schnellen Transports ist es, früher als die Konkurrenten am Markt zu sein, und sei es nur um Stunden.
Andere, fast schon klassische Güter der Luftfracht, sind Briefe und Pakete. Wer möchte schon Wochen warten, bis die Post aus Amerika mit dem Schiff über den Atlantik kommt?
Zwei Nachteile hat der Lufttransport allerdings:
Er ist deutlich teurer und die Abgase der Frachtflugzeuge belasten das Klima besonders stark.

M5

1 Nenne die Voraussetzungen, die für Homeoffice gegeben sein müssen (T2).

2 SP a) Stelle in einer Tabelle die Pro- und Kontra-Argumente für das Homeoffice aus Sicht von Beschäftigten und Unternehmen dar (M1, M2, M4, M5, T1, T3).
b) Stelle nun deine Position zu diesem Thema dar. Begründe deine Meinung.

3 SP Erkläre, wie sich eine stärkere Verbreitung von Homeoffice auf das Klima auswirkt (M4).

B Homeoffice – ein Arbeitsmodell für die Zukunft?

Der Ausbruch der Corona-Pandemie im Jahr 2020 hat tiefgreifende Veränderungen mit sich gebracht. Eine der wichtigsten war, dass viele Firmen ihren Mitarbeitern seitdem die Arbeit von zu Hause ermöglichen. Das hat aber nicht nur Vorteile.

M1 Homeoffice und eine mögliche Folge

Herr Jakob im Homeoffice

Marcel Jakob erledigt einen Teil seiner Arbeiten seit Kurzem im Homeoffice. Zwei Tage in der Woche kann er von zu Hause aus arbeiten. Es war sein eigener Wunsch, weil er sich so die Betreuung der beiden Kinder besser mit seiner Frau teilen kann. Von den Vorteilen ist er überzeugt. Er spart sich die langen Anfahrtswege auf vollgestopften Straßen. Die monatlichen Kosten für Kraftstoff sind merklich zurückgegangen und inzwischen überlegen Herr und Frau Jakob, eines der beiden Autos zu verkaufen. Herr Jakob kann genügend Selbstdisziplin aufbringen, um auch zu Hause die betrieblichen Arbeitszeiten einzuhalten. Allerdings vermisst er seine Kollegschaft. Durch die Arbeit zu Hause hat er gemerkt, wie wichtig die sozialen Kontakte sind, die er bei der Arbeit hat. Daher ist er immer froh, wenn er wieder zu seiner Firma fahren kann. Ständiges Homeoffice könnte Herr Jakob sich nicht vorstellen.

M2

T1 Eine kritische Sichtweise

Arbeitnehmer/innen im Homeoffice können sich ihre Zeit häufig flexibler einteilen als im Büro. Doch Homeoffice hat nicht nur Vorteile. Zum einen fehlen die sozialen Kontakte während der Arbeit. Ungeplante Gespräche im Betrieb – z.B. am Kaffeeautomaten – sind wichtig für den Zusammenhalt und ebenso für die Kreativität in Unternehmen. Nicht wenige sehen durch die Abwesenheit vieler Arbeitskräfte vom Unterehmensstandort die Innovationskraft gefährdet. Den persönlichen Austausch können auch Telefonkonferenzen nicht ersetzen.
Für den einzelnen Arbeitnehmer besteht die Gefahr, dass die Grenzen zwischen Arbeitszeit und privater Zeit immer mehr verschwimmen. Insbesondere für Frauen kann

4

Beurteile die Situation der folgenden Arbeitnehmer/innen hinsichtlich der Möglichkeit, im Homeoffice zu arbeiten.

a) Sinem, Kundenberaterin bei einer Bank, drei Kinder, alleinerziehend, eigenes Haus im ländlichen Raum, schwache Internetverbindung

b) Paul, Bürokaufmann, Wohnung in Frankfurt zusammen mit seiner Lebenspartnerin, schnelles Internet

Lösungen eb9g9r

AFB I: 1 II: 2a, 3 III: 2b, 4 → Lösungshilfen ab S. 195

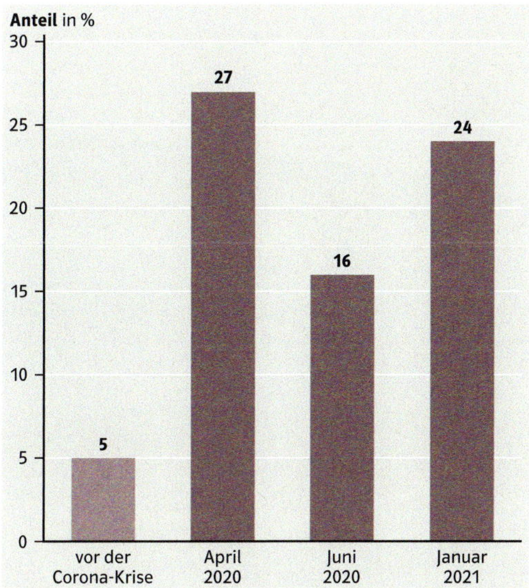

M3 Anteil der Beschäftigten im Homeoffice in Deutschland vor und während der Pandemie

Homeoffice negative Folgen haben, da sie sich häufiger als Männer zusätzlich um die Versorgung der Kinder oder der pflegebedürftigen Angehörigen kümmern.

T2 Voraussetzungen

Es gibt Branchen, in denen Homeoffice grundsätzlich nicht möglich ist. Das gilt z. B. für Pflegeberufe. Aber in vielen Bereichen ist die Anwesenheit am Arbeitsplatz im Betrieb nicht grundsätzlich erforderlich. Die wichtigsten Voraussetzungen für Homeoffice sind eine leistungsstarke Internetverbindung und digitale Endgeräte. Für die Einrichtung des Arbeitsplatzes zu Hause sind Arbeitnehmer/innen meist selbst verantwortlich, aber nicht immer gibt es in der Wohnung ausreichend Platz für ein eigenes Büro. Darüber hinaus muss die Arbeit im Homeoffice auch rechtlich geregelt sein.

	25 % der Arbeitnehmer/innen im Homeoffice		40 % der Arbeitnehmer/innen im Homeoffice	
Homeoffice-Tage pro Woche	+ ein Tag	+ zwei Tage	+ ein Tag	+ zwei Tage
eingesparte Personenkilometer (in Mrd.)	10,9	20,9	18,4	35,9
eingesparte Emissionen pro Jahr (in Mio. t CO_2)	1,6	3,2	2,8	5,4

M4 Eingesparte Emissionen durch Homeoffice (Szenarien von Greenpeace 2020)

Gründe	Ausweitung bestehender Angebote **Anteile** in %	erstmalige Einführung
Erleichterung der Vereinbarkeit von Familie und Beruf	95	100
höhere Attraktivität auf dem Bewerbermarkt	85	74
frühere/umfänglichere Rückkehr nach familienbedingter Auszeit	81	87
höhere Wettbewerbsfähigkeit (bessere und flexiblere Prozesse)	78	63
Erhöhung der Produktivität der Beschäftigten	77	63
Senkung der Fluktuation/Bindung der Beschäftigten	74	76
bessere Ressourcennutzung/Kostensenkung	37	12

M5 Warum Unternehmen Möglichkeiten zum Homeoffice schaffen

T3 Sterben die Büros aus?

Eine der Folgen des Trends zum Homeoffice könnte der Abbau von Büroflächen sein. Wenn die Hälfte der Arbeitnehmer/innen zwei Tage pro Woche im Homeoffice arbeitet, müssten Unternehmen weniger Büroflächen anmieten oder bauen. In einigen Städten werden schon Pläne erstellt, Büros zu Wohnräumen umzunutzen. Büros werden daher schwieriger zu vermieten sein, die Mieten werden sinken. Dies ermöglicht auch kleineren Firmen, sich dort anzusiedeln, wo es ihnen bisher zu teuer war.

8

Nordrhein-Westfalen – Herausforderungen für die Zukunft

M1 Fotovoltaikanlage auf einem Baggersee bei Weeze

M2 Naturschutzgebiet „Im Emscherbruch" in Gelsenkirchen

Nordrhein-Westfalen ist mit 18 Millionen Einwohner/innen Deutschlands bevölkerungsreichstes Bundesland. Als Industrieland mit seinem Ballungsgebiet Rhein/Ruhr steht es vor großen Herausforderungen. Klimawandel, Energiewende, Mobilität, Naturschutz – wie sehen die Konzepte für eine nachhaltigere Zukunft aus?

M3 Stadtgarten in Düsseldorf

M4 Radstation am Hauptbahnhof Münster

SP Ein Interview führen und auswerten

Ihr wollt etwas zu einem Thema erfahren? Vielleicht kann euch eine Expertin/ein Experte weiterhelfen. Ein Interview bietet euch die Möglichkeit, Informationen „aus erster Hand" zu bekommen.

BETREFF **Anfrage für ein Interview zum Thema „Mobilität"**

Interview mit Herrn/Frau ...

am ____________ um ____________

in ______________________________

Teilnehmer/innen: ...

Thema: Nachhaltige Mobilität in unserer Stadt

1. Begrüßung
2. Fragen:
   - Welche Probleme sehen Sie hinsichtlich des Straßenverkehrs in unserer Stadt?
   - Wie bewerten sie den ÖPNV in unserer Stadt und dem Umland?
   - ...

M1 „Fahrplan" für ein Interview

T1 Warum ein Interview?

Du hast mit deiner Gruppe den Auftrag, herauszufinden, welche konkreten Konzepte es in deiner Gemeinde zur Nutzung erneuerbarer Energien, zum Umgang mit dem Klimawandel oder zur nachhaltigen Mobilität gibt. Im Internet werdet ihr nicht recht fündig. Daher entscheidet ihr euch, jemanden bei der Stadtverwaltung zu befragen. Wie solltet ihr bei einem Interview vorgehen?

1. Schritt: Vorbereiten

Arbeitet euch zunächst in das Thema ein, z. B.: Was bedeutet eigentlich „Mobilität"? Wie kann sie nachhaltig gestaltet werden? Was versteht man unter „Mobilitätswende"? Erstellt auf Grundlage eurer Internetrecherche einen Fragenkatalog.
Wenn ihr ausreichend vorbereitet seid, könnt ihr euch eine Gesprächspartnerin oder einen Gesprächspartner suchen.
Jede Stadtverwaltung hat eine Website. Durchsucht sie nach Personen, die euch voraussichtlich weiterhelfen können. Vielleicht gibt es mehrere, die infrage kommen. Wenn ihr nicht fündig werdet, ruft in der Zentrale oder bei der Pressestelle an und fragt nach. Macht euch in jedem Fall Notizen zur Person: Name? Funktion? Abteilung? Telefonnummer? E-Mail-Adresse?

2. Schritt: Kontakt aufnehmen

Schreibt der Person eine E-Mail. Notiert als Betreff: „Anfrage für ein Interview zum Thema ...". Schreibt dann euren Text.

Sehr geehrte/r Frau/Herr...,

mein Name ist ... In meiner Schule, der ...schule, behandeln wir zurzeit das Thema ... Meine Gruppe würde dazu gerne ein Interview mit Ihnen führen. Wenn das möglich ist, schlagen Sie uns bitte einen Termin vor. Besonders gut wäre es an den Tagen ... Es wäre nett, wenn Sie Zeit und auch Material für uns hätten. Auf Wunsch senden wir Ihnen gern unsere Fragen vorab zu.

Mit freundlichen Grüßen

...

3. Schritt: Das Interview durchführen

- Erscheint pünktlich zum Termin.
- Begrüßt eure Gesprächspartnerin / euren Gesprächspartner freundlich.
- Fragt um Erlaubnis, ob ihr das Gespräch aufzeichnen dürft (im Smartphone die Apps Diktiergerät oder Sprachmemo). Wenn nicht, müsst ihr euch die Antworten so genau wie möglich notieren.
- Formuliert eure Fragen klar und deutlich. Am besten lest ihr sie ab.
- Überprüft am Ende, ob ihr alle Fragen gestellt habt.

M2 Schülerinterview, z. B. in der Stadtverwaltung

4. Schritt: Das Interview nutzen

Geht eure Ergebnisse durch: Was habt ihr erfahren? Was könnt ihr nutzen?
Mit Interviews kann man auf verschiedene Weise umgehen:
- Abdrucken in Dialogform,
- Verwenden von einzelnen Zitaten,
- Verarbeiten der Sachinformationen in einem Text oder in einer Präsentation.

Wichtig ist, dass ihr die Gesprächspartnerin / den Gesprächspartner nennt und die Aussagen nicht verfälscht oder etwas hinzufügt, was so nicht gesagt wurde. Solltet ihr das Interview veröffentlichen wollen (z. B. in der Schülerzeitung oder auf der Schulwebsite), dann müsst ihr euch dafür eine Erlaubnis einholen.

5. Schritt: Das Interview bewerten

Hat euer Interview gut funktioniert? Habt ihr die benötigten Informationen bekommen? Waren eure Fragen verständlich? Müsst ihr nochmals nachfragen? Was könnt ihr beim nächsten Mal besser machen?

1 Sammelt Ideen für Interviews zum Thema „Herausforderungen für die Zukunft".

2 Erstellt euch einen Ablaufplan für ein Interview (M 1), z. B. zu den Themen der nächsten Seiten.

3 Führt ein Interview nach den Schritten 1 – 5 durch.

AFB II: 2, 3 III: 1 → Lösungshilfen ab S. 195

M1

Herausforderung Energiewende

Nordrhein-Westfalen und die Kohle – das gehörte bis vor Kurzem scheinbar untrennbar zusammen. Nun sorgt der Klimawandel dafür, dass sich auch unser Bundesland von fossilen Energieträgern verabschieden muss.

M3 Strom aus Braunkohle: der Tagebau Garzweiler im Rheinischen Revier

Schon gewusst?

Es gibt fossile Energieträger (Kohle, Erdöl, Erdgas) und erneuerbare (Sonnenenergie, Windkraft, Wasserkraft, Erdwärme, Gezeiten). In allen steckt Energie, die Primärenergie. Um sie nutzen zu können, muss sie umgewandelt werden. Dabei gehen im Durchschnitt zwei Drittel der Primärenergie verloren.

T1 Ende des Bergbaus in NRW

Nordrhein-Westfalen ist der größte Energieerzeuger unter den Bundesländern. Etwa ein Drittel des in Deutschland benötigten Stroms werden hier produziert. Auch als Stromverbraucher liegt NRW vorne: Rund 40 % des deutschen Industriestroms werden hier verbraucht. Doch die Zeiten, in denen Strom aus der in NRW reichlich vorhandenen Kohle gewonnen wurde, gehen zu Ende. Um die Klimaschutzziele zu erreichen, ist eine Energiewende unausweichlich.

Nach dem Auslaufen des Steinkohlebergbaus im Ruhrgebiet im Jahr 2018 ist auch das Ende des Braunkohlebergbaus im Rheinischen Revier in Sicht. Im Jahr 2030 soll Schluss sein mit der Stromgewinnung aus Braunkohle. Das ist eine große Herausforderung, denn die Braunkohle hat in NRW bei der Stromerzeugung mit 70 % noch einen hohen Anteil (M 2). Dieser muss zukünftig durch erneuerbare Energien und durch einen effizienten Umgang mit Energie ersetzt werden.

Die linksrheinischen Bergbauregionen werden wie das Ruhrgebiet einen Strukturwandel durchlaufen. Es müssen unter anderem zahlreiche neue Arbeitsplätze für die Beschäftigten des Bergbaus und der damit verbundenen Branchen geschaffen werden.

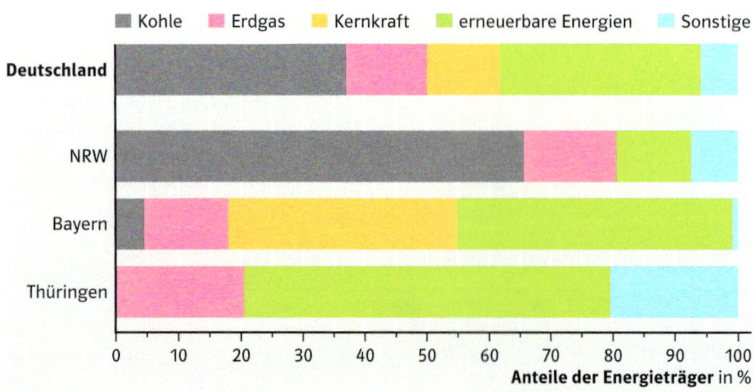

M2 Stromerzeugung 2019

M4 Der Bioenergiepark in Saerbeck (Münsterland)

M5

T2 Klimakommune Saerbeck

Die Gemeinde Saerbeck im nördlichen Münsterland will bis zum Jahr 2030 zeigen, dass es möglich ist, klimaneutral zu werden. Dazu muss die Gemeinde mit 7300 Einwohnern ihren CO_2-Ausstoß in der Gesamtbilanz auf null senken. Bei der Energieerzeugung gibt es bereits deutliche Fortschritte. Auf einem ehemaligen Militärgelände steht heute ein „Bioenergiepark“. Dort liefern Windräder, eine Fotovoltaikanlage und eine Biogasanlage Strom. Mit diesen Anlagen wird jetzt schon erheblich mehr Strom erzeugt, als in Saerbeck verbraucht wird. Die Stromversorgung aus erneuerbaren Energiequellen ist jedoch nur eine Station auf dem Weg zur Klimaneutralität. Der CO_2-Ausstoß pro Bürger/in konnte seit 2009 zwar von 9 auf 5,5 t pro Jahr gesenkt werden, aber zur Klimaneutralität sind weitere Projekte notwendig. Mobilität und die Beheizung von Gebäuden müssen sich dazu ebenfalls wandeln. So ist z. B. ein Ausbau des Ladenetzes für Elektrofahrzeuge geplant. Wichtig bei allen Projekten war und ist, dass die Bürger/innen in die seit 2009 laufenden Planungen miteinbezogen wurden. Die Gemeinde Saerbeck erhielt für das Konzept und die Maßnahmen viele Preise und Auszeichnungen, darunter den Titel „Klimakommune Saerbeck“.

Ein Interview durchführen und auswerten Seite 168/169

A / B

1 MK
a) Beschreibe die Fotos M3 und M4.
b) Stelle einen Zusammenhang der Fotos mit dem Begriff „Energiewende“ her.

2 SP
a) Werte M2 aus.
b) Erkläre, warum das Ende der Stromgewinnung aus Braunkohle für NRW eine „Herausforderung“ darstellt (T1, M2).

2 SP (B)
Erläutere die Herausforderung der Energiewende für NRW (T1, M2).

3
a) Beschreibe, wie sich die Gemeinde Saerbeck mit Strom versorgt (M4, T2).
b) Nenne Bereiche, die sich noch ändern müssen, wenn die Gemeinde klimaneutral werden will.

3 (B)
Erläutere den Weg der Gemeinde Saerbeck hin zur Klimaneutralität (M4, T2).

4
Lässt sich das Projekt der Klimakommune Saerbeck auf andere Städte und Gemeinden übertragen?
a) Steckt auf dem Boden des Klassenzimmers eine Positionslinie ab, die von „ja“ bis „nein“ reicht.
b) Begründet im Plenum eure Einordnung auf der Positionslinie.

5 EXTRA SP
Führt ein Interview mit einer Expertin/einem Experten in eurer Stadt-/Gemeindeverwaltung. Das Thema lautet: „Einsatz erneuerbarer Energien in unserer Gemeinde“.

AFB I: 1a, 3 II: 1b, 2, 4, 5 AFB I: 1a II: 1b–5 → Lösungshilfen ab S. 195

Herausforderung Klimawandel

Städte und Gemeinden müssen sich mit extremen Wetterereignissen als Folge des Klimawandels auseinandersetzen. Was können sie tun?

M2 Nach Starkregen und Überflutung in Erftstadt-Blessem, Juli 2021

T1 Immer öfter, immer stärker

Es vergeht kaum ein Sommer, in dem nicht von Überflutungen nach extremen Niederschlägen in nordrhein-westfälischen Städten berichtet wird. Das ist kein Zufall. In NRW zeigt sich insgesamt ein leichter Trend zur Zunahme der Starkregen. Wetterdaten belegen auch, dass die Intensität steigt. Das bedeutet, dass die Wassermengen, die in kurzer Zeit herunterkommen, größer werden oder die Regenfälle länger anhalten. Das Problem extremer Wetterereignisse ist, dass sie sehr kleinräumlich auftreten können. Das macht eine Vorhersage über die genaue Zeit und den Ort schwierig.
Große Wassermengen sind das eine Problem, zu wenig Niederschlag das andere. In den letzten Jahren waren in NRW viele Bereiche im Sommer zu trocken. Auch Dürre gehört zu den Wetterextremen, die das Bundesland betreffen.
Fachleute gehen davon aus, dass sich der Trend zu vermehrten Extremwetterereignissen infolge des Klimawandels fortsetzen wird. Das zukünftige Wassermanagement ist deshalb eine wichtige Herausforderung für die Städte und Gemeinden, damit die Schäden begrenzt werden können.

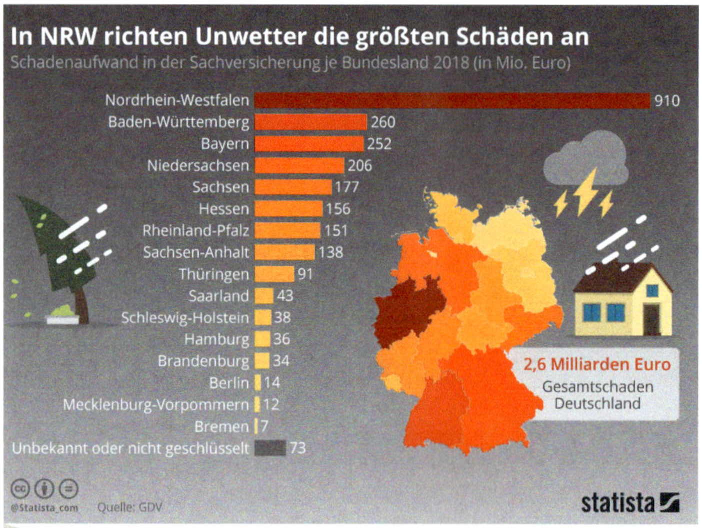

M1 Schäden durch Unwetter

Erklärfilm
Der Klimawandel
s3vv7r

Rigolen dienen als Wasserspeicher.

Schwammstadt Bochum

Die Stadt Bochum setzt beim Schutz vor Starkregen seit 2015 auf das Konzept der „Schwammstadt“. Bei Regen soll das Wasser nicht die Straßen fluten, sondern aufgenommen und gezielt abgeleitet werden. Das geht z.B. durch Kastenrinnen und Straßenkanäle. Ein wichtiger Baustein sind auch sogenannte Baum-Rigolen. Dabei wird unter den Bäumen ein mit Kies oder Ähnlichem gefüllter Speicher angelegt, der große Mengen Wasser aufnehmen kann. Das schützt zugleich bei Trockenheit. Dr. Marko Siekmann, Experte für Entwässerung bei der Stadt Bochum, zieht eine positive Bilanz: „Die Maßnahmen haben sich bereits bewährt.“

M3

Entsiegelung und Stadtbegrünung in Senden

Klimaschutz vor der Haustür

Klimaschutz fängt im Kleinen an. So sieht es die Vorgarteninitiative Senden und bemüht sich, mehr Grün in die münsterländische Gemeinde zu bringen. Sie macht Bauherren und Hausbesitzern konkrete Vorschläge zur klimafreundlichen und zugleich pflegeleichten Gestaltung von Vorgärten. „Berühren Sie einmal im Hochsommer eine Betonfläche und eine begrünte Fläche. Das ist ein großer Unterschied“, sagt Rolf Wiederkehr, einer der Gründer der Initiative. Die Resonanz sei gut. Mittlerweile wurden vor öffentlichen Gebäuden Musterbeete angelegt. Auch eine Schule setzte die Vorschläge auf ihrem Schulgelände um.

M4

← Ein Interview durchführen und auswerten Seite 168/169

A / B

1 Starkregen, Trockenheit, Hitze – sprecht in der Klasse über Wetterextreme im Bundesland NRW (M 1).

2 (A) Beschreibe die Herausforderungen durch extreme Wetterereignisse für NRW (T1, M 2).

2 (B) SP „Extremwetterereignisse infolge des Klimawandels treffen NRW besonders hart.“ Überprüfe diese Aussage mithilfe von T1, M 1 und M 2.

3 (A) Beschreibe die in M 3 und M 4 dargestellten Maßnahmen.

3 (B) a) Bearbeite Aufgabe A 3.
b) Nimm Stellung zu diesen Maßnahmen.

4 a) Diskutiert in der Klasse: Stellen die Beispiele M 3 und M 4 geeignete Maßnahmen zur Anpassung an den Klimawandel dar?
b) Habt ihr Ideen für weitere Anpassungen?

5 EXTRA SP Führt ein Interview mit einer Expertin/einem Experten in eurer Stadt-/Gemeindeverwaltung. Das Thema lautet: „Beobachtungen in unserer Stadt/Gemeinde zum Klimawandel und Maßnahmen zur Anpassung daran“.

Herausforderung Mobilität

Immer mehr Autos, Staus und Lärm – in Nordrhein-Westfalen bereitet der Verkehr große Probleme. Wie kann man in Zukunft die Mobilität für die Menschen auf nachhaltige Weise sichern?

Schon gewusst?

Über 170 000 Stunden standen Autofahrer/innen 2019 in NRW im Stau. Addiert man die Länge der Staus, sind das über 450 000 km. Die Schlange würde elfmal um die Erde reichen.

M1 Berufsverkehr in Köln

T1 Autoland NRW

Viele Menschen – viele Autos, das trifft auf Nordrhein-Westfalen zu. Über zwölf Millionen Fahrzeuge sind hier zugelassen. Bei solch einer Fahrzeugdichte bleiben die Probleme nicht aus. Dazu gehören verstopfte Straßen, zugeparkte Innenstädte und eine hohe Umweltbelastung in den Ballungsräumen, z. B. durch Feinstaub. Der Straßenraum ist knapp. Um ihn konkurrieren Lkw, Pkw, Busse, Bahnen, Motorradfahrer/innen, Radfahrer/innen und Fußgänger/innen.

T2 Transitland NRW

Die Verkehrsprobleme verstärken sich durch die zentrale Lage in Deutschland und Europa. NRW ist ein Transitland. So nennt man Länder oder Regionen, durch die Waren transportiert werden oder Personen hindurchfahren. Kilometerlange Staus auf den Autobahnen sind in NRW alltäglich. Prognosen gehen sogar davon aus, dass das Verkehrsaufkommen auf den Straßen weiter steigt. Ein Lösungsansatz wäre, mehr Waren und Personen mit der Bahn zu befördern.

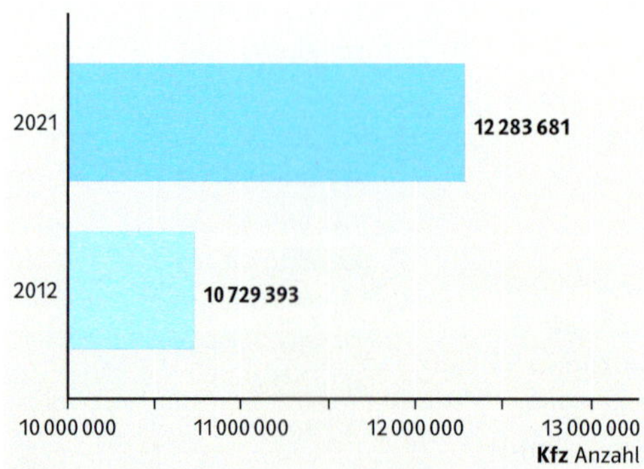

M2 Zugelassene Autos in NRW

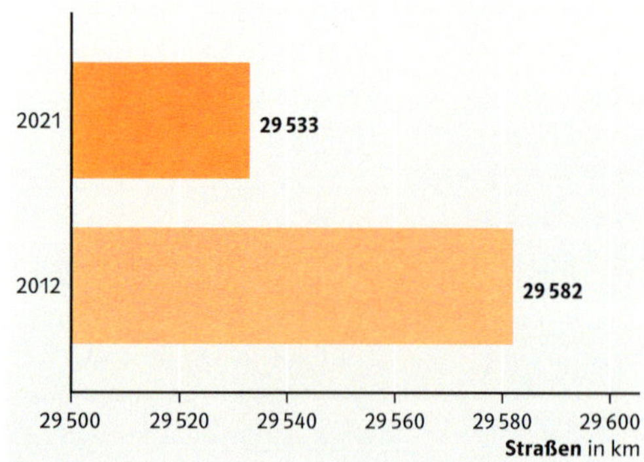

M3 Überörtliche Straßen in NRW (in km)

M4 Der Radschnellweg RS 1 in Essen

T3 Smarte Mobilität

Ohne eine Mobilitätswende werden die Verkehrsprobleme nicht bewältigt. Die Verringerung des Autoverkehrs in Städten und Gemeinden kann gelingen, wenn man die verschiedenen Verkehrsmittel mithilfe digitaler Technik „smart" vernetzt. So können z. B. Bahnhöfe zu „Mobilitätsstationen" werden, an denen man auf ein per Smartphone gebuchtes E-Bike umsteigen kann. Das Land NRW fördert Projekte zur Umstellung des ÖPNV auf „On-Demand-Verkehr". Das bedeutet, dass man per App Kleinbusse gezielt anfordern kann. Mithilfe der digitalen Technik können auch individuelle Routen zusammengestellt werden.

T4 Umstieg auf das Rad

E-Bikes und Pedelecs machen das Verkehrsmittel Fahrrad auch für größere Strecken attraktiv. Damit dieser Vorteil genutzt werden kann, muss das Radwegenetz ausgebaut werden. Dazu gehören auch Radschnellwege. Das sind breite und komfortable Radstraßen, die Städte verbinden und das Umland an eine Stadt anbinden. Ein Beipiel ist der RS 1 im Ruhrgebiet. Nach Fertigstellung soll der Radschnellweg 100 km lang sein und zehn Städte zwischen Duisburg und Hamm miteinander verbinden. Aber auch in anderen Landesteilen sind Radschnellwege geplant. Insgesamt soll das Netz am Ende 240 km umfassen.

ÖPNV
öffentlicher Personennahverkehr

↩ **Ein Interview durchführen und auswerten Seite 168/169**

A / B

1 Sprecht in der Klasse über das in M 1 dargestellte Problem. Stellt einen Bezug zu eurer eigenen Stadt/Gemeinde her.

2 Beschreibe die Verkehrsprobleme in Nordrhein-Westfalen (T1, T2).

2 SP „Bricht der Verkehr in NRW zusammen?" Nimm ausführlich Stellung zu dieser Frage (T1, T2, M 2, M 3).

3 Erläutere die Möglichkeiten einer nachhaltigeren Mobilität (T 3, T 4).

3 Erläutere mithilfe von T 3 und T 4 den Begriff „Mobilitätswende".

4 Diskutiert, ob die in T 3 und T 4 genannten Beispiele ausreichen, um die Verkehrsprobleme in NRW zu beheben.

5 EXTRA SP Führt ein Interview mit einer Expertin/einem Experten in eurer Stadt-/Gemeindeverwaltung. Das Thema lautet: „Welche Konzepte/Beiträge zu einer nachhaltigen Mobilität gibt es in der Stadt/Gemeinde?"

AFB I: 2 II: 1, 3, 5 III: 4 AFB II: 1, 3, 5 III: 2, 4 → Lösungshilfen ab S. 195

Herausforderung Naturschutz

Die Natur ist in NRW besonders stark belastet. Gerade deshalb ist es notwendig, Naturräume zu schützen und auszuweiten. Dafür ist der Nationalpark Eifel ein Beispiel.

M1

M2 Fichtensterben im Arnsberger Wald

T1 Gefährdete Natur in NRW

Große Teile Nordrhein-Westfalens sind dicht besiedelt oder werden landwirtschaftlich intensiv genutzt. Entsprechend belastet ist die Natur. Der Flächenverbrauch für Siedlungen und die wachsende Infrastruktur wird immer größer. Täglich gehen 10 ha des für Tiere und Pflanzen wertvollen Lebensraumes verloren. So sind in NRW 45 % der Tier- und Pflanzenarten gefährdet. Naturschutzverbände beklagen, dass auf die Natur viel zu wenig Rücksicht genommen werde und dass die Maßnahmen nicht ausreichten, den Artenschwund zu stoppen. Nur 8 % der Landesfläche sind geschützt.

Auch der Klimawandel macht der Natur zu schaffen. Die Auswirkungen sehr trockener Phasen sind besonders in den Nadelwäldern deutlich sichtbar (M 2). Großflächig sterben die Nadelbäume ab, die in den vergangenen Jahrzehnten im Rahmen einer gewinnorientierten Forstwirtschaft gepflanzt wurden. Zusätzlich setzt den Nadelbäumen der Borkenkäfer zu, der sich in den trockenen warmen Sommern stark vermehrt.

Aus dem Waldzustandsbericht

Mischwälder aus mindestens vier Baumarten sollen künftig auf den Schadflächen wachsen, die Stürme, Dürre und Borkenkäfer seit 2018 verursacht haben. Heimische Baumarten sollen dabei den Kern der künftigen Waldgeneration bilden. So sieht es das neue Wiederbewaldungskonzept des Umweltministeriums Nordrhein-Westfalen vor.
Wie wichtig der Umbau zu vielfältigen und klimastabilen Wäldern ist, zeigen die Ergebnisse der [...] Waldzustandserhebung. Wie befürchtet, hat sich der Zustand der Wälder 2020 weiter verschlechtert.

Land Nordrhein-Westfalen: Waldzustandsbericht 2020. 20.11.2020. Unter: Wir in NRW – Das Landesportal

M3

Fast ausgestorben: Wildkatze im Nationalpark Eifel

Schutz für viele Arten

Fast 11 000 Tier-, Pflanzen- und Pilzarten wurden mittlerweile im Nationalpark Eifel nachgewiesen. Viele davon gelten allgemein als gefährdet. Der Schutz der Artenvielfalt gelingt im Nationalpark, weil die entsprechenden Lebensräume erhalten und geschaffen werden. Dazu gehören naturnahe Laubwälder, artenreiche Wiesen und natürlich fließende Bäche.

M4

M5 Im Nationalpark Eifel

Nationalpark Eifel in Zahlen
- Gründung: 2004
- Größe: 10 770 ha
- Besucher/innen pro Jahr: 900 000 – 1,3 Millionen
- nachgewiesene Arten: 10 960, davon 2 497 bedroht

T2 Erlebnis Natur

Dass die Fehler der Vergangenheit umkehrbar sind, zeigt der Nationalpark Eifel. Im Rahmen einer Ranger-Führung können Besucher/innen naturnahe Laubwälder, artenreiche Wiesen, beeindruckende Felsen und natürlich fließende Bäche entdecken. Der „Wildnistrail" führt über 85 km durch das Herz des Nationalparks und kann in vier Tagen erwandert werden.

„Die Natur Natur sein lassen" – auf den Wanderungen lässt sich beobachten, wie sich die Natur entwickelt, wenn man sie sich selbst überlässt. Mit etwas Glück entdecken Aufmerksame im Nationalpark die heimische Wildkatze oder die großen Rudel von Rothirschen, die sich bei Tagesanbruch oder am frühen Abend auf der baumlosen Hochfläche versammeln. Inzwischen ist auch der Biber wieder heimisch geworden. Da er sehr scheu ist, entdeckt man meistens nur seine charakteristischen Fraßspuren.

Elektrisch betriebene Motorschiffe befahren die großen Stauseen und ermöglichen Blicke auf die Laubmischwälder, die die Ufer begleiten. In ca. 80 Jahren wird der Wald im ganzen Nationalpark wieder sein ursprüngliches Aussehen haben.

A / B

1 a) Beschreibe Foto M 2.
b) Stelle einen Zusammenhang zum Text M 3 her.

2 Nenne Zahlen, die die Gefährdung der Natur in NRW belegen (T1).

2 SP Gib den Inhalt von T1 mündlich wieder.

3 Erläutere die Bedeutung des Nationalparks Eifel (Vorspann, T1, M 3 – M 5).

3 a) Bearbeite Aufgabe A 3.
b) „Tourismus im Nationalpark Eifel, ja oder nein?" Nimm Stellung zu dieser Frage.

4 MK Erstellt Pläne für einen Tagesausflug in den Nationalpark Eifel (Anreise, Führung, Sehenswürdigkeiten …). Nutzt dazu T2 und den Linktipp.

5 EXTRA MK Erstellt Infoplakate über seltene Tiere und Pflanzen im Nationalpark. Nutzt das Internet zur Recherche.

5 EXTRA SP Landschaftsschutzgebiet, Naturschutzgebiet, Naturpark, Nationalpark: Informiere deine Klasse über diese Begriffe.

AFB I: 1 a, 2 II: 1 b, 3 – 5 AFB I: 1 a, 2 II: 1 b, 3 a, 4, 5 III: 3 b

→ Lösungshilfen ab S. 195

Nordrhein-Westfalen

Von den Ebenen am Niederrhein bis zu den Höhen des Rothaargebirges – lerne Nordrhein-Westfalens vielfältige Landschaften kennen.

M1 Niederrheinische Bucht

M3 Rheinisches Schiefergebirge

M2 Weserbergland

M4 Westfälische Bucht

T1 Nordrhein-Westfalen

Nordrhein-Westfalen ist das viertgrößte Bundesland Deutschlands, mit 18 Millionen Einwohnern aber das bevölkerungsreichste. Die flachen Gebiete der Niederlande und Niedersachsens setzen sich buchtenförmig in Nordrhein-Westfalen bis an die Mittelgebirgsschwelle fort. Dort beginnt das Rheinische Schiefergebirge, ein großes Mittelgebirge, an dem mehrere Bundesländer Anteil haben. Es wird vom Rhein durchtrennt, dem wichtigsten Fluss Nordrhein-Westfalens.

1 MK
Arbeite mit Karte M 5 und dem Kartenanhang oder dem Atlas.
Benenne:
a) die Städte 1–28,
b) die Flüsse und Kanäle a–r,
c) die Gebirge A–E und den Berg 1,
d) die Landschaften a–e.

2
Ordne den Landschaften M 1 – M 4 je eine Stadt zu.

3 MK
Verschaffe dir einen Überblick:
a) Zeichne eine Kartenskizze Nordrhein-Westfalens (Methode: S. 211).
b) Erstelle für die Großstädte Düsseldorf, Köln, Essen und Dortmund je eine Lagebeschreibung.

AFB I: 1 II: 2, 3 → Lösungshilfen ab S. 195

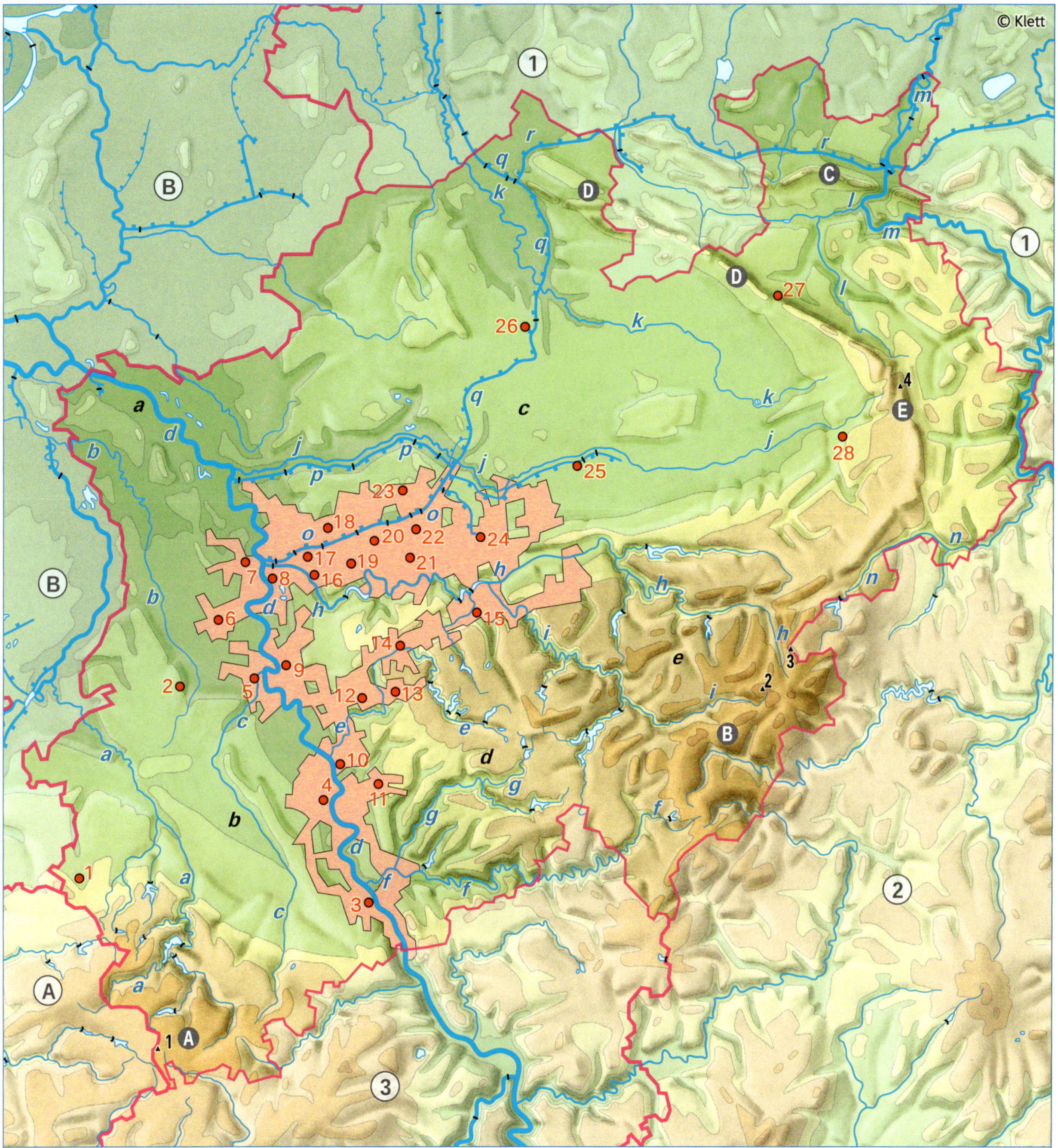

Höhenschichten
- über 700 m
- 500 – 700 m
- 300 – 500 m
- 200 – 300 m
- 100 – 200 m
- 50 – 100 m
- 25 – 50 m
- 0 – 25 m
- unter 0 m

Politische Gliederung
- Ⓐ … Ⓑ Nachbarstaaten
- ① … ③ benachbarte Bundesländer

Orte
- 1 … 28 Städte
- zusammenhängend bebaute Siedlungsfläche mit hoher Bevölkerungsdichte

Gewässer
- a … n Flüsse
- o … r Kanäle

Landmassen
- A … E Gebirge
- 1 … 4 Berge
- a … e Landschaften

0 10 20 30 40 km

M5 Lernkarte Nordrhein-Westfalen

9

Arbeitsanhang

In diesem Anhang findet ihr wertvolle Hilfen für die selbstständige Arbeit im Erdkundeunterricht: Tipps zum Lernen, Lösungshilfen zu den Aufgaben sowie die Erklärungen der wichtigen Begriffe.

Klimastationen

		J	F	M	A	M	J	J	A	S	O	N	D	Jahr
Europa														
Athen, 105 m;	°C	9	10	11	15	19	23	27	26	23	19	14	11	17
Griechenland (Küste)	mm	54	46	33	23	20	14	8	14	18	36	79	64	406
Berlin, 57 m	°C	-1	0	3	8	13	16	18	17	14	8	4	1	8
	mm	49	33	37	42	49	59	80	57	48	43	42	42	581
Kiew, 179 m;	°C	-5	-4	1	9	15	18	19	19	14	8	2	-2	8
Ukraine	mm	46	46	38	48	52	69	87	67	43	39	50	47	832
Lissabon, 96 m;	°C	10	11	13	14	17	19	21	22	20	17	14	11	16
Portugal (Westküste)	mm	86	83	86	78	45	14	4	6	33	61	92	110	698
London, 36 m;	°C	3	4	6	9	12	16	17	17	14	10	6	4	10
Großbritannien	mm	50	37	38	40	48	52	62	58	55	70	56	48	614
Murmansk, 46 m;	°C	-12	-11	-7	-2	4	9	13	11	7	1	-5	-10	0
Russland (Barentssee)	mm	33	22	20	21	32	53	60	65	52	42	40	38	478
Tromsø, 10 m; Norwegen	°C	-4	-4	-2	1	5	9	12	11	7	3	-1	-3	3
(Nordwestküste)	mm	81	86	64	60	48	53	72	82	94	125	104	104	973
Asien														
Djakarta, 8 m;	°C	25	25	26	26	26	26	26	26	26	26	26	26	26
Indonesien (Java)	mm	270	241	175	131	139	105	72	65	146	169	183	185	1 881
Hongkong, 33 m; China	°C	16	15	17	21	25	27	28	28	27	24	21	17	22
(Südküste)	mm	33	46	69	135	305	401	356	371	246	130	43	28	2 163
Hyderabad, 542 m; Indien	°C	22	25	28	32	33	29	27	26	27	26	23	22	27
(Hochland von Dekkan)	mm	6	9	16	17	40	116	155	163	152	97	29	3	803
Irkutsk, 459 m; Russland	°C	-21	-18	-9	1	8	14	18	15	8	1	-11	-18	-1
(Baikalsee)	mm	13	10	8	15	33	56	79	71	43	18	15	15	376
Jerusalem, 745 m;	°C	8	9	13	16	21	23	24	24	23	21	17	11	18
Israel	mm	104	135	28	25	3	0	0	0	0	5	30	74	404
Mumbai, 11 m; Indien	°C	24	25	27	29	30	29	28	27	28	29	28	26	28
(Westküste, Halbinsel)	mm	1	1	1	2	11	579	703	443	269	56	17	7	2 090
Peking, 38 m;	°C	-4	-2	6	13	21	24	27	25	21	13	4	-2	12
China	mm	3	5	5	15	38	36	211	155	64	18	8	3	561
Shanghai, 7 m;	°C	3	4	8	13	19	23	27	27	23	17	12	6	15
China (Jangtse-Mündung)	mm	48	58	84	94	94	180	147	142	130	71	51	36	1 135
Tokyo, 6 m;	°C	4	4	7	13	17	20	24	26	22	16	11	6	14
Japan	mm	56	66	112	132	152	163	140	163	226	191	104	56	1 561
Werchojansk, 99 m;	°C	-50	-45	-30	-13	2	12	15	11	2	-14	-37	-47	-16
Russland (Ostsibirien)	mm	4	3	3	4	7	22	27	26	13	8	7	4	128
Antarktis														
Südpol, 2 800 m;	°C	-29	-40	-54	-59	-57	-57	-59	-59	-59	-51	-39	-28	-49
US-Station	mm													
Australien														
Darwin, 31 m;	°C	29	28	29	29	28	26	25	26	28	29	30	29	28
Nordküste	mm	389	343	244	104	15	3	3	3	13	51	119	249	1 536
Perth, 59 m;	°C	23	23	22	19	16	14	13	13	14	16	19	22	18
Südwestküste	mm	8	10	20	43	130	180	170	143	86	56	20	15	881
Sydney, 44 m;	°C	22	22	21	18	15	13	12	13	15	18	19	21	17
Südostküste	mm	90	114	122	140	127	121	118	73	71	70	71	70	1 187
Afrika														
Addis Abeba, 2 450 m;	°C	14	16	17	17	17	16	14	14	15	14	14	13	15
Äthiopien	mm	13	38	66	86	86	135	279	300	191	20	15	5	1 234

		J	F	M	A	M	J	J	A	S	O	N	D	Jahr
Algier, 59 m;	°C	12	13	15	16	20	23	26	27	25	21	17	14	19
Algerien (Nordküste)	mm	110	83	74	41	46	17	2	4	41	80	128	135	762
In Salah, 273 m;	°C	13	15	20	24	30	34	37	36	33	27	20	14	25
Algerien (Sahara)	mm	3	2	0	0	0	0	0	0	1	0	4	3	13
Kairo, 33 m;	°C	12	13	16	20	24	27	27	27	25	22	18	14	20
Ägypten (Nil-Delta)	mm	5	5	5	3	3	0	0	0	0	3	3	5	32
Kapstadt, 12 m;	°C	22	22	21	18	16	14	13	13	14	17	19	21	18
Südafrika	mm	13	15	23	48	94	112	91	84	58	41	28	20	632
Kisangani, 460 m;	°C	26	26	26	26	26	25	25	25	25	25	25	25	25
D.R. Kongo	mm	95	115	152	181	167	115	100	186	174	228	177	114	1 804
Daressalam, 58 m;	°C	27	28	27	26	26	24	24	24	24	25	26	27	26
Tansania	mm	88	56	133	271	178	40	30	39	27	62	117	101	1142
Ouagadougou, 316 m;	°C	25	28	31	33	31	29	27	26	27	29	28	26	28
Burkina Faso	mm	0	3	8	19	84	118	193	265	153	37	2	0	882
Nord- und Mittelamerika														
Edmonton, 658 m;	°C	−14	−11	−5	4	11	14	16	15	10	5	−4	−10	3
Kanada (Alberta)	mm	21	18	19	23	43	80	82	60	34	18	18	19	435
Eismitte, 3 012 m;	°C	-42	-47	-39	-31	-20	-15	-11	-18	-22	-36	-43	-39	-30
Grönland	mm						keine Angaben							
Fairbanks, 152 m;	°C	−25	−18	−12	−2	8	15	16	13	6	−3	−16	−22	−3
USA (Alaska)	mm	19	12	21	7	14	36	47	42	40	19	17	17	291
Los Angeles, 103 m;	°C	12	13	14	15	17	19	21	21	20	18	16	13	17
USA (Kalifornien)	mm	78	84	70	26	11	2	0	1	4	17	30	66	389
Miami, 2 m;	°C	20	20	22	23	25	27	28;	28	27	26	23	21	24
USA (Florida)	mm	64	48	58	86	180	188	135	163	226	229	84	43	1 504
New York, 96 m;	°C	−1	−1	3	9	16	20	23	23	19	13	7	2	11
USA (Ostküste)	mm	91	105	90	83	81	86	106	108	87	88	76	90	1 091
New Orleans, 16 m;	°C	12	14	17	20	24	27	27	27	26	21	16	13	20
USA (Mississippi-Delta)	mm	108	116	118	135	115	151	159	144	130	82	81	120	1 459
St. Louis, 173 m;	°C	−1	1	6	13	19	24	26	25	21	14	7	1	13
USA (mittl. Mississippi)	mm	94	86	93	95	92	98	77	76	74	69	94	84	1 032
Havanna, 19 m;	°C	22	22	23	24	26	27	28	28	27	26	24	23	25
Kuba (Nordküste)	mm	76	38	43	43	130	142	109	109	127	178	81	61	1 137
Mexiko-Stadt, 2 282 m;	°C	13	15	17	18	19	18	17	17	17	16	15	14	16
Mexiko	mm	6	10	12	18	52	117	110	95	130	36	17	8	611
Südamerika														
Antofagasta, 94 m;	°C	21	21	20	17	16	14	14	15	15	16	18	20	17
Chile (Atacama-Wüste)	mm	0	0	0	1	0	0	0	0	0	0	0	0	1
Buenos Aires, 25 m;	°C	23	23	20	16	13	10	9	11	13	16	19	22	16
Argentinien	mm	78	71	98	122	71	52	54	56	74	85	101	102	964
La Paz, 3 570 m;	°C	11	11	11	10	9	7	7	8	9	11	12	11	9
Bolivien (Altiplano)	mm	114	107	66	33	13	8	10	13	28	41	48	91	572
Lima, 158 m;	°C	23	24	23	21	19	17	16	16	16	17	19	21	19
Peru (Küstensaum)	mm	0	0	1	1	2	6	9	10	10	5	3	1	48
Manaus, 44 m;	°C	26	26	26	26	26	26	27	27	28	28	27	27	27
Brasilien (Amazonas)	mm	262	249	274	277	201	112	69	38	61	119	155	226	2 043
Quito, 2 850 m;	°C	13	13	13	13	13	13	13	13	13	13	13	13	13
Ecuador	mm	107	109	132	188	127	38	23	38	76	94	97	97	1 126
Santiago, 520 m;	°C	20	19	17	14	11	8	8	9	12	14	17	19	14
Chile	mm	2	3	4	14	62	85	76	57	29	15	6	4	357

Land	Fläche 2020 in 1000 km²	Einwohner 2020 in Millionen	Natürliches Bevölkerungswachstum 2019 in %	Geburtenrate 2019 in %	Sterberate 2019 in %	Lebenserwartung 2019 in Jahren	Anteil der Bevölkerung jünger als 15 Jahre 2020 in %	Anteil der Bevölkerung älter als 64 Jahre 2020 in %	Städtische Bevölkerung 2020 in %	[4] Wirtschaftsleistung je Einwohner 2020 in US-$	[3] Erwerbstätige in der Industrie 2019 in % der Erwerbstätigen insgesamt	[3] Erwerbstätige in Dienstleistungen 2019 in % der Erwerbstätigen insgesamt	[3] Anteil der Industrie am BIP 2020 in %	[3] Anteil der Dienstleistungen am BIP 2020 in %	Arbeitslose 2020 in %	[2] Energieverbrauch je Einwohner 2019 in kg Öleinheiten	Analphabeten 2018 in %	[1] Anteil unterernährter Menschen an der Bevölkerung 2020 in %	Einwohner je Arzt 2018	Internet-Nutzer 2020 je 1000 Einwohner
Europa																				
Albanien	27	2,8	0,4	1,2	0,8	79	17	15	62	5246	20	43	20	48	12	816	1,8	3,9	598	722
Belgien	30	11,6	0,1	1,0	1,0	82	17	19	98	45159	21	78	19	70	6	4750		<2,5	168	915
Bosnien-Herzegowina	51	3,3	−0,3	0,8	1,1	77	15	18	49	6080	32	50	25	56	17	2199	3,0	<2,5	443	732
Bulgarien	109	6,9	−0,7	0,9	1,6	75	15	21	76	10079	30	63	22	61	6	2645	1,7	3,0	234	702
Dänemark	40	5,8	0,1	1,1	0,9	81	16	20	88	61063	19	79	21	65	6	2744		<2,5	240	965
Deutschland	349	83,2	−0,2	0,9	1,1	81	14	22	77	46208	27	72	27	63	4	3536		<2,5	233	898
Estland	43	1,3	−0,1	1,1	1,2	78	16	20	69	23027	29	68	23	63	6	3930	0,1	<2,5	291	891
Finnland	304	5,5	−0,2	0,8	1,0	82	16	23	86	48773	22	75	24	60	8	6024		<2,5	216	922
Frankreich	548	67,4	0,2	1,1	0,9	83	18	21	81	39030	20	77	16	71	9	3598		<2,5	159	831
Griechenland	129	10,7	−0,4	0,8	1,2	82	14	22	80	17623	15	73	15	69	17	2060	1,8	<2,5	164	781
Großbritannien	242	67,2	0,2	1,1	0,9	81	18	19	84	41125	18	81	17	73	4	2539		<2,5	171	948
Irland	69	5,0	0,6	1,2	0,6	82	21	15	64	85268	19	77	38	55	6	2731		<2,5	305	920
Italien	298	59,6	−0,4	0,7	1,1	83	13	23	71	31714	26	70	22	67	9	2501	0,1	<2,5	123	760
Kroatien	57	4,0	−0,4	0,9	1,3	78	15	21	58	14134	28	66	21	59	7	2119	0,4	<2,5	321	783
Lettland	62	1,9	−0,5	1,0	1,5	75	16	21	68	17726	24	69	19	64	8	2361	0,1	<2,5	299	889
Litauen	63	2,8	−0,4	1,0	1,4	76	15	21	68	20234	26	68	25	62	8	2726	0,1	<2,5	201	831
Luxemburg	2	0,6	0,3	1,0	0,7	82	16	14	91	116015	11	89	11	80	7	6233		<2,5	355	988
Montenegro	13	0,6	0,1	1,2	1,1	77	18	16	67	7677	19	73	17	58	16	1768	0,9	<2,5	359	814
Niederlande	34	17,4	0,1	1,0	0,9	82	16	20	92	52397	16	82	18	70	4	4102		<2,5	276	913
Norwegen	365	5,4	0,3	1,0	0,8	83	17	18	83	67390	19	79	26	60	5	5097		<2,5	205	970
Österreich	83	8,9	0,0	1,0	0,9	82	14	19	59	48587	25	71	25	63	6	3745		<2,5	192	875
Polen	306	38,0	−0,1	1,0	1,1	78	15	19	60	15721	32	59	28	58	4	2707	0,9	<2,5	420	868
Portugal	92	10,3	−0,3	0,8	1,1	81	13	23	66	22176	25	70	19	66	7	2111	3,5	<2,5	189	783
Rumänien	230	19,3	−0,4	1,0	1,3	75	16	19	54	12896	30	49	26	61	5	1708	1,0	<2,5	329	785
Russland	16377	144,1	−0,4	1,0	1,3	73	18	16	75	10127	27	67	30	56	6	5362	0,1	<2,5	223	850
Schweden	407	10,4	0,3	1,1	0,9	83	18	20	88	52274	18	80	21	66	8	4736		<2,5	196	945
Schweiz	40	8,6	0,2	1,0	0,8	84	15	19	74	87097	20	77	25	71	5	2829		<2,5	234	930
Serbien	87	6,9	−0,5	0,9	1,5	76	15	19	56	7721	27	57	25	52	9	2213	0,3	3,9	251	784
Slowakei	48	5,5	0,1	1,1	1,0	77	16	17	54	19267	36	61	27	60	7	3124		4,0	285	899
Slowenien	20	2,1	−0,1	0,9	1,0	81	15	21	55	25517	34	62	29	57	5	3241	0,1	<2,5	319	866
Spanien	500	47,4	−0,1	0,8	0,9	83	14	20	81	27063	20	76	20	68	16	2564	0,3	<2,5	252	932
Tschechische Republik	77	10,7	0	1,1	1,1	79	16	20	74	22932	37	60	31	58	3	3996		<2,5	243	813
Ukraine	579	44,1	−0,7	0,8	1,5	72	16	17	70	3727	25	61	21	56	9	2025	0,1	<2,5	313	700
Ungarn	91	9,7	−0,4	1,0	1,3	76	14	20	72	15981	32	63	25	57	4	2734	0,8	<2,5	295	848
Weißrussland	203	9,4	−0,4	0,9	1,3	74	17	16	79	6424	30	59	31	49	5	2760	0,2	<2,5	255	851
Amerika																				
Argentinien	2737	45,4	0,9	1,7	0,8	77	24	11	92	8579	22	78	23	55	12	1751	0,5	3,9	259	743
Bolivien	1083	11,7	1,5	2,1	0,7	72	30	7	70	3133	19	50	23	53	6	786	7,7	12,6	1013	551
Brasilien	8358	212,6	0,7	1,4	0,7	76	21	10	87	6797	20	71	18	63	14	1377	6,7	<2,5	436	675
Chile	744	19,1	0,6	1,2	0,6	80	19	12	88	13232	22	69	31	56	12	2164	3,4	3,4	197	823
Ecuador	248	17,6	1,4	1,9	0,5	77	27	8	64	5600	17	53	32	53	6	872	6,1	12,4	473	573

[1] Diese Kennziffer wird von der FAO nicht für entwickelte Staaten ausgewiesen. [2] 1 kg Öleinheit = Energie von 1 kg Erdöl (etwa 10 000 Kalorien). Mit dieser Maßeinheit kann man verschiedene Energiearten untereinander vergleichen. [3] Der Anteil der Landwirtschaft ergibt sich, indem man die Anteile der Industrie und Dienstleistungen addiert und von 100 subtrahiert. [4] Gemeint ist das Bruttoinlandsprodukt (BIP) = Maß für die wirtschaftliche Leistung eines Landes; misst den Wert der im Inland hergestellten Waren und Dienstleistungen, soweit

Guatemala	107	16,9	1,9	2,4	0,5	74	33	5	52	4603	19	50	22	62	5	863	19,1	16,8	2754	650
Haiti	28	11,4	1,6	2,4	0,8	64	32	5	57	1272	7	64	23	54	15	398	38,8	46,8	4375	325
Honduras	112	9,9	1,7	2,1	0,4	75	31	5	58	2389	21	49	26	58	9	579	11,3	13,5	3400	317
Kanada	8966	38,0	0,2	1,0	0,8	82	16	18	82	43258	19	79			9	8041		<2,5	416	910
Kolumbien	1110	50,9	0,9	1,5	0,6	77	22	9	81	5335	20	64	24	60	15	866	4,4	8,8	267	650
Kuba	104	11,3	0,1	1,0	0,9	79	16	16	77	9478	17	65	23	74	4	846	0,1	<2,5	119	618
Mexiko	1944	128,9	1,1	1,7	0,6	75	26	8	81	8329	26	62	30	60	5	1425	4,6	7,2	211	720
Peru	1280	33,0	1,2	1,8	0,6	77	25	9	78	6127	15	57	30	54	6	786	5,6	8,7	1257	653
USA	9147	329,5	0,3	1,1	0,9	79	18	17	83	63414	20	79			8	6716		<2,5	387	873
Venezuela	882	28,4	1,0	1,8	0,7	72	27	8	88		15	77			9	1164	3,4	27,4	559	720
Afrika																				
Ägypten	995	102,3	2,0	2,6	0,6	72	34	5	43	3569	27	52	32	52	10	940	28,8	5,4	1366	719
Algerien	2382	43,9	1,9	2,4	0,5	77	31	7	74	3307	30	60	20	49	13	1436	19,2	<2,5	604	596
Äthiopien	1129	115,0	2,5	3,2	0,6	67	40	4	22	936	9	24	23	37	3	390	47,2	16,2	13694	186
Burkina Faso	274	20,9	3,0	3,7	0,8	62	44	2	31	858	25	49	33	41	5		61,2	14,4	10944	160
Ghana	228	31,1	2,2	2,9	0,7	64	37	3	57	2206	21	49	30	45	5	360	21,0	6,1	9602	390
Kenia	569	53,8	2,3	2,8	0,5	67	39	3	28	1879	6	39	17	54	3	537	18,5	24,8	6686	226
Kongo. Dem. Rep.	2267	89,6	3,1	4,1	0,9	61	46	3	46	544	10	26	41	36	5	338	22,0	41,7	13955	86
Libyen	1760	6,9	1,3	1,8	0,5	73	28	5	81	3699	24	59			19	3184			499	218
Mali	1220	20,3	3,2	4,1	0,9	59	47	2	44	862	8	30	21	34	8		69,1	10,4	8252	130
Marokko	446	36,9	1,3	1,9	0,5	77	27	8	64	3009	23	44	26	51	10	603	26,2	4,2	1419	841
Niger	1267	24,2	3,8	4,6	0,8	62	50	3	17	568	7	21	20	36	1	140	65,0		26896	53
Nigeria	911	206,1	2,6	3,7	1,2	55	43	3	52	2097	12	53	28	46	9	764	38,0	14,6	2765	420
Ruanda	25	13,0	2,6	3,1	0,5	69	39	3	17	798	9	29	19	46	1		26,8	35,2	8681	218
Sambia	743	18,4	2,9	3,6	0,6	64	44	2	45	985	11	40	40	54	12	572	13,3		12143	143
Südafrika	1213	59,3	1,1	2,0	0,9	64	29	6	67	5656	22	72	23	65	29	2363	5,0	6,5	1278	562
Tansania	886	59,7	3,0	3,6	0,6	65	44	3	35	1076	6	28	29	36	2	371		25,1		250
Tunesien	155	11,8	1,1	1,7	0,6	77	24	9	70	3522	33	53	22	61	17	954	18,1	3,0	794	667
Asien																				
Bangladesch	130	164,7	1,2	1,8	0,6	73	27	5	38	1962	21	40	30	53	5	266	25,0	9,7	1586	129
China, VR	9425	1410,9	0,3	1,1	0,7	77	18	12	61	10435	27	47	38	55	5	2402	3,0	<2,5	499	706
Indien	2973	1380,0	1,0	1,8	0,7	70	26	7	35	1928	25	32	24	49	7	680	25,6	15,3	1088	345
Indonesien	1878	273,5	1,1	1,8	0,7	72	26	6	57	3870	22	49	38	44	4	881	3,9	6,5	2173	537
Irak	434	40,2	2,4	2,9	0,5	71	38	3	71	4146	23	59	41	54	14	1374	14,4	37,5	1478	494
Iran	1629	84,0	1,4	1,8	0,5	77	25	7	76	2422	31	51	34	55	11	3249	11,9	5,5	648	841
Israel	22	9,2	1,5	2,0	0,5	83	28	12	93	44169	17	82	19	71	5	2353		<2,5	198	868
Japan	365	125,8	−0,4	0,7	1,1	84	12	28	92	40193	24	72			3	3300		<2,5	399	846
Kasachstan	2700	18,8	1,5	2,2	0,7	73	29	8	58	9122	21	64	33	56	6	3897	0,1	<2,5	272	859
Korea, Republik	98	51,8	0,0	0,6	0,6	83	13	16	81	31631	25	70	33	57	4	5411		<2,5	420	965
Malaysia	329	32,4	1,1	1,7	0,5	76	23	7	77	10412	27	63	36	55	5	2839	4,9	3,2	696	896
Pakistan	771	220,9	2,1	2,8	0,7	67	35	4	37	1189	25	38	18	54	5	504	41,5	12,9	912	171
Philippinen	298	109,6	1,4	2,0	0,6	71	30	6	47	3299	19	58	28	61	3	562	3,2	9,4	1735	430
Saudi-Arabien	2150	34,8	1,4	1,7	0,4	75	25	3	84	20110	25	73	41	56	8	6164	2,3	3,9	396	979
Singapur	1	5,7	0,4	0,9	0,5	83	12	13	100	59798	16	84	24	71	5	6053	2,7		438	759
Syrien	184	17,5	1,8	2,3	0,5	73	31	5	55		23	67			9	530			778	343
Taiwan	36	23,6	0,1	0,8	0,7	81	13	16	80	32787	34	59	36	62	3	4783	1,1	3,3		862
Thailand	511	69,8	0,2	1,0	0,8	77	17	13	51	7187	23	46	33	58	1	1986	6,2	8,2	1091	778
Türkei	770	84,3	1,0	1,6	0,5	78	24	9	76	8536	25	57	28	54	14	1737	3,2	<2,5	567	777
Vietnam	310	97,3	1,0	1,6	0,6	75	23	8	37	2786	27	35	34	42	2	937	4,3	6,7	1255	703
Australien																				
Australien	7692	25,7	0,5	1,2	0,7	83	19	16	86	51693	19	78	25	66	7	5012		<2,5	274	865
Neuseeland	263	5,1	0,5	1,2	0,7	82	19	16	87	41441	19	75	20	73	5	4031	0,0	<2,5	313	908

diese nicht vorher für die Produktion anderer Waren und Dienstleistungen verwendet werden. Quellen (Stand 2021): Global Energy Statistical Yearbook 2021, Grenoble/Singapur; International Energy Agency, Paris; The World Bank, Washington; Statistisches Bundesamt, Wiesbaden; International Labour Organization, Genf; World Health Organization, Genf; International Telecommunication Union, Genf; Food and Agriculture Organization of the United Nations, Rom; Central Intelligence Agency, Langley; National Statistics, Republic of China (Taiwan), Taipeh.

Wichtige Begriffe

A

Armut: Man unterscheidet absolute Armut und relative Armut: Bei absoluter (oder extremer) Armut stehen einem Menschen weniger als 1,90 US-Dollar am Tag zur Verfügung. Sein Überleben ist unmittelbar gefährdet. Von relativer Armut spricht man (meist in reicheren Ländern), wenn jemand weniger als die Hälfte des Durchschnittseinkommens zur Verfügung hat.
Analphabet: ein Mensch, älter als 15 Jahre, der nicht lesen oder schreiben kann. Häufig wird der Anteil der Analphabeten als wichtiges Merkmal zur Kennzeichnung des Entwicklungsstandes eines Landes gebraucht.
Asyl: (von griech. „asylon" = Freistätte) Bezeichnung für einen Zufluchtsort, der Schutz vor Gefahr und Verfolgung bietet. Das Asylrecht legt fest, wann einem Menschen aus einem anderen Land Asyl gewährt wird und weshalb er dann auf Dauer im Zufluchtsstaat bleiben darf. Nach der Genfer Flüchtlingskonvention der UNO von 1951 gilt als verfolgt und damit als Flüchtling, wer sich aus begründeter Furcht vor Verfolgung wegen äußerlicher Merkmale, seiner Religion, Nationalität, Zugehörigkeit zu einer bestimmten sozialen Gruppe oder wegen seiner politischen Überzeugungen außerhalb seines Landes befindet. Allgemeine Notsituationen wie Armut, Naturkatastrophen und Bürgerkriege gelten im Sinne der Genfer Konvention nicht als Fluchtgründe. In Deutschland sind alle Nichtdeutschen asylberechtigt, die wegen politischer oder religiöser Ansichten oder Handlungen in ihrem Heimatstaat verfolgt oder mit Gewalt bedroht werden.

B

Bevölkerungsdiagramm: grafische Darstellung der Bevölkerung eines Gebietes (Staat, Region, Gemeinde oder Stadt) nach Alter und Geschlecht. Auf der waagerechten Achse können die Anteile der einzelnen Altersgruppen an der Gesamtbevölkerung abgelesen werden. Die senkrechte Achse zeigt die Altersstufen, links die Angaben zur weiblichen Bevölkerung, rechts die Informationen zur männlichen Bevölkerung. Bevölkerungsdiagramme können sehr unterschiedlich aussehen, z. B. pyramiden- oder urnenförmig.
Bevölkerungswachstum: die Zunahme der Bevölkerung eines Gebietes durch Zuwanderung oder natürliches Wachstum (Differenz der Geburten und Sterbefälle)
Binnenmarkt: abgegrenztes Wirtschaftsgebiet (z. B. in einem Land oder einer Staatengemeinschaft), das durch den freien Verkehr von Waren, Dienstleistungen und Kapital sowie eine angeglichene Rechtsordnung gekennzeichnet ist. Der Begriff wird für den Wirtschaftsraum der → Europäischen Union (EU), aber auch für den nationalen Markt eines Landes verwendet. Im Binnenmarkt der EU gelten die vier Freiheiten: freier Warenverkehr, freier Personenverkehr, freier Kapitalverkehr, freier Dienstleistungsverkehr.
Binnenmigration: → Migration
Braindrain: Abwanderung von Fach- und Führungskräften, z. B. Wissenschaftler/innen und Ingenieur/innen; dadurch fehlen sie im Herkunftsland und ihr Wissen wird nicht an die nächste Generation von Arbeitskräften weitergegeben (negativer Wissens- und Technologietransfer).
Bruttoinlandsprodukt (BIP): Ausdruck für die Wirtschaftsleistung eines Landes. Es beschreibt den Gesamtwert aller Waren und Dienstleistungen, die in diesem Land innerhalb eines Jahres produziert werden. Auch von Ausländern erbrachte Leistungen werden eingeschlossen.
Bruttonationaleinkommen (BNE): Geldwert aller in einer Volkswirtschaft im Zeitraum eines Jahres produzierten Güter und erbrachten Dienstleistungen. Hierbei werden die von Ausländern erbrachten Leistungen nicht mit einbezogen, dafür sind jedoch die von Deutschen im Ausland erbrachten Werte enthalten.

C

Container: genormter Großbehälter zum Transport von Stückgütern. Container können schnell zwischen den jeweiligen Transportmitteln (Schiff, Eisenbahn, Lkw) umgeladen werden und erleichtern so den Austausch von Gütern. Sie werden im englischen Maßsystem gemessen und sind etwa 6,10 m (20-Fuß-Container) oder 12 m (40-Fuß-Container) lang, etwa 2,40 m breit und 2,60 m hoch. Durch die Einheitsmaße sind Container stapelbar und passen auf viele Transportmittel.

D

Demografie: eine Wissenschaft, die sich mit der Entwicklung der Bevölkerung und ihren Strukturen befasst. Untersucht werden v. a. die → Geburtenrate, die → Sterberate und der Wanderungssaldo. Die alters- und zahlenmäßige Gliederung, die geographische Verteilung und umweltbedingte oder soziale Faktoren können Veränderungen erklären.
Desertifikation: Bildung von Wüsten und wüstenähnlichen Verhältnissen in Gebieten, in denen aufgrund des Klimas keine Wüsten sein dürften. Ursache ist die Übernutzung der Landschaft durch den Menschen. Die natürliche Vegetation wird (z. B. durch übermäßige Überweidung) beseitigt. Besonders gefährdet sind die Dorn- und Trockensavanne in der Sahelzone.
digitale Infrastruktur: die Ausstattung eines Raumes z. B. mit Glasfaserfaserkabel, Breitbandanschluss, Netzverfügbarkeit, W-Lan, Rechenzentren usw.

Digitalisierung: die weitgehende Steuerung von Lebens-, Arbeits- und Herstellungsbereichen durch Computer. Bisher analoge Inhalte und Prozesse werden mehr und mehr in digitale Daten und Arbeitsweisen umgewandelt. Dies betrifft z. B. den Handel und Verkehr, aber auch die Industrie, Landwirtschaft, Medizin, Schule und Haushalte.
Disparität: Bezeichnung für Unterschiede des Lebensstandards. Disparität zwischen verschiedenen Regionen zeigt sich vor allem dadurch, dass Räumen mit besonders guter wirtschaftlicher Entwicklung und guten Lebensbedingungen weniger entwickelte Gebiete gegenüberstehen. Disparität innerhalb einer Region bezeichnet die Unterschiede des Lebensstandards zwischen gesellschaftlichen Gruppen einer Region. Aufgabe der Politik ist es, der Entwicklung dieser Disparitäten entgegenzuwirken.

E

Ein-Kind-Regel: Politik zur Begrenzung des → Bevölkerungswachstums in der Volksrepublik China. Das 1979 eingeführte Gesetz besagte, dass Familien nur ein Kind bekommen durften. Wer sich nicht an diese strenge Regel hielt, wurde bestraft. Das Gesetz führte zu Problemen: Eltern wollten keine Töchter mehr. Später wurde die Ein-Kind-Regel gelockert, 2015 abgeschafft.
Emission: Ausstoß von gasförmigen und festen Stoffen wie Gas, Wärmestrahlung und Staub in die Umwelt. Diese verunreinigen und beeinträchtigen die Luft, das Wasser oder den Boden.
Energiewende: die Abkehr von fossilen Energieträgern hin zu einer nachhaltigen Energieversorgung mit → erneuerbaren Energien wie Sonnenenergie, Wasserkraft, Biomasse und Windenergie
Entwicklungsachse: Instrument der Raumordnung, das durch eine Bündelung von Verkehrs- und Versorgungslininen sowie durch eine Konzentration von Siedlungen entlang dieser Achse gekennzeichnet ist. Es dient vor allem der Entwicklung peripherer Räume (→ Peripherie).
Entwicklungsland: ein Staat, der in Bezug auf seine wirtschaftliche, soziale und politische Entwicklung einen relativ niedrigen Stand aufweist. Nach der Einteilung durch die Vereinten Nationen (UN) zählen dazu diejenigen Staaten, deren HDI unter 0,55 liegt. Entwicklungsländer haben zum Beispiel ein hohes Bevölkerungswachstum, eine hohe Kindersterblichkeit, unzureichende Nahrungsmittelversorgung, eine hohe Analphabetenrate, ein niedriges Pro-Kopf-Einkommen und leiden an Kapitalmangel.
Entwicklungszusammenarbeit: Erfolgt Entwicklungshilfe zunehmend gezielt und regional begrenzt in Form von Projekten und immer in Zusammenarbeit mit der einheimischen Bevölkerung, spricht man von Entwicklungszusammenarbeit. Dazu zählen Maßnahmen der Industrieländer oder verschiedener → Nichtregierungsorganisationen, um die Situation der Entwicklungsländer zu verbessern, z. B. in den Bereichen Bildung, Verkehr oder sanitäre Einrichtungen. Der Begriff „Entwicklungszusammenarbeit“ soll das partnerschaftliche Verhalten zum Ausdruck bringen – und nicht die Unterscheidung in Geber- und Nehmerländer, wie in dem Begriff „Entwicklungshilfe“ unterschwellig zum Ausdruck kommt.
erneuerbare Energien: z. B. Energie aus Sonne, Wind, Biomasse oder Wasserkraft. Im Gegensatz zu fossilen Energiequellen wie Kohle, Erdöl und Erdgas können sie nicht aufgebraucht werden. Erneuerbare Energien belasten Klima und Umwelt vergleichsweise wenig.
europäische Integration: das allmähliche Zusammenwachsen der Staaten Europas mit dem Ziel eines friedlichen Zusammenlebens und der wirtschaftlichen wie zunehmend politischen Zusammenarbeit. Wichtige Stationen der europäischen Integration waren: 1951 die Gründung der „Montanunion“ (Europäische Gemeinschaft für Kohle und Stahl, EGKS), 1957 die Gründung der Europäischen Wirtschaftsgemeinschaft (EWG) durch die Römischen Verträge mit dem Ziel eines gemeinsamen → Binnenmarktes, 1967 die Gründung der Europäischen Gemeinschaft durch den Zusammenschluss von Montanunion und EWG, 1992 die Gründung der → Europäischen Union durch den Vertrag von Maastricht, 2002 die Einführung des Euro als Gemeinschaftswährung für einen Teil der EU-Mitgliedsstaaten.
Europäische Union (EU): Zusammenschluss von 27 europäischen Staaten mit dem Ziel der wirtschaftlichen und politischen Zusammenarbeit. Der Verbund wurde durch den Vertrag Maastricht 1992 von den zwölf Mitgliedsstaaten der Europäischen Gemeinschaft (EG) gegründet.
Export: die Ausfuhr von Waren im Unterschied zum → Import

F

fairer Handel: Bestrebungen für einen gerechten und nicht ausschließlich gewinnorientierten Austausch in der Welt. Durch garantierte Mindestpreise sowie die Gründung von Genossenschaften soll der kapitalgesteuerten Ausbeutung der → Entwicklungsländer entgegengewirkt werden. Garantierte Mindestpreise reduzieren die Abhängigkeit von den starken Schwankungen der Weltmarktpreise. Die Prämien des fairen Handels (Fairtrade-Prämien) werden in die Genossenschaft investiert. Hiervon werden Investitionen getätigt.

Favela: ungeplant errichtete Barackensiedlung am Rand einer brasilianischen Großstadt. Die Bewohner/innen haben oft keine geregelte Arbeit, es herrschen Armut, schlechte Lebensverhältnisse und eine hohe Kriminalitätsrate.
Flucht: Menschen müssen unfreiwillig und unter Druck ihre Heimat verlassen. Mögliche Ursachen sind Naturkatastrophen (z. B. Erdbeben, Dürren), wirtschaftliche Not, Verfolgung aus politischen bzw. weltanschaulichen Gründen oder Krieg. Oft müssen Flüchtlinge ihren Besitz fast vollständig zurücklassen. Nach der Genfer Flüchtlingskonvention liegt eine Flucht nur vor bei begründeter Furcht vor Verfolgung wegen äußerlicher Merkmale, Zugehörigkeit zu einer Religion, Nationalität, sozialen Gruppe oder wegen einer politischen Überzeugung.
Freihandelszone: wirtschaftlicher Zusammenschluss von Staaten, bei dem die Mitgliedsländer untereinander Zölle und andere Handelshemmnisse abbauen. Die Mitglieder behalten ihre außenhandelspolitische Autonomie gegenüber Drittstaaten.

G

Gated Community: moderne Luxus-Wohnanlagen für privilegierte Bevölkerungsschichten, die zum Schutz vor kriminellen Übergriffen eingezäunt, meist bewacht und elektronisch gesichert sind. Sie entstanden bzw. entstehen durch die Abwanderung der oberen Einkommensgruppen aus den Innenstädten und ihrer Ansiedlung in landschaftlich bevorzugten Stadtrandlagen. Der Zugang zu diesen Wohnvierteln ist oft nur den Bewohnern möglich.
Geburtenrate: die Anzahl der Lebendgeborenen pro 1000 Personen in einem Jahr in einem bestimmten Gebiet (z. B. Staat, Region, Stadt). Die Angabe erfolgt in Promille (‰) oder Prozent (%). Eine Geburtenrate von 2,1% entspricht 21 Lebendgeborenen pro 1000 Einwohner.
Gender Development Index (GDI): Maßzahl für den Wohlstand und die Gleichstellung der Geschlechter. Die Vereinten Nationen (UN) veröffentlichen das Ranking der Länder nach dem GDI seit 1995. Rechnerisch ist der GDI der Quotient aus dem → Human Development Index (HDI) der Frauen und der Männer. Je niedriger der GDI, desto stärker sind Frauen gegenüber Männern benachteiligt. Anhand der GDI-Werte werden die Länder in Gruppen von 1 (hohe Gleichheit) bis 5 (niedrige Gleichheit) eingeteilt.
GIS: Geographische Informationssysteme ermöglichen das Erfassen, Verarbeiten und Präsentieren von räumlichen Informationen.
Global City: Weltstadt mit besonders starker Bedeutung in der Weltwirtschaft. Wenige → Metropolen bezeichnet man als Global Cities. Kennzeichen sind: hohe Einwohnerzahl, internationales Finanzzentrum, Sitz großer internationaler Institutionen und Unternehmen, wichtiger Verkehrsknotenpunkt. Die wichtigsten Global Cities sind London, New York und Tokyo.
Globalisierung: die zunehmende weltweite Verflechtung der Wirtschaft, Politik, Kultur, Umwelt und weiterer Bereiche. Als wichtigste Voraussetzungen gelten technische Fortschritte bei den Kommunikations- und Transportmitteln sowie politische Entscheidungen, z. B. geringere Zölle.
Global Player: multinationales Unternehmen, das auf fast allen Märkten der Welt vertreten ist und produziert. Global Player optimieren Zulieferung, → internationale Arbeitsteilung und Absatz im globalen Maßstab

H

Handelsbilanz: Gegenüberstellung von → Importen und → Exporten eines Staates
Homeoffice: die Arbeit von zu Hause aus. Voraussetzung ist meist eine gute → digitale Infrastruktur
Human Development Index (HDI): Maßzahl für den Stand der menschlichen Entwicklung in einem Land. Drei Indikatoren sind maßgebend: Lebenserwartung, Bildungsgrad und Pro-Kopf-Einkommen der Menschen. Die Maßzahl kann zwischen 0 und 1 liegen. Dementsprechend unterteilen die Vereinten Nationen (UN) die Länder der Erde in drei Gruppen: → Industrieländer (HDI mindestens 0,7), → Schwellenländer (HDI von 0,55 bis 0,699) und → Entwicklungsländer (HDI unter 0,55).
Hunger: Erhält ein Mensch dauerhaft zu wenig Energie in Form von Nahrungsmitteln, so führt dies zu schweren gesundheitlichen Schäden, die nach einer gewissen Zeit zum Hungertod führen können.

I

Import: die Einfuhr von wirtschaftlichen Gütern im Unterschied zum → Export
Industrieland: Staat mit einem hohen Entwicklungsstand. Nach der Einteilung durch die Vereinten Nationen (UN) zählen dazu diejenigen Staaten, deren → Human Development Index mindestens 0,7 beträgt. In einem Industrieland geht die Versorgung der Menschen weit über die Erfüllung der Grundbedürfnisse hinaus. Merkmale sind der hohe Anteil der Industrie und Dienstleistungen am → BIP (Bruttoinlandsprodukt) und eine relativ geringe Bedeutung des primären Sektors, z. B. der Landwirtschaft. Industrieländer haben ein hohes Pro-Kopf-Einkommen, ein hohes Bildungsniveau und ein geringes Bevölkerungswachstum.

informeller Sektor: ein Wirtschaftszweig, der weder von der Steuer erfasst noch von anderen gesetzlichen Vorschriften geregelt wird (auch „Schattenwirtschaft“ genannt). Es ist ein Beschäftigungssektor meist in → Entwicklungsländern und → Schwellenländern, in dem sich die ärmsten Teile der Bevölkerung betätigen. Zu den häufigsten Tätigkeiten gehören der Straßenverkauf, die Herstellung und der Verkauf eigener Produkte, Kleinreparaturen und Transportarbeiten. Weitere Merkmale sind: kein staatlicher und politischer Schutz, keine festen Preise, geringer Technologie- und Kapitaleinsatz und relativ einfache Organisation.
Integration: (lat. „integrare“: erneuern, ergänzen) die Einbindung von Einzelnen oder Gruppen in die Gesellschaft. Ziel ist es, niemanden aus den verschiedensten Bereichen des Lebens (z. B. Schule, Arbeit) auszuschließen. Im Zusammenhang mit → Migration bezeichnet Integration einen Prozess, der zum Ziel hat, alle Menschen, die dauerhaft in einem Land leben, in die Gesellschaft einzubeziehen. Damit dies gelingen kann, haben die Zugewanderten bestimmte Pflichten, z. B. die Sprache zu lernen, die Verfassung und die Gesetze des Landes zu kennen und zu befolgen. Aber auch die Aufnahmegesellschaft kann und sollte Zugewanderte beim Ankommen unterstützen.
internationale Arbeitsteilung: Zerlegung von komplexen Arbeitsprozessen in Teilprozesse. Diese werden an den weltweit jeweils günstigsten Standorten ausgeführt.

J

Joint Venture: Gemeinschaftsunternehmen, das von mehreren Unternehmen gegründet wurde
just in time: Lieferung von Bauteilen genau zu dem Zeitpunkt, an dem sie in der Montagekette gebraucht werden

K

Klimawandel: Bezeichnung für die Veränderung wichtiger Klimaelemente, besonders der Lufttemperatur auf der Erde. Ein Beispiel ist die gegenwärtige, vor allem durch Menschen verursachte globale Erwärmung. Durch die verstärkte Freisetzung von Kohlendioxid und weiteren → Treibhausgasen seit Beginn der Industrialisierung (seit ca. 1850) trägt der Mensch zur Erwärmung der Atmosphäre infolge der Verstärkung des natürlichen → Treibhauseffekts bei. Als Folgen des Klimawandels schmelzen Gletscher, steigt der Meeresspiegel und nehmen extreme Wetterlagen mit starken Stürmen, Regenfällen oder langen Trockenzeiten zu.
Kommunikationsmedien: Fernsehen, Radio, Telefon, Internet. Sie ermöglichen den Menschen, sich schnell zu verständigen und auch über Staaten und Kontinente hinweg zu vernetzen. Durch technische Weiterentwicklung sind sie eine wichtige Voraussetzung der → Globalisierung.

L

Landgrabbing: (englisch = Landnahme/Landraub) großflächiger Erwerb von Boden durch in- oder ausländische Privatpersonen, Unternehmen oder Staaten; häufig aus spekulativen ökonomischen Überlegungen
Land-Stadt-Wanderung: Wechsel einer großen Anzahl von Menschen aus den ländlichen Gebieten in die Städte. Besonders in Lateinamerika hat diese Land-Stadt-Wanderung eine lange Tradition, da schon zur Kolonialzeit ein großes Stadt-Land-Gefälle in den Lebensbedingungen vorhanden war.
Logistik: die Verteilung und Lagerhaltung sowie die gesamte Produktionsplanung und -steuerung von der Materialwirtschaft bis zum Vertrieb

M

Mangelernährung: unzureichende Ernährung durch das ständige Fehlen lebensnotwendiger Stoffe wie Eiweiß und Vitamine (auch wenn die Kalorienzahl an sich ausreichend wäre)
Megacity/Megastadt: Großstadt mit mehr als zehn Millionen Einwohnern und einer Bevölkerungsdichte von mehr als 2 000 Einwohner/km². Häufig sind Megastädte auch Knotenpunkte der nationalen Verkehrs-, Finanz- und Informationsströme. Die Bedeutung der einzelnen Megastädte im globalen Städtesystem ist jedoch höchst unterschiedlich. Beispielsweise sind in Tokyo, der größten Megastadt der Welt, zahlreiche Unternehmen und Funktionen mit weltweiter Bedeutung angesiedelt. Einige Megastädte, meist in den → Entwicklungsländern, fallen allein aufgrund ihrer Größe in die Kategorie Megastadt.
Menschenrechte: Nach der Definition der Vereinten Nationen (UN) sind dies „angeborene und unveräußerliche Rechte eines jeden Menschen“. Sie sind höher gestellt als Rechte des Staates und können deshalb von diesem weder verliehen noch aberkannt werden. Die Menschenrechte sind in der Allgemeinen Erklärung der Menschenrechte der Vereinten Nationen von 1948 in 29 Artikeln festgeschrieben. Zu den Rechten gehören: Grundrechte wie das Recht auf Leben, Eigentum und Gewissensfreiheit, politische und soziale Rechte wie Wahlrecht, Versammlungsfreiheit und das Recht auf Freizügigkeit. 1993 kamen Kollektivrechte wie das Recht auf Entwicklung und unzerstörte Umwelt hinzu. Die Einhaltung der Menschenrechte wird von der UNO, vor allem aber auch durch unabhängige Menschenrechtsorganisationen wie Amnesty International überwacht.

Metropole: eine Großstadt, die politischer, wirtschaftlicher und gesellschaftlicher Mittelpunkt eines Staates ist und viele Großstädte an Größe und Bedeutung weit überragt (z. B. Buenos Aires, Lagos, Paris, London, Frankfurt am Main). In ihr konzentrieren sich Wirtschaft und Verkehr, Wissenschaft und Verwaltung. Zum anderen sind Metropolen als Standorte internationaler Organisationen, Handelseinrichtungen, Banken, Firmenleitungen oder Forschungseinrichtungen auch Städte mit Weltbedeutung (Weltstädte). Metropolen üben eine ungeheure Anziehungskraft auf die Umgebung aus, oft auf das ganze Land.

Migration: alle Formen der Wanderung, bei denen Menschen dauerhaft ihren Wohnort bzw. ihre Heimat verlassen. Dabei sind zeitliche und räumliche Faktoren ausschlaggebend: Ist die Wanderung vorübergehend oder von langer Dauer? Findet die Wanderung innerhalb eines Landes oder über Grenzen hinweg statt? Die Wanderung innerhalb von Landesgrenzen nennt man „Binnenmigration". Werden bei der Wanderung Grenzen von Nationalstaaten überschritten, spricht man von „internationaler (oder transnationaler) Migration". Dabei wird Auswanderung als Emigration und Einwanderung als Immigration bezeichnet. Die Wanderungsmotive werden damit noch nicht angesprochen. Diese zu bestimmen, ist weitaus schwieriger. Man kann zwischen freiwilliger Migration und gezwungener Migration unterscheiden. Allerdings ist dies nicht immer eindeutig. Oft gibt es eine Vielzahl von Gründen, die Heimat zu verlassen.

Migrationshintergrund: Jemand hat einen Migrationshintergrund, wenn er selbst oder mindestens ein Elternteil nicht mit deutscher Staatsangehörigkeit geboren wurde. Das sind im Einzelnen: 1. Ausländer, die nicht in Deutschland geboren wurden; 2. Deutsche, die nicht in Deutschland geboren wurden, aber nach 1949 in das heutige Gebiet der Bundesrepublik Deutschland zugewandert sind ([Spät-]Aussiedler); 3. Deutsche, von denen mindestens ein Elternteil zugewandert ist oder als Ausländer in Deutschland geboren wurde.

Mindeststandards: Standards bzw. Regeln, die nicht unterschritten werden dürfen. Sie können in verschiedenen Zusammenhängen aufgestellt werden, z. B. sozial oder als Umweltstandards. Im Zuge der Globalisierung treten z. B. → Nichtregierungsorganisationen dafür ein, in allen Staaten gesetzliche Arbeitszeiten, Mindestlöhne und soziale Leistungen bei Schwangerschaft, Krankheit und im Alter einzuführen, Kinderarbeit und Zwangsarbeit zu verbieten und gesetzliche Arbeitnehmervertretungen zuzulassen.

Monokultur: großflächiger Anbau einer einzigen Nutzpflanze über einen längeren Zeitraum hinweg auf derselben Fläche. Diese Methode ist arbeitssparend und liefert große Erträge, sie kann aber auch zu Problemen führen: Nährstoffmangel im Boden, Bodenerosion, erhöhter Schädlingsbefall, leichte Ausbreitung von Pflanzenkrankheiten.

N

nachhaltige Entwicklung: Entwicklungsstrategie nach dem Prinzip der → Nachhaltigkeit. Die Lebenschancen der heutigen Generation sollen verbessert werden, ohne die Chancen künftiger Generationen zu gefährden. Durch Schutz, Pflege und schonende Nutzung sollen die natürlichen Lebensgrundlagen (Boden, Vegetation, Gewässer usw.) auch zukünftig verfügbar sein. Der Begriff wird auch für verschiedene Nutzungsformen und Entwicklungen gebraucht: nachhaltige Landwirtschaft, → nachhaltige Stadtentwicklung oder nachhaltiger Tourismus. Dabei sollen ökonomische, ökologische und soziale Aspekte in einem ausgewogenen Verhältnis stehen.

nachhaltige Stadtentwicklung: Ziel ist es, die städtischen Lebensverhältnisse zu verbessern. Soziale, wirtschaftliche und ökologische Belange sollen so berücksichtigt werden, dass das Ergebnis sowohl für die heutigen wie die künftigen Stadtbewohner/innen tragbar ist.

Nachhaltigkeit: Prinzip der Nutzung und Entwicklung, mit dem die Lebenschancen der heutigen Generation verbessert werden, ohne die Chancen zukünftiger Generationen einzuschränken. Es geht um einen Ausgleich zwischen den Bereichen Wirtschaft, Ökologie und Soziales.

Neue Seidenstraße: ein Infrastrukturplan der Volksrepublik China mit dem Ziel der engeren wirtschaftlichen Verknüpfung des Landes an Süd- und Mittelasien, Europa und Afrika. Kritiker/innen sehen hierin den Versuch Chinas, seine wirtschaftliche, politische und militärische Macht auszubauen.

Nichtregierungsorganisation (NGO): nichtstaatliche Organisation, die Einfluss auf Politik, Wirtschaft und Gesellschaft nehmen möchte, um die als ungerecht empfundenen Entwicklungen zu verbessern, z. B. im Umweltschutz, bei der → Entwicklungszusammenarbeit oder bei der Globalisierung

O

ökologischer Fußabdruck: Die Fläche, die eine Person für ihre Lebensführung benötigt. Mit dem ökologischen Fußabdruck lässt sich insbesondere der Ressourcenverbrauch des Menschen bildlich in Form des Flächenverbrauchs darstellen. Der ökologische Fußabdruck wird gemessen in globalen Hektar pro Person (gha/Kopf). Der Flächenverbrauch weltweit beträgt im Durchschnitt 2,7 gha/Kopf, in Deutschland liegt er bei 4,7 gha/Kopf (Stand: 2018). Ziel ist es, Bewertungskriterien für ein ressourcenschonendes und nachhaltiges Wirtschaften zu entwickeln.

Ökosystem: ein Wirkungsgefüge von verschiedenen Umweltfaktoren. Innerhalb des Systems herrscht im Rahmen der gegebenen natürlichen Bedingungen eine Art Gleichgewicht.
Outsourcing: Betriebliche Leistungen, die ursprünglich im eigenen Unternehmen erbracht wurden, werden an andere Firmen übertragen, die diese schneller, billiger oder besser erledigen können.

P

Peripherie: ein am Rand gelegenes Gebiet innerhalb einer großen Raumeinheit. Der Begriff wird oft für ein vergleichsweise gering entwickeltes Gebiet verwendet.
Prognose: Vorhersage von Entwicklungen oder Ergebnissen, die auf der Grundlage mathematischer Modelle erstellt werden
Pull-Faktoren: Gründe, die auf die Bevölkerung oder Wirtschaft anziehend wirken und damit eine Wanderungsbewegung auslösen (z.B. → Land-Stadt-Wanderung)
Push-Faktoren: Gründe, die die Bevölkerung oder die Wirtschaft zum Abwandern bewegen, v.a. die unzureichenden Lebensumstände und Einkommensmöglichkeiten in den ländlichen Räumen der → Entwicklungsländer

R

Raumanalyse: geographische Untersuchung eines abgegrenzten Raumes unter einer bestimmten Fragestellung
relative Armut: → Armut

S

schrumpfende Stadt: ein Phänomen krisenhafter Stadtentwicklung, das durch Strukturkrisen bzw. Strukturwandel, Abwanderung und generellen Bevölkerungsrückgang durch das Ungleichgewicht von → Geburtenrate und → Sterberate verursacht wird.
Schwellenland: → Entwicklungsland, das in seiner wirtschaftlichen Entwicklung weit fortgeschritten ist und sich auf der „Schwelle", d.h. auf dem Weg der Industrialisierung hin zu einem Industrieland, befindet. Nach der Einteilung durch die Vereinten Nationen (UN) sind dies Staaten mit einem mittleren Entwicklungsstand und einem → Human Development Index von 0,55 bis 0,669.
Slum: durch raschen Zuzug schnell und größtenteils unkontrolliert wachsendes Elendsviertel in einer Stadt. Im Gegensatz zu den Marginalsiedlungen befindet es sich im Innenstadtbereich. Merkmale sind u.a.: schlechte Bausubstanz, mangelnde Infrastruktur, hohe Kriminalität und Arbeitslosigkeit. Meist befinden sich Slums in den Großstädten der → Entwicklungsländer.
Segregation: die räumliche Trennung von Bürger/innen unterschiedlicher Einkommen oder Herkunft. Sie leben in eigenen Wohnvierteln. Gegenteil: → Integration
Smart City: Entwicklungskonzepte einer → nachhaltigen Stadtentwicklung, die darauf ausgerichtet sind, Städte technologisch fortschrittlicher, ökologischer und sozial integrativer zu gestalten. Dafür sollen die Vorteile der → Digitalisierung genutzt werden.
Stadtklima: Gegenüber dem Umland sind die Luftqualität und das Klima in Städten und Ballungsräumen verändert. Ursachen sind die dichte Bebauung, Bodenversiegelung, fehlende Grün- und Wasserflächen und → Emissionen aus Industrie, Haushalten und Verkehr. Kennzeichen sind höhere Temperaturen, höhere Schadstoffbelastungen, niedrigere Windgeschwindigkeiten sowie eine schlechtere Durchlüftung.
Standortfaktoren: Faktoren bzw. Gründe, welche die Ansiedlung von Unternehmen begünstigen oder hemmen, z.B. Arbeitskräfteangebot, Rohstoffe, Verkehrsanbindung
Sterberate: die Zahl der Verstorbenen in einem Kalenderjahr pro 1000 Personen in einem bestimmten Gebiet. Die Angabe erfolgt in Promille (‰) oder Prozent (%). Eine Sterberate von 0,8% bedeutet acht Verstorbene pro 1000 Einwohner.
Strukturwandel: grundlegende Veränderung bestehender Strukturen, z.B. der Wirtschaftsstruktur eines Gebietes. Bestimmte Wirtschaftszweige verkleinern sich oder fallen weg. Dafür entstehen neue Zukunftstechnologien.
Suburbanisierung: die Verlagerung des Städtewachstums in die Vororte (englisch: Suburbs). Die Wanderung der Bevölkerung sowie von Industrie- und Dienstleistungsunternehmen über die Stadtgrenzen hinaus führt zu einem flächenhaften Wachstum der Städte. Oft entleeren sich gleichzeitig die innerstädtischen Bereiche. Folgen sind ein verstärkter Pendlerverkehr sowie der Funktions- und Bedeutungsverlust der Kernstadt.

T

Terms of Trade: das Preisniveau für Einfuhrgüter im Verhältnis zum Preisniveau für Ausfuhrgüter. Sinken z.B. die Preise für Exportgüter und steigen die Preise für Importgüter, verschlechtern sich die Terms of Trade. Denn die Einnahmen durch die gleiche Exportmenge reichen dann nur für weniger Importgüter.
totale Fruchtbartkeitsrate (TFR): (englisch: Total Fertility Rate) die durchschnittliche Anzahl der Lebendgeborenen in einem Staat, die eine Frau in ihrem Leben zur Welt bringt

Tragfähigkeit: Fassungsvermögen eines Lebensraumes, also wie viel die Erde „tragen" kann. Bei der agrarischen Tragfähigkeit geht es um die Frage, wie viele Menschen die Erde ernähren kann. Die humane Tragfähigkeit ist besonders in Ballungsräumen von Bedeutung: Wie viel Fläche benötigt ein Mensch zum Leben? Die ökologische Tragfähigkeit sagt etwas darüber aus, wie viele Menschen das Ökosystem Erde tragen kann.

Treibhauseffekt (natürlicher/anthropogener): Beim natürlichen Treibhauseffekt wird die von der Erdoberfläche abgegebene Wärmestrahlung durch die → Treibhausgase Wasserdampf oder Kohlenstoffdioxid als Gegenstrahlung zur Erde zurückgestrahlt. Der natürliche Treibhauseffekt sorgt dafür, dass es auf der Erde durchschnittlich 15 °C warm ist. Der vom Menschen verursachte Treibhauseffekt (anthropogener Treibhauseffekt) entsteht durch den Einfluss aus Industrie oder auch Viehhaltung. Dadurch erhöht sich der Anteil der Treibhausgase in der Atmosphäre und der natürliche Treibhauseffekt wird verstärkt. Dies führt zum → Klimawandel.

Treibhausgase: die Gase innerhalb der Atmosphäre, die einen Teil der von der Erdoberfläche ausgehenden Wärmestrahlung absorbieren und in alle Richtungen abstrahlen. Die Folge ist eine Erwärmung der Atmosphäre. Treibhausgase sind z. B. Wasserdampf (H_2O), Kohlenstoffdioxid (CO_2), Methan (CH_4).

U

Überalterung: Als Folge der demografischen Entwicklung in den meisten Industrieländern nimmt der Anteil der älteren Bevölkerung stetig zu.

Überernährung: eine Form der Fehlernährung, bei der dem Körper mehr Energie in Form von Nahrung zugeführt wird, als er braucht. Die Folge ist Übergewicht oder Adipositas (Fettleibigkeit).

Unterernährung: nicht ausreichende Nahrungsaufnahme, wobei der Kalorienbedarf des Körpers nicht voll gedeckt wird. Die Folgen sind körperliche und geistige Schwäche, eine hohe Anfälligkeit für Krankheiten und oft bleibende gesundheitliche Schäden.

Unionsbürger: alle Bürger/innen der Mitgliedsstaaten der → Europäischen Union. Daraus ergeben sich Rechte und Pflichten, z. B. Freizügigkeit oder das Diskriminierungsverbot.

V

Verstädterung: Wachstum der Städte eines Staates hinsichtlich ihrer Einwohnerzahl und/oder Fläche; Vermehrung der städtischen Siedlungen eines Landes oder das Wachsen des Anteils der Bevölkerung eines Staates, der in Städten lebt

Verstädterungsgrad: der prozentuale Anteil der Stadtbevölkerung an der Gesamtbevölkerung eines Landes

virtuelles Wasser: die gesamte Wassermenge, die zur Herstellung eines Produktes in der Landwirtschaft oder Industrie benötigt wird. Durch den hohen Anteil des virtuellen (unsichtbaren) Wassers bei vielen Konsumgütern vergrößert sich der Wasser-Fußabdruck.

W

Wachstumsrate: Mit der Wachstumsrate lässt sich bestimmen, um wie viel Prozent die Bevölkerung wächst. Es ist die Differenz von → Geburtenrate und → Sterberate zuzüglich der Wanderungsgewinne bzw. abzüglich der Wanderungsverluste.

Weltgesundheitsorganisation (WHO): (englisch: World Health Organization) eine Sonderorganisation der Vereinten Nationen mit Sitz in Genf mit dem Ziel, das öffentliche Gesundheitswesen international zu koordinieren. Sie wurde am 1948 gegründet und hat 194 Mitgliedsstaaten. Die WHO soll Erkrankungen, insebsondere Infektionskrankheiten, weltweit bekämpfen und die allgemeine Gesundheit der Menschen weltweit fördern.

Welthandel: der über Ländergrenzen hinausgehende Austausch von Waren, Dienstleistungen und Kapital zwischen den Staaten der Erde bzw. die Summe des Außenhandels

Welthandelsorganisation (WTO): (engl.: World Trade Organization) eine eigenständige Organisation der Vereinten Nationen mit Sitz in Genf (Schweiz), die sich mit der Regelung der weltweiten Handels- und Wirtschaftsbeziehungen beschäftigt. Sie wurde 1995 gegründet und hat 159 Mitgliedsstaaten. Die WTO soll Handelshemmnisse (z. B. Zölle) abbauen, um den internationalen Handel zu fördern.

Weltüberlastungstag: (englisch: Earth Overshoot Day) der Tag, an dem die Menschheit alle Ressourcen aufgebraucht hat, die das System Erde im Laufe eines Jahres zur Verfügung stellen kann; 1987 war es der 19. Dezember, 2000 der 1. November, 2017 bereits der 2. August und 2021 der 29. Juli.

Z

Zentrum: ein Ort oder ein Gebiet, welches für eine größere Raumeinheit im Hinblick auf Arbeitsplätze, Einkaufsmöglichkeiten, Dienstleistungen und sonstige Angebote einen Mittelpunkt darstellt

Ziele für nachhaltige Entwicklung: 2015 verabschiedeten die 193 Mitgliedsstaaten der Vereinten Nationen einstimmig eine neue Entwicklungsagenda mit 17 Nachhaltigkeitszielen. Sie sollen bis 2030 Hunger, Armut und soziale Ungleichheit beseitigen und die Menschenrechte verbessern. Die neue Agenda berücksichtigt auch den weltweiten Umweltschutz.

Sachregister

Alle **fett** gedruckten Begriffe sind als „Wichtige Begriffe“ hier im Arbeitsanhang erläutert.

Lösungshilfen

1 Globale Zusammenhänge verstehen und Zukunft gestalten

Seite 8/9

1 Nenne die beiden Staaten, den Teil des Kontinents und die Landschaftszone.

2 A Gehe auf die Ausdehnung der Seefläche ein.

2 B Warum ist immer weniger Wasser in den See gelangt?

3 a) Hier sind die drei fett gedruckten Begriffe wichtig.
b) Lege dazu eine Tabelle an.
c) Beginne mit der Lagebeschreibung und ende mit der Zukunft des Aralsees.

4 Unterscheide zwischen Südteil und Nordteil des Sees.

5 a + b) Bearbeite mindestens ein Beispiel.

Seite 10/11

1 Wer ist angesprochen? Was ist das Ziel?

2 A Erkläre, was man unter „Generationengerechtigkeit“ versteht. Du kannst auch M 2 verwenden.

2 B a) Erkläre, was man unter „Generationengerechtigkeit“ versteht. Du kannst auch M 2 verwenden.
b) Ordne das Beispiel der Stadtentwicklung den drei Dimensionen von M 2 zu.

3 A Welche Dimension wurde beim Nachhaltigkeitsviereck ergänzt?

3 B Welche Bedeutung hat die Politik bei der nachhaltigen Entwicklung?

4 Diskutiert, welchen Einfluss die Politik hat und ob sie bei Entscheidungen völlig unabhängig ist.

5 Berücksichtige auch den zweiten Abschnitt von T 2.

Seite 12/13

1 a) Beschreibe die verschiedenen Bereiche, die du auf dem Fußabdruck siehst. Was hat die Stadt auf dem Rumpf des Fußes mit dem Abdruck zu tun?
b) Er hat mit dem Ressourcenverbrauch zu tun. Beginne so: „Der ökologische Fußabdruck ist die Fläche, die …“

2 A Unterscheide die Zielrichtung des Handabdrucks im Vergleich zum Fußabdruck.

2 B a) Unterscheide die Zielrichtung des Handabdrucks im Vergleich zum Fußabdruck.
b) Bedenke den Aufforderungscharakter, der dahintersteckt.

3 A Überlege bei deinem gewählten Beispiel, welche Rolle jede/r Einzelne hat.

3 B Lege eine Tabelle an:

	Ziele	Maßnahmen	Akteure
A	…	…	…
B	…	…	…
C	…	…	…

4 a) Beantworte die einzelnen Fragen und beachte, wie sich die Grafik dabei verändert.
b) Unser Lebensstil hat Auswirkungen auf unseren ökologischen Fußabdruck. Was könntest du konkret bei dir verändern?

Seite 14/15

1 Welches ist das Ziel der Initiative „Plant-for-the-Planet“? Was hat Fairtrade-Schokolade mit dem SDG 12 zu tun? Die UN, der fast alle Staaten der Welt angehören, hat die SDGs verabschiedet.

2 A Nenne Beispiele, was mit der Agenda 2030 erreicht werden soll. Bis wann?

2 B a) Nenne Beispiele, was mit der Agenda 2030 erreicht werden soll. Bis wann?
b) Überlege, welche Verpflichtung hinter dem Programm steht.

3 Siehe Seite 16/17 Aufgabe 1 und 2

4 a) Führe die Anweisungen auf der Internetseite schrittweise aus.
b) Wo weicht die gewählte Stadt/Gemeinde stark vom Landesdurchschnitt ab? Wo liegen die beiden gewählten Städte/Gemeinden weit auseinander?
c) Welche positive Auswirkung kann der Vergleich mit einer anderen Gemeinde/Stadt haben?

5 a) Das Projekt drohte anfangs zu scheitern. Doch dann …
b) Der Pro-Kopf-Konsum von Schokolade betrug 2019 in Deutschland 9,2 kg. Für je fünf Tafeln „Gute Schokolade“ wird ein Baum gepflanzt, bei „Gute BIO Schokolade“ sogar schon für drei Tafeln.

Seite 16/17

1 a) Beschreibt die Ziele der SDGs mit eigenen Worten.
b) Nennt lokale, regionale oder auch globale Beispiele.

2 a) Beachtet die Schritte zum Erstellen einer Computerpräsentation auf Seite 217.
b) Stellt eure Ergebnisse in freier Rede vor.

2 Eine Welt – ungleiche Welt

Seite 20/21

1 a) Arbeite die Kernaussagen der Fotos heraus, indem du M 1 mit M 3 und M 4 mit M 5 vergleichst.
b) In welchem Foto sind die geschilderten Wohnverhältnisse jeweils wahrscheinlich?

2 A a) Sammle zuerst wichtige Aussagen zu den Begriffen „Industrieländer“, „Entwicklungsländer“ und „Disparitäten“ in Stichworten.
b) In T 1 ist von Ungleichheiten die Rede. Diese gibt es nicht nur global, sondern auch innerhalb von Staaten. Erkläre mithilfe deiner Notizen, inwiefern von „Spaltungen“ gesprochen werden kann.

2 B a) Sammle zuerst wichtige Aussagen zu den Begriffen „absolute Armut“ und „relative Armut“.
b) Nutze deine Notizen.

3 a) Stelle fest, ob die Bilder nach Eingabe der Stichworte hauptsächlich dargestellt werden. Wenn nicht: Welcher Eindruck kann beim Betrachter entstehen?
b) Ungleichheiten gibt es nicht nur zwischen Staaten. …

4 Grundbedürfnisse sind so wichtig, dass ein Mensch sie befriedigen muss, um gesund, zufrieden und würdig leben zu können.

Seite 22/23

1 Erläutere, warum die Menschen dort oft zu spät ins Krankenhaus kommen und nicht die nötigen Medikamente erhalten.

2 A In T1 findest du mindestens fünf Ursachen und drei Folgen.

2 B Arbeite zuerst Ursachen und Folgen mangelnder medizinischer Versorgung in armen Ländern heraus.

3 A Zähle auf, wie viele Menschen keinen Zugang zu sauberem Trinkwasser und sicheren sanitären Einrichtungen haben.

3 B Mache dir zuerst klar, welche gesundheitlichen Folgen unsauberes Trinkwasser und sanitäre Einrichtungen haben.

4 **a)** Vergleiche die Zahlen aus der ersten und der vierten Zeile.
b) Lies in der fünften Spalte der Tabelle ab, in welchen Staaten die Menschen eine höhere Lebenserwartung haben. Vergleiche mit deinem Ergebnis aus Aufgabe 4a.

5 Beginne so: „Die Überschrift bezieht sich auf die Zahl der Länder, in denen die Infektionskrankheit Polio vorkam bzw. vorkommt. 1988 …"

Seite 24/25

1 –

2 Wähle im Schul-WebGIS links das Thema „Wirtschaftliche Indikatoren", „BNE pro Kopf 2017". Klicke rechts auf das Symbol „Daten filtern". Wähle den Indikator „BNE pro Kopf 2017 [Dollar]". Lege die Bedingungen im Abfragefeld fest: Indikator „BNE pro Kopf 2017 [Dollar]", Relation ">=", Wert „30590". Klicke auf „Anwenden". Auf welchen Kontinenten ist die Mehrheit der Staaten blau eingefärbt?

3 **a)** Wähle im Schul-WebGIS links „Wirtschaftliche Indikatoren" und „BNE pro Kopf 2017". Klicke auf „Tabelle" und dann rechts auf „Tabelle als Excel-Datei herunterladen". Im Programm werden die Länder in alphabetischer Reihenfolge angezeigt. Um sie nach der Größe ihrer Werte zu sortieren, markierst du alle Länder und ihre Werte. Klicke dann auf die Registerkarte „Daten" und auf „Sortieren". Es öffnet sich ein Feld: Wähle bei „Sortieren nach" „BNE pro Kopf 2017 [Dollar]" und bei der „Reihenfolge" „Nach Größe (aufsteigend)". Drücke auf „OK". Lösche nun alle Länderzeilen, die nicht die fünf höchsten und fünf niedrigsten Werte aufweisen.
b) Deine Excel-Tabelle aus Aufgabe a) zeigt zehn Länder. Wähle im Schul-WebGIS links bei den Themen „Soziale Indikatoren" und dann „Lebenserwartung 2017". Klicke rechts auf „Daten filtern". Verknüpfe die zehn Länder mit „Landname", „=" sowie „ODER" (Landname='Burundi' ODER Landname='Zentralafrikanische Republik' ODER …) und drücke auf „Anwenden". Klicke auf „Tabelle" und rechts auf „Nur Auswahl anzeigen". Nun kannst du die Daten zur Lebenserwartung mit den Daten zum BNE pro Kopf vergleichen. Was stellst du fest? Beginne so: „In Ländern mit hohem BNE pro Kopf ist auch die Lebenserwartung deutlich … als in …"

Seite 26/27

1 Beachte die Bildunterschrift. Wofür steht die Farbe Rot?

2 A **a)** Lies in T1 nach, wovon ein Mensch bei Unterernährung zu wenig erhält, was bei einer Mangelernährung fehlt und was zur Überernährung führt.
b) Beachte die Legende. Staaten mit hohem Welthungerindex sind rot eingefärbt.

2 B **a)** Siehe Lösungshilfe zu Aufgabe A2
b) Im Text werden jeweils drei Gründe und Folgen genannt.

3 A Das Projekt findest du in der zweiten Hälfte von T2. Beschreibe, wer sich daran beteiligt, was dort geschieht und welche Folgen das Projekt hat.

3 B Inwiefern kann das Projekt dazu beitragen, Hunger zu beseitigen?

4 Beispiel Naturkatastrophen: Klimawandel bekämpfen

5 Dieser Durchschnittswert erfasst auch die Entsorgung durch z.B. Supermärkte. Eine Maßnahme könnte berücksichtigen, dass das Mindesthaltbarkeitsdatum meist kein Verfallsdatum ist.

Seite 28/29

1 Beginne so: „In Ghana gibt es wie bei uns eine Schulpflicht. Aber …"

2 A Beachte in M2 die Situation der Mädchen. Im ersten Absatz von T1 wird die Lage von vielen Millionen Menschen weltweit beschrieben.

2 B Beachte in M2 die Situation der Mädchen sowie von vielen Millionen junger Menschen weltweit. Wen will die Regierung in Ghana besonders fördern in (M3)?

3 A Länder mit hoher Alphabetisierungsrate sind in der Karte grün, mit niedriger Alphabetisierungsrate dunkelrot eingefärbt.

3 B Gib an, in welchen Regionen überwiegend Länder mit hoher Alphabetisierungsrate und in welchen Regionen viele Länder mit niedriger Alphabetisierungsrate liegen. Wo ist die Alphabetisierungsrate bei Frauen deutlich niedriger als bei Männern?

4 **a)** Nutze folgende Begriffe: „Schulgeld", „wohnortnahe Schulen", „Schulweg", „Arbeitskräfte", „Hausarbeit", „Schulbildung".
b) Stichworte sind „Selbstbestimmung" und „Familienplanung".

5 Beachte z.B., dass Bildung auch Berufschancen beeinflusst.

Seite 30/31

1 **a–d)** Informiert euch, wie HDI und GDI berechnet werden und was sie aussagen. Diskutiert auch, warum es Kritik am GDI gibt.

Seite 32/33

1 a) Lies den ersten Absatz von T1.
b) Lies zum Kaffeeanbau und der Ernte im zweiten Absatz von T1.
c) Lies T2 und verdeutliche die Bedeutung des Rohkaffees als Exportgut.

2 A a) In T 2 steht hinter dem Begriff „Terms of Trade" in Klammern: „die Handelsbedingungen". Erkläre mithilfe des Textes in der Randspalte, wann diese gut und wann sie schlecht sind.
b) Beschreibe, wie die Grafik verläuft: gleichmäßig oder schwankend, steigend oder fallend?
c) Beachte, wie viele Säcke Kaffee in den einzelnen Jahren verkauft werden müssen, um einen Lkw bezahlen zu können.

2 B Vergleiche die Preisentwicklung von Rohkaffee in M 5 mit den Gütern im Außenhandel von Äthiopien und der Entwicklung der Handelsbedingungen (M 4).

3 Lies T3. Beachte, wo die eigentliche Wertschöpfung stattfindet und wem sie zugute kommt.

4 a–c) Untersuche, ob Kaffee hauptsächlich in Industrie- oder in Entwicklungsländern produziert wird und wer ihn hauptsächlich verbraucht.

Seite 34/35

1 Temperatur: mindestens …
Niederschlag: ganzjährig …
Bodeneigenschaft: …
…

2 Welcher Jugendlicher muss arbeiten, welcher geht zur Schule? Beschreibe die Unterschiede und gib ihre Gründe an.

3 A Hier hilft die Prozentrechnung. 1% des Preises, den du bezahlst, sind 0,8 Cent. Multipliziere die fünf Zahlen in M 4 jeweils mit 0,8.

3 B a) Vergleiche den Rang der Republik Côte d'Ivoire mit denen der anderen Kakaoproduzenten. Beachte die einzelnen Produktionsmengen sowie die Gesamtmenge in der Welt.
b) Gemeint sind negative Auswirkungen beim Kakaoanbau und Kakaohandel. Beachte, wie der Kakao auf den Plantagen gewonnen wird, wer hauptsächlich vom Schokoladenpreis profitiert und wie sich der Weltmarktpreis für Kakao entwickelt.

4 A Beginne so: „Der Weltmarktpreis für Kakaobohnen schwankt oft heftig. Ist er niedrig, reicht der Erlös bei Kleinbauern … Fairer Handel garantiert ihnen …"

4 B Ziel 1 besagt, dass bis 2030 kein Mensch auf der Welt mehr in absoluter (extremer) Armut leben muss. Gib an, inwiefern die Ziele des fairen Handels dazu beitragen können.

5 Berücksichtigt, dass viele Verbraucher/innen Lebensmittel und andere Produkte billig einkaufen wollen oder müssen. Nachhaltig produzierte Waren können jedoch preislich kaum mithalten, da ihre Produktion meist teurer ist.

Seite 36/37

1 a) Nutze eine physische Karte von Afrika, z. B. auf Seite 234. Formuliere die Lagebeschreibung wie folgt: „… liegt im Süden von … Die Nachbarstaaten sind …"
b) Beginne so: „Zu den Attraktionen in Botsuana zählen …"

2 A Lies den ersten Absatz von T1. Und im vorletzten Satz von T1 steht eine wichtige Zahl, die auf die Entwicklung hinweist.

2 B Welche positiven Auswirkungen kann der Tourismus haben? Lies dazu jeweils im ersten Absatz von T1 und M 3 nach. Im zweiten Absatz von M 3 wird aber noch eine weitere Erfolgsbedingung genannt. Afrika darf sich nicht nur auf … beschränken, sondern hat noch mehr zu bieten …

3 a) Ein Land kann sich nur entwickeln, wenn es sichere Einnahmen hat. Das ist bei bestimmten Formen des Tourismus aber nicht gegenen. T2 weist darauf hin.
b) Benutze die Schlüsselbegriffe „einheimische Firmen", „selbst organisieren", „Unterkünfte", „Gastronomie", „Safaris", „Wertschöpfung für die Reiseländer".

4 A Beschreibe die Entwicklung des BIP, die Anzahl der Touristen und die Einnahmen durch den Tourismus in den beiden Ländern. Nutze den Sprachtipp auf Seite 37.

4 B Vergleiche die Entwicklung des BIP, die Anzahl der Touristen und die Einnahmen durch den Tourismus sowohl in den Ländern als auch untereinander. Nutze den Sprachtipp auf Seite 37.

5 Beginne so: „Unter bestimmten Bedingungen kann der Tourismus ein Ausweg aus der Armut sein: …" Nutze deine Ergebnisse aus den Aufgaben 2 bis 4.

Seite 38/39

1 An der Entwicklungszusammenarbeit wirken neben der örtlichen Bevölkerung sowohl Staaten als auch Private mit. Wer unterstützt wen wodurch?

2 a–d) Macht euch beim Lesen Notizen. Informiert euch dann gegenseitig über euere Projekte. Ordnet zum Schluss den Projekten Ziele der Agenda 2030 zu. Sprecht darüber, ob die Projekte dazu beitragen, die Ziele zu erreichen.

3 Beachte die Überschrift von T2.

Seite 40/41

–

Seite 42/43

1 a) Beginne so: „Um Devisen (ausländische Zahlungsmittel) zu erhalten, verkaufen oder verpachten Entwicklungsländer … an … Dabei werden die Landrechte …"
b) Beachte den Kleinbauern mit Ochsenpflug, während eine Hand mit goldenem Armband seinen Ackerboden in Besitz nimmt.

2 a) In T2 findest du zwei Gründe.
b) Die meisten Staaten in Afrika sind arm. China erwartet jedoch auch Gegenleistungen.

3 Betrachte die Karte M 3: „Nicht nur Afrika ist von Landgrabbing betroffen, sondern auch …“ Lies weitere Informationen in M 4: Wer kauft oder pachtet Land und warum? Warum veräußern Staaten Land an ausländische Akteure?

4 **a+b)** Lies den dritten Absatz von M 4.

Seite 44/45

1 Lies den dritten und den vierten Absatz von T1.

2 Beginne so: „In den unteren Wasserschichten des Kivusees befinden sich … Das Gas Methan kann als … genutzt werden. …“

3 Beginne so: „Coltan stammt in Ruanda aus zwei großen Abbaugebieten: … Die Arbeiter fördern das Erz unter Tage, dann …“

4 Beachte, dass durch industrielle Fertigprodukte erheblich höhere Einnahmen erzielt werden können als für Rohstoffe.

5 Beachte: Ruanda ist ein tropisches Agrarland ist mit wenig Industrie. Jedoch will Ruanda die Wirtschaft stärker voranbringen.

3 Europa – Einheit in der Vielfalt?

Seite 48/49

1 **a)** Beginne so: „Die Hauptziele der EU sind …“
b) Gehe auch kurz auf die jeweilige Funktion der Städte ein.

2 **A a)** Die Etappen kannst du der Legende entnehmen.
b) Dazu gehört auch ein aus der EU ausgetretener Staat.

2 **B** Die Legende gibt Hinweise auf Beitrittskandidaten.

3 **A** Beginne so: „Im Schengenraum verzichten die Mitgliedsstaaten auf …“ In Karte M 1 erkennst du, welche Staaten zum Schengenraum gehören.

3 **B** Suche in der Legende von Karte M 1 nach dem Symbol für „Staat mit Euro-Währung“. Nenne einige Staaten mit diesem Symbol. Vorteile kommen aus dem persönlichen Bereich und der Wirtschaft.

4 **a)** Die Beiträge sind in der Tabelle nach der Höhe geordnet.
b) Vergleiche die Einzahlungen mit den Corona-Hilfen und bedenke, dass die EU auch in anderen Bereichen Unterstützung leistet. Betrachte auch die Zielregionen der deutschen Exporte.

5 Du kannst den Vortrag am Beispiel Deutschlands aufbauen und ihn neutral halten oder deine persönliche Sicht einbauen.

Seite 50/51

1 Notiert positive und negative Meinungen, damit ihr am Ende der Stunde diskutieren könnt.

2 **A** Du kannst unterscheiden nach der Bedeutung für die Menschen und für die Wirtschaft.

2 **B** Du kannst „Binnengrenze“ vom Wortsinn her erschließen, wenn du die EU als Ganzes betrachtest.

3 **A** siehe 3 B

3 **B a)** Beginne so: „Die vier freiheiten des europäischen Binnenmarktes lauten: …“ Formuliere dann die Informationen aus M 5 in eigenen Worten.
b) Zwei Freiheiten müssen zweimal genannt werden.

4 Macht euch beim Lesen kurze Notizen (Stichwörter) und sprecht dann möglichst frei.

5 Gib die Suchbegriffe „NRW“ und „EU-Förderung“ ein. Konkrete Angaben erhältst du auch, wenn du das Kürzel „EFRE“ ergänzt (Europäischer Fonds für regionale Entwicklung).

Seite 52/53

1 **a)** Die beiden Begriffe stehen in einem Gegensatz zueinander. Sie sind räumlich gemeint.
b) Die Tabelle sollte folgende Merkmale enthalten: Wirtschaftsleistung, frühere oder heutige nachteilige Wirtschaftsstruktur, Arbeitslosenquote, Entwicklung der Wohnbevölkerung, Wirtschaftsbereiche.

2 **A** Nenne die Regionen in Europa, in denen diese Räume verstärkt vertreten sind, sowie beispielhaft einige Länder.

2 **B** Die Entwicklungsachsen beginnen in den stärker entwickelten Regionen.

3 **A** Führe einige Beispiele aus M 4 an.

3 **B** Verwende den Begriff der europäischen Peripherie. Beachte auch die Situation in Deutschland.

4 **a)** Arbeite mit den Himmelsrichtungen und nenne die betroffenen Teile Europas, evtl. auch beispielhaft einige Länder.
b) Wahrscheinlich sind z. B. historische Gründe.

5 **a+b)** Beachtet eines der Hauptziele der EU: die regionalen und sozialen Unterschiede (Disparitäten) zu verringern.

Seite 54/55

1 Die Raumanalyse bezieht sich auf diese und die nächsten drei Doppelseiten. Lies zuerst, wie eine Raumanalyse funktioniert. Übernimm am besten die Leitfrage aus dem 1. Schritt. Wende die Leitfrage auf jede Doppelseite und schließlich zur zusammenfassenden Stellungnahme an.

Seite 56/57

1 **a)** Stelle die Reichhaltigkeit der französischen Landwirtschaft dar und gehe auf die Qualität der Produkte ein. Nenne dazu Beispiele.
b) Bedenke, dass die französische Landwirtschaft nicht stärker sein muss als die beiden anderen Wirtschaftsbereiche (M 8). Du kannst aber die Bedeutung der französischen Landwirtschaft im Vergleich zu anderen Staaten herausarbeiten.

Seite 58/59

1 **a)** Stelle beispielhaft dar, in welchen Bereichen Frankreichs Industrie Spitzenergebnisse erzielt. Gehe dabei auf die Wurzeln der Industrialisierung ein und auf die

Probleme einiger Räume (ähnlich wie in bestimmten Gebieten in Deutschland. Nenne die Bereiche, die Frankreichs Wirtschaft dominieren. Erläutere am Beispiel der Smart-Produktion, was den Erfolg eines modernen Industriestandortes ausmacht.
b) Bedenke, dass in den meisten Ländern bestimmte Industriebranchen besonders stark vertreten sind und dass die Grundlage dafür auch eine gute Energieversorgung ist. Hier kannst du auch kritisch kommentieren. Analysiere abschließend M 8 auf Seite 57.

Seite 60/61

1 a) Die Materialien weisen auf die besondere Rolle von Paris und die Bedeutung des Tourismus hin. Gehe auch auf die Bemühungen zur Dezentralisierung ein.
b) Die besondere Bedeutung der Hauptstadt Paris kannst du auch kritisch sehen. Tabelle M 6 verdeutlicht die Bedeutung Frankreichs als Reiseland.

2 Fasse alle positiven Merkmale der drei Wirtschaftsbereiche Frankreichs zusammen und du gelangst zu einem begründeten Urteil.

Seite 62/63

1 a) Stelle den Stand Rumäniens zu Beginn der Mitgliedschaft und die heutige Situation gegenüber. Die Bauwerke M 2 bis M 4 spiegeln die Entwicklung wider.
b) Lies den zweiten Abschnitt von Abschnitt von T 2.

2 A Im ersten Abschnitt von T 2 werden zwei Gründe genannt. Aber auch die Investitionen der EU zur Angleichung der Lebensverhältnisse (zweiter Abschnitt) tragen dazu indirekt bei.

2 B Beginne so: „Deutsche Firmen investieren in Rumänien, weil … Dies hat positive Auswirkungen für Rumänien …, aber auch negative Auswirkungen für Deutschland …“

3 A Du kannst dazu Berechnungen anstellen und Rumänien in eine der Ländergruppen einordnen, die die EU für die Verteilung der Fördermittel geschaffen hat.

3 B Weitere Länder kannst du in M 5 und in Karte M 3 auf Seite 53 finden.

4 a) Die Entscheidung beruht auf einem entscheidenden Kriterium.
b) Du kannst dies sehr kritisch kommentieren.

5 a + b) Beachtet eines der Hauptziele der EU: die regionalen und sozialen Unterschiede (Disparitäten) zu verringern.

Seite 64/65

–

Seite 66/67

1 Es handelt sich hauptsächlich um wirtschaftliche Unterschiede sowie unterschiedliche Lebensverhältnisse. Diese spiegeln sich in der Art der Gebäude auf den beiden Fotos.

2 Suche dazu beispielhaft einige Regionen im Norden und Süden heraus und vergleiche diese.

3 Beschreibe die Rolle und den Erfolg der Südkasse.

4 Stichwort ist hier die „Mafia“ und deren hemmende Wirkung, aber sie ist nicht der einzige Negativfaktor.

Seite 68/69

1 Nenne z. B. für jedes der vorgestellten Projekte die jeweils beteiligten Staaten und die Art der Zusammenarbeit.

2 Du kannst als Grundlage für deine Erklärung eine Tabelle erstellen, aus der die beteiligten Länder, die Produktionsstandorte und die dort produzierten Teile hervorgehen.

3 Wähle eines der beiden Beispiele aus.

4 Wachstum und Verteilung der Weltbevölkerung

Seite 72/73

1 a) Rufe die Homepage der Deutschen Stiftung Weltbevölkerung (DSW) im Internet auf.
b) Subtrahiere die Zahl der Menschen auf der Erde in M 5 auf Seite 73 von deiner aktuell recherchierten Zahl. Beziehe bei deinem Vergleich den Zeitraum zwischen den beiden Zahlen ein.

2 A Werden die Abstände zwischen den Milliardengrenzen größer oder kleiner? Was folgt daraus?

2 B Beachte die Abstände zwischen den Milliardengrenzen und den Verlauf der Bevölkerungskurve.

3 Beginne so: „Etwa um 1750 stieg die Geburtenrate und die Sterberate …“

4 a) Schau dir die Kartenlegende genau an. Nutze zur Angabe der dicht besiedelten Regionen die Namen von Erdteilen, Teilgebieten (z. B. Südostasien) und Ländern.
b) Vergleiche deine Ergebnisse von a) mit den Anteilen der Erdteile an der Weltbevölkerung in M 3. Hat die Lage der dicht besiedelten Gebiete der Erde etwas mit den Bevölkerungsanteilen der Erdteile zu tun?
c) Achte auf die Farbe der Figuren, die die Abnahme von Bevölkerung anzeigt (Legende).

5 a) Nenne zu jedem der Staaten aus M 4 den Erdteil oder das Teilgebiet eines Erdteils.
b) Orientiere dich an der Bedeutung der Farben in Karte M 1.
c) Formuliere eine Aussage dazu mit den Begriffen „bevölkerungsreiche Staaten“ und „Bevölkerungsdichte“.

Seite 74/75

1 a) Beschreibe die beiden Figuren mit ihren Besonderheiten genau.
b) Wofür stehen die Körper? Was drücken die Gesichter aus?

c) Bedenke, dass jede Karikatur ein Problem überspitzt darstellt, und überlege, in welcher Hinsicht diese Karikatur übertreibt oder zu stark verallgemeinert.

2 a) Lies den ersten Absatz von T1.
b) Lies T2 genau.

3 A Beispiel zu Phase 1: Die Geburtenrate bleibt gleich. Die Sterberate bleibt gleich. Deshalb ändert sich die Bevölkerungszahl …

3 B Lies jede Phase für sich und betrachte das Diagramm.

4 a) Ordne für beide Länder die Geburtenrate, Sterberate und Wachstumsrate (Tabelle M2) gedanklich ins Diagramm M3 ein.
b) Warum ist es für einen Staat wichtig ist zu wissen, wie sich seine Bevölkerung entwickelt? Überlege auch, warum das Modell keine konkrete Auskunft über eine Bevölkerung geben kann.

5 Suche nach Ländern mit folgenden Merkmalen:
- Phase 2: Die Geburtenrate liegt deutlich höher als die Sterberate.
- Phase 5: Zwischen Geburtenrate und Sterberate besteht nur ein geringer Unterschied.

Seite 76/77

1 a) Lies die Bevölkerungszahlen für die unterschiedlichen Prognosen bis 2100 an der linken Achse des Diagramms ab.
b) Beginne so: „Mithilfe von Prognosen können Wissenschaftler/innen voraussagen, wie sich die Bevölkerung …“

2 a) Beachte die Legende der Karte: Wie kannst du die Wachstumsrate ablesen?
b) Beachte die Legende der Karte: Wie kannst du die Bevölkerungszahl ablesen?

3 a) Lies zuerst die Bildunterschriften.
b) In M3 kannst du die Zahl für die vorausgesagte Weltbevölkerung 2100 ablesen und diese mit den Prognosen in M1 vergleichen.

4 a) –
b) Suche die Argumente aus Text M5 heraus, die neben der Bevölkerungszahl in die Beurteilung der Tragfähigkeit der Erde mit einfließen müssen.

Seite 78/79

1 Gehe so vor:
1. Beschreibe die Karikatur.
2. Erkläre einzelne Bildteile. Als was stellt der Zeichner die Erde dar? Welches Problem wird dargestellt?
3. Deute die Gesamtaussage. Was will der Karikaturist aussagen? Wen will er kritisieren?
4. Nimm Stellung: Kannst du der Aussage zustimmen? Ist die Grundaussage berechtigt oder übertreibt der Karikaturist? Begründe deine Meinung.

2 a) Macht euch bewusst, warum der Weltüberlastungstag im Kalender immer weiter nach vorn im Jahr rückt.
b) Arbeite mithilfe des Linktipps oben auf Seite 79.

3 A Lies zu den Grenzen des Wachstums auch M3 auf Seite 77.

3 B Du kannst die beiden Begriffe in einem Bedingungssatz in Beziehung setzen: „Die Tragfähigkeit der Erde lässt sich nur erhalten, wenn …“

4 a+b) Lest die Texte genau und nennt die entscheidenden Probleme in den drei Lebensbereichen.
c) Sind die Lösungsansätze in euren Augen gut und ausreichend?

5 Bezieht alle Erkenntnisse ein, die ihr bisher in diesem Themenblock gewonnen habt.

Seite 80/81

1 Helfen können die Begriffe „altern“, „wenig“, „gering“, „groß“, „Einwanderung“.

2 Helfen können die Begriffe „viel“, „groß“, „wenig“, „gering“, „Familienplanung“.

3 Vergleiche, welche Altersgruppe den größten Anteil hat.

4 a–e) Beachte bei jeder Aussage genau, auf welche Altersgruppe sie sich bezieht.

Seite 82/83

1 Achte besonders auf die fehlende Gleichstellung der Frauen gegenüber Männern.

2 a) Lies die fünf Indikatoren (= Kriterien, Merkmale) in der Legende von Karte M1 genau.
b) Fasse als Regionen Kontinente oder Teile davon (z. B. Vorderasien) zusammen.

3 A a) Beginne so: „Die Tabelle gibt für verschiedene Staaten Auskunft über …“
b) Beachte vor allem die höchsten und die niedrigsten Zahlen.

3 B Mache dir die Bedeutung der Kenndaten in jeder Tabellenspalte für die Situation von Frauen bewusst. Die Beispielländer lassen sich drei unterschiedlichen Entwicklungsständen zuordnen.

4 a) In T2 werden drei Ziele für nachhaltige Entwicklung genannt, die zur Geschlechtergleichheit beitragen. Zum Ziel 5 (SDG 5) werden acht Unterziele genannt.
b) Die Begründung findest du im zweiten Absatz von T2.

5 a) Gib die entscheidenden Maßnahmen in Kenia mit eigenen Worten wieder.
b) Lies den zweiten Absatz von M4.

Seite 84/85

1 Vergleiche die Situation der Frauen nach verschiedenen Lebensbereichen.

2 A Beachte bei den Programmen zur Bevölkerungspolitik besonders, wie das Leben der Frauen davon beeinflusst war.

2 B a) Arbeite Gemeinsamkeiten und Unterschiede heraus, beachte dabei auch die Jahresangaben.
b) Beachte bei deiner Bewertung besonders, welchen Einfluss die einzelnen Maßnahmen auf das Leben der Frauen hatten.

3 A Gehe nach den Methodenschritten auf Seite 81 vor:
1. Verschaffe dir einen Überblick.
2. Schätze den Anteil der Altersgruppen ein (0-14-Jährige; 15-65-Jährige; 65-Jährige und älter).
3. Ordne das Diagramm einer Grundform zu (Pyramide, Bienenkorb, Glocke oder Urne).
4. Erkläre die Anteile der Altersgruppen mithilfe weiterer Informationen.
5. Stelle Prognosen (Vermutungen) auf, wie sich die Bevölkerung weiterentwickeln wird.

3 B Gehe nach den Methodenschritten auf Seite 81 vor. Beachte bei den Begründungen für die beiden Diagrammformen die Zeiträume der verschiedenen Maßnahmen in den Bevölkerungsprogrammen von Indien und China.

4 Fasse deine Erkenntnisse aus den Aufgaben 1 bis 3 unter dem Gesichtspunkt der Stellung der Frau in der Gesellschaft zusammen.

5 Recherchiere im Internet jeweils mit dem Suchbegriff „Bevölkerungspolitik“ + „Indien“ bzw. „China“. Beachte bei den Suchergebnissen immer das Datum der Veröffentlichung.

Seite 86/87

–

Seite 88/89

1 Lies T1 genau, beachte dabei besonders die Zeiträume für bestimmte Entwicklungsphasen der Bevölkerung.

2 Arbeite mit den Methodenschritten auf Seite 81.
a) Nutze zur Begründung deine Erkenntnisse aus Aufgabe 1.
b) Handelt es sich um die Pyramidenform, Bienenkorbform, Glockenform oder Urnenform?

3 Lies die M3 bis M5 aufmerksam. Ursachen der Probleme werden meist am Anfang, Lösungsansätze mehr am Ende der Texte genannt.

4 a) Versucht, euch in die Lage älterer Menschen zu versetzen und die unterschiedlichen Wohnwünsche aus deren Sicht zu erläutern.
b) Denkt an Verantwortungsbereiche wie Politik, Verwaltungen, Verkehrsplanung, Pflegedienste, Verwandte …

5 a–d) Gehe so vor:
1. Beschreibe die Karikatur.
2. Erkläre einzelne Bildteile. Die Alten-WG ist große, denn …
3. Deute die Gesamtaussage der Karikatur. Was will der Karikaturist aussagen? Bedenke, dass Wohngemeinschaften eigentlich typisch für jüngere Leute sind und dass sonst häufig die Kinder ihre Eltern im Alter gepflegt haben.
4. Nimm Stellung: Ist die Grundaussage berechtigt oder übertreibt der Karikaturist? Begründe deine Meinung.

6 Arbeite mit deinen Erkenntnissen aus Aufgabe 4 und versetze dich gedanklich in die eigene Lage als älterer Mensch.

Seite 90/91

1 a) Lies den ersten Absatz von T1.
b) Im weiteren Verlauf von T1 findest du mindestens fünf wichtige Ansätze für die Ernährungssicherung in der Zukunft.

2 Wähle die Präsentationsform, die du am besten umsetzen kannst und die der Situation am besten gerecht wird. Als Dauerausstellung ist z.B. eine Wandzeitung besser geeignet als ein digitales Präsentationsprogramm.

3 Wenige Fragen reichen aus, als Beispiele kannst du gut die neuen Nahrungsquellen aus M1 bis M4 verwenden.

4 Recherchiere im Internet mit den Suchbegriffen „Nahrungsmittel“ + „Zukunft“.

5 Migration – auf der Suche nach Zukunft

Seite 94/95

1 –

2 A Beginne so: „… ist ein Oberbegriff für … Sie kann freiwillig oder unfreiwillig geschehen. Aber … geschieht immer unfreiwillig und überstürzt. …“

2 B Siehe Lösungshilfe zu Aufgabe A2

3 A a) Lies den letzten Abschnitt von T1.
b) Lege die Tabelle so an:

Push-Faktoren	Pull-Faktoren
– fehlende Arbeitsplätze – …	– Arbeit – …

3 B Beginne so: „… ist ein Push-Faktor. Darunter versteht man … Ein Pull-Faktor liegt vor, wenn …“

4 a) Im Text werden insbesondere drei Formen genannt.
b) Bedenke, dass für EU-Bürger/innen ein besonderes Recht gilt.

5 Recherchiere im Internet mit den Stichworten „Gastarbeiter Türkei“ oder „Zuwanderung aus Türkei“.

Seite 96/97

1 a) Notiere Stichpunkte. Formuliere dann das Wichtigste in verkürzter Form und mit eigenen Worten.
b) Warum hat die Person ihre Heimat verlassen?
c) Wie verändert sich eine Region, wenn Menschen wegen des Klimawandels abwandern? Wer ist dann noch da, um die Region wieder aufzubauen? Für die Zielregionen ist die Aufnahme von Menschen eine enorme Herausforderungen, denn …
d) Liste Städte und Regionen auf, die von verschiedenen Auswirkungen des Klimawandels betroffen sind. Unterscheide: Dürren, Wirbelstürme, das Abschmelzen der Polkappen und des Permafrostbodens sowie Auswirkungen durch den Meeresspiegelanstieg.

2 **a+b)** Legt die Tabelle z. B. so an:

	Migrationsgrund	Folgen für das Herkunftsgebiet	Auswirkungen für das Zielgebiet
A	Klimawandel	…	…
B	…	…	…
C	…	…	…
D	…	…	…

3 –

Seite 98/99

1 **a)** Notiere Stichpunkte. Formuliere dann das Wichtigste in verkürzter Form und mit eigenen Worten.
b) Warum hat die Person ihre Heimat verlassen?
c) Was bedeutet es für eine arme Region, wenn junge Menschen abwandern? Wer ist dann noch da, um die Region voranzubringen? Was kann die Zuwanderung armer Bevölkerungsgruppen für eine Zielregion bedeuten?
d) Gib in eine Suchmaschine die Begriffe „WM Katar Gastarbeiter" ein.

2 **a+b)** Legt die Tabelle z. B. so an:

	Migrationsgrund	Folgen für das Herkunftsgebiet	Auswirkungen für das Zielgebiet
A	…	…	…
B	absolute Armut	…	…
C	…	…	…
D	…	…	…

3 –

Seite 100/101

1 **a)** Notiere Stichpunkte. Formuliere dann das Wichtigste in verkürzter Form und mit eigenen Worten.
b) Warum hat die Person ihre Heimat verlassen?
c) Wie verändert sich eine Region, wenn Menschen vor dem Krieg fliehen? Wer ist dann noch da, um die Region wieder aufzubauen? Was bedeutet es für Zielregion, wenn Millionen von schutzbedürftigen ankommen, versorgt und untergebracht werden müssen, die Sprache nicht kennen, Arbeit brauchen, …?
d) Beginne so: „Viele Bürgerkriegsflüchtlinge aus Syrien sind 2017 in die Nachbarstaaten geflüchtet, z. B. nach …" Beachte die Legende und gib auch Zahlen an.

2 **a+b)** Legt die Tabelle z. B. so an:

	Migrationsgrund	Folgen für das Herkunftsgebiet	Auswirkungen für das Zielgebiet
A	…	…	…
B	…	…	…
C	Krieg und Verfolgung	…	…
D	…	…	…

3 –

Seite 102/103

1 **a)** Notiere Stichpunkte. Formuliere dann das Wichtigste in verkürzter Form und mit eigenen Worten.
b) Warum hat die Person ihre Heimat verlassen?
c) Was bedeutet es für ein Herkunftsgebiet, wenn vor allem qualifizierte Arbeitskräfte abwandern? Wie verändern sich diese Regionen? Wie verändert sich die Zielregion?
d) Denke an finanzielle Anreize, Gesetze, Einreiseerleichterungen und internationale Migration.

2 **a+b)** Legt die Tabelle z. B. so an:

	Migrationsgrund	Folgen für das Herkunftsgebiet	Auswirkungen für das Zielgebiet
A	…	…	…
B	…	…	…
C	…	…	…
D	Arbeit und Beruf	…	…

3 –

Seite 104/105

1 Beachte, dass Migration ein Oberbegriff ist. Flucht ist eine besondere Form der Migration. …

2 **a)** Schau in der Legende nach der Farbe der Herkunftsregionen. Achte zudem auf die Startpunkte der roten Pfeile.
b) Schau in der Legende nach der Farbe der Aufnahmeregionen. Achte zudem auf die roten Pfeile.
c) Schau in der Legende nach, in welcher Farbe die Aufnahmeregionen markiert sind. Achte zudem auf die Stärke der roten und schwarzen Pfeile.
d) Wo beginnen jeweils die Pfeile?

3 Beginne so: „Bei der … findet eine Wanderung innerhalb … statt. Im Vergleich dazu …"

4 Schau in der Legende von Karte M1 nach, in welcher Farbe die Herkunftsregionen markiert sind. Achte zudem auf die Startpunkte der roten Pfeile. Gib in eine Suchmaschine die Begriffe „Flucht aus … + Gründe" ein.

Seite 106/107

1 **a)** Die Person sitzt zwischen zwei Stühlen. …
b) Was bedeutet es, „immer zwischen den Stühlen zu sein"?

2 **A** Überlege zunächst, für welche Menschengruppen die Symbole in der Grafik stehen.

2 **B** Überlege zunächst, für welche Menschengruppen die Symbole in der Grafik stehen. Verwende die Begriffe „Ausgrenzung", „Trennung" und „Eingliederung".

3 **A a)** T2: Was müssen sich Zuwanderer in Integrationskursen erst aneignen?
T3 und T4: Welchen Widerständen begegnen die Zuwanderer in der Aufnahmegesellschaft?
b) Wie können die Schule und Vereine helfen, die in Aufgabe a) beschriebenen Schwierigkeiten abzubauen? Denke vor allem an den Kontakt zur lokalen Bevölkerung.

3 B a) Beginne so: „Bei der Integration kommt es zu Schwierigkeiten, weil …“
b) Lies in T3 nach.

4 a) Macht euch beim Lesen Notizen zur Herkunft, den Problemen und Erfolgen der Person.
b) Nutzt die Informationen aus T3.
c) Beginnt so: „Ein Baustein sind die Integrationskurse. …“

5 a) Recherchiert im Internet mit mit den Begriffen „Projekte Integration NRW“. Ihr könnt auch den Namen einer Stadt eingeben.
b) Mögliche Bereiche: Schule, Verein, Nachbarschaft, Stadt/Gemeinde …

Seite 108/109

–

Seite 110/111

1 a) Denke vor allem an die Zuständigkeit für Asylsuchende.
b) Beachte die Situation an den Grenzen und die Schwierigkeiten, die sich für Länder wie Griechenland oder Italien ergeben.

2 Gehe so vor:
1. Beschreibe die Karikatur.
2. Erkläre einzelne Bildteile. Bedenke, dass die EU-Flagge einen Kreis aus Sternen zeigt. Welches Problem wird dargestellt?
3. Deute die Gesamtaussage. Was will der Karikaturist mit den Mauern aussagen? Wen will er kritisieren?
4. Nimm Stellung: Kannst du der Grundaussage zustimmen? Ist sie berechtigt oder übertreibt der Karikaturist? Begründe deine Meinung.

3 a) Lies besonders den ersten Abschnitt von M 4.
b) Beginne z. B. so: „Eine gemeinsame Lösung im Umgang mit Flüchtlingen ist wichtig, weil … Dadurch würde sich … verbessern.“ Denke auch an die Grundwerte der EU wie Menschenrechte, gleichwertige Lebensverhältnisse, Freiheit und Demokratie.
c) Berücksichtige den letzen Abschnitt von M 4 sowie die Lösungen aus Aufgabe 1.

4 a) Gehe so vor:
1. Nenne das Thema und den Zeitraum, für den Daten angegeben sind.
2. Lies den Tabellenkopf. Gib an, wonach die Zahlen geordnet sind.
3. Achte auf besonders große und kleine Werte. Wie haben sich die Zahlen im Laufe der Zeit entwickelt?
4. Formuliere die wichtigsten Aussagen der Tabelle.

b) Gib in eine Suchmaschine die Begriffe „Asylanträge EU“ und „Asylanträge Deutschland“ ein.

5 Nutze für deine Antwort auch die Lösungen aus Aufgabe 1 und 2.

Seite 112/113

1 a) Lege die Tabelle so an:

Jahr/Zeitraum	Ereignis
1950er/1960er-Jahre	Anwerbung von Gastarbeitern …
…	…

b) Achte auf die Zeitangaben in den Bildern.

2 Notiere die fünf wichtigsten Herkunftsländer und ordne sie nach ihrem Anteil. Nenne auch den Migrationshintergrund. Beispiel: Polen 10,3 %, Arbeitsmigration.

3 a) Mit „bunter“ ist die Vielfalt gemeint. Stimmst du der Aussage zu oder lehnst du sie ab? Begründe deine Meinung.
b) Beginne so: „Zuwanderer bereichern die Gesellschaft nicht durch die Vielfalt der Kulturen, sondern sie tragen auch dazu bei, dass …“ Lies besonders den zweiten Abschnitt von T2.

4 Du kannst z. B. ein Lernplakat vorstellen, eine Computerpräsentation oder ein kleines Video erstellen.

5 –

6 Stadtentwicklung und Verstädterung

Seite 116/117

1 a) Unterscheide Vordergrund und Hintergrund sowie rechte und linke Bildhälfte.
b) Achte auf die Art und Größe der Gebäude, die Lage und die Verkehrsanbindung.

2 a) Die mittelalterliche Stadt in M 3 hat die Form eines Halbmondes. Suche diesen in Karte M 4.
b) Nutze die Maßstabsleisten und vergleiche die Ost-West-Ausdehnung der mittelalterlichen Stadt mit der heutigen Stadt.

3 A Lege die Tabelle so an:

Jahr/Zeitraum	Stationen der Stadtentwicklung
4. Jh.	…
…	Bischofssitz
Mittelalter	…
…	Ansiedlung von Fabriken und …
20. Jh.	

3 B Überlege, wie du die Zeitspanne von 2 000 Jahren sinnvoll auf einem Blatt verteilen kannst (z. B. 100 Jahre = 1 cm) und beschrifte den Zeitstrahl. Notiere dann die im Text genannten Zeitpunkte bzw. Zeiträume sowie die dazugehörenden Ereignisse an der richtigen Stelle.

4 A Was bemängeln Bürgerinnen und Bürger in der Umfrage?

4 B Unter Infrastruktur versteht man z. B. den Ausbau der Verkehrswege, die Versorgung mit Strom und Wasser, die Schaffung von Wohnraum, das Angebot an Schulen und Krankenhäusern.

5 Für deine Bewertung kannst du z. B. die Aspekte Nachhaltigkeit (Ökologie und Soziales) betrachten.

6 Gib die Daten zunächst in eine Excel-Tabelle ein und verwende dann die Funktionen „Einfügen“, „Diagramme“.

Seite 118/119

1 a) Vergleiche z. B. die Gebäude, die Ausdehnung der Siedlung, die Straßen, die Verkehrsmittel oder die Stromversorgung.
b) Was könnten die Personen in M 2 auf dem Land vermissen?

2 A Lege die Tabelle so an:

Push-Faktoren	Pull-Faktoren
– zu geringes Einkommen	– ...
– ...	– Arbeit
– ...	– ...
– ...	– ...

2 B Verwende zwei verschieden farbige Kärtchen und notiere darauf die Push-Faktoren und Pull-Faktoren. Ordne die Kärtchen nach Oberbegriffen auf einem Blatt an (z. B. Arbeit, Ausbildung, Versorgung mit Strom und Wasser, Mobilität, medizinische Versorgung). Klebe die Begriffe auf, wenn du mit deiner Grafik zufrieden bist.

3 A Vergleiche z. B. die Bevölkerungszahlen von 1960, 1990 und 2020.

3 B Ordne die Bevölkerungszahlen der besiedelten Fläche in M 5 zu. Beschreibe die Bevölkerungsentwicklung und die Ausdehnung der besiedelten Fläche (z. B.: verdoppelt sich / verzehnfacht sich, ...).

4 a) Lies im ersten Abschnitt von T 3 nach.
b) Erläutere die Probleme mit Blick auf Wohnraum, Arbeitsmöglichkeiten, Schul- und Berufsausbildung.

5 Bedenke: In Makoko leben über 50 000 Menschen, das entspricht der Größe einer mittelgroßen Stadt in Deutschland. Woran fehlt es im Slum vor allem?

Seite 120/121

1 a) Lies im zweiten Abschnitt von T 1 nach.
b) Lies zuerst die Legende.
- In welcher Farbe werden Staaten mit einem Verstädterungsgrad über 75 % gekennzeichnet? Suche diese Farbe in der Karte und nenne fünf Staaten.
- Suche nach Staaten, die mit der Farbe für einen Verstädterungsgrad von 10 bis 30 % oder von 30 bis 45 % eingefärbt sind.
- Betrachte hierfür die Verteilung auf den einzelnen Kontinenten. Vergleiche auch die Verteilung auf der nördlichen und der südlichen Halbkugel der Erde.

2 a) Bei einem Begriff ist die Einwohnerzahl von Bedeutung, beim anderen die Bedeutung für das ganze Land.
b) Die Städte sind in Karte M 2 eingetragen (Beijing als Peking). Nutze zusätzlich die Karte auf Seite 228/229 oder 230/231 und bestimme die Kontinente.

3 a) –
b) Vergleiche, wie viel Prozent jeweils zu einer Gruppe zusammengefasst sind. Was würde passieren, wenn man nur drei Gruppen (10 – 39 %, 40 – 69 % und 70 – 100 %) bilden würde?
c) Klicke auf das Symbol mit dem Pinsel „Karte bearbeiten". Trage die Grenzwerte aus M 2 in den Kästchen „Beschriftung" ein. Speichere deine Eingaben mit einem Klick auf „Anwenden".

4 a) Klicke auf den Reiter „Tabelle". Drücke auf das Symbol mit der Tabelle und dem Pfeil rechts außen und öffne die Datei. Klicke in der Excel-Tabelle in der Menüleiste auf „Sortieren", „Sortieren nach städtische Bevölkerung" und „Reihenfolge aufsteigend".
b) Lies in der Tabelle jeweils die Länder ab, scrolle bei Bedarf bis ans Ende der Tabelle.
c) Es gibt Stadtstaaten.

Seite 122/123

1 Beispiele wären die Stadtentwicklung in Köln oder Lagos, die Verstädterung oder die schrumpende Stadt Detroit.

2 a + b) –

3 –

Seite 124/125

1 a) Verwende mindestens folgende topografische Begriffe: „São Paulo", „Südamerika", „Brasilien", „Ostküste", „Atlantik".
b) Vergleiche z. B. die Dichte und Höhe der Bebauung, die Bausubstanz, die vorhandenen Grünflächen, die umgebende Landschaft.

2 A Notiere dir Stichworte zu den Kategorien: Wohnen, Arbeiten, Einkaufen, Schulbildung, Freizeit, Sauberkeit, Sicherheit.

2 B Siehe Lösungshilfe zu Aufgabe A 2

3 a) Berichtet euch abwechselnd zu den verschiedenen Kategorien aus Aufgabe 2.
b) Überlegt, was für eine gute Zukunft der beiden Jugendlichen wichtig ist. Vergleicht dann die Voraussetzungen und Chancen.

4 Unterscheide die Begriffe „Segregation" und „Integration" und wende diese auf die Wohnsituation an.

5 –

Seite 126/127

1 Auf manchen Flächen im Bild standen früher auch Hochhäuser.

2 A Welches war der wichtigste Industriezweig in Detroit?

2 B Detroit ist die Wiege der amerikanischen Automobilindustrie.

3 A Bedenke, dass es die meisten Arbeitsplätze in der Stahlindustrie und Automobilindustrie gab.

3 B Das Gegenteil ist eine wachsende Stadt, bei der die Bevölkerungszahl weiter zunimmt.

4 a) Der englische Begriff „suburbs" (= Vororte) hilft dir bei der Erklärung.
b) Beschreibe die Entwicklung der weißen und afroamerikanischen Bevölkerungsanteile in Detroit zwischen 1910 und 2019. Verwende den Sprachtipp.
c) Berücksichtige bei deiner Stellungnahme die Aussage der Unabhängigkeitserklärung vom 4. Juli 1776. Dort heißt es, dass

„alle Menschen gleich geschaffen sind; dass sie von ihrem Schöpfer mit gewissen unveräußerlichen Rechten ausgestattet sind; dass dazu Leben, Freiheit und das Streben nach Glück gehören …“

5 Überlege, ob die Maßnahmen nur eine lokal begrenzte Wirkung haben oder ob sie dazu beitragen können, dass wieder mehr Menschen in die Downtown ziehen.

6 Weitere Beispiele sind Cleveland (Ohio), Flint (Michigan), New Orleans (Louisiana), Pittsburgh (Pennsylvania), Youngstown (Ohio). Die Gründe sind aber zum Teil andere als in Detroit.

Seite 128/129

1 Lies die Informationen im Schaufenster.

2 **A** Was ist in jüngerer Zeit in manchen Innenstädten zu beobachten?

2 **B** Es werden in T1 mindestens fünf Gründe genannt.

3 **A** Für die Kund/innen werden vor allem Vorteile genannt, für die Innenstädte hat der Onlinehandel hingegen große Nachteile.

3 **B a+b)** Überlege, wie sich ein zunehmender Onlinehandel auf die Arbeitsplätze im Einzelhandel in den Innenstädten auswirkt.

4 **a)** Überlege, welche Maßnahmen für Jugendliche, junge Paare, Familien mit Kindern und ältere Menschen jeweils attraktiv sind.
b) Du kannst aus M4 auswählen oder eigene Ideen entwickeln.

5 Nutze deine Ergebnisse aus den Aufgaben 2 bis 4.

Seite 130/131

1 **a)** Wähle z.B. zehn Symbole aus, übersetze die Beschriftungen und erläutere, die diese Themen digital vernetzt sein könnten.
b) Überlegt, welche der genannten technischen Möglichkeiten es heute schon gibt und welche ihr euch für die Zukunft vorstellen könnt.

2 **A** Nenne für die fünf genannten Handlungsfelder konkrete Beispiele.

2 **B** Überlege, welche Lebensbereiche vom Konzept einer Smart City betroffen sind und welchen Nutzen dies jeweils bringt.

3 **A a)** Unterscheide Vorteile für den ruhenden Verkehr, den fließenden Verkehr und den öffentlichen Nahverkehr.
b) Denke an die unterschiedlichen Nutzer der Smart Mobility.

3 **B a)** Beziehe dich auf den ruhenden Verkehr, den fließenden Verkehr und den öffentlichen Nahverkehr.
b) Recherchiere z.B. auf der Homepage der Stadtverwaltung.

4 Überlege, welche persönlichen Daten eines Bürgers bei einem Smart-City-Konzept erfasst und gespeichert werden.

5 **a)** Gib in einer Suchmaschine die Begriffe „Smart City“ und „Maßnahmen“ ein.
b) Achtet beim Vortrag auf eine verständliche Sprache und freie Rede. Nutzt eventuell auch aussagekräftige Bilder.

Seite 132/133

–

Seite 134/135

1 Beschreibe den Verlauf der Temperaturkurve und die Temperaturwerte in der Innenstadt, in der Vorstadt und in der ländlichen Umgebung.

2 **a)** Was unterscheidet das Stadtklima vom Klima in der ländlichen Umgebung?
b) Was führt zur Aufwärmung der Innenstädte (Ursachen) und welche Folgen ergeben sich daraus, z.B. für die Einwohner/innen einer Stadt?

3 **a)** Fertige beim Lesen Notizen an zu den Maßnahmen und deren Auswirkungen.
b) Welches Problem mit Blick auf des Stadtklima überwiegt in eurer Stadt? Entscheidet euch dann für eine oder mehrere Maßnahmen und überlegt, wie man diese umsetzen könnte.
c) Verwendet die Ergebnisse aus Aufgabe 3b.

Seite 136/137

1 Achtung: Es geht nicht nur um den Aspekt „Grüne Hauptstadt“.

2 Mache dir zuerst bewusst, was ein Strukturwandel ist. Schaue z.B. den Erklärfilm im Terra-Code.

3 Bedenke, dass die teilnehmenden Städte in Konkurrenz zu anderen europäischen Städten stehen.

4 **a)** Ihr könnt auch mit der Stadtverwaltung Kontakt aufnehmen und nachfragen, welche Projekte zur nachhaltigen Stadtentwicklung es in eurer Stadt gibt.
b) –

7 Globalisierung und Digitalisierung

Seite 140/141

1 Lies in T1 insbesondere den letzten Abschnitt. Die Bilder zeigen Teilaspekte der Globalisierung.

2 Beginne so: „Zwei wichtige Voraussetzungen für die Globalisierung sind Fortschritte im … und …“

3 **A** Inwiefern gehören das Flugzeug, die weltweite Kommunikation und Fast-Food-Restaurants heute zum alltäglichen Leben dazu? Wo begegnen dir diese Aspekte der Globalisierung?

3 **B a)** Inwiefern gehören das Flugzeug, die weltweite Kommunikation und Fast-Food-Restaurants heute zum alltäglichen Leben dazu? Wo begegnen dir diese Aspekte der Globalisierung?
b) Denke dabei insbesondere an den Flugverkehr und das Internet. Wie lange dauert es heute, bis du Kontakt mit jemandem aufnehmen kannst, auch wenn sich diese Person auf einem andern Kontinent aufhält?

4 A Inwiefern ist die Digitalisierung heute auch eine Voraussetzung für die Globalisierung?
4 B a) Inwiefern ist die Digitalisierung heute auch eine Voraussetzung für die Globalisierung?
b) M 5 zeigt den Einfluss der Digitalisierung in der Arbeitswelt. M 6 zeigt, dass es immer … Internetnutzer weltweit …
5 Schaut euch auf der Doppelseite noch einmal an, inwieweit die Globalisierung und die Digitalisierung euch im Alltag betreffen. Überlegt, wie es wäre, wenn es das alles nicht gäbe.

Seite 142/143

1 Denke an Nahrungsmittel, Pflegeprodukte oder Haushaltsmittel.
2 Beginne so: „Global Player produzieren und verkaufen ihre Waren in …"
3 A Warum ist es für Global Player vorteilhaft, Standorte auf der ganzen Welt zu haben?
3 B a) Denke an die vielen Kunden in anderen Ländern, die möglichen Ersparnisse …
b) Sozial: Das betrifft z. B. Arbeitsplätze.
Ökologisch: Damit sind z. B. der Transportaufwand und Umweltvorschriften gemeint.
Ökonomisch: Wirtschaftliche Aspekte haben z. B. mit Umsatz und Gewinn für die Unternehmen zu tun, aber auch mit Konkurrenz und Marktanteilen.
4 –

Seite 144/145

1 a) Beginne so: „In Indien wird die Baumwolle angebaut und geerntet. Von dort reist sie nach … Die insgesamt zurückgelegte Kilometerzahl der Jeans liegt bei …"
b) Bei den Kilometern genügen Circa-Werte.
2 a) Klärt zuerst, was der Begriff „internationale Arbeitsteilung" bedeutet (T 1). Erläutert dann mit Karte M 2, inwiefern die Jeans international gefertigt wird.
b) Die Folgen können auftreten beim Anbau der Baumwolle und bei der Herstellung der Jeans selber.
c) Klärt zunächst den Begriff „unsichtbarer Wasserverbrauch". Erläutert dann, wie viel Wasser bei der Herstellung einer Jeans verbraucht wird. Vergleicht dies mit anderen Produkten (M 1).
3 a – c) –

Seite 146/147

1 a) Beginne so: „Outsourcing bedeutet, dass Tätigkeiten an andere Firmen …" Die Gründe haben meist mit Kosten und Effizienz zu tun.
b) –
2 a) Lies die Begriffserklärung auf Seite 147 und übertrage sie auf Bengaluru.
b) Beginne so „Zuerst haben sich viele Hightech- und Computerfirmen in Bengaluru …"
c) Inwiefern kann ein Land, das eben noch vom Outsourcing profitiert hat, selbst davon betroffen sein?
3 a – c) –

Seite 148/149

1 a) Beginne so: „Eine Person steht vor einer Welle, die … Auf der Welle …"
b) Auf der Welle kannst du lesen, wofür sie steht. Wer schwimmt oben auf der Welle, wer droht von ihr überrollt zu werden?
c) Beginne z. B. so: „Ich denke, die Aussage ist richtig, weil …" oder „Ich halte die Aussage für falsch, denn …"
2 A Lies für die Vorteile den ersten Absatz von T 1, die Nachteile stehen im zweiten Absatz.
2 B Setze dich mit den Vorteilen und Nachteilen der Global Player auseineinder und nimmt Stellung dazu. Wie würdest du ihre Rolle bei die Globalisierung insgesamt einschätzen?
3 A Achte besonders auf die Kreisdiagramme.
3 B a) Erstelle für die Argumente z. B. eine Tabelle.
b) Bedenke, dass es meistens Vorteile UND Nachteile gibt.
4 a) Du kannst z. B. auf Seite 16/17 nachlesen.
b) Bedenke, dass der Mindestlohn in der Textilbranche in Bangladesch eigentlich kein Mindeststandard ist, weil er zum Leben nicht ausreicht.
c) Wer engagiert sich wodurch für die Einhaltung von Mindeststandards und Menschenrechten?
5 a) Die Grafik gibt die Arbeitszeit an, die man in verschiedenen Ländern benötigt, um das Geld für einen Big Mac zu verdienen.
b) „Je länger die Zeit ist, die man benötigt, desto … ist der Lebensstandard."

Seite 150/151

1 Beantworte folgende Fragen: Welche Art von Müll gibt es in Agbogbloshie? Wie viele Menschen leben dort? Wie bestreiten die Menschen ihren Lebensunterhalt? Wie ergeht es ihnen dabei?
2 A a) Beginne so: „Der Müllhandel ist eine Begleiterscheinung der Globalisierung, denn …"
b) Lies vor allem den zweiten Absatz von T 2.
2 B Beginne so: „Als Umweltdumping bezeichnet man die Verlagerung von umweltbelastenden … Die Folgen dieser Praktiken sind …"
3 a) Entscheidend ist das Wort „Kreislauf".
b) Beginne z. B. so: „Das Cradle-to-Cradle-Konzept dient der Müllvermeidung, indem …"
4 A Auch ohne die Globalisierung gäbe es CO_2-Emissionen, aber durch die Globalisierung …
4 B Verdeutliche anhand der CO_2-Emissionen (T 3, M 2) und der Entwaldung (T 4), inwiefern die Globalisierung Umweltprobleme verstärkt hat.

5 Fest steht: Die Länder auf allen Kontinenten sind für die Emissionen verantwortlich.

Seite 152/153

1 **a)** Gib zunächst an, wofür die Kurven stehen. Beschreibe dann die Kurvenverläufe.
b) Zwischen welchen Kontinenten werden die meisten Waren ausgetauscht? Welcher Kontinent ist am wenigsten integriert?

2 **a)** Schaut in den ersten Abschnitt von T3.
b) Folgt den weiteren vier Abschnitten von T3.
c) Denkt daran, welche Nachteile Nichtmitglieder haben.

3 **a)** Schaue in die Tabellen in M1. Wie ist das Verhältnis von Export zu Import? Um dieses Verhältnis geht es bei der Handelsbilanz. Beispiel: Deutschland exportiert mehr Waren, als es importiert. Also ist die deutsche Handelsbilanz ...
b) Gibt es weitere Staaten in M1, die mehr exportierten, als sie importieren? Welche Spannungen können sie daraus ergeben?

4 **a)** Gib die Stichworte „Freihandelszone AfCTA" in eine Suchmaschine im Internet ein.
b) Du sollst ein begründetes Sachurteil fällen, das heißt, du kannst die Einschätzung der Politikwissenschaftlerin in M4 nutzen. Eine eigene Meinung musst du nicht äußern.

Seite 154/155

1 Beginne so: „Vor 50 Jahren war China noch ein isoliertes Entwicklungsland. Dann ..."

2 Die EU-Staaten sind Deutschlands wichtigste Handelspartner, doch gleich danach kommt ...

3 **A a)** Beginne so: „Die neue Seidenstraße ist ein riesiges ... Dafür baut China die Handelswege in ... und nach ... aus. Es entstehen ..."
b) Schaue auf die Karte M2 und verfolge die Verbindungen („Wirtschaftskorridore") der Neuen Seidenstraße. Welche Staaten liegen entlang der Verbindungen?

3 **B a)** Siehe Lösungshilfe zu Aufgabe A3
b) Die Neue Seidenstraße dient insgesamt dem Ausbau des Handels. Davon profitiert China ...

4 **a+b)** –

Seite 156/157

1 **a)** Beginne so: „New York liegt in Nordamerika an der ...küste von ..."
b) Achte auf die Textkästen.

2 **A a)** Die Übersetzung „Globale Stadt" sagt auch schon etwas aus.
b) Suche in M2 z.B. nach Belegen für die weltweite Bedeutung New Yorks für die Wirtschaft und politische Entscheidungen.

2 **B a+b)** Siehe Lösungshilfe zu Aufgabe A2

3 **A a)** Gehe so vor:
1. Nenne das Thema und die Diagrammform (Säulendiagramm, Balkendiagramm oder Kreisdiagramm).
2. Formuliere die wichtigsten Aussagen. Achte vor allem auf höchste und niedrigste Werte.

b) London erzielt bei den einzelnen Kategorien (Legende in M3 und M4) die höchsten Punktzahlen. Führe dies weiter aus.

3 **B a)** Gehe so vor:
1. Nenne das Thema und die Diagrammform (Säulendiagramm, Balkendiagramm oder Kreisdiagramm).
2. Formuliere die wichtigsten Aussagen. Achte vor allem auf höchste und niedrigste Werte.

b) Die Wirtschaftskraft allein reicht nicht aus. London ...
c) Berlin hat gegenüber anderen Global Cities Nachteile in den Bereichen ...

4 **a)** Drei Wirtschaftsregionen ..., während andere ...
b) Wende deine Kenntnisse zu den Wirtschaftszentren der Welt an (Seite 152/153).

Seite 158/159

1 Denkt daran, wie ihr das Internet und Handys nutzt.

2 **A** Unternehmen wollen Umsatz und Gewinn machen. Dafür ...

2 **B a)** Unternehmen wollen Umsatz und Gewinn machen. Dafür ...
b) Kläre zuerst, was Rechenzentren sind (T2). Was brauchen sie, um erfolgreich zu sein?

3 **A a)** In T3 werden mindestens drei Vorteile des Standortes NRW genannt.
b) Denke an die Menschen, die dort arbeiten.

3 **B a)** In T3 werden mindestens drei Vorteile des Standortes NRW genannt.
b) Wie viele Menschen hängen von den Arbeitsplätzen ab?

4 Beginne so: „Beschäftigte, Unternehmen und die Umwelt werden durch die Digitalisierung beeinflusst, und zwar: ..."

5 Aufgrund deiner Kenntnisse wirst du der Aussage vermutlich zustimmen. Begründe dies.

Seite 160/161

–

Seite 162/163

1 Inwiefern ist es besser, Waren in einem Container zu transportieren als lose?

2 **a)** Wähle pro 100 Millionen TEU einen Zentimeter auf der y-Achse.
b) Wie verlaufen die Säulen? Gibt es auffällige Werte, Rückgänge oder Anstiege im Transport?

3 **a)** –
b) Auf welchen Kontinenten liegen die größten Häfen? Gibt es einen Zusammenhang zu den drei großen Wirtschaftsregionen der Erde oder den Freihandelszonen?

4 Beginne so: „Ein Vorteil ist der schnellere Transport von ..."

5 Gemeint ist ein bedeutender struktureller Wandel im Transportwesen. Nutze deine Ergebnisse aus Aufgabe 1.

Seite 164/165

1 In T2 werden vier Voraussetzungen genannt.

2 a) Lege die Tabelle so an:

	Beschäftigte	Unternehmen
Pro	– …	– …
Kontra	– …	– …

b) –

3 Beginne so: „Wenn 40 % der Arbeitnehmer/innen zwei Tage mehr im Homeoffice arbeiten, dann werden … eingespart."

4 a + b) Überlege jeweils, was bei den Personen für und gegen Homeoffice spricht.

8 Nordrhein-Westfalen – Herausforderungen für die Zukunft

Seite 168/169

1 Anregungen findest du auf den folgenden Seiten.

2 –

3 –

Seite 170/171

1 a) Gliedere die Fotos in Vordergrund, Mittelgrund und Hintergrund.
b) Energiewende bedeutet, dass man andere Energien nutzt als bisher.

2 A a) Beginne so: „Das Diagramm zeigt … In Thüringen … In Bayern … In Nordrhein-Westfalen …. Im Vergleich zur Bundesrepublik Deutschland ist in …"
b) Betrachte in M 2, welchen Anteil die Braunkohle in NRW 2019 noch an der Stromerzeugung hatte. Doch nun muss sich das Bundesland wandeln. …

2 B Wie ist die Situation heute? Welche Ziele gibt es? Welche Probleme könnten entstehen?

3 A a) Saerbeck nutzt drei verschiedene erneuerbare Energien. …
b) Lies die zweite Spalte von T2.

3 B Womit hat Saerbeck angefangen? Was ist in Zukunft geplant?

4 a + b) –

5 Folgt den Methodenschritten auf Seite 168/169.

Seite 172/173

1 Geht auch darauf ein, wie stark NRW im Vergleich zu anderen Bundesländern betroffen ist.

2 A Gehe vor allem auf die Schäden durch extreme Wetterereignisse ein.

2 B Beschreibe zuerst, wie NRW betroffen ist. Schau dir dann an, wo NRW im Diagramm M 1 steht.

3 A Wozu dienen Baumrigolen (M 3)? Wie kann man Vorgärten klimafreundlich gestalten (M 4)?

3 B a) Siehe Lösungshilfe zu Aufgabe A 3
b) Sind die Maßnahmen ausreichend? Sind es geeignete Beiträge zum Umgang mit den extremen Wetterereignissen? Können andere Städte und Gemeinden sie übernehmen?

4 a) Stellt jeweils den Nutzen heraus. Bedenkt, dass nur verschiedene Maßnahmen zusammen nachhaltige Wirkungen erzielen.
b) –

5 Folgt den Methodenschritten auf Seite 168/169.

Seite 174/175

1 –

2 A Gehe auf die Menge der Fahrzeuge und die Folgen davon ein (T 1). Beziehe auch die Lage von NRW mit ein (T 2).

2 B Werte zunächst die Diagramme M 2 und M 3 aus. Notiere wesentliche Aussagen. Lies dann T 1 und T 2. Stimmst du der Aussage (teilweise) zu oder nicht? Formuliere deine Stellungnahme.

3 A Notiere zunächst, was man unter Nachhaltigkeit versteht.

3 B Was muss sich ändern? Berücksichtige die Nachhaltigkeit.

4 Bedenkt, dass meist verschiedene Maßnahmen zusammen nachhaltige Wirkungen erzielen.

5 Folgt den Methodenschritten auf Seite 168/169.

Seite 176/177

1 a) Das Foto zeigt den Zustand mancher Wälder in NRW.
b) M 3 verdeutlicht das Problem und gibt Lösungsansätze. …

2 A Wie viel Prozent der Tier- und Pflanzenarten in NRW sind gefährdet? Warum?

2 B Gehe vor allem auf die Probleme der Natur ein.

3 A Beginne so: „Der Waldzustandsbericht belegt, dass … Die Eifel ist ein Beispiel dafür, wie …"

3 B a) Siehe Lösungshilfe zu Aufgabe A 3
b) Überlege, welche Vorteile und Nachteile Tourismus für die Landschaft hat. Was überwiegt deiner Meinung nach?

4 T 2 gibt erste Hinweise.

5 A Die Wildkatze ist ein Beispiel.

5 B Mache die Unterschiede zwischen den Begriffen deutlich.

Seite 178/179

1 a – d) Nutze im Atlas eine physische Karte von Nordrhein-Westfalen.

2 Suche nacheinander die Landschaften. Städte sind mit einem roten Punkt markiert.

3 a) Gehe so vor:
1. Lege Transparentpapier auf die Atlaskarte und zeichne einen Rahmen um Nordrhein-Westfalen.
2. Zeichne Flüsse mit einem blauen Stift nach.
3. Nutze Brauntöne für Gebirge. Je kräftiger die Farbe, desto höher liegt das Gebirge.
4. Markiere mit einem roten Stift die Landesgrenzen und Städte.
5. Beschrifte die Flüsse, Städte, Gebirge und Landschaften in der Kartenskizze.

b) Beispiel: „Düsseldorf liegt am Rhein nördlich von Köln. …"

Methoden im Überblick

Ein Bild beschreiben
(Band 1, Seite 12/13)

1. Schritt: Überblick verschaffen
Betrachte das Bild und verschaffe dir einen Überblick. Was ist dargestellt? Gibt es eine Bildunterschrift? Wo wurde das Bild aufgenommen? Enthält es Hinweise auf den Aufnahmezeitpunkt (Jahr, Jahreszeit, Tageszeit)? Nutze eventuell das Internet für weitere Informationen.

2. Schritt: Beschreiben
Unterteile das Bild. Eine Möglichkeit ist die Gliederung in Vordergrund, Mittelgrund und Hintergrund. Zeichne eine Skizze, in der die Gliederung deutlich wird. Betrachte nun die drei Bildteile und beschreibe sie.

3. Schritt: Fragen an das Bild stellen
Stelle Fragen an das Bild, zum Beispiel:
Welche ...? Wo ...? Was ...? Wie ...?
Notiere die Antworten in ganzen Sätzen.

4. Schritt: Kernaussagen formulieren
Äußere wichtige Aussagen des Bildes oder schreibe sie auf.

Gemeinsam lernen
(Band 1, Seite 14/15)

1. Schritt: Alleine arbeiten
Bearbeite das Thema oder die Aufgabe zunächst allein und mache dir Notizen.

2. Schritt: Austauschen und verbessern
Suche dir einen Lernpartner oder bilde mit anderen eine kleine Gruppe. Gemeinsam vergleicht ihr eure Ergebnisse und verbessert euch gegenseitig.

3. Schritt: Mitteilen und festhalten
Nun informiert ihr die anderen Gruppen. Gestaltet dafür zum Beispiel ein Plakat und bereitet einen Galeriegang vor.
Wählt einen Gruppensprecher oder eine Gruppensprecherin. Er oder sie präsentiert die Ergebnisse.
Fasst die Ergebnisse im Plenum zusammen und besprecht sie gemeinsam.

Die Erde mit Google Earth erkunden
(Band 1, Seite 26/27)

1. Schritt: Einen Ort anfliegen
Gib im Menüpunkt „Suchen" die Adresse oder den Namen des von dir gesuchten Ortes ein. Mit „Enter" oder „Suche" beginnst du den Anflug.
Beispiel: Braunkohletagebau Garzweiler

2. Schritt: Den Ort erkunden
Um dich zu orientieren, kannst du
- dich in der Umgebung des Ortes umsehen, indem du die linke Maustaste gedrückt hältst und die Maus bewegst,
- mithilfe der Zoomleiste am rechten Bildschirmrand oder mit dem Scrollrad der Maus hinein- oder herauszoomen,
- die Neigung des Geländes mithilfe der Steuerungsleiste rechts oben verändern.

Stelle dann Fragen an den Ort, zum Beispiel:
- Wo befinden sich Wohngebiete, Industriegebiete, Verkehrsflächen?
- Wo sind Waldgebiete, Äcker, Grünflächen?
- Gibt es auffällige Flächen, wie geometrische Formen, Grün- oder Wasserflächen?

3. Schritt: Verschiedene Ebenen wählen
Links unten kannst du verschiedene Ebenen, also Orte, Straßen oder sogar Fotos, einblenden. Überlege, welche Ebenen für deine Fragen hilfreich sind, und klicke diese an.

4. Schritt: Alte und neue Satellitenbilder vergleichen
Über die Menüleiste „Ansicht" und „Historische Bilder" erhältst du am linken oberen Rand eine Zeitleiste und kannst den Ort früher und heute vergleichen.

Wie du mit dem Atlas arbeitest

(Band 1, Seite 36/37)

Geographische Namen auffinden

1. Schritt: Namen im Register suchen
Suche zuerst den Namen im Register, zum Beispiel Sydney. Hinter dem Namen stehen zwei Angaben: die Atlasseite mit Kartennummer und das Feld im Gitternetz, in dem das geographische Objekt zu finden ist.

2. Schritt: Lage in der Karte finden
Schlage die Atlasseite auf und suche das Feld im Gitternetz. Finde den Namen.

3. Schritt: Lage beschreiben
Entnimm der Karte Informationen. Nutze dazu die zugehörige Zeichenerklärung.

Bestimmte Karten auffinden

1. Schritt: Karte suchen
Schlage das Inhaltsverzeichnis im Atlas auf und suche nach der gewünschten Karte, zum Beispiel „Europa“ und „Staaten“. Schlage die Seitenzahl auf.

2. Schritt: Karte prüfen
Prüfe, ob die Karte die benötigten Informationen enthält.

Eine Mindmap erstellen

(Band 1, Seite 56/57)

1. Schritt: Begriffe sammeln
Sammle alle für dich wichtigen Begriffe zum Thema. Halte sie in einer Liste fest.

2. Schritt: Ordnen und Oberbegriffe festlegen
Suche Oberbegriffe, denen du deine Gedanken als Unterbegriffe zuordnen kannst.

3. Schritt: Mindmap erstellen
Wenn ihr handschriftlich arbeitet: Nehmt ein unliniertes Blatt Papier im Querformat. Schreibt das Thema in die Mitte und kreist es ein. Zeichnet von der Mitte ausgehend Hauptäste nach außen. Beschriftet diese mit euren Oberbegriffen. Zeichnet an die Hauptäste dünnere Nebenäste. Beschriftet diese mit den Unterbegriffen.
Mit Farben und kleinen Zeichnungen könnt ihr die Übersichtlichkeit der Gedankenkarte verbessern.
Wenn ihr digital mit einem Programm oder einer App arbeitet: Meist müsst ihr euch zunächst für die Form bzw. das Aussehen eurer Mindmap entscheiden. Danach könnt ihr die Begriffe eingeben, also zunächst das Thema, dann die Oberbegriffe und anschließend die Unterbegriffe. Das Programm erstellt eure Mindmap automatisch und ihr seht sofort das Ergebnis. Dieses könnt ihr abspeichern, später noch erweitern, als Bild exportieren und an andere schicken, …

Tabellen und Diagramme auswerten

(Band 1, Seite 72/73)

Eine Tabelle lesen

1. Schritt: Das Thema erfassen
Nenne das Thema und evtl. das Jahr oder den Zeitraum. Achte darauf, in welcher Einheit Zahlen angegeben werden, zum Beispiel in Quadratkilometern (km^2) oder Tonnen (t).

2. Schritt: Tabelle lesen und Inhalte klären
Jede Tabelle hat einen Tabellenkopf und eine Vorspalte: Den Inhalten, die in der Vorspalte aufgelistet sind, werden andere Punkte des Tabellenkopfes gegenübergestellt.
Kläre die Art der Darstellung. Handelt es sich zum Beispiel um eine Liste, die nach Größenverhältnissen angeordnet ist?

3. Schritt: Zahlen vergleichen
Betrachte die Zahlen einer Zeile oder einer Spalte und werte sie aus. Achte auf besonders große und kleine Werte.

4. Schritt: Aussagen formulieren
Formuliere die wichtigsten Aussagen der Tabelle. Achte auf Entwicklungen wie Wachstum, Rückgang, Stillstand, Schwankungen.

Ein Diagramm auswerten

1. Schritt: Sich orientieren
Nenne das Thema sowie den Ort und den Zeitraum, für die das Diagramm Angaben macht.

2. Schritt: Beschreiben
Formuliere die wichtigsten Aussagen, vor allem höchste und niedrigste Werte oder eine Entwicklung, die du ablesen kannst.

3. Schritt: Erklären
Versuche nun, typische Zusammenhänge aus dem Diagramm herauszulesen. Erkläre diese auch mithilfe anderer Informationsquellen.

Eine Kartenskizze zeichnen
(Band 1, Seite 74/75)

1. Schritt: Kartenausschnitt wählen
Suche im Atlas eine physische Karte, zum Beispiel von Nordrhein-Westfalen. Lege Transparentpapier darauf und befestige es mit Büroklammern. Zeichne auf das Transparentpapier zuerst einen Rahmen, der den Kartenausschnitt deiner Skizze begrenzen soll.

2. Schritt: Flüsse einzeichnen
Zeichne nun die Flüsse mit einem blauen Farbstift nach. Dabei kannst du großzügig den wichtigsten Flussläufen folgen. Die vielen Flussbiegungen zum Beispiel der Ruhr begradigst du einfach ein bisschen.

3. Schritt: Gebirge einzeichnen
Wähle für Gebirge einen braunen Farbstift. Damit markierst du zunächst die Grenze zwischen den Großlandschaften, zum Beispiel zwischen dem Mittelgebirgsland und dem Tiefland. Male die Fläche südlich dieser Linie braun an und hebe einzelne Gebirge durch kräftigere Brauntöne hervor, zum Beispiel das Rothaargebirge.

4. Schritt: Grenzen und Städte markieren
Markiere mit einem roten Stift die Landesgrenzen und Städte. Am besten zeichnest du nur die Städte mit mehr als 100 000 Einwohnern ein, im Ruhrgebiet und am Rhein nur die Städte mit mehr als 500 000 Einwohnern.

5. Schritt: Karte beschriften
Beschrifte nun deine „stumme" Karte. Übertrage dazu die Namen aus dem Atlas. Verwende für Städte, Gebirge und Landschaften einen schwarzen Farbstift, für Flussnamen einen blauen Farbstift

Im Internet recherchieren
(Band 1, Seite 90/91)

1. Schritt: Suchmaschinen nutzen
Überlege genau, wonach du suchen möchtest. Gib die Suchbegriffe ein.

2. Schritt: Genauer suchen
Findest du keine passenden Informationen? Oder ergibt deine Suche zu viele und ungenaue Ergebnisse? – Dann versuche, die Suchbegriffe klarer zu formulieren oder einzugrenzen. Vielleicht hilft es auch, sie mit einem weiteren Begriff zu kombinieren.

3. Schritt: Verlässlichkeit der Quelle prüfen
Wenn du eine brauchbare Internetseite gefunden hast, überprüfe, wer sie erstellt hat. Denn manchmal stehen falsche Informationen im Internet. Angaben zur Herkunft findest du im Impressum.
Zuverlässige Informationen erhältst du zum Beispiel auf den Internetseiten von Zeitungen, Universitäten, Rundfunk- und Fernsehstationen sowie Verlagen.
Sei vorsichtig bei Informationen, die von Einzelpersonen stammen. In einem solchen Fall nimmst du am besten eine weitere Quelle hinzu und überprüfst, ob die Informationen gleich sind. Wenn sie sich widersprechen, solltest du nach einer verlässlichen Quelle suchen.

4. Schritt: Ergebnisse bewerten
Sieh dir nun die Seiten an, die für dich infrage kommen. Welche Informationen sind besonders hilfreich? Vergleiche die Inhalte: Sind die Informationen der verschiedenen Seiten gleich oder widersprechen sie sich? Bietet eine Seite zu viel oder zu wenig Information? Entscheide dich schließlich nach der Bewertung, von welcher Seite du die Informationen entnehmen möchtest.

5. Schritt: Begriffe klären
Bist du sicher, dass du alle Begriffe auch wirklich verstanden hast? Einfach nur einen Text zu kopieren, hilft dir nicht. Nutze das Internet auch, um die Bedeutung schwieriger Wörter zu klären.

6. Schritt: Richtig angeben
Wenn du eine Information aus dem Internet nutzt, musst du genau angeben, woher sie stammt. Dazu kopierst du die Internetadresse und gibst in Klammern das Datum an, an dem du auf der Seite warst.

Ein Klimadiagramm beschreiben

(Band 1, Seite 96/97)

1. Schritt: Sich orientieren
Lies den Namen und die Höhe der Station ab. Suche die Station auf einer Atlaskarte und beschreibe ihre Lage.

2. Schritt: Temperaturen ablesen
Lies die mittlere Jahrestemperatur ab. Ermittle dann den kältesten und den wärmsten Monat und berechne die Jahresschwankung der Temperatur. Die Jahresschwankung ist die Differenz zwischen dem wärmsten und dem kältesten Monat. Sie wird in Kelvin angegeben (1 K = 1 °C), weil in der Skala von Kelvin keine Minustemperaturen vorkommen. Das erleichtert den Vergleich.

3. Schritt: Niederschläge ablesen
Lies den Jahresniederschlag ab und ermittle die Monate mit dem höchsten und dem niedrigsten Niederschlag.

4. Schritt: Beschreiben
Beschreibe den Jahresverlauf von Temperatur und Niederschlag, das heißt die wesentlichen Veränderungen über das Jahr hinweg.

Einen landwirtschaftlichen Betrieb erkunden

(Band 1, Seite 118/119)

1. Schritt: Planen
- Wo soll es hingehen? Sucht zunächst einen geeigneten Hof in der Nähe eurer Schule. Im Internet bieten viele Höfe einen Schulbesuch an.
- Wann ist ein guter Termin? Hat der Landwirt / die Landwirtin vielleicht nach Abschluss der Ernte mehr Zeit für euch als währenddessen? Sprecht euch mit ihm ab.
- Wie kommt ihr zu dem Hof? Ihr könnt am Computer mit Karten eine geeignete Route aufrufen oder eine App nutzen. Sie gibt auch Auskunft über die Dauer eures Bus- oder Fußweges.

2. Schritt: Vorbereiten
Der Besuch soll euch dabei helfen, das Thema Landwirtschaft besser zu verstehen. Der Landwirt / die Landwirtin kann euch nur gute Antworten geben, wenn ihr die richtigen Fragen stellt.
- Entwickelt in Kleingruppen also eine Liste mit Themen und Fragen, die euch interessieren. Bereitet einen Interviewbogen vor.
- Verteilt weitere Aufgaben: Wer fotografiert? Wer erstellt eine Skizze? Wer macht Notizen?
- Besprecht in der Kleingruppe, auf welche Art und Weise ihr eure Ergebnisse später präsentieren möchtet.
- Klärt ab, ob ihr weitere Punkte bedenken müsst: Gibt es Kleidungsvorschriften oder die Möglichkeit, vor Ort eine Mahlzeit einzunehmen? Packt einen kleinen Wanderrucksack. Denkt auf jeden Fall an eure Materialien für die Befragung.

3. Schritt: Durchführen
Besucht den landwirtschaftlichen Betrieb zum verabredeten Zeitpunkt. Haltet euch während der Erkundung an die vereinbarten Regeln.
- Erledigt eure Aufgaben und Arbeiten.
- Seid aufmerksam und freundlich, wenn ihr eure vorbereiteten Fragen stellt.
- Prüft, ob ihr alles erledigt habt.
- Denkt daran, euch zu bedanken.

4. Schritt: Auswerten und präsentieren
Zurück in der Schule bereitet ihr die Präsentation der Ergebnisse vor: Ihr könnt eine Wandzeitung, ein Lernplakat oder eine digitale Präsentation erstellen. Oder ihr schreibt einen Bericht für die Schülerzeitung bzw. für die Schulhomepage. Stellt euch dann gegenseitig die Gruppenergebnisse vor.
Diskutiert zum Schluss, welche Erkenntnisse ihr durch die Betriebserkundung zum Thema Landwirtschaft gewonnen habt.

Lust auf Hamburg? – Mit Apps planen
(Band 1, Seite 150/151)

1. Schritt: Sich über die App informieren
Gib im Suchfeld des App Stores ein, wonach du suchst. Wähle aus den Angeboten eine geeignete App aus. Kontrolliere, ob die App kostenpflichtig ist. Kläre gegebenenfalls, wer bezahlt. Die meisten Apps für eine Reise sind kostenlos, auch Reiseführer-Apps für den Städtetourismus. Das ist erstaunlich, weil sie aufwendig erstellt wurden, zum Beispiel die Hamburg-App.

2. Schritt: Die App installieren
Wenn du dir klar darüber bist, dass du die App nutzen möchtest, tippe auf „Herunterladen". Achtung! Viele kostenlose Apps verlangen jetzt ein Einverständnis für den Zugriff auf zum Beispiel deinen Standort oder die Kamera.
Auch die Hamburg-App verlangt Zugriff auf solche Daten. Eventuell solltest du deine Eltern oder den Lehrer/die Lehrerin fragen.

3. Schritt: Die App anwenden
Mache dich vor der eigentlichen Nutzung mit der App vertraut. Dafür gibt es meist zu Anfang eine Kurzanleitung.
In der Hamburg-App kannst du als Übung beispielsweise nach Informationen über die Speicherstadt suchen.

4. Schritt: Die App bewerten
Prüfe, ob die Informationen der App nützlich und sinnvoll für dich sind. Hilft die App dir nicht weiter, dann entferne sie gleich wieder von deinem Gerät.

Eine thematische Karte auswerten
(Band 1, Seite 164/165)

1. Schritt: Raum und Inhalt erkennen
Welcher Raum ist dargestellt? Welches Thema hat die Karte?

2. Schritt: Die Legende der Karte lesen
Welche Bedeutung haben die Farben, Linien und Kartensymbole in der Legende? Welchen Maßstab hat die Karte?

3. Schritt: Karteninhalt beschreiben
Welche Unterschiede in der Verteilung der Kartensymbole kannst du beobachten? Erkennst du Regelmäßigkeiten oder Besonderheiten?

4. Schritt: Karteninhalt erklären
Welche Ursachen hat die unterschiedliche Verteilung der Kartensymbole? Nutze evtl. weitere Karten oder andere Informationsquellen zur Erklärung.

Einen Erklärfilm auswerten
(Band 1, Seite 166/167)

1. Schritt: Eigene Fragestellung formulieren
Zu welchem Thema oder zu welcher Frage benötigst du den Erklärfilm? Formuliere eine möglichst genaue Frage oder auch mehrere Fragen.

2. Schritt: Film ansehen
Sieh dir den Film an und mache dir stichwortartig Notizen. Du kannst den Film komplett oder in Teilen wiederholen und jederzeit stoppen.

3. Schritt: Den Film in Abschnitte einteilen
Versuche, den Film in Abschnitte zu gliedern und kurz darzulegen, was gesagt wird.

4. Schritt: Informationen entnehmen und Frage/n beantworten
Sieh dir den Film eventuell ein weiteres Mal an und ergänze deine Notizen.

5. Schritt: Die Notizen sortieren und übersichtlich darstellen
Schau dir deine Notizen noch einmal an und ordne sie, zum Beispiel in Form einer Auflistung, Tabelle oder Mindmap. Dann hast du hinterher einen besseren Überblick.

6. Schritt: Den Erklärfilm bewerten
Konntest du mithilfe des Erklärfilms alle deine Fragen beantworten? Falls etwas offengeblieben ist, nutze noch andere Quellen.

Ein Wirkungsschema erstellen
(Band 2, Seite 32/33)

1. Schritt: Das Thema benennen
Notiere das Thema auf einer Karteikarte, z. B. „Raubbau am Tropischen Regenwald“.

2. Schritt: Materialien auswerten und Stichworte zusammenstellen
Stelle Materialien zum Thema zusammen (Texte, Fotos, Schaubilder, Karten, Diagramme). Werte diese Materialien aus, indem du dir Stichworte zu den Ursachen und Folgen notierst.
Übertrage die Stichworte in großer Schrift auf Karteikarten. Fertige auch Karteikarten an, auf denen die Worte „Ursachen“ und „Folgen“ stehen.

3. Schritt: Karteikarten ordnen
Lege zunächst alle Karten auf einen Stapel, die Informationen zu den Ursachen geben. Auf den anderen Stapel kommen die Karten mit den Folgen. Jetzt kannst du die Karten mit den Ursachen und Folgen auf einem Tisch oder einer Pinnwand in einer sinnvollen Reihenfolge um dein Thema herum anordnen. Verbinde die Karten zum Schluss mit Pfeilen.
Wenn ihr digital mit einem Programm oder mit einer App arbeitet: Analysiert die euch zur Verfügung stehenden Darstellungsmöglichkeiten der App/des Programms. Entscheidet euch für das Design eures Wirkungsschemas. Platziert jetzt eure Formen auf der Zeichenfläche, gestaltet sie (Farbe, Größe) und füllt sie mit euren Begriffen. Verbindet die Formen anschließend mit Pfeilen. Euer Ergebnis könnt ihr abspeichern, später erweitern oder als Bild exportieren und an andere verschicken.

4. Schritt: Ergebnis präsentieren
Erläutere deinen Mitschüler/innen das Wirkungsschema. Halte die Materialien bereit, mit denen du gearbeitet hast. So bist du auf Fragen vorbereitet. Verbessere dein Wirkungsschema, wenn nötig.

Klimadiagramme auswerten: Regenzeit und Trockenzeit bestimmen
(Band 2, Seite 46/47)

1. Schritt: Klimadiagramme lesen
Lies in den Namen und die Höhenlage der Klimastation ab. Suche den Ort auf einer Atlaskarte. Beschreibe seine Lage im Gradnetz.

2. Schritt: Jahreswerte bestimmen
Lies die mittlere Jahrestemperatur und den Jahresniederschlag ab. Benenne den kältesten und den wärmsten Monat.

3. Schritt: Jahresverlauf von Temperatur und Niederschlag beschreiben
Beschreibe den Verlauf der Temperaturkurve und der Niederschlagssäulen.

4. Schritt: Regenzeit und Trockenzeit bestimmen
Stelle fest, wie viele Monate die Regenzeit und die Trockenzeit jeweils dauern. Bestimme, ob das Klima trocken (arid) oder feucht (humid) ist. Erläutere die Auswirkungen auf das Pflanzenwachstum.

Einen Erklärfilm erstellen
(Band 2, Seite 70/71)

1. Schritt: Das Thema bearbeiten
Am Anfang müsst ihr euch gründlich in das Thema einarbeiten. Wichtig ist, dass ihr:
- einzelne Aspekte des Themas in eine logische Reihenfolge bringt,
- den Sachverhalt mit eigenen Worten erklären könnt,
- Medien (z. B. Bilder, Querschnitte) richtig auswertet.

2. Schritt: Das Drehbuch und die notwendigen Materialien erstellen
Nun erstellt ihr ein Drehbuch und schreibt die Sprechertexte. Dies ist die wichtigste Phase, da hier das Thema auf das Wesentliche reduziert und gleichzeitig verständlich aufbereitet werden muss.
Parallel dazu überlegt ihr, welche Medien (Bilder, Karten, Diagramme, Versuche, eigene Skizzen …) sich zur Veranschaulichung des Erklärtextes eignen und welche Materialien ihr benötigt.
Besonders wichtig ist, dass die im Film verwendeten Medien und der Sprechertext gut aufeinander abgestimmt sind und zusammenpassen. Überlegt auch, wer beim Dreh welche Texte spricht und wer welche Aufgaben der Visualisierung übernimmt.

3. Schritt: Den Erklärfilm drehen
Für das Drehen eines Erklärfilms könnt ihr ein Tablet oder Smartphone verwenden. Der Erklärfilm sollte nicht länger als drei bis fünf Minuten dauern.
Am besten ist es, wenn ihr die Sequenzen eures Drehbuchs einzeln aufnehmt und diese nachher zusammenfügt. Dies hat den Vorteil, dass ihr bei Sprech- oder Regiefehlern nur kleinere Teile neu aufnehmen müsst.

Ein Satellitenbild auswerten

(Band 2, Seite 76/77)

1. Schritt: Das Satellitenbild verorten
Suche das abgebildete Gebiet in einer physischen Karte im Atlas oder im Kartenanhang und beschreibe seine Lage (Lage im Staat, an einem Fluss/Meer ...). Lege die Nordrichtung des Bildausschnitts fest.

2. Schritt: Das Satellitenbild gliedern
Gliedere das Satellitenbild in Teilbereiche, z. B. Land- und Wasserflächen, Siedlungs- und Verkehrsflächen, Wald- und Ackerflächen. Wenn du dies veranschaulichen möchtest, kannst du ein Transparentpapier oder eine Folie auf das Satellitenbild legen und eine Kartenskizze anfertigen. Verwende Farben und Symbole und lege eine Legende zur Skizze an. Formuliere zu deiner Skizze einen Text.

3. Schritt: Das Satellitenbild auswerten
Nenne Besonderheiten, die dir auffallen. Hast du dazu Kenntnisse oder Vermutungen? Welche Sachverhalte und Fragen musst du mit zusätzlichen Materialien klären?

4. Schritt: Zusätzliche Medien auswerten und Erkenntnisse formulieren
Ermittle mithilfe anderer Informationsquellen Ursachen und/oder Erklärungen für den im Satellitenbild dargestellten Sachverhalt.

Eine Pro- und Kontra-Diskussion führen

(Band 2, Seite 106/107)

1. Schritt: Das Thema formulieren
Formuliert das Thema der Diskussion eindeutig und in Form einer Frage.

2. Schritt: Erste Abstimmung
Bestimmt, wer die Abstimmung in der Klasse leitet. Führt dann die Abstimmung zur Diskussionsfrage durch. Die Abstimmungsleiterin oder der Abstimmungsleiter notiert das Ergebnis.

3. Schritt: Gruppen bilden
Stellt nach Abstimmung die Pro-Gruppe und die Kontra-Gruppe zusammen.

4. Schritt: Argumente sammeln
Beide Seiten suchen nach Argumenten für ihre Position. Überlegt, welche Argumente die andere Gruppe anführen könnte und wie ihr darauf antworten könnt.

5. Schritt: Anwält/innen und Zeitwächter/in wählen
Die Pro-Gruppe und die Kontra-Gruppe wählen jeweils drei Mitglieder aus ihrer Gruppe aus, die als „Anwält/innen“ in der Diskussion die Argumente vortragen. Außerdem wird ein/e Zeitwächter/in bestimmt, die bzw. der darauf achtet, dass die Redeanteile gleichmäßig verteilt sind.

6. Schritt: Diskussion führen
Der/Die Diskussionsleiter/in (Lehrerin oder Lehrer) stellt das Thema vor und erteilt den Anwält/innen abwechselnd nacheinander das Wort, sodass alle sechs ihre Argumente vortragen. Danach gehen die Anwält/innen auf die Gegenargumente ein. Der/Die Zeitwächter/in achtet darauf, dass kein Redebeitrag länger als zwei Minuten dauert.

7. Schritt: Zweite Abstimmung
Der/Die Abstimmungsleiter/in führt eine erneute Abstimmung zur Diskussionsfrage durch. Jede/r Schüler/in stimmt nach ihrer/seiner Meinung ab, unabhängig davon, ob sie/er zur Pro-Gruppe oder zur Kontra-Gruppe gehört hat.

8. Schritt: Diskussion auswerten
Hat sich im Vergleich zur ersten Abstimmung das Ergebnis geändert? Welche Gründe führten zur Meinungsänderung? Welche Argumente waren besonders überzeugend?

Eine Computerpräsentation erstellen
(Band 2, Seite 128/129)

1. Schritt: Vorbereitungen treffen
Überlege, wie du deine Präsentation aufbauen möchtest, z. B.: Thema vorstellen, Gliederung, Zusammenfassung. Denke darüber nach, wie du bei deinen Zuschauern Interesse wecken kannst, und scanne passende Materialien wie Fotos, Karten und Diagramme ein. Vergiss beim Sammeln deiner Materialien nicht die Quellenangaben! Lege für diese eine extra Folie an und nummeriere deine Quellen durch. Lege dann die Anzahl deiner geplanten Folien fest.

2. Schritt: Folien aufbauen und gestalten
Wähle im Präsentationsprogramm eine geeignete Entwurfsvorlage aus oder gestalte deine Folien selbst. Achte auf einen guten Kontrast zwischen Textfarbe und Hintergrundfarbe.
Wähle Schrifttyp und Schriftgröße so, dass sie auch aus der Entfernung gut lesbar sind, z. B. für die Überschriften 24 pt und für die Fließtexte 18 pt. Auch Materialien dürfen nicht zu klein sein. Wichtiges kannst du mit Markierungen hervorheben, aber sei sparsam damit.
Füge nun Texte und Materialien in der gewünschten Anordnung in die Folien ein.
Formuliere in klaren Stichworten oder kurzen Sätzen. Beschränke dich auf die wichtigsten Informationen, denn du erläuterst ja die Folien beim Vortrag noch genauer.
Gib jeder Folie eine treffende Überschrift.

3. Schritt: Generalprobe durchführen
Übe deinen kompletten Vortrag mehrmals. Eine „Generalprobe", z. B. vor Freunden, gibt dir Sicherheit im Umgang mit den Medien und im Vortragen. Die ersten Sätze solltest du dir auswendig einprägen.
Bitte deine Zuschauer um eine Einschätzung. Stimmt der Aufbau der Präsentation? Gibt es Fehler? Ist alles lesbar? Ist etwas unklar? Welche Fragen könnten die Zuschauer stellen? Wurde die vereinbarte Zeit eingehalten?

4. Schritt: Computerpräsentation vortragen
Prüfe vor der Präsentation in der Klasse, ob die benötigte Technik (Laptop, Tablet, Beamer, Whiteboard) funktioniert. Erläutere deine präsentierten Folien, so wie du es geübt hast. Sprich langsam und möglichst frei. Nutze deine ausgedruckten Folien (vier pro DIN A4-Seite!) wie einen „Spickzettel" für deinen Vortrag.

5. Schritt: Reflexion
Überlege nach deiner Präsentation: Was hat gut geklappt? Was kannst du beim nächsten Mal besser machen? Sammle Feedback aus der Klasse und schätze dich selbst ein.

Ein WebQuest durchführen
(Band 2, Seite 174/175)

1. Schritt: Die Aufgabenstellung verstehen
Die vorgegebene Aufgabenstellung ist das zentrale Element eines WebQuests. Sie gliedert das Thema in mehrere Teilaspekte, die ihr mithilfe von ausgewählten Internetseiten bearbeiten sollt.

2. Schritt: Im Internet recherchieren
Wenn man ein Stichwort in einer Suchmaschine eingibt, so erhält man oft Millionen von Einträgen. Damit ihr eine gezielte und zeitlich überschaubare Recherche zur Bearbeitung der Aufgabe vornehmen könnt, schlägt ein WebQuest besonders geeignete, ausgewählte Online-Links vor.

3. Schritt: Informationen auswerten und darstellen
Bei der Bearbeitung der Aufgaben ist es wichtig, die Informationen der Internetseiten:
- auf wichtige Punkte zu beschränken,
- sie übersichtlich zu gliedern und
- mit eigenen Worten zu formulieren.

4. Schritt: Das Ergebnis präsentieren
Stellt nach der Recherche das eigene Ergebnis einer anderen Gruppe vor. Wichtig ist, dass eure Präsentation eine überschaubare Menge an Informationen enthält und ihr diese mit eigenen Worten vortragt. Zusätzlich zu euren Texten könnt ihr ausgewählte Bilder oder Diagramme zur Veranschaulichung verwenden. Nach der Präsentation beantwortet ihr Fragen und bittet die Zuhörer um Rückmeldungen.

Eine Karikatur auswerten

1. Schritt: Die Karikatur beschreiben
Beschreibe die Karikatur mit wenigen Sätzen. Achte dabei zuerst auf die Bildunterschrift (falls vorhanden) sowie auf Sprechblasen. Beschreibe danach die einzelnen Bildteile (z.B. Personen, deren Haltung, den Ort).

2. Schritt: Einzelne Bildteile erklären
Nach dem Beschreiben kommt das Erklären: Wen sollen die Personen darstellen und wofür stehen die Gegenstände? Welches Problem wird dargestellt? Achte darauf, welche Bildelemente ironisch verzerrt werden und welche realistisch dargestellt sind.

3. Schritt: Die Gesamtaussage der Karikatur deuten
Was will der Karikaturist mit der Karikatur vermutlich aussagen? Wen oder was will er kritisieren? Für wen ergreift er dabei Partei?

4. Schritt: Stellung beziehen
Kannst du der Aussage der Karikatur zustimmen? Ist die Grundaussage berechtigt oder übertreibt der Karikaturist zu stark? Begründe deine Meinung.

Abbildungs- und Textquellenverzeichnis

Cover.o. Getty Images Plus, München (dan_prat); **Cover.u.** Getty Images, München (Copyright 2010 Simon Bond/Moment); **6.1** stock.adobe.com, Dublin (parabolstudio); **7.2** https://www.welthungerhilfe.de/informieren/themen/politik-veraendern/sustainable-development-goals-und-nachhaltigkeit/; **7.2** ShutterStock.com RF, New York (Arthimedes); **8.1** Schaar, Wolfgang, Grafing; **8.2** Getty Images Plus, München (VisionsofAmerica / Joe Sohm); **8.3 li.** ShutterStock.com RF, New York (Andrii Lutsyk); **8.3 re.** ShutterStock.com RF, New York (fiphoto); **9.4 li.** NASA, Washington, D.C. (NASA Goddard); **9.4 li.** NASA, Washington, D.C. (UNEP); **10.1** Stadt Münster, Münster (Kreation: KOPFKUNST); **10.1 re.** Stadt Münster, Projektbüro MünsterZukünfte 20 | 30 | 50, unter: https://www.stadt-muenster.de/zukuenfte/startseite.html; **11** creanovo – motion & media design GmbH, Axel Kempf, Hannover; **12.1** Schwarwel, Leipzig; Centre for Environment Educationlopment, **Ahmedabad; 13.3A** Neumann, Patricia, Altenburg; **13.3B** ShutterStock.com RF, New York (Firn); **13.3A+B** Alexander Reif, Maria Heitfeld: Wandel mit Hand und Fuß: Mit dem Germanwatch Hand Print den Wandel politisch wirksam gestalten, Germanwatch 2015, S.14, unter: https://germanwatch.org/sites/default/files/publication/15335.pdf; **13.3C** Getty Images, München (BSIP/UIG); **14.1** Engagement Global/17Ziele; **14.2** Picture-Alliance, Frankfurt/M. (Xinhua / Xu Jinquan); **14.3** United Nations Publications, New York; **15.4** imago images, Berlin (Xinhua); **16.1** United Nations Publications, New York; **16.1** Nach Georg Krämer/ Michael Lesemann: 17 Ziele für eine zukunftsfähige Welt. Bielefeld: Welthaus e.V. 2016, S.20 (gekürzt); **17.1** United Nations Publications, New York; **18.1** stock.adobe.com, Dublin (aayoussef); **19.2** ddp media GmbH, Hamburg; **20.1** Getty Images Plus, München (iStock/rweisswald); **20.3** Alamy stock photo, Abingdon (Jon Bilous); **21.4** Alamy stock photo, Abingdon (Hayk Shalunts); **21.5** Alamy stock photo, Abingdon (Robert Landau); **22 Randspalte** United Nations Publications, New York; **22.1** Getty Images, München (Universal Images Group/BSIP); **23.3** https://www.who.int/data/gho/data/countries (Säuglingssterblichkeit);https://www.who.int/data/gho/data/indicators/indicator-details/GHO/population-using-at-least-basic-sanitation-services-(-) (Zugang zu sanitären Einrichtungen);https://www.who.int/data/gho/data/indicators/indicator-details/GHO/life-expectancy-at-birth-(years (Lebenserwartung); https://www.who.int/data/gho/data/indicators/indicator-details/GHO/population-using-safely-managed-drinking-water-services-(-) (sauberes Trinkwasser); oder errechnet, z. B. mithilfe von https://www.who.int/data/gho/data/indicators/indicator-details/GHO/medical-doctors-(per-10-000-population) (Einwohner pro Arzt) Zugriff 17.06.21; **24.1** Esri Deutschland GmbH; **25** Esri Deutschland GmbH; **26** United Nations Publications, New York; **26.1** laif, Köln (2017 Andrew Parsons/i-Images/Polaris); **27.3** Ernst Klett Verlag, Stuttgart nach Deutsche Welthungerhilfe e.V. – Welthunger-Index 2019. Unter: https://www.welthungerhilfe.de/aktuelles/publikation/ (Zugriff 03.06.2020); **27.4** Jäckel, Diana, Erfurt; **28** United Nations Publications, New York; **28.1** Picture-Alliance, Frankfurt/M. (Jörg Carstensen); **28.2** Nach Unicef, Weltmädchentag 2019, unter: https://www.unicef.de/informieren/aktuelles/blog/weltmaedchentag-2019-elf-fakten-zu-maedchen/176128; **29.4** Ernst Klett Verlag, Stuttgart nach CIA – The World Factbook-Literacy. Unter: https://www.cia.gov/library/publications/the-world-factbook/fields/370.html (Zugriff 20.07.2020); **30.1** Ernst Klett Verlag, Stuttgart nach UNDP Human Development Reports – Human Development Report 2019. Unter: http://hdr.undp.org/en/2019-report (Zugriff: 07.09.2020); **31** United Nations Publications, New York; **31.2** Nach Human Development Reports – Gender Development Index, UNDP 2020 http://hdr.undp.org/en/content/gender-development-index-gdi (Zugriff 26.08.2021); **31.3** Nach Human Development Reports – Gender Development Index, UNDP 2020 http://hdr.undp.org/en/content/gender-development-index-gdi (Zugriff 26.08.2021); **32.1** Schaar, Wolfgang, Grafing; **32.2** Getty Images Plus, München (Bartosz Hadyniak); **32.3** Picture-Alliance, Frankfurt/M. (DUMONT Bildarchiv); **33.4** Eckenfelder, Bettina, Hörselberg-Hainich: Daten nach UN Comtrade; https://comtrade.un.org/; **33.5** Jäckel, Diana, Erfurt nach International Coffee Organization, London; **34** United Nations Publications, New York; **34.1** Schaar, Wolfgang, Grafing; **34.2** Okapia, Frankfurt (Hans Reinhard); **35.3** Food an Agriculture Organization of the United Nations (FAOSTAT), unter: http://www.fao.org/faostat/en/#data/QC (Zugriff: 17.06.2021); **35.4** Jäckel, Diana, Erfurt; **35.5** Jäckel, Diana, Erfurt, nach www.epo.de/index.php?option=com_content&view=article&id=15046:rohstoffe-fairtrade-erhoeht-mindestpreis-fuer-kakao-um-20-prozent&catid=53&Itemid=108; **35.6** TransFair e.V. (Fairtrade Deutschland), Köln; **36** United Nations Publications, New York; **36.1** Schaar, Wolfgang, Grafing; **36.2** Alamy stock photo, Abingdon (Ariadne Van Zandbergen); **36.3** Elham M.A. Ibrahim: Making Tourism Work for Africa. In: The African executive v. 27.09.2010 (frei übersetzt von Bernd Haberlag), unter: https://africanexecutive.com/article/read/5465; **37.4** Alamy stock photo, Abingdon (Edwin Remsberg); **37.5** Jäckel, Diana, Erfurt, nach UNWTO, nationale statistische Ämter u. A.; **37.6** Nach The World Bank: DataBank. World Development Indicators, unter: https://databank.worldbank.org/reports.aspx?source=world-development-indicators; **38** United Nations Publications, New York; **38.1** Stahr, Sabine, Enger; **39.2** arche noVa, Wasser – eine existentielle Frage, unter: https://arche-nova.org/thema/wasser-sanitaer-hygiene (Zugriff 15.03.2021); **39.2** arche noVa, Dresden (Axel Fassio); **39.3** GEMEINSAM FÜR AFRIKA e.V., Yacouba Sawadogo, der die Wüste aufhielt, unter: https://www.gemeinsam-fuer-afrika.de/lernkoffer-innovation-yacouba-sawadogo-der-die-wueste-aufhielt/ (Zugriff 17.08.2021); **39.3** Picture-Alliance, Frankfurt/M. (DPR/TT NEWS AGENCY); **41.1** Ernst Klett Verlag, Stuttgart nach Worldbank – Life expectancy at birth, total (years), 2018 Unter: https://data.worldbank.org/indicator/SP.DYN.LE00.IN?view=map (Zugriff: 20.07.2020); **41.2** VISUM Foto GmbH, München (Panos Pictures / Dieter Telemans); **41.3** Jäckel, Diana, Erfurt; **42.1** Schwarwel, Leipzig; **42.2** Picture-Alliance, Frankfurt/M. (Photoshot); **43.3** Klett-Archiv, Stuttgart nach The Land Matrix Initiative – Land Matrix. Unter: http://www.landmatrix.org/en/ (Zugriff 19.09.2019); **44.1** Wilhelmi, Prof. Dr. Volker, Wackernheim; **45.2** Wilhelmi, Prof. Dr. Volker, Wackernheim; **45.3** The Observatory of Economic Complexity (OEC): Rwanda. Rwanda (RWA) Exports, Imports, and Trade Partners | OEC – The Observatory of Economic Complexity, https://oec.world/en/profile/country/rwa#trade-products; **45.5** Schaar, Wolfgang, Grafing; **46.1** Getty Images Plus, München (Stocktrek Images); **47.2** Picture-Alliance, Frankfurt/M. (Daniel Kasap/PIXSELL); **47.3** Picture-Alliance, Frankfurt/M. (Rolf Haid); **48.1** Ernst Klett Verlag GmbH, Stuttgart;
49.3 Statista: Wert der Exporte aus Deutschland nach Ländergruppen im Jahr 2020, unter: https://de.statista.com/statistik/daten/studie/158303/umfrage/deutsche-exporte-und-importe-2010-nach-laendergruppen/#:~:text=Im%20Jahr%202019%20betrug%20der,rund%201%2C33%20Billionen%20Euro (Zugriff 26.08.2021);
49.4 Statista: Europäische Union: Nationale Beiträge der Mitgliedstaaten zum Haushalt im Jahr 2019, unter: https://de.statista.com/statistik/daten/studie/155196/umfrage/die-zehn-wichtigsten-beitragszahler-im-eu-haushalt-2010/ (Zugriff 26.08.2021);
49.5 Statista: So viel Corona-Hilfe erhalten die EU-Staaten , unter: https://de.statista.

com/infografik/21853/geplante-corona-zuschuesse-der-eu/ (Zugriff 26.08.2021); **50.1** Von Bundesrepublik Deutschland, Bundesministerium des Innern – Bundesdruckerei GmbH, Gemeinfrei, https://commons.wikimedia.org/w/index.php?curid=23277744; **50.2** stock.adobe.com, Dublin (Chief Design); **50.3** stock.adobe.com, Dublin (sunt); **50.4** ullstein bild, Berlin (CARO/Klaus Westermann); **51.5** Oser, Liliane, Hamburg; **52.2** Jäckel, Diana, Erfurt, nach Eurostat u.a.; **53.3** Ernst Klett Verlag, Stuttgart nach European Commission (Hrsg.): Cohesion Policy-Powering ahead to a smarter future, Panorama No.65, Brüssel 2018, S.14, unter: https://ec.europa.eu/regional_policy/sources/docgener/panorama/pdf/mag65/mag65_en.pdf (Zugriff 4.8.2021); **53.5** laif, Köln (Jan-Peter Boening); **54.1** Schaar, Wolfgang, Grafing; **55.2** Picture-Alliance, Frankfurt/M. (Chad Ehlers); **55.3** Picture-Alliance, Frankfurt/M. (ITAR-TASS / Marina Lystseva); **55.4** Ernst Klett Verlag GmbH, Stuttgart; **55.5** akg-images, Berlin (Manuel Cohen); **56.1** Ernst Klett Verlag GmbH, Stuttgart; **57.2** stock.adobe.com, Dublin (hassan bensliman); **57.3** ShutterStock.com RF, New York (travelpeter); **57.4** Action Press GmbH, Hamburg (imagebroker.com); **57.5** ShutterStock.com RF, New York (Sue Nixon); **57.6** https://de.statista.com/statistik/daten/studie/457482/umfrage/erntemenge-von-getreide-in-der-eu-nach-laendern/, https://de.statista.com/statistik/daten/studie/28718/umfrage/erntemenge-von-zuckerrueben-in-europa/, https://de.statista.com/statistik/daten/studie/201999/umfrage/erntemenge-von-mais-in-ausgewaehlten-laendern/, https://de.statista.com/statistik/daten/studie/457430/umfrage/erntemenge-von-gerste-in-der-eu-nach-laendern/, https://de.statista.com/statistik/daten/studie/28986/umfrage/erntemenge-von-kartoffeln-in-ausgewaehlten-laendern-der-eu/Zugriff: 15.06.2021; **57.7** https://de.statista.com/statistik/daten/studie/493576/umfrage/produktion-von-schweinefleisch-in-der-eu-nach-laendern/; https://de.statista.com/statistik/daten/studie/201109/umfrage/top-10-erzeugerlaender-von-rindfleisch-in-der-eu/; https://de.statista.com/statistik/daten/studie/494500/umfrage/produktion-von-huehnerfleisch-in-der-eu-nach-laendern/Zugriff 15.06.2021; **57.8** Jäckel, Diana, Erfurt, nach World Bank u.a.; **58.1** Statista: Top 100 Unternehmen: Frankreich, unter: https://de.statista.com/statistik/studie/id/44517/dokument/top-100-unternehmen-aller-branchen-ohne-banken-frankreich/Zugriff. 26.08.2021; **58.2** Statista: Wichtigste EU-Länder nach Anteil der Kernenergie an der Stromerzeugung in den Jahren 2019 und 2020 , unter: https://de.statista.com/statistik/daten/studie/186652/umfrage/anteil-der-atomkraft-an-stromerzeugung-in-eu-laendern/#professional Zugriff 26.08.2021; **59.3** Süddeutsche Zeitung Photo, München (Caro/Bastian); **59.4** ddp media GmbH, Hamburg (Patrick Bernard/ ABACA); **59.5** imago images, Berlin (Aviation-Stock); **59.6** stock.adobe.com, Dublin (VanderWolf Images); **59.7** Jäckel, Diana, Erfurt; **60.1** Ernst Klett Verlag GmbH, Stuttgart; **61.2** Alamy stock photo, Abingdon (JOHN KELLERMAN); **61.3** stock.adobe.com, Dublin (tangofox); **61.4** ShutterStock.com RF, New York (Nikonaft); **61.5** Alamy stock photo, Abingdon (T.M.O.Travel); **61.6** International Tourism Highlights, 2019 Edition (e-unwto.org) S.9, unter: https://www.e-unwto.org/doi/pdf/10.18111/9789284421152 Zugriff 26.08.2021; **61.7** Jäckel, Diana, Erfurt, nach World Bank u.a.; **62.1** Schaar, Wolfgang, Grafing; **62.2** VISUM Foto GmbH, München (ASK); **62.3** Picture-Alliance, Frankfurt/M. (ELENA LALOWA); **63.4** Continental Automotive Systems, Sibiu; **63.5** Europäische Union: Bruttoinlandsprodukt (BIP) pro Kopf in den Mitgliedstaaten in jeweiligen Preisen im Jahr 2020 , unter: https://de.statista.com/statistik/daten/studie/188766/umfrage/bruttoinlandsprodukt-bip-pro-kopf-in-den-eu-laendern/Zugriff: 26.08.2021; **64.1** Ernst Klett Verlag GmbH, Stuttgart; **65.2** Mester, Gerhard, Wiesbaden; **65.3** Jäckel, Diana, Erfurt, eigene Zusammengestellung nach Angaben der EU; **65.7** Jähde, Steffen, Sundhagen; **65.7** Jähde, Steffen, Sundhagen; **66.1** Picture-Alliance, Frankfurt/M. (Bildagentur-online); **66.2** Getty Images, München (Francesco Vaninetti Photo); **67.3** Ernst Klett Verlag GmbH, Stuttgart; **67.5** Ernst Klett Verlag GmbH, Stuttgart; **68** Euregio Maas-Rhein, Eupen; **68.1** Picture-Alliance, Frankfurt/M. (R4200); **68.2** Action Press GmbH, Hamburg (Björn Kietzmann); **69.3** Schaar, Wolfgang, Grafing; **69.4** Bridgemanimages.com, Berlin; **70** Silke Pflüger, Berlin; **72.1** Ernst Klett Verlag GmbH, Stuttgart; **73.2** Jäckel, Diana, Erfurt nach Deutsche Stiftung Weltbevölkerung, Hannover; **73.3** Jäckel, Diana, Erfurt, nach DSW u.a.; **73.4** Die 20 Länder mit der größten Einwohnerzahl im Jahr 2020, unter: https://de.statista.com/statistik/daten/studie/1722/umfrage/bevoelkerungsreichste-laender-der-welt/ Zugriff: 26.08.2021; **74.1** Cartoon Movement, Amsterdam (Fiestoforo); **75.2** Zusammenstellung aus verschieden Quellen; **75.3** Jäckel, Diana, Erfurt; **76.1** Jäckel, Diana, Erfurt, nach UN, Department of Economic and Social Affairs: World Population Prospects. The 2017 Revision; **76.2** Statista: Die 20 Länder mit der größten Einwohnerzahl im Jahr 2020, unter: https://de.statista.com/statistik/daten/studie/1722/umfrage/bevoelkerungsreichste-laender-der-welt/ (Zugriff: 26.08.2021); **76.3** Quelle: Vereinte Nationen, World Population Prospects, The 2017 Revision; **77.3** Ernst Klett Verlag, Stuttgart nach US Census Bureau: International Data Base, unter: https://www.census.gov/data-tools/demo/idb/#/table?YR_ANIM=2030 (Zugriff 01.06.2021); **78.1** www.CartoonStock.com, Bath (Chris Madden); **78.2** Jäckel, Diana, Erfurt, nach www.overshootday.org/newsroom/press-release-june-2020-german/; **79.3** Getty Images Plus, München (ShutterWorx); **79.4** Picture-Alliance, Frankfurt/M. (Vincent Callebaut Architectures/Cover Images); **79.5** stock.adobe.com, Dublin (Solveig); **80.1** Jäckel, Diana, Erfurt nach UN. Department of Economic and Social Affairs: World Population Prospects 2019, https://population.un.org/wpp/Graphs/DemographicProfiles/Pyramid/276, https://population.un.org/wpp/Graphs/DemographicProfiles/Pyramid/231; **81.2** Jäckel, Diana, Erfurt; **82** United Nations Publications, New York; **82.1** Klett-Archiv, nach UNDP (UN Development Programme); **82.2** FOCUS, Hamburg (Espen Eichhöfer/OSTKREUZ); **83.3** CIA: The World Factbook; Wikipedia: Liste der Länder nach Kindersterblichkeitsrate, nach: World Population Prospects; The World Bank: Poverty headcount ratio at $1.90 a day (2011 PPP) (% of population); United Nations Development Programme, Human Development Reports: Gender Inequality Index (GII), unter: https://www.cia.gov/the-world-factbook/field/mothers-mean-age-at-first-birth/; https://www.cia.gov/the-world-factbook/field/total-fertility-rate/country-comparison; https://www.cia.gov/the-world-factbook/field/literacy/; https://de.wikipedia.org/wiki/Liste_der_L%C3%A4nder_nach_Kindersterblichkeitsratehttps://data.worldbank.org/indicator/SI.POV.DDAY?year_high_desc=truehttp://hdr.undp.org/en/content/gender-inequality-index-giiZugriff: 26.08.2021; **83.4** eigener Text nach: Berlin-Institut für Bevölkerung und Entwicklung: Afrikas demografische Vorreiter (Juni 2019), unter: https://www.berlin-institut.org/fileadmin/Redaktion/Publikationen/PDF/BI_AfrikasDemografischeVorreiter_2019.pdf (Zugriff: 2.8.2021); **84** United Nations Publications, New York; **84.1** Getty Images, München (Raveendran / AFP); **84.2** Jäckel, Diana, Erfurt nach UN. Department of Economic and Social Affairs: World Population Prospects 2019, https://population.un.org/wpp/Graphs/DemographicProfiles/Pyramid/356; **84.3** Picture-Alliance, Frankfurt/M. (NurPhoto); **85.5** stock.adobe.com, Dublin (ake1150); **85.7** laif, Köln (Michael Wolf); **85.8** Jäckel, Diana, Erfurt, nach UN. Department of Economic and Social Affairs: World Population Prospects 2019, https://population.un.org/wpp/Graphs/DemographicProfiles/Pyramid/156; **86.1** Worldmapper Ltd., London;

Abbildungs- und Textquellenverzeichnis

87.2 Eckenfelder, Bettina, Hörselberg-Hainich nach https://www.overshootday.org/newsroom/country-overshoot-days/; **87.3** Jäckel, Diana, Erfurt; Datenquelle: UN Department of Economic and Social Affairs; **87.5** Jähde, Steffen, Sundhagen; **88.1** akg-images, Berlin (Rainer Hackenberg); **88.2** Plaßmann, Thomas, Essen; **89.6** Jäckel, Diana, Erfurt: nach Statistisches Bundesamt; www.destatis.de; **89.7** Eckenfelder, Bettina, Hörselberg-Hainich nach Deutsche Gesellschaft für Qualität e.V. (DGQ): DGQ-Studie: Senioren-WG statt Altersheim, https://www.dgq.de/aktuelles/presse/dgq-studie-senioren-wg-statt-altersheim/; **90.1** stock.adobe.com, Dublin (ronnarong); **91.2** stock.adobe.com, Dublin (seagames50); **91.3** stock.adobe.com, Dublin (Axtem); **91.4** stock.adobe.com, Dublin (Jenifoto); **92.1** Getty Images Plus, München (iStock Unreleased/Joel Carillet); **92.2** ShutterStock.com RF, New York (Ringo Chiu); **93.3** Getty Images Plus, München (E+/RealPeopleGroup); **93.4** Alamy stock photo, Abingdon (shoults); **94.1** Jäckel, Diana, Erfurt; **95.2** ShutterStock.com RF, New York (Ververidis Vasilis); **95.3** Getty Images Plus, München (FatCamera); **96.1** Schaar, Wolfgang, Grafing; **96.3** ShutterStock.com RF, New York (Sk Hasan Ali); **96.4** Klett-Archiv, Stuttgart nach Le Monde diplomatique: Auf der Flucht vor dem Klima. In: Atlas der Globalisierung spezial: Klima, Paris 2007, S. 42–43, Dina Ionesco / Daria Mokhnacheva / Francois Gemenne: Die regionalen Auswirkungen des Klimawandels. In: Atlas der Umweltmigration. Bundeszentrale für politische Bildung, Bonn 2017, S. 76–81; **98.1** Schaar, Wolfgang, Grafing; **98.3** Getty Images, München (Warren Little); **99.4** Ernst Klett Verlag GmbH, Stuttgart; **100.1** Schaar, Wolfgang, Grafing; **100.3** Getty Images Plus, München (E+/FatCamera); **101.4** Ernst Klett Verlag, Stuttgart nach UNHCR – Operational Portal Refugee Situations – Syria Regional Refugee Response. Unter: https://data2.unhcr.org/en/situations/syria (Zugriff: 30.08.2017); **101.6** Jäckel, Diana, Erfurt, nach Global Trends in Forces Displacement – 2020, S. 7 + 8, unter: https://www.unhcr.org/search?comid=56b079c44&&cid=49aea93aba&tags=globaltrends; **102.1** Schaar, Wolfgang, Grafing; **102.3** stock.adobe.com, Dublin (chagin); **103.4** Getty Images Plus/Microstock, München (Cemile Bingol); **103.5** Picture-Alliance, Frankfurt/M. (dpa-infografik); **104.1** Ernst Klett Verlag GmbH, Stuttgart; **106.1** ShutterStock.com RF, New York (FREELY ART); **106.2** Lohß, Sandy, Chemnitz; **106.3** Spotify: Linda Zervakis präsentiert: Gute Deutsche, spotify.com, unter: https://open.spotify.com/show/16trkMhwBWxjkvDG7FMQ7B (Zugriff: 20.07.2021); **107** Wieland, Tobias, Celle; **109.2** stock.adobe.com, Dublin (Amr Hassanein); **109.3** www.CartoonStock.com, Bath (Chris Madden); **109.4** Picture-Alliance, Frankfurt/M. (Shotshop/Frank Gärtner); **110.1** Picture-Alliance, Frankfurt/M. (Reuters/Marko Djurica); **110.2** UNHCR, Eurostat (Online-Datencodes: demo_gind, migr_asyappctza, Juni 2021), nach: europarl.eu; Statista: Anzahl der Asylanträge (insgesamt) in Deutschland von 1995 bis 2021; https://www.europarl.europa.eu/infographic/welcoming-europe/index_de.html#filter=2019; https://de.statista.com/statistik/daten/studie/76095/umfrage/asylantraege-insgesamt-in-deutschland-seit-1995/ (Zugriff: 26.8.2021); **111.3** laif, Köln (Klaus Stuttmann); **112.1** Jäckel, Diana, Erfurt, nach Statistisches Bundesamt 2021, Wanderungen zwischen Deutschland und dem Ausland, Zugezogene, Fortgezogene und Saldo; **113.2** Jäckel, Diana, Erfurt nach Statistisches Bundesamt, DESTATIS: Migration und Integration, 2020; **113.3** akg-images, Berlin (Pictures From History); **113.4** stock.adobe.com, Dublin (Alexander Raths); **114.1** Getty Images Plus, München (istock/denis_pc); **115.2** Getty Images Plus, München (iStock/justhavealook); **115.3** Fraunhofer-Allianz Bau; **116.1** Schaar, Wolfgang, Grafing; **116.2** Getty Images Plus, München (iStock Editorial/typhoonski); **116.3** Ernst Klett Verlag GmbH, Stuttgart; **117** Wikipedia: Einwohnerentwicklung von Köln, unter: https://de.wikipedia.org/wiki/Einwohnerentwicklung_von_K%C3%B6ln (Zugriff : 26.08.2021); **117.4** Land NRW (2020), Datenlizenz Deutschland – Zero, www.govdata.de/dl-de/zero-2-0; **117.5** Stadt Köln/Henriette Reker (Die Oberbürgermeisterin): Wohnen in Köln – Fakten, Zahlen und Ergebnisse 2018, Ausblick 2019, S. 4, unter: https://www.stadt-koeln.de/mediaasset/content/pdf56/wik_2018_stk_bericht.pdf, Seite 4 (Zugriff: 17.06.2021); **118.1** Schaar, Wolfgang, Grafing; **118.2** Alamy stock photo, Abingdon (jbdodane); **118.3** Alamy stock photo, Abingdon (Eye Ubiquitous); **119 Randpsalte** 2015 population.city: Lagos, Bevölkerung; Statista: Nigeria: Die zehn größten Städte im Jahr 2021, unter: http://bevoelkerung.population.city/nigeria/lagos; https://de.statista.com/statistik/daten/studie/1105188/umfrage/groesste-staedte-in-nigeria/ (Zugriff: 26.08.2021); **119.4** Picture-Alliance, Frankfurt/M. (Mohammed Elshamy / AA / ABACAPRES.COM); **119.5** Ernst Klett Verlag GmbH, Stuttgart; **120.1** ShutterStock.com RF, New York (onemu); **121.2** Ernst Klett Verlag, Stuttgart nach UNDESA Population Division – World Urbanization Prospects: The 2018 Revision. Unter: https://population.un.org/wup/ (Zugriff 18.09.2020) UN – The World's Cities in 2018. Unter: www.un.org/en/events/citiesday/resources.shtml (Zugriff 18.09.2020); **121.3** Megacities: Anzahl der Einwohner der Top-10 der größten Städte* weltweit im Jahr 2018, unter: https://de.statista.com/statistik/daten/studie/881550/umfrage/megacities-einwohnerzahl-der-zehn-groessten-staedte-weltweit/ (Zugriff: 14.09.2021); **122.1** piktochart.com; **123.2** piktochart.com (Bild: ShutterStock/Olusegun Aderogba); **124.1** Schaar, Wolfgang, Grafing; **124.2** Alamy stock photo, Abingdon (Fernando Stankuns); **125.3** Getty Images Plus, München (iStock/Paralaxis); **126.1** Schaar, Wolfgang, Grafing; **126.2** imageBROKER, Grünwald (Stefan Wackerhagen); **126.3** Getty Images Plus, München (pawel.gaul); **127** Eckenfelder, Bettina, Hörselberg-Hainich nach United States Census Bureau, American Fact Finder; **128.1** ullstein bild, Berlin (Markus Matzel); **128.2** Picture-Alliance, Frankfurt/M. (REUTERS / Thilo Schmuelgen); **129.3** Jäckel, Diana, Erfurt, nach ecommerceDB.com; **129.5** Schaar, Wolfgang, Grafing nach nach Forschungsgruppe Retourenmanagement, Universität Bamberg, https://www1.wdr.de/nachrichten/retouren-muell-online-handel-100.html (2019); **130.1** ShutterStock.com RF, New York (monicaodo); **132.1** Alamy stock photo, Abingdon (Pulsar Imagens); **133.3** ShutterStock.com RF, New York (RoseStudio); **133.4** Singer, Andy, St. Paul, MN; **133.5** creanovo – motion & media design GmbH, Axel Kempf, Hannover; **134.1** Schaar, Wolfgang, Grafing nach www.stadtklima-stuttgart.de; **135.2** Schaar, Wolfgang, Grafing nach Kai Zimmermann: Materialienhandbuch Geographie, Band 10: Geographieunterricht fachübergreifend, S. 240 Aulis-Verlag; **135.3** Eckenfelder, Bettina, Hörselberg-Hainich, nach Wirtschafts-ministerium Baden-Württemberg: Städtebauliche Klimafibel online, Abb. 2/6, unter: http://www.staedtebauliche-klimafibel.de; **135.4** Schaar, Wolfgang, Grafing; **136.1** Getty Images Plus, München (iStock/VanReeel); **137.3** akg-images, Berlin; **137.4** Jäckel, Diana, Erfurt, nach Stadt Essen; **137.5** Picture-Alliance, Frankfurt/M. (blickwinkel/H. Blossey); **137.6** European Green Capital and European Green Leaf Awards Secretariat, Dun Laoghaire, Co. Dublin, Ireland; **138.1** Getty Images Plus, München (iStock/Tryaging); **140.1** Getty Images Plus, München (iStock/2e812ac3_768); **140.2** Alamy stock photo, Abingdon (Stephen Lioy); **140.3** stock.adobe.com, Dublin (WavebreakMediaMicro); **140.4** Getty Images Plus, München (iStock/schulzhattingen); **141.5** stock.adobe.com, Dublin (Pugun & Photo Studio); **141.6** Jäckel,

Diana, Erfurt, nach UN DESA, Cisco u.a.; **142.1 li.** stock.adobe.com, Dublin (Ricochet64); **142.1 oben** Alamy stock photo, Abingdon (Helene Rogers); **143.2** Ernst Klett Verlag GmbH, Stuttgart; **144.1** Picture-Alliance, Frankfurt/M. (dpa-infografik); **145.2** Schaar, Wolfgang, Grafing; **145.4** Picture Press, Hamburg (Xinhua/Jairo Cajina); **146.1** Picture-Alliance, Frankfurt/M. (Reuters/ Sherwin Crasto); **147.2** ddp media GmbH, Hamburg (Frank Bienewald); **147.3** Niklas Reese: Boomindustrie Callcenter, v. 06.05.2019, in: südostasien – Zeitschrift für Politik, Kultur, Dialog, unter: https://suedostasien.net/philippinen-boomindustrie-callcenter/ (Zugriff: 26.08.2021); **147.4** eigene Zusammenstellung nach Anzeige zur Anwerbung von Callcenter-Mitarbeitern in Manila, unter: https://pinoydeal.ph/jobs/education-training/free-call-center-training_i38367 (Zugriff: 16.07.2021); **148.1** toonpool.com, Berlin (Popa); **148.2** Picture-Alliance, Frankfurt/M. (dpa-Infografik); **149** United Nations Publications, New York; **149.3** ShutterStock.com RF, New York (Salahuddin Ahmed Paulash); **149.4** https://de.statista.com/infografik/9944/wie-lange-man-weltweit-fuer-einen-big-mac-arbeiten-muss/ – Quelle: statista / wageindicator.org – https://creativecommons.org/licenses/by-nd/4.0/, Mountain View ; CC-BY-ND-4.0 Lizenzbestimmungen: https://creativecommons.org/licenses/by-nd/4.0/legalcode; **150.1** Gioia Foster/Bernhard Sprengel (RND): Von Deutschland nach Ghana: Dem Elektroschrott auf der Spur, auf: goettinger-tageblatt.de v. 20.10.2018, unter: https://www.goettinger-tageblatt.de/Nachrichten/Politik/Deutschland-Welt/Von-Deutschland-nach-Ghana-Dem-Elektroschrott-auf-der-Spur (Zugriff:20.07.2021); **150.1** imago images, Berlin (Friedrich Stark); **151.2** Jäckel, Diana, Erfurt; **151.3** nach Cradle to Cradle e.V., Berlin; **152.1** Statista: Die 20 größten Exportländer weltweit im Jahr 2020; Statista: Die 20 größten Importländer von Dienstleistungen weltweit im Jahr 2020 ; https://de.statista.com/statistik/daten/studie/37013/umfrage/ranking-der-top-20-exportlaender-weltweit/; https://de.statista.com/statistik/daten/studie/982029/umfrage/ranking-der-top-20-importlaender-von-dienstleistungen-weltweit/ (Zugriff: 26.08.2021); **152.2** Eckenfelder, Bettina, Eisenach nach Bundeszentrale für politische Bildung (2019): Entwicklung des grenzüberschreitenden Warenhandels https://www.bpb.de/nachschlagen/zahlen-und-fakten/globalisierung/52543/entwicklung-des-warenhandels, World Trade Organization (WTO): World Trade Statistical Review 2019; **153.3** Ernst Klett Verlag, Stuttgart nach World Trade Organization (WTO): World Trade Statistical Review 2018, Genf o.J., unter: https://www.wto.org/english/res_e/statis_e/wts2018_e/wts2018_e.pdf (Zugriff 07.06.2021); **153.4** Caroline Hoffmann: Große Chance für Afrika, auf: tagesschau.de v. 31.12.2020, unter: https://www.tagesschau.de/wirtschaft/weltwirtschaft/afrikanische-freihandelszone-101.html (Zugriff: 26.08.2021); **154.1** Getty Images Plus, München (pigphoto); **155.2** Klett-Archiv, Stuttgart, Mercator Institute for China Studies (MERICS): Silk Road Economic Belt; https://www.merics.org/en/bri-tracker/mapping-the-belt-and-road-initiative; **156.1** Schaar, Wolfgang, Grafing; **156.2** Getty Images Plus, München (E+ / GCShutter); **157.3** Eckenfelder, Bettina, Eisenach nach Mori Memorial Foundation's Institute, 11/2019, S.7, http://mori-m-foundation.or.jp/pdf/GPCI2019_summary.pdf; **158.1** Picture-Alliance, Frankfurt/M. (dpa / Google Handout); **158.2** Martin Gaissert, Köln; **159.3** Ernst Klett Verlag, Stuttgart nach Vereinte Dienstleistungsgewerkschaft – Unternehmen Amazon, unter: https://handel.verdi.de/unternehmen/a-c/amazon/ (Zugriff 07.06.2021); **160.1** Picture-Alliance, Frankfurt/M. (dieKLEINERT.de/Christian Möller); **160.7** Jähde, Steffen, Sundhagen; **161.2** creanovo – motion & media design GmbH, Axel Kempf, Hannover; **161.7** Jähde, Steffen, Sundhagen; **162.1** Alamy stock photo, Abingdon (Orange Pics BV); **163.4** Statista: Umschlagvolumen der größten Containerhäfen der Welt im Jahr 2020, unter: https://de.statista.com/statistik/daten/studie/29697/umfrage/umschlagvolumen-der-groessten-containerhaefen-der-welt/ (Zugriff: 28.06.2021); **163.5** ShutterStock.com RF, New York (mariakraynova); **163.6** Review of Maritime Transport 2014; Review of Maritime Transport 2018, S.71; Review of Maritime Transport 2020, S.16; http://unctad.org/en/PublicationsLibrary/rmt2014_en.pdf; https://unctad.org/topic/transport-and-trade-logistics/review-of-maritime-transport (Zugriff: 28.06.2021); **164.1A** stock.adobe.com, Dublin (insta_photos); **164.1B** stock.adobe.com, Dublin (zhu difeng); **165.3** Jäckel, Diana, Erfurt, nach Hans-Böckler-Stiftung u.a.; **165.5** Jäckel, Diana, Erfurt, nach Roland Berger, GfK; **166.1** Picture-Alliance, Frankfurt/M. (Roland Weihrauch); **166.2** https://creativecommons.org/licenses/by/4.0/deed.de, Mountain View (HansPeter); CC-BY-4.0 Lizenzbestimmungen: http://creativecommons.org/licenses/by/4.0/legalcode; **167.3** Picture-Alliance, Frankfurt/M. (Horst Ossinger); **167.4** imago images, Berlin (Rüdiger Wölk); **169.2** Thomas Weccard Fotodesign BFF, Ludwigsburg; **170.1** Schaar, Wolfgang, Grafing; **170.2** Jäckel, Diana, Erfurt, nach www.destatis.de/DE/Themen/Branchen-Unternehmen/Energie/Erzeugung/Tabellen/bruttostromerzeugung-laender.htm und www.destatis.de/DE/Themen/Branchen-Unternehmen/Energie/Erzeugung/Tabellen/bruttostromerzeugung.html; **170.3** Getty Images Plus, München (Hans-Peter Merten); **171.4** ShutterStock.com RF, New York (Henrik Dolle); **171.5** Schaar, Wolfgang, Grafing; **172.1** https://creativecommons.org/licenses/by-sa/4.0/deed.de, Mountain View (statista.com); CC-BY-SA-4.0 Lizenzbestimmungen: https://creativecommons.org/licenses/by-sa/4.0/legalcode; **172.2** Picture-Alliance, Frankfurt/M. (The Associated Press/Michael Probst); **173.3** Stadt Bochum, Tiefbauamt, Abteilung Entwässerung und Gewässer; **173.4** Vorgarteninitiative Senden/ Gemeinde Senden, Senden; **174.1** ddp media GmbH, Hamburg (Kai Krüger); **174.2** Jäckel, Diana, Erfurt, nach Kraftfahrt-Bundesamt, Flensburg und Landesbetrieb Straßenbau NRW; **174.3** Jäckel, Diana, Erfurt, nach Kraftfahrt-Bundesamt, Flensburg und Landesbetrieb Straßenbau NRW; **175.4** Picture-Alliance, Frankfurt/M. (Jochen Tack); **176.1** Schaar, Wolfgang, Grafing; **176.2** Alamy stock photo, Abingdon (Jochen Tack); **176.3** Land Nordrhein-Westfalen: Waldzustandsbericht 2020. v. 20.11.2020: Wir in NRW – Das Landesportal, unter: https://www.land.nrw/de/pressemitteilung/wiederbewaldung-mit-mindestens-vier-baumarten-umweltministerium-stellt (Zugriff: 07.06.2021); **177.4** Picture-Alliance, Frankfurt/M. (Ronald Wittek); **177.5** Alamy stock photo, Abingdon (Juergen Ritterbach); **178.1** Alamy stock photo, Abingdon (Hans Blossey); **178.2** Alamy stock photo, Abingdon (Frank Heinz); **178.3** Picture-Alliance, Frankfurt/M. (Rainer Kiedrowski); **178.4** Alamy stock photo, Abingdon (Hans Blossey); **179.5** Ernst Klett Verlag GmbH, Stuttgart; **180** Getty Images Plus, München (fstop123); **222** Getty Images Plus, München (rrocio); **223–237** Ernst Klett Verlag GmbH, Stuttgart; Hinterer Vorsatz Oser, Liliane, Hamburg;

10

Haack-Kartenteil

Die folgenden Karten bieten dir eine schnelle Orientierung. Sie zeigen einen Überblick über die Räume, die im Unterricht behandelt werden. Mit dem Register kannst du geographische Objekte suchen, ganz so, wie du es von der Arbeit mit dem Atlas gewohnt bist.
Für alle physischen Karten gilt die Kartenlegende auf dieser Seite. Interessierst du dich für Einzelheiten oder Karten mit bestimmten thematischen Inhalten, so schlage in deinem Haack Weltatlas nach.

Kontinent- und Weltkarten

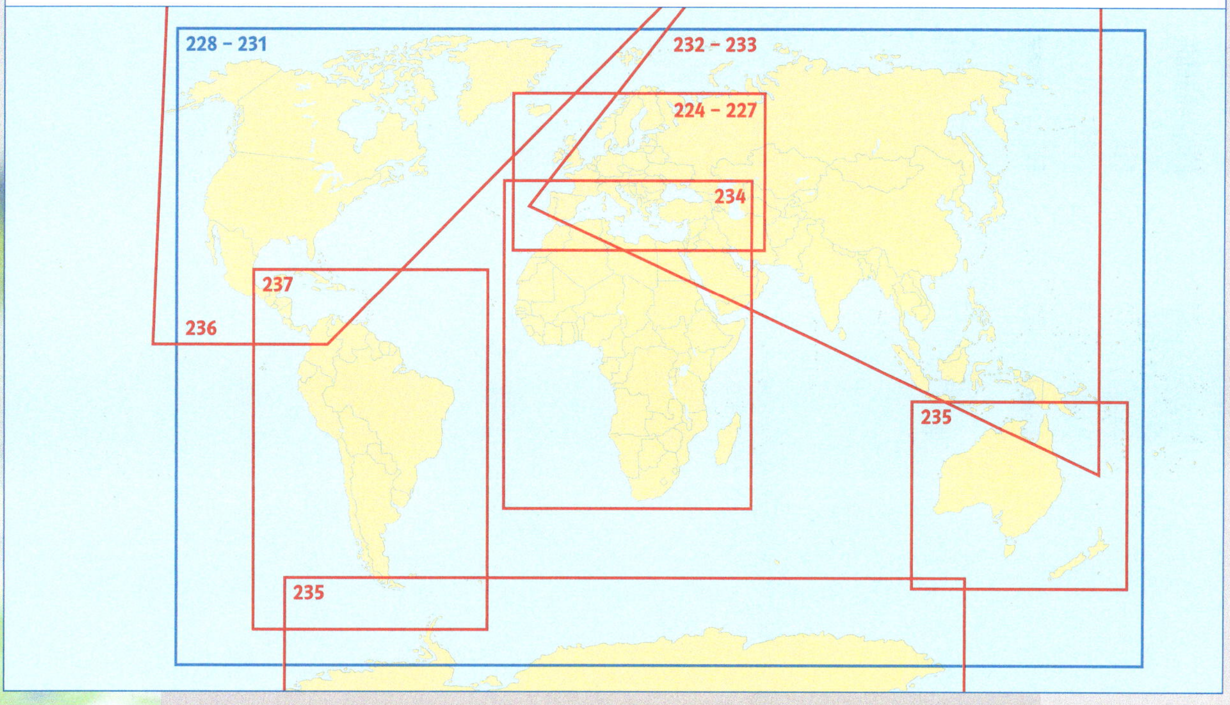

Kartenlegende

Orte

- über 5 000 000 Einwohner
- 1 000 000 – 5 000 000
- 500 000 – 1 000 000
- 100 000 – 500 000
- unter 100 000

Grenzen

- Staatsgrenze
- Grenze eines Bundeslandes oder Verwaltungsgebietes
- umstrittene Grenze, Waffenstillstandslinie
- TOGO – Staat
- Lomé – Hauptstadt eines Staates
- Färöer – abhängiges Gebiet mit Selbstverwaltung
- Bayern – Bundesland oder Verwaltungsgebiet
- München – Hauptstadt eines Bundeslandes oder Verwaltungsgebietes

Flüsse, Seen

- Fluss
- zeitweise Wasser führender Fluss
- zeitweise gefüllter See
- See
- Schifffahrtskanal
- Stausee mit Staudamm

Landhöhen
über 700 m
500 – 700 m
300 – 500 m
200 – 300 m
100 – 200 m
50 – 100 m
25 – 50 m
0 – 25 m
unter 0 m
841 Höhe über dem Meeresspiegel (in m)
1:1 400 000
0 5 10 20 km
© Klett
NIEDERLANDE
Niedersachsen
BELGIEN
LUX.
Rheinland-Pfalz
Hessen
Bayern
Emmen
Nordhorn
Lingen
Cloppenburg
Löningen
Vechta
Diepholz
Syke
Bassum
Verden
Hoya
Nienburg
Neustadt am Rübenberge
Stadthagen
Minden
Espelkamp
Rahden
Bramsche
Osnabrück
Ibbenbüren
Lengerich
Rheine
Emsdetten
Greven
Steinfurt
Gronau
Enschede
Almelo
Apeldoorn
Arnheim (Arnhem)
Nimwegen (Nijmegen)
Ahaus
Stadtlohn
Winterswijk
Coesfeld
Münster
Warendorf
Gütersloh
Bielefeld
Herford
Bünde
Bad Oeynhausen
Bad Salzuflen
Lemgo
Detmold
Lage
Hameln
Bad Pyrmont
Holzminden
Höxter
Paderborn
Rheda-Wiedenbrück
Halle
Ennigerloh
Ahlen
Beckum
Lippstadt
Soest
Hamm
Lünen
Unna
Dortmund
Bochum
Witten
Hagen
Iserlohn
Menden
Arnsberg
Meschede
Brilon
Marsberg
Warburg
Bad Driburg
Beverungen
Bad Karlshafen
Hofgeismar
Korbach
Baunatal
Bad Wildungen
Borken
Bocholt
Dülmen
Haltern
Lüdinghausen
Dorsten
Marl
Recklinghsn.
Gladbeck
Bottrop
Gelsenkchn.
Oberhsn.
Essen
Mülheim
Duisburg
Moers
Dinslaken
Wesel
Xanten
Emmerich
Kleve
Goch
Geldern
Venlo
Krefeld
Viersen
Mönchengladbach
Neuss
Düsseldorf
Meerbusch
Ratingen
Velbert
Mettmann
Wuppertal
Solingen
Remscheid
Leverkusen
Bergisch-Gladbach
Köln
Dormagen
Grevenbroich
Heinsberg
Bergheim
Jülich
Alsdorf
Eschweiler
Stolberg
Aachen
Kerpen
Düren
Brühl
Erftstadt
Troisdorf
Siegburg
Bonn
Königswinter
Bad Honnef
Euskirchen
Rheinbach
Mechernich
Heimbach
Monschau
Bad Neuenahr-Ahrweiler
Neuwied
Andernach
Koblenz
Mayen
Daun
Cochem
Wittlich
Bitburg
Neuerburg
Clervaux
Traben-Trarbach
Zell
Simmern
St. Goar
Bacharach
Bingen
Rüdesheim
Mainz
Wiesbaden
Rüsselsheim
Frankfurt
Offenbach
Hanau
Langen
Aschaffenburg
Gelnhausen
Bad Homburg
Bad Schwalbach
Limburg
Montabaur
Bad Nauheim
Gießen
Wetzlar
Marburg
Herborn
Dillenburg
Biedenkopf
Siegen
Kreuztal
Olpe
Gummersbach
Lüdenscheid
Altena
Lennestadt
Attendorn
Bad Berleburg
Winterberg
Willingen
Frankenberg
Stadtallendorf
Alsfeld
Altenkirchen
Betzdorf
Wilnsdorf
Warstein
Westfälische Bucht
Teutoburger Wald
Wiehengebirge
Wesergebirge
Weserbergland
Eggegebirge
Haarstrang
Sauerland
Rothaargebirge
Ebbegebirge
Bergisches Land
Kölner Bucht
Niederrheinisches Tiefland
Ville
Eifel
Hohe Eifel
Hohes Venn
Ardennen
Ösling
Schneifel
Ahrgebirge
Westerwald
Taunus
Hessisches Bergland
Kellerwald
Vogelsberg
Gelderland
Hümmling
Emsland
Bourtanger Moor
Beckumer Berge
Baumberge
Hohe Mark
Ruhr
Rhein
Lippe
Ems
Weser
Maas
Sieg
Lahn
Mosel
Main
Eder
Diemel
Lenne
Wupper
Erft
Rur
Niers
Dümmer
Steinhuder Meer
Edersee
Möhnetalsperre
Sorpetalsperre
Biggetalsperre
Mittellandkanal
Dortmund-Ems-Kanal
Wesel-Datteln-K.
Rhein-Herne-Kan.
Twentekanal
Kahler Asten 841
Langenberg 843
Großer Feldberg 879
Weißer Stein 692
Botrange 694
Hohe Acht 747
Taufstein 773
Fuchskaute 656
Dünsberg 498
Köterberg 497
Velmerstot 468
Härdler 756
Ederkopf
Hornert
Nordhelle 663
Westerberg 187
Windberg 73
Heidbrink 320

© Klett
1:4000000
0 50 100 km
Nordsee
Ostsee
DÄNEMARK
Alsen
Fünen
Møn
Nakskov
Falster
Lolland
Gedser
Fehmarn
Rødby-havn
F.-Puttgarden
Kap Arkona
Sassnitz
Rügen
Stralsund
Pommersche Bucht
Flensburg
Schleswig-
Kieler Bucht
Kiel
Nordfriesische Inseln
Nord-Ostsee-Kanal
Helgoland
Helgoländer Bucht
Holstein
Lübecker Bucht
Rostock
Lübeck
Cuxhaven
Ostfriesische Inseln
Westfriesische Inseln
Wilhelmshaven
Bremerhaven
Bremen
Hamburg
Mecklenburg-
Vorpommern
Pommern
Neubrandenburg
Schwerin
Müritz
Stettin
POLEN
Schwedt
Oder
Landsberg
Leeuwarden
Groningen
Emden
Oldenburg
Lüneburg
IJsselmeer
NIEDER-
LANDE
Niedersachsen
Norddeutsches Tiefland
Brandenburg
Berlin
Potsdam
Sachsen-
Anhalt
Haarlem
Amsterdam
Utrecht
Arnheim
Enschede
Mittellandkanal
Osnabrück
Hannover
Wolfsburg
Braunschweig
Magdeburg
Salzgitter
Warthe
Münster
Bielefeld
Nordrhein-
Westfalen
Brocken
Harz
Eindhoven
Essen
Dortmund
Göttingen
Halle
Leipzig
Cottbus
Duisburg
Mönchengladbach
Düsseldorf
Ruhr
Rothaargebirge
Kassel
Dresden
Görlitz
Köln
Siegen
Erfurt
Jena
Gera
Chemnitz
Reichenberg
Eisenach
Thüringen
Thüringer Wald
Sachsen
Erzgebirge
Zwickau
Aussig
BELGIEN
Aachen
Bonn
Lüttich
Hessen
Fulda
Rhön
Ardennen
Eifel
Koblenz
Taunus
Wiesbaden
Frankfurt
Spessart
Schweinfurt
Hof
Böhmen
Prag
Mainz
Rheinland-
Pfalz
LUXEMBURG
Trier
Luxemburg
Hunsrück
Mosel
Main
Bayreuth
Würzburg
TSCHECHISCHE REPUBLIK
Pilsen
Kaiserslautern
Ludwigshafen
Mannheim
Nürnberg
Thionville
Saarland
Saarbrücken
Hagondange
Forbach
Metz
Lothringen
Argonnen
Baden-
Württemberg
Karlsruhe
Regensburg
Böhmerwald
Großer Arber
Bayerischer Wald
Budweis
Moldau
Nancy
Stuttgart
Ingolstadt
Bayern
Straßburg
Tübingen
Schwäbische Alb
Neckar
Passau
Isar
Donau
Linz
FRANKREICH
Vogesen
Elsass
Oberrheinisches Tiefland
Schwarzwald
Freiburg
Ulm
Augsburg
München
Inn
Lech
Alpenvorland
Salzburg
Mülhausen
Feldberg
Bodensee
Konstanz
Bayerische Alpen
Zugspitze
Dachstein
Basel
Zürich
Innsbruck
Ostalpen
ÖSTERREICH
Großglockner
Hohe Tauern
Aare
Schweizer Mittelland
Vaduz
LIECHTENSTEIN
Luzern
Bern
Brenner
Wildspitze
SCHWEIZ
Alpen
Chur
Drau
Klagenfurt
Villach
Landhöhen
über 2000 m
1000 – 2000 m
500 – 1000 m
200 – 500 m
100 – 200 m
0 – 100 m
unter 0 m
Gletscher
4807 Höhe über dem Meeresspiegel (in m)

Landhöhen
über 5000 m
2000 – 5000 m
1000 – 2000 m
500 – 1000 m
200 – 500 m
100 – 200 m
0 – 100 m
unter 0 m
Gletscher
4807 Höhe über dem Meeresspiegel (in m)
ABKÜRZUNGEN:
BOS. U. BOSNIEN UND
HERZ. HERZEGOWINA
KOS. KOSOVO
LIE. LIECHTENSTEIN
LUX. LUXEMBURG
NORDM. NORDMAZEDONIEN
SLOW. SLOWENIEN
SLOWAK. SLOWAKISCHE
REP. REPUBLIK
S.M. SAN MARINO
1:20000000
0 100 200 500 km
Europäisches Nordmee
nördlicher Polarkreis
Reykjavík
ISLAND
Hvannadalshnúkur 2119
Färöer (dän.)
NORWEGE
Shetlandinseln
Galdhøpiggen 2469
Orkney-Inseln
Hebriden
Oslo
1343
Glasgow
Nordsee
Göteb
Belfast
IRLAND
Dublin
VEREINIGTES KÖNIGREICH
Manchester
DÄNEMARK
Kopenhage
Birmingham
NIEDER-LANDE
Hambu
London
Bristol
Amsterdam
Rotterdam
Elbe
Ber
ATLANTISCHER
OZEAN
Kanal-inseln (brit.)
Der Kanal
Brüssel
Köln
BELGIEN
DEUTSCHLA
Paris
LUX.
Luxemburg
Frankfurt
Loire
Seine
Rhein
Donau
Golf von Biscaya
FRANKREICH
München
Bern
Azoren (port.)
Kap Finisterre
Lyon
SCHWEIZ
LIE.
Zentral-massiv
4810 Mont Blanc
Alpen
Bordeaux
Bilbao
Mailand
Ljubl
Porto
Pyrenäen
Rhône
Turin
Po
Duero
3404
Ebro
Marseille
Genua
PORTUGAL
ANDORRA
MONACO
Apennin
Madrid
S.M.
Lissabon
Tejo
Barcelona
Korsika
VATIKAN-STADT
SPANIEN
Rom
Valencia
Balearen
Sevilla
Alicante
Neapel
Mallorca
Sardinien
ITALI
3478
Straße von Gibraltar
Gibraltar (brit.)
Ceuta (span.)
Madeira (port.)
Mittelmeer
Melilla (span.)
Oran
Algier
Paler
Rabat
Casablanca
Fès
Sizilien
MAROKKO
Maghreb
Tunis
Marrakech
2328
Kanarische Inseln
3718 (span.)
Agadir
4165
Atlasgebirge
TUNESIEN
Valletta
MALT
Kleine Syrte
Tripolis
El Aaiún
nördlicher Wendekreis
ALGERIEN
SAHARA (marokkanische Verwaltung)
Sahara
MAURETANIEN
40° 60° 30° 20° 10° 0° 10°
A B C D E
2 3 4 5 6

© Klett
Nordkap
Barentssee
Murmansk
Halbinsel Kola
Lappland
Weißes Meer
Archangelsk
Nördliche Dwina
Petschora
Narodnaja 1894
Uralgebirge
Ob
Surgut
Sibirien
Irtysch
Tobolsk
Omsk
Serow
Tjumen
Jekaterinburg
Perm
Tscheljabinsk
Nur-Sultan
Rudny
Ufa
1640
Magnitogorsk
Kama
Kasan
RUSSLAND
FINNLAND
SCHWEDEN
Bottnischer Meerbusen
Onegasee
Ladogasee
Helsinki
Åland (finn.)
St. Petersburg
Tallinn
ESTLAND
Peipussee
Stockholm
Jaroslawl
Nischni Nowgorod
Wolga
Moskau
Samara
LETTLAND
Riga
Gotland
Ostsee
323
Tula
LITAUEN
Düna
Königsberg (russisch)
Wilna
Minsk
WEISSRUSSLAND
Gomel
Saratow
Ural
KASACHSTAN
Aral
Syr-Darja
Woronesch
Warschau
Weichsel
POLEN
Kaspische Senke
Aralsee
USBEKISTAN
Moynoq
Amu-Darja
Wolgograd
Don
Charkiw
Kiew
-28
Astrachan
Krakau
2655
UKRAINE
Dnipropetrowsk
Donezk
Rostow
Daşoguz
SLOWAK. REP.
Pressburg
Karpaten
Chişinău
Budapest
UNGARN
MOLDAU
Odessa
Dnipro
Krasnodar
Kaspisches Meer
TURKMENISTAN
Zagreb
RUMÄNIEN
2543
Halbinsel Krim
1545
Kaukasus
Elbrus 5642
Sotschi
GEORGIEN
Tiflis
Aschgabat
BOS. U. HERZ.
Belgrad
Bukarest
ASERBAIDSCHAN
Baku
Sarajewo
SERBIEN
Donau
Schwarzes Meer
ARMENIEN
Eriwan
BULGARIEN
MONTENEGRO
Priština
KOS.
Balkan
Sofia
Ararat 5165
4821
Täbris
Podgorica
Skopje
Istanbul
Bosporus
Pontisches Gebirge
Urumiehsee
Elburs
5604
Teheran
NORDM.
Tirana
ALBANIEN
2911
Bursa
Ankara
Anatolien
Vansee
TÜRKEI
Diyarbakir
Qom
IRAN
GRIECHENLAND
Izmir
3585
Adana
Taurus
Kirkuk
Tigris
Athen
Antalya
Aleppo
Isfahan
Peloponnes
SYRIEN
Mesopotamien
Bagdad
Zagrosgebirge
4548
Kreta
ZYPERN
Nikosia
Hims
Euphrat
LIBANON
Beirut
Damaskus
IRAK
Shiraz
Al Basrah
ISRAEL
Tel Aviv-Jaffa
Amman
KUWAIT
Kuwait
Jerusalem
-422
Persischer Golf
Mittelmeer
Große Syrte
Alexandria
Nil
JORDANIEN
Manama
BAHRAIN
Kairo
Halbinsel Sinai
2637
SAUDI-ARABIEN
KATAR
Doha
LIBYEN
-133
ÄGYPTEN
V.A.E.

Nordpolarmeer
Beaufortsee
Kanadischer Archipel
Victoria-Insel
Ellesmereland
2926
Grönland
3231
3700
3360
Baffin Bay
Baffininsel
Davisstraße
Dänemarkstraße
Nuuk (Godthåb)
Island
2119
Reykjavík
Europäisches Nordmeer
Jan Mayen
Färöer
Shetland-inseln
Spitzbe
2469
Oslo
Kopenhagen
Nordsee
Hamburg
Britische Inseln
Glasgow
Amster-dam
Ber
London
Brüssel
Paris
Prag
Rhein
Mont Blanc
4810
Alpen
Mailand
Bud
3404
Madrid
Rom
Lissabon
3478
Algier
Oran
Tunis
3340
2328
Casablanca
Tripo
Atlasgebirge
4165
Madeira
Kanarische Inseln
Azoren
Sahara
Ahaggar
2918
Tib
Kapverdische Inseln
Dakar
Niamey
Niger
AFR
Tscha
N'Djam
1781
Conakry
Monrovia
Abidjan
Accra
Lagos
Oberguinea
Hochland v. Adamaoua
4070
Jaunde
Kongobecken
Niederguinea
Kins
Luanda
Namib
Kapstadt
Kap d. Guten Ho
Ascension
St. Helena
Tristan da Cunha
Brookskette
2749
Alaskakette
6168
Denali
Anchorage
Yukon
Mackenzie
nördl. Polarkreis
Kodiak
Alexander-archipel
Golf v. Alaska
Küstengebirge
4042
Vancouver-I.
Vancouver
Seattle
4392
Edmonton
Rocky Mountains
Great Plains
Hudson Bay
Hudson-Str.
Ungava-Halbinsel
Labradorsee
NORDAMERIKA
Winnipeg
Große Seen
Missouri
Neufundland
St. John's
Großes Becken
Sierra Nevada
Küstenketten
San Francisco
4418
Denver
4399
Montreal
Toronto
Detroit
Chicago
Halifax
Boston
New York
Philadelphia
Washington
Appalachen
Ohio
Cincinnati
St. Louis
Mississippi
Los Angeles
85
3658
Dallas
2037
Atlanta
Houston
New Orleans
3078
Bermuda-Inseln
Sargassosee
Hochland v. Mexiko
Monterrey
nördl. Wendekreis
Golf von Mexiko
Miami
Havanna
ATLANTISCHER
Guadalajara
Mexiko
4265
5700
Große Antillen
Hispaniola
Jamaika
4217
Guatemala
Managua
Karibisches Meer
Kleine Antillen
Panama
3820
Caracas
5007
Orinoco
5493
Medellín
2810
Georgetown
Bergland von Guayana
Bogotá
5750
3014
Äquator
Quito
6272
Galápagos-inseln
Iquitos
Rio Negro
Manaus
Amazonas
Belém
Fortaleza
Amazonastiefland
Tocantins
SÜDAMERIKA
Recife
Anden
Madeira
6768
Lima
Brasilianisches Bergland
São Francisco
Salvador
PAZIFISCHER
6613
6421
La Paz
Arequipa
6520
893
Brasília
Santa Cruz
2890
Belo Horizonte
Gran Chaco
Paraná
São Paulo
Rio de Janeiro
Atacama
südl. Wendekreis
Asunción
Curitiba
OZEAN
Kordilleren
Oster-I.
6880
Uruguay
Porto Alegre
Aconcagua
6959
Córdoba
Santiago de Chile
Buenos Aires
Montevideo
OZEAN
Pampa
4708
3776
Patagonien
4058
Falklandinseln
Punta Arenas
Feuerland
Kap Hoorn
Südgeorgien
Südsandwich-inseln
Drakestraße
Südshetland-inseln
Südorkney-Inseln
Palmer-archipel
Antarktische Halbinsel
Alexander-insel
4190
Weddellmeer
AN
4300
südl. Polarkreis
Landhöhen
über 5000 m
2000 – 5000 m
1000 – 2000 m
500 – 1000 m
200 – 500 m
0 – 200 m
unter 0 m
Gletscher
8846 Höhe über dem Meeresspiegel (in m)
A
B
C
D
E
F
G
1
2
3
4
5
6
150°
120°
90°
60°
30°
0°

Maßstab 1 : 75 000 000
Nordpolarmeer
Franz-Josef-Land
Arktisches Kap
Sewernaja Semlja
Kap Tscheljuskin
Neusibirische Inseln
Ostsibirische See
Laptewsee
Karasee
Nowaja Semlja
Wrangel-insel
Anadyrgebirge
Bering-Str.
St.-Lorenz-I.
Murmansk
Halbinsel Kola
Norilsk
Werchojansker Gebirge
Jakutsk
Magadan
Beringmeer
Kamtschatka
Aleuten
Sibirien
Westsibirisches Tiefland
Uralgebirge
St. Petersburg
Perm
N. Nowgorod
Moskau
Omsk
Nowosibirsk
Irkutsk
Baikalsee
Stanowoi-Geb.
Ochotskisches Meer
Sachalin
Kurilen
Samara
Tscheljabinsk
Orsk
Kasachensteppe
Charkiw
Odessa
Kaspische Senke
Aralsee
Balchaschsee
Altai
Sajan
Jablonowy-Geb.
Ulan-Bator
Chabarowsk
Sichote-Alin
Großer Hinggan
Mandschurei
Harbin
Hokkaido
Sapporo
Japan. Meer (Ostmeer)
Wladiwostok
ASIEN
Gobi
Almaty
Taschkent
Tian Shan
Ürümqi
Shenyang
Peking
Pjöngjang
Seoul
Gelbes Meer
Tsingtau
Honshu
Fudschijama
Tokyo
Osaka
Korea
Schwarzes Meer
Kaukasus
Elbrus
Tiflis
Baku
Kasp. Meer
Istanbul
Ankara
Ararat
Elburs
Zypern
Teheran
Tarimbecken
Pamir
Hindukusch
Karakorum
Kabul
Kunlun Shan
Nan Shan
Lanzhou
Xi'an
Qin Ling
Jinan
Große Ebene
Huang He
Nanjing
Shanghai
Wuhan
Jangtsekiang
Ostchines. Meer
Bonin-inseln
Vulkaninseln
Tibet
Transhimalaya
Himalaya
Mt. Everest
Delhi
Punjab
Hindustan
Ganges
Indus
Bagdad
Damaskus
Zagrosgebirge
Kuwait
Riad
Arabien
Persischer Golf
G. v. Oman
Karachi
Dhaka
Südchinesisches Bergland
Yunnan-plateau
Kanton
Hanoi
Hongkong
Taipeh
Taiwan
nördl. Wendekreis
PAZIFISCHER OZEAN
Marianen
Mekka
Rotes Meer
Nil
Kalkutta
Bombay
Dekkan
Westghats
Ostghats
Arabisches Meer
Golf v. Bengalen
Rangun
Hainan
Südchines. Meer
Luzon
Manila
Mindoro
Philippinen
Bangkok
Mekong
Ho Chi Minh
Palawan
Cebu
Mindanao
Karolinen
Chuuk-In.
Pohnpei
Aden
Golf von Aden
Hochland von Äthiopien
Addis Abeba
Somali-halbinsel
Madras
Andamanen
Lakshadweep-In.
Ceylon
Nikobaren
Colombo
Halbinsel Malakka
Sulu-Inseln
Kuala Lumpur
Singapur
Pontianak
Sumatra
Borneo
Sulawesi
Molukken
Äquator
Malediven
Mogadischu
Victoriasee
Nairobi
Kilimandscharo
Tanganjikasee
Daressalam
Seychellen
Diego Garcia
Makassar
Jakarta
Surabaya
Java
Neuguinea
Bismarck-Archipel
Port Moresby
Salomon-inseln
Arafurasee
Timorsee
Carpentariagolf
Arnhemland
Kap-York-H.-I.
Korallensee
Kimberley-plateau
Große Sandwüste
Macdonnellkette
AUSTRALIEN
Great Dividing Range
Neukaledonien
südl. Wendekreis
Komoren
Malawisee
Lusaka
Sambesi
Harare
Straße v. Mosambik
Antananarivo
Madagaskar
Réunion
Maputo
Durban
INDISCHER OZEAN
Große Victoriawüste
Perth
Nullarborebene
Große Australische Bucht
Adelaide
Darling
Murray
Sydney
Brisbane
Melbourne
Tasmansee
Tasmanien
Hobart
Nordinsel
Auckland
Neuseeland
Wellington
Christchurch
Südinsel
Amsterdam-insel
St.-Paul-Insel
Crozetinseln
Prinz-Eduard-Inseln
Kerguelen
Kap Batterbee
ANTARKTIS
Mt. Menzies
Balleny-Inseln
südl. Polarkreis
nördl. Polarkreis
© Klett

Nordpolarmeer
Alaska
(USA)
nördl. Polarkreis
Kalaallit Nunaat
(dän.)
ISLAND
Reykjavík
Färöer
(dän.)
NORWEGEN
Oslo
SCHWE
K A N A D A
Ottawa
St-Pierre u.
Miquelon
(franz.)
VEREINIGTE STAATEN
(USA)
Washington
Bermuda
(brit.)
Azoren
(port.)
Madeira
(port.)
Kanarische Inseln
(span.)
DÄN.
Kopenhagen
VEREIN. KÖNIGREICH
IRLAND
Dublin
London
NL.
Amst.
Berlin
B.
Br.
L.
Lux.
DEUTSCHLAND
Pg.
TS. R.
W.
Paris
LI.
Be.
S.
Ö.
SL.
FRANKREICH
Ljub.
SM.
KR.
AND.
MON.
VAT.
Rom
Madrid
PORTUGAL
SPANIEN
Lissabon
ITALIEN
Algier
Tunis
Rabat
TUNESIEN
Tripolis
MAROKKO
El Aaiún
ALGERIEN
LIB
SAHARA
(marokkan. Verwaltung)
MEXIKO
Mexiko
nördl. Wendekreis
Nassau
Havanna
BAHAMAS
KUBA
DOMINIK. REP.
Puerto Rico
(USA)
Kingston
HAITI
JAMAIKA
Port-au-Prince
Sto. Domingo
BELIZE
Belmopan
GUATEMALA
Guatemala
HONDURAS
Tegucigalpa
San Salvador
EL SALVADOR
NICARAGUA
Managua
COSTA RICA
San José
Panama
PANAMA
ANTIGUA U. BARBUDA
ST. K.
Guadeloupe (franz.)
DOMINICA
Martinique (franz.)
ST. LUCIA
BARBADOS
GRENADA
ST. VINCENT U. D. GRENADINEN
TRINIDAD U. TOBAGO
Port-of-Spain
Caracas
VENEZUELA
Georgetown
GUYANA
Paramaribo
SURINAME
Franz.-Guayana
Bogotá
KOLUMBIEN
ATLANTISCHER
MAURETANIEN
Nouakchott
MALI
NIGER
KAP VERDE
Praia
Dakar
SENEGAL
GAMBIA
Banjul
Bamako
BURKINA FASO
Niamey
TS
N'Dja
Bissau
GUINEA-BISSAU
GUINEA
Ouagadougou
NIGERIA
Abuja
Conakry
Freetown
SIERRA LEONE
Monrovia
LIBERIA
Yamoussoukro
GHANA
TOGO
BENIN
Porto Novo
Lomé
Accra
CÔTE D'IVOIRE (ELFENBEINKÜSTE)
Malabo
KAMERUN
Jaunde
Bang
ÄQUAT. GUINEA
SÃO TOMÉ U. PRÍNCIPE
São Tomé
Libreville
GABUN
KONGO
Brazzaville
Kins
Äquator
Quito
ECUADOR
Galápagos-inseln (ecuad.)
B R A S I L I E N
PERU
Lima
Luanda
ANG
PAZIFISCHER
BOLIVIEN
Sucre
Brasília
St. Helena
(brit.)
NAM
Windhuk
PARAGUAY
Asunción
südl. Wendekreis
Pitcairn
(brit.)
OZEAN
CHILE
ARGENTINIEN
Santiago de Chile
URUGUAY
Montevideo
Buenos Aires
OZEAN
südl. Polarkreis
AL. ALBANIEN
AND. ANDORRA
AR. ARMENIEN
E. Eriwan
AS. ASERBAIDSCHAN
B. BELGIEN
Br. Brüssel
BO. BOSNIEN UND HERZEGOWINA
Sa. Sarajewo
BUL. BULGARIEN
DÄN. DÄNEMARK
EST. ESTLAND
GEO. GEORGIEN
GR. GRIECHEN
ISR. ISRAEL
JORD. JORDANIE
K. KOSOVO
KR. KROATIEN
Z. Zagreb
L. LUXEMBU
Lux. Luxemburg
LET. LETTLAND
LI. LIECHTEN

Maßstab 1 : 75 000 000
Nordpolarmeer
RUSSLAND
Moskau
KASACHSTAN
Nur-Sultan
MONGOLEI
Ulan-Bator
CHINA
Peking
NORDKOREA
Pjöngjang
Seoul
SÜDKOREA
JAPAN
Tokyo
USBEKISTAN
Taschkent
Bischkek
KIRGISISTAN
Duschanbe
TADSCHIKISTAN
TURKMENISTAN
Aschgabat
GEO.
Tiflis
AR.
AS.
Baku
Ankara
TÜRKEI
SYRIEN
Bei.
Dam.
LIB.
Je.
Amman
ISR.
JORD.
Nik.
Bagdad
IRAK
Teheran
IRAN
KUWAIT
Kuwait
Kabul
AFGHANISTAN
Islamabad
PAKISTAN
New Delhi
NEPAL
Kathmandu
Thimphu
BHUTAN
Dhaka
BANGLADESCH
INDIEN
SAUDI-ARABIEN
Riad
BAHRAIN
Manama
KATAR
Doha
V.A.E.
Abu Dhabi
Maskat
OMAN
JEMEN
Sanaa
ERITREA
Asmara
DSCHIBUTI
Dschibuti
Addis Abeba
ÄTHIOPIEN
SOMALIA
Mogadischu
Juba
UGANDA
Kampala
KENIA
Nairobi
Kigali
Bujumbura
BURUNDI
Dodoma
TANSANIA
MALAWI
Lilongwe
MOSAMBIK
Harare
Pretoria
Maputo
ESWATINI
Maseru
LESOTHO
KOMOREN
Moroni
Antananarivo
MADAGASKAR
Victoria
SEYCHELLEN
MAURITIUS
Port Louis
MALEDIVEN
Male
Colombo
SRI LANKA
Andamanen (ind.)
MYANMAR
Naypyidaw
Hanoi
LAOS
Vientiane
VIETNAM
THAILAND
Bangkok
KAMBODSCHA
Phnom Penh
Taipeh
Taiwan
PHILIPPINEN
Manila
Kuala Lumpur
MALAYSIA
SINGAPUR
BRUNEI
Bandar Seri Begawan
INDONESIEN
Jakarta
Dili
TIMOR-LESTE
PAPUA-NEUGUINEA
Port Moresby
SALOMONEN
Honiara
VANUATU
Neukaledonien (franz.)
Nördliche Marianen (USA)
Guam (USA)
MARSHALL-INSELN
Melekeok
PALAU
Palikir
MIKRONESIEN
PAZIFISCHER OZEAN
INDISCHER OZEAN
nördl. Polarkreis
nördl. Wendekreis
Äquator
südl. Wendekreis
südl. Polarkreis
AUSTRALIEN
Canberra
NEUSEELAND
Wellington
LIBANON
Beirut
LITAUEN
MONTENEGRO
MOLDAU
MONACO
NIEDERLANDE
NORDMAZEDONIEN
Amsterdam
ÖSTERREICH
Wien
RUMÄNIEN
S. SCHWEIZ
Be. Bern
SER. SERBIEN
Bel. Belgrad
SK. R. SLOWAKISCHE REPUBLIK
Pb. Pressburg
SL. SLOWENIEN
Ljub. Ljubljana
SM. SAN MARINO
ST. K. ST. KITTS UND NEVIS
TS. R. TSCHECHISCHE REPUBLIK
Pg. Prag
U. UNGARN
Bud. Budapest
V.A.E. VEREINIGTE ARABISCHE EMIRATE
VAT. VATIKAN
Dam. Damaskus
Je. Jerusalem
Nik. Nikosia
© Klett

Nordpolarmeer
Barentssee
Karasee
Laptewsee
Sewernaja Semlja
Neusibirische Inseln
Kap Tscheljuskin
Nordkap
Nowaja Semlja
Halbinsel Taimyr
Murmansk
Archangelsk
Workuta
Norilsk
NORWEGEN
SCHWEDEN
FINNLAND
Oslo
Stockholm
Helsinki
Kopenhagen
DÄN.
Nordsee
Ostsee
Birmingham
Manchester
VER. KÖNIGREICH
London
Amsterdam
NL.
B.
Brüssel
L.
Paris
Hamburg
Berlin
DEUTSCH-LAND
FRANKREICH
Lyon
Marseille
Mont Blanc 4810
S.
Turin
Mailand
München
Prag
TS. R.
ÖST.
Wien
SL.
KR.
SK. R.
UNG.
Budapest
POLEN
Warschau
LIT.
LET.
EST.
St. Petersburg
Minsk
WEIẞ-RUSSL.
UKRAINE
Kiew
Charkiw
Dnipropetrowsk
Odessa
Donezk
Rostow
MOL.
RUM.
Bukarest
SER.
Belgrad
BO.
MO.
KO.
AL.
NM.
BUL.
Sofia
GRIECHEN-LAND
Athen
Istanbul
Bursa
Izmir
Ankara
TÜRKEI
Schwarzes Meer
SPANIEN
Madrid
Barcelona
AND.
P.
ITALIEN
Rom
Neapel
Korsika
Sardinien
Sizilien
Mittelmeer
Kreta
LIBYEN
ZYPERN
Alexandria
Kairo
Gise
ÄGYPTEN
Assuan
Nil
SUDAN
ERITREA
Asmara
DSCHIBUTI
Addis Abeba
ÄTHIOPIEN
SOMALIA
Mogadischu
KENIA
Mombasa
Äquator
Kap Delgado
KOMOREN
Moroni
Aldabra-Inseln
Amiranten-inseln
SEYCHELLEN
Victoria
Rotes Meer
LIBANON
Beirut
SYRIEN
Damaskus
Aleppo
Tel Aviv-Jaffa
ISRAEL
Jerusalem
Amman
JORDANIEN
IRAK
Bagdad
KUWAIT
Kuwait
SAUDI-ARABIEN
Jiddah
Mekka
Riad
BAHRAIN
KATAR
Abu Dhabi
V.A.E.
Maskat
OMAN
Arabien
Große Arabische Wüste
JEMEN
Sanaa
Aden
Golf von Aden
Sokotra
Kap Guardafui
Somali-Halbinsel
Persischer Golf
Golf von Oman
Ras al Hadd
GEORGIEN
Tiflis
ARM.
Eriwan
AS.
Baku
Kaukasus
Täbris
Teheran
Elburs
Zagrosgebirge
IRAN
Isfahan
Shiraz
Wüste Lut
Meschhed
Aschgabat
TURKMENISTAN
Karakum
USBEKISTAN
Kysylkum
Amu-Darja
Syr-Darja
Aralsee
Kasp. Meer
Kaspische Senke
Astrachan
Wolgograd
Wolga
Don
Moskau
Nischni Nowgorod
Kasan
Perm
Ufa
Samara
Orsk
Ural
Uralgebirge
Jekaterinburg
Tscheljabinsk
Osteuropäisches Flachland
RUSSLAND
Sibirien
Westsibirisches Tiefland
Mittelsibirisches Bergland
Omsk
Nowosibirsk
Irkutsk
Irtysch
Ob
Jenissei
Untere Tunguska
Angara
Sajan
Altai
Kasachensteppe
KASACHSTAN
Nur-Sultan
Balchaschsee
Bischkek
Almaty
Taschkent
KIRGISISTAN
Duschanbe
TADSCHIKISTAN
Pamir
Dsungarei
Tian Shan
Ürümqi
Tarimbecken
Taklamakan Wüste
Altun Shan
Nan Shan
Lanzhou
Kunlun Shan
Tibet
Transhimalaya
CHINA
Chengdu
MONGOLEI
Ulan-Bator
Hindukusch
Kabul
AFGHANISTAN
Karakorum
Islamabad
Lahore
Indus
Punjab
Multan
PAKISTAN
Karachi
Wüste Tharr
Delhi
New Delhi
Himalaya
Mt. Everest 8846
NEPAL
Kathmandu
BHUTAN
Thimphu
Lucknow
Ganges
Hindustan
Jaipur
Indore
Bhopal
Ahmadabad
Surat
Bombay
Pune
Nagpur
INDIEN
Dekkan
Westghats
Ostghats
Hyderabad
Madras
Bangalore
Kap Comorin
Ceylon
Colombo
SRI LANKA
Haora
Kalkutta
BANGLADESCH
Dhaka
MYANMAR
Naypyidaw
Rangun
Bangkok
Arabisches Meer
Golf von Bengalen
Lakshadweep-Inseln
MALEDIVEN
Male
Andamanen (ind.)
Nikobaren (ind.)
Halbinsel Malakka
Medan
INDISCHER OZEAN
Tschagosinseln
90° östl. Länge v. Greenwich

© Klett
Landhöhen
über 5000 m
2000 – 5000 m
1000 – 2000 m
500 – 1000 m
200 – 500 m
0 – 200 m
unter 0 m
Gletscher
8846 Höhe über dem Meeresspiegel (in m)
ABKÜRZUNGEN:
AL. ALBANIEN
AND. ANDORRA
ARM. ARMENIEN
AS. ASERBAIDSCHAN
B. BELGIEN
BO. BOSNIEN UND HERZEGOWINA
BUL. BULGARIEN
DÄN. DÄNEMARK
EST. ESTLAND
KO. KOSOVO
KR. KROATIEN
L. LUXEMBURG
LET. LETTLAND
LIT. LITAUEN
MO. MONTENEGRO
MOL. MOLDAU
NL. NIEDERLANDE
NM. NORDMAZEDONIEN
ÖST. ÖSTERREICH
P. PORTUGAL
RUM. RUMÄNIEN
S. SCHWEIZ
SER. SERBIEN
SK.R. SLOWAKISCHE REPUBLIK
SL. SLOWENIEN
TS.R. TSCHECHISCHE REPUBLIK
UNG. UNGARN
V.A.E. VEREINIGTE ARABISCHE EMIRATE
PAZIFISCHER OZEAN
Beringmeer
Anadyrgebirge
Korjakengebirge
Kolymagebirge
Kolyma
Aléuten (USA)
Kommandeur-Inseln
Kamtschatka
Kljutschewskaja Sopka
Pobeda 3147
Magadan
Jakutsk
Ochotskisches Meer
Kurilen
Sachalin
Stanowoigebirge
Amur
Chabarowsk
Sichote-Alin
Großer Hinggan
Qiqihar
Harbin
Mandschurei
Wladiwostok
Changchun
Fushun
Shenyang
Anshan
NORDKOREA
Pjöngjang
SÜDKOREA
Seoul
Pusan
Peking
Tianjin
Dalian
Tsingtau
Gelbes Meer
Jinan
Japanisches Meer (Ostmeer)
Sapporo
Hokkaido
Honshu
Tokyo
Yokohama
Kyoto
Osaka
JAPAN
Fukuoka
Zhengzhou
Nanjing
Shanghai
Wuhan
Hangzhou
Ostchines. Meer
Nanchang
Changsha
Taipeh
Taiwan
Kaohsiung
Ryukyu-Inseln
Südchinesisches Bergland
Kanton
Hongkong
Haiphong
Hainan
Südchines. Meer
Luzon
Quezon City
Manila
PHILIPPINEN
Mindoro
Cebu
Palawan
Mindanao
Davao
VIETNAM
KAMBODSCHA
Phnom Penh
Ho Chi Minh
Bandar Seri Begawan
BRUNEI
Sulu-Inseln
Halmahera
MALAYSIA
Borneo
Pontianak
Große Sunda-Inseln
Sulawesi
Makassar
Molukken
Seram
INDONESIEN
Aru-Inseln
Arafurasee
Kleine Sunda-Inseln
Java
Jakarta
Surabaya
Dili
TIMOR-LESTE
Timorsee
AUSTRALIEN
Kap-York-Halbinsel
Gr. Barriereriff
Bonininseln (jap.)
Vulkaninseln (jap.)
Marcusinsel (jap.)
Midway-Inseln (USA)
Hawaii-Inseln (USA)
Wake-Insel (USA)
nördlicher Wendekreis
MARSHALL-INSELN
Majuro
Gilbert-In.
South Tarawa
KIRIBATI
Äquator
Nördliche Marianen (USA)
Hagåtña
Guam (USA)
Palikir
Pohnpei
Chuukinseln
Karolinen
MIKRONESIEN
Yapinseln
Melekeok
PALAU
Yaren
NAURU
SALOMONEN
Neuirland
Bougainville
Bismarck-Archipel
Neubritannien
Honiara
PAPUA-NEUGUINEA
Neuguinea
Port Moresby
Korallensee
VANUATU
Port Vila
Neue Hebriden
Nouméa
Neukaledonien (franz.)
1:40 000 000
0 500 1000 km

ATLANTISCHER
OZEAN
INDISCHER
OZEAN
Mittelmeer
Schwarzes Meer
Kaspisches Meer
Rotes Meer
Golf von Aden
Persischer Golf
Golf von Guinea
Straße von Mosambik
Sahara
Libysche Wüste
Kalahari
Namib
Atlasgebirge
Ahaggar
Tibesti
Aïr
Hochland von Adamaoua
Oberguinea
Niederguinea
Kongobecken
Hochland von Äthiopien
Somali-Halbinsel
Drakensberge
Arabien
Kaukasus
Elburs
Zagrosgebirge
Sudd
Nil
Weißer Nil
Blauer Nil
Niger
Senegal
Kongo
Oubangui
Kasai
Chari
Tschad
Sambesi
Okavango
Oranje
Euphrat
Tigris
Victoriasee
Tanganjikasee
Malawisee
Turkanasee
Äquator
nördlicher Wendekreis
südlicher Wendekreis
MAROKKO
ALGERIEN
TUNESIEN
LIBYEN
ÄGYPTEN
SAHARA (marokkanische Verwaltung)
MAURETANIEN
MALI
NIGER
TSCHAD
SUDAN
SÜDSUDAN
ERITREA
DSCHIBUTI
ÄTHIOPIEN
SOMALIA
SENEGAL
GAMBIA
GUINEA-BISSAU
GUINEA
SIERRA LEONE
LIBERIA
CÔTE D'IVOIRE
BURKINA FASO
GHANA
TOGO
BENIN
NIGERIA
KAMERUN
ZENTRALAFRIKA
ÄQUAT.-GUINEA
SÃO TOMÉ U. PRÍNCIPE
GABUN
KONGO
D.R. KONGO
UGANDA
KENIA
RUANDA
BURUNDI
TANSANIA
ANGOLA
SAMBIA
MALAWI
MOSAMBIK
SIMBABWE
NAMIBIA
BOTSUANA
SÜDAFRIKA
LESOTHO
ESWATINI
MADAGASKAR
KOMOREN
SEYCHELLEN
MALTA
ZYPERN
PORTUGAL
SPANIEN
FRANKREICH
SCHWEIZ
ITALIEN
GRIECHENLAND
TÜRKEI
SYRIEN
ISRAEL
JORDANIEN
IRAK
IRAN
KUWAIT
SAUDI-ARABIEN
BAHRAIN
KATAR
V.A.E.
JEMEN
GEORGIEN
RUSSLAND
UKRAINE
RUMÄNIEN
KASACHSTAN
USBEKISTAN
TURKMENISTAN
Madeira (port.)
Kanarische In. (span.)
Ascension (brit.)
St. Helena (brit.)
Gibraltar (brit.)
Ceuta (span.)
Melilla (span.)
Balearen
Korsika
Sardinien
Sizilien
Kreta
Bioko
Annobón
Lissabon
Madrid
Barcelona
Paris
Lyon
Marseille
Rom
Neapel
Mailand
Wien
Budapest
Belgrad
Bukarest
Sofia
Athen
İstanbul
Ankara
Bursa
İzmir
Odessa
Donezk
Rostow
Astrachan
Tiflis
Baku
Täbris
Teheran
Isfahan
Bagdad
Aleppo
Damaskus
Beirut
Tel Aviv-Jaffa
Jerusalem
Amman
Kuwait
Riad
Jiddah
Mekka
Sanaa
Aden
Rabat
Casablanca
Marrakech
Oran
Algier
Tunis
Tripolis
Banghazi
Alexandria
Kairo
Gise
Assuan
Khartoum
Asmara
Dschibuti
Addis Abeba
Mogadischu
El Aaiún
Nouakchott
Dakar
Banjul
Bamako
Conakry
Freetown
Monrovia
Yamoussoukro
Abidjan
Ouagadougou
Niamey
Accra
Lomé
Cotonou
Porto Novo
Ibadan
Lagos
Abuja
Kano
N'Djamena
Tamanrasset
Agadez
Bangui
Douala
Jaunde
Libreville
São Tomé
Brazzaville
Kinshasa
Kisangani
Kampala
Nairobi
Mombasa
Kigali
Bujumbura
Juba
Dodoma
Daressalam
Mbuji-Mayi
Kolwezi
Lubumbashi
Luanda
Lusaka
Lilongwe
Harare
Moroni
Antananarivo
Windhuk
Gaborone
Pretoria
Johannesburg
Maputo
Mbabane
Maseru
Durban
Kapstadt
Port Elizabeth
Kap Frio
Kap der Guten Hoffnung
Mt. Kenia
Kilimandscharo
Mont Blanc
4810
3478
2328
3340
4165
2918
2310
3265
3415
1934
3024
4620
3760
2406
4307
1781
1752
4070
5109
5199
5895
2895
2610
3000
2876
3482
5642
5165
5604
4548
3585
2637
-133
-28
Landhöhen
über 5000 m
2000 – 5000 m
1000 – 2000 m
500 – 1000 m
200 – 500 m
0 – 200 m
unter 0 m
5895 Höhe über dem Meeresspiegel (in m)
ABKÜRZUNGEN:
AL. ALBANIEN
ARM. ARMENIEN
AS. ASERBAIDSCHAN
BO. BOSNIEN UND HERZEGOWINA
BUL. BULGARIEN
DEU. DEUTSCHLAND
KO. KOSOVO
KR. KROATIEN
LIB. LIBANON
MO. MONTENEGRO
MOL. MOLDAU
NM. NORDMAZEDONIEN
ÖST. ÖSTERREICH
SER. SERBIEN
SK.R. SLOWAKISCHE REPUBLIK
UNG. UNGARN
V.A.E. VEREINIGTE ARABISCHE EMIRATE
1:40 000 000
0 500 1000 km
30° östl. Länge v. Greenwich
© Klett

© Klett
Kleine Sunda-In.
Dili
TIMOR-LESTE
INDONESIEN
Timor
Sumba
Arafurasee
Timorsee
Darwin
Arnhemland
Carpentariagolf
Kap York
Kap-York-Halbinsel
Port Moresby
4072
PAPUA-NEUGUINEA
SALOMONEN
Honiara
Santa-Cruz-Inseln
TUVALU
Ellice-Inseln
Korallensee
Neue Hebriden
VANUATU
Rotuma
Vanua Levu
Viti Levu
Suva
FIDSCHI
Port Vila
Neukaledonien (franz.)
Nouméa
südlicher Wendekreis
Großes Barriereriff
Great Dividing Range
1611
Townsville
Kimberleyplateau
Große Sandwüste
Port Hedland
1226
Hamersleykette
Macdonnellkette
1510
Alice Springs
AUSTRALIEN
1515
Große Victoriawüste
Großes Artesisches Becken
-12
Brisbane
PAZIFISCHER OZEAN
Norfolkinsel (austr.)
Lord-Howe-Insel (austr.)
Nullarborebene
Darling
Gr. Dividing Range
Sydney
Canberra
2230
Mt. Kosciuszko
Adelaide
Murray
Perth
Große Australische Bucht
Melbourne
Bassstraße
Tasmansee
Kermadecinseln (neuseeld.)
Auckland
Nordinsel
NEUSEELAND
2797
INDISCHER OZEAN
Tasmanien
1617
Hobart
Wellington
Südinsel
Christchurch
3764
Dunedin
Stewart-insel
Chathaminseln (neuseeld.)
Australien
Landhöhen
über 2000 m
1000 – 2000 m
500 – 1000 m
200 – 500 m
0 – 200 m
unter 0 m
1515 Höhe über dem Meeresspiegel (in m)
1:40 000 000
0 500 1000 km
150° östl. Länge v. Gr.
120° 135° 150° 165° 180°
15° 30° 45°
A B C D E F
1 2 3 4

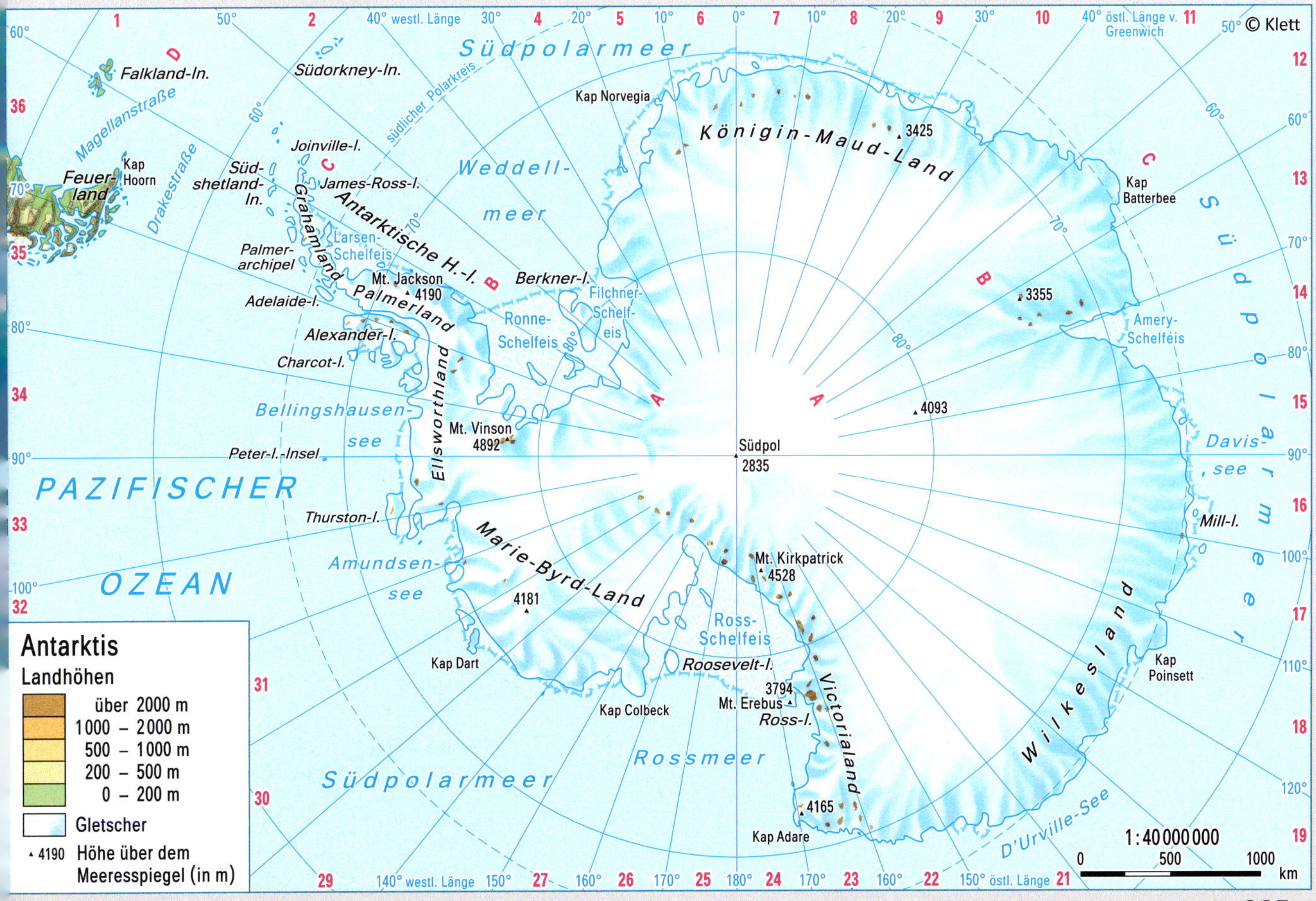
© Klett
Südpolarmeer
Falkland-In.
Südorkney-In.
Magellanstraße
Kap Hoorn
Feuerland
Drakestraße
Süd-shetland-In.
Joinville-I.
James-Ross-I.
südlicher Polarkreis
Weddellmeer
Kap Norvegia
Königin-Maud-Land
3425
Kap Batterbee
Antarktische H.-I.
Grahamland
Larsen-Schelfeis
Palmer-archipel
Mt. Jackson 4190
Palmerland
Adelaide-I.
Berkner-I.
Filchner-Schelfeis
Ronne-Schelfeis
Alexander-I.
Charcot-I.
3355
Amery-Schelfeis
Bellingshausensee
Ellsworthland
Mt. Vinson 4892
4093
Südpol 2835
Davissee
Peter-I.-Insel
PAZIFISCHER OZEAN
Thurston-I.
Marie-Byrd-Land
Mill-I.
Mt. Kirkpatrick 4528
Amundsensee
4181
Ross-Schelfeis
Roosevelt-I.
Kap Dart
3794
Mt. Erebus
Ross-I.
Victorialand
Wilkesland
Kap Poinsett
Kap Colbeck
Rossmeer
4165
Kap Adare
D'Urville-See
Antarktis
Landhöhen
über 2000 m
1000 – 2000 m
500 – 1000 m
200 – 500 m
0 – 200 m
Gletscher
4190 Höhe über dem Meeresspiegel (in m)
1:40 000 000
0 500 1000 km
40° westl. Länge
40° östl. Länge v. Greenwich
140° westl. Länge
150° östl. Länge

© Klett
RUSSLAND
Anadyrgebirge
Ostsibirische See
Wrangelinsel
Nordpolarmeer
Beringmeer
Beringstraße
Kap Pr. of Wales
Nome
Kap Barrow
Brookskette
Beaufortsee
Yukon
Alaska (USA)
2749
Alaskakette
Halbinsel Alaska
5959 Denali
Anchorage
Kodiak
Golf von Alaska
5959
Mackenziegebirge
Mackenzie
Großer Bärensee
Yellowknife
Juneau
Küstengebirge
Alexanderarchipel
Haida Gwaii
Rocky Mountains
Großer Sklavensee
Peace River
4042
Vancouverinsel
Vancouver
Edmonton
Calgary
Seattle
4392
Portland
Kaskadenkette
Kap Mendocino
Küstenkette
Sa. Nevada
Großes Becken
Salt Lake City
4202
San Francisco
Oakland
San José
4418
-85
Colorado
4399
Denver
Los Angeles
San Diego
Tijuana
3078
Phoenix
3658
Juárez
Guadalupe (mex.)
Niederkalifornien
Halbinsel
nördlicher Wendekreis
Westl. Sierra Madre
Östl. Sierra Madre
Hochland von Mexiko
Monterrey
Rio Grande
León
Guadalajara
4265
Mexiko
5700
5452
Puebla
MEXIKO
PAZIFISCHER OZEAN
Revilla-Gigedo-Inseln (mex.)
Clippertoninsel (franz.)
Königin-Elisabeth-Inseln
Ellesmereland
Sverdrup-Inseln
2926
M'Clure-Straße
Banksinsel
Parry-Inseln
Amundsengolf
Victoria-Insel
Kanadischer Archipel
Baffin Bay
Baffininsel
2147
Melville-Halbinsel
Barren Grounds
Hudsonstraße
Ungava-Halbinsel
Hudson Bay
Churchill
Labrador
KANADA
Prärien (Great Plains)
Missouri
Winnipeg
Oberer See
Ottawa
Montreal
Toronto
Minneapolis
Milwaukee
Chicago
Detroit
Cleveland
Pittsburgh
Boston
Kap Cod
New York
Philadelphia
Baltimore
Washington
Appalachen
VEREINIGTE STAATEN (USA)
Kansas City
St. Louis
Cincinnati
Ohio
Nashville
Arkansas
Memphis
Mississippi
2037
Atlanta
Charleston
Dallas
Houston
San Antonio
New Orleans
Halbinsel Florida
Kap Canaveral
Miami
Golf von Mexiko
Nassau
BAHAMAS
Turks- u. Caicos-In. (brit.)
Havanna
KUBA
Straße von Yucatán
Mérida
Halbinsel Yucatán
Große Antillen
HAITI
Port-au-Prince
Santo Domingo
DOMINIKAN. REP.
Puerto Rico (USA)
Jungfern-In. (brit.)
Cayman-In. (brit.)
JAMAIKA
BELIZE
HONDURAS
Tegucigalpa
Guatemala
GUATEMALA
San Salvador
EL SALVADOR
NICARAGUA
Managua
San José
3820
COSTA RICA
Panama
PANAMA
Karibisches Meer
Kap Gallinas
Caracas
Valencia
Maracaibo
VENEZUELA
Barranquilla
5780
5007
Llanos de Orinoco
Orinoco
Medellín
5493
Bogotá
KOLUMBIEN
Cali
Kokosinsel (cost.)
Malpelo-Insel (kol.)
Jan Mayen (norw.)
Europäisches Nordmeer
Färöer (dän.)
ISLAND
2119
Reykjavík
Dänemarkstraße
2164
Kalaallit Nunaat (dän.)
3231
3700
Grönland
nördlicher Polarkreis
Davisstraße
2850
Nuuk (Godthåb)
Uummannarsuaq
Labradorsee
Neufundland
St. John's
Kap Race
St.-Lorenz-Golf
St-Pierre u. Miquelon (franz.)
Halifax
Bermuda (brit.)
ATLANTISCHER OZEAN
90° westl. Länge v. Greenwich
Landhöhen
über 5000 m
2000 – 5000 m
1000 – 2000 m
500 – 1000 m
200 – 500 m
0 – 200 m
unter 0 m
Gletscher
4418 Höhe über dem Meeresspiegel (in m)
1 : 40 000 000
0 500 1000 km

© Klett
MEXIKO
Mérida
Halbinsel Yucatán
BELIZE
GUATEMALA
HONDURAS
EL SALVADOR
NICARAGUA
Managua
COSTA RICA
PANAMA
Panama
KUBA
Cayman-In. (brit.)
JAMAIKA
Große Antillen
HAITI
Port-au-Prince
Santo Domingo
DOMINIK. REP.
Puerto Rico (USA)
Jungfern-In. (USA) (brit.)
Anguilla (brit.)
Saint-Martin (franz.)
Sint Maarten (ndl.)
ST. K.
ANTIGUA U. BARBUDA
Monts. (brit.)
Guadeloupe (franz.)
DOMINICA
Martinique (franz.)
SAINT LUCIA
BARBADOS
SAINT VINCENT U. DIE GRENADINEN
GREN.
TRINIDAD U. TOBAGO
Kleine Antillen
Aruba (ndl.)
Curaçao (ndl.)
Bonaire (ndl.)
Karibisches Meer
60° westl. Länge v. Greenwich
Barranquilla
Maracaibo
Caracas
Valencia
Ciudad Guayana
Orinoco
Llanos de Orinoco
VENEZUELA
Georgetown
GUYANA
Paramaribo
SURINAME
Cayenne
Franz.-Guayana
Bergland von Guayana
Medellín
Bogotá
Cali
KOLUMBIEN
Kokosinsel (cost.)
Malpelo-Insel (kol.)
Galápagosinseln (ecuad.)
Quito
ECUADOR
Guayaquil
Iquitos
Östl. Andenvorland
Rio Negro
Amazonas
Amazonastiefland
Manaus
Belém
Fortaleza
Natal
Recife
Salvador
Xingu
Madeira
Marañón
Ucayali
BRASILIEN
Porto Velho
Caatinga
Campos Cerrados
Tocantins
São Francisco
Huascarán 6768
Lima
PERU
Anden (Kordilleren)
Titicacasee
La Paz
Arequipa
Santa Cruz
BOLIVIEN
Sucre
Mamoré
Pantanal
Chaco
Brasília
Goiânia
Brasilianisches Bergland
Campo Grande
Belo Horizonte
São Paulo
Rio de Janeiro
Trinidade (bras.)
südlicher Wendekreis
Paraguay
Paraná
Pilcomayo
PARAGUAY
Asunción
Curitiba
Altiplano
Atacama
Antofagasta
Gran Chaco
San Miguel de Tucumán
CHILE
La-Plata-Tiefland
ARGENTINIEN
Uruguay
Porto Alegre
Córdoba
Aconcagua 6959
Rosario
Mendoza
Santiago de Chile
URUGUAY
Montevideo
Buenos Aires
Río de la Plata
Pampa
Bahía Blanca
Río Negro
Valdivia
Patagonien
PAZIFISCHER OZEAN
Desventuradas-Inseln (chil.)
Juan-Fernández-Inseln (chil.)
ATLANTISCHER OZEAN
Äquator
Falkland-In. (brit.)
Magellan-Str.
Feuerland
Punta Arenas
Kap Hoorn
Drakestraße
Südgeorgien (brit.)
Südsandwichinseln (brit.)
Südshetland-inseln
Südorkney-Inseln
Palmer-archipel
Grahamland
Antarktische Halbinsel
ABKÜRZUNGEN:
GREN. GRENADA
Monts. Montserrat
ST. K. SAINT KITTS U. NEVIS
Landhöhen
über 5000 m
2000 – 5000 m
1000 – 2000 m
500 – 1000 m
200 – 500 m
0 – 200 m
unter 0 m
Gletscher
6959 Höhe über dem Meeresspiegel (in m)
1:40 000 000
0 500 1000 km

A

B

C

D

E

M

N

O

P

Q

R

S

T

U

V

W

X

Y

Z

SP Mit Operatoren arbeiten

Operatoren sind Verben, die dir signalisieren, wie du eine Aufgabe bearbeiten sollst.
Achte auf inhaltliche und sprachliche Anforderungen.
Die Operatoren sind in drei Anforderungsbereiche gegliedert.

Anforderungsbereich I

Informationen erfassen, Inhalte wiedergeben
(Wissen und Reproduktion)

Informationen erfassen und richtig benennen

zähle auf, liste auf, nenne, benenne

- Entnimm aus dem Material (z. B. Bild, Karte, Tabelle) die gesuchten Begriffe oder Informationen.
- Führe sie nacheinander auf.
- Verwende, wenn möglich, Fachbegriffe.
- *Folgende Punkte kann ich nennen: ...*
- *... heißt ...*
- *... wird ... genannt.*

definiere

- Formuliere kurz und genau (ohne Beispiele), was der Begriff bedeutet.
- *Mit ... bezeichnet man ...*
- *... bedeutet: ...*

Prozesse, Ereignisse und Sachverhalte widerspiegeln

beschreibe

- Gib wieder, was du auf dem Bild oder im Text wahrnimmst.
- Achte auf wesentliche Merkmale (d. h., erfasse den Kern einer Sache).
- Verwende, wenn möglich, Fachbegriffe.
- Beachte bei Vorgängen die zeitliche Reihenfolge.
- *Ich sehe/erkenne ...*
- *Das Material/Bild zeigt ...*
- *Im Vordergrund befindet sich ...*
- *Dahinter/davor/neben ...*
- *Zuerst ..., dann ..., danach ...*

arbeite heraus

- Lies den Text oder betrachte das Material unter einer bestimmten Fragestellung.
- Gib die wichtigsten Gedanken dazu mit deinen Worten wieder.
- *In dem Text/Bild geht es um ...*
- *Der Zeichner stellt dar, wie ...*
- *Die Autorin ist der Ansicht, dass ...*

verorte/ lokalisiere

- Sage/schreibe auf, wo der Ort liegt.
- Nutze dazu eine Karte.
- Verwende Bezugspunkte wie Himmelsrichtungen, die Lage im Gradnetz der Erde, Großlandschaften, Staaten, Flüsse oder Gebirge.
- *... befindet sich in/bei ...*
- *... liegt in der Nähe von ...*
- *... im Norden/Westen/östlich/südlich von ...*
- *... grenzt an ...*

Anforderungsbereich II

Wissen verarbeiten und anwenden
(Reorganisation und Transfer)

Prozesse, Ereignisse oder Strukturen erklären und erläutern

erkläre

- Setze dich vertieft mit den Einzelheiten einer Sache auseinander.
- Formuliere Ursachen bzw. Gründe, Folgen und Gesetzmäßigkeiten.
- Stelle die Sache so dar, dass ein anderer sie versteht.
- *Dies kann man erklären mit ...*
- *Es bedeutet, dass ... / Das heißt, ...*
- *Da/weil/aufgrund ...*
- *Infolgedessen ...*

begründe

- Gib den Grund / die Ursache für etwas an.
- Stütze eigene oder fremde Aussagen durch Argumente (das sind stichhaltige und plausible Belege).
- *Da ... / weil ... / denn ...*
- *Deshalb ... / dadurch ...*
- *Aufgrund ... / Aus diesem Grund ...*

erläutere

- Stelle Prozesse oder Ereignisse ausführlich dar.
- Wie beim Erklären sollst du Ursachen, Folgen und Gesetzmäßigkeiten deutlich machen.
- Gib zusätzliche Informationen, Belege und Beispiele an.
- *Aufgrund von ...*
- *Das ist darauf zurückzuführen, dass ...*
- *Infolge von ..., sodass ...*
- *Deshalb/dadurch ...*
- *Zum Beispiel ...*

analysiere/ untersuche

- Werte ein Material (z. B. eine Abbildung oder einen Text) gezielt aus.
- Stelle (in Gedanken) Fragen an das Material nach festgelegten oder eigenen Kriterien.
- Suche nach wichtigen Merkmalen bzw. Antworten.
- Stelle diese Merkmale strukturiert bzw. übersichtlich dar.
- *Betrachtet man ..., dann ...*
- *Folgende Merkmale kann ich ablesen: ...*
- *Daraus geht hervor, dass ...*
- *Besonders wichtig ist ...*